计算机热门软件入门与提高丛书

JavaScript入门与提高

内容简介

本书彻底改变了教条化的叙述方式，切实从初学者的角度出发，侧重于结合实例的基础训练，凝聚了作者多年的开发经验，与实际的开发工作紧密结合，有针对性、有侧重点地对内容进行讲解和说明，使得读者在全面学习JavaScript的同时，迅速掌握其中关键的知识点及技术原理。

本书紧跟流行趋势，关注技术发展，内容包含从脚本语言的基础知识到高级编程应用、从静态页面到Ajax、交互语言等流行Web技术的几乎全部领域，力求使读者在学习的过程中感受到技术的更新和提高，最终达到熟练应用JavaScript脚本语言的目的。

本书的另一大特色是使用了大量精心挑选的实例，并设计了与实际开发更加贴近的进阶练习，结合大量的灵活应用训练，有效地完成了基础理论与程序编写的结合，使得本书不仅仅是一部理论参考书，更是一部不可多得的技术工具书。

本书适合JavaScript的初学者、Web系统开发人员、对Ajax技术感兴趣的人员、网站开发人员、使用Web技术进行毕业设计的计算机学员、想了解最新流行的客户端Web技术的开发人员，也可以作为各种培训学校、职业学校及大中专院校的教材。

书中实例程序代码可以从www.bhp.com.cn免费下载。

图书在版编目（CIP）数据

JavaScript 入门与提高/曾光，马军编著.—北京：科学出版社，2008.11
（计算机热门软件入门与提高丛书）

ISBN 978-7-03-022929-8

Ⅰ. J… Ⅱ. ①曾… ②马… Ⅲ. 网络编程—程序设计，JavaScript Ⅳ. TP312

中国版本图书馆CIP数据核字（2008）第137919号

责任编辑：邓 伟 / 责任校对：九 飞
责任印刷：密 东 / 封面设计：青青果园

科学出版社 出版
北京东黄城根北街16号
邮政编码：100717
http://www.sciencep.com

北京市密东印刷有限公司印刷

科学出版社发行 各地新华书店经销

*

2008年11月第 一 版 开本：787×1092 1/16
2008年11月第一次印刷 印张：26.5
印数：1-3 000 字数：609 000

定价：39.00元

前　言

随着互联网技术的飞速发展，在 Web 开发领域中，JavaScript 的地位是无人能比的，尤其是随着“富客户端”概念的出现，JavaScript 的运用显得尤为重要，近年涌现了很多新兴的技术和综合运用（如 Ajax 技术的运用），也出现了很多优秀的 JavaScript 框架（如 jQuery、Prototype 等）。然而目前大多数的开发人员都只接受了专业的服务器端语言，如 Java、.NET 的培训和学习，导致了对于客户端 JavaScript 技术的忽略和欠缺。同时还有部分人对网页开发充满了浓厚的兴趣，但是却不知道如何入手。市面上大部分的同类书籍也是偏重于理论的讲解，同时对最新的技术也缺乏介绍。笔者觉得需要一本既与当前技术发展同步，又和实际的项目应用紧密结合起来的入门书籍来帮助初学者学习，逐步了解和掌握 JavaScript，并能够灵活运用于实际项目中。

根据笔者多年的开发经验，本书精心挑选并设计了大量与实际开发结合的实例和进阶练习，使得读者能够学用结合，在动手体验的过程中把理论知识和编程实践完美地结合起来。

本书内容

本书共分为六篇，内容包含从脚本语言的基础知识到高级的编程应用、从静态页面到 Ajax、交互语言及数据库应用等流行 Web 技术的几乎全部领域。

第一篇　基础知识（第 1 章）。讲述了在学习 JavaScript 语言之前需要了解的基础知识，介绍了万维网的历史和发展，对 HTML 语言也做了简要说明，并通过了解一些程序和脚本的内容，对后面 JavaScript 的学习作铺垫。

第二篇　了解 JavaScript（第 2 章~第 3 章）。介绍了 JavaScript 在 Web 里所起的作用，如何把 JavaScript 嵌入到网页，同时对浏览器及其他的脚本语言也做了简单介绍。重点讲解了一个完整的 JavaScript 程序的创建过程，使得读者通过实例对 JavaScript 有一个基本的了解。

第三篇　JavaScript 编程基础（第 4 章~第 8 章）。在初步了解 JavaScript 的基础上，对 JavaScript 的编程习惯和语法结构，JavaScript 对象基础进行了简单的介绍，对 JavaScript 的数据类型和变量、函数和事件、运算符和表达式，以及判断和循环语句等基础知识做了细致而全面的讲解。通过这一部分的学习，读者对 JavaScript 程序编写具备了一定的理论基础。

第四篇　JavaScript 进阶（第 9 章~第 12 章）。结合实例讲解，对表单对象、CSS 样式表、动态 HTML 和动画技术、框架应用等方面进行了详细的介绍，使得读者能够应对绝大部分的 Web 编程应用，并能够综合运用。

第五篇　JavaScript 高级应用（第 13 章~第 17 章）。对 JavaScript 的高级应用知识进行了剖析，能够使用 cookies 使得网页能够从客户端的机器，存取网页保存的数据；还能使 JavaScript 与大型动态程序开发语言 Java 实现交互，双方能够通过一定的手段实现交互；同时，对流行的常见框架（如 jQuery、Prototype 等）进行了实例讲解；并对 JavaScript 的安全性和 JavaScript 程序的调试进行了全面的介绍。

第六篇　案例应用（第 18 章~第 19 章）。通过大量精心挑选的项目实例和网页特效实例，把所学的 JavaScript 相关理论知识与实践相结合，在体会丰富的 JavaScript 实例同时，对所学的知识进行了充分的巩固。

本书的内容安排由浅入深，使不同层次的开发人员也可以任意选择自己感兴趣的章节进行学习。

本书特点

本书不仅包含了 JavaScript 的基础概念和知识，而且对于 JavaScript 的中高级应用也进行了详细地讲解，并筛选了最常使用和日常工作中最常见的一些操作和示例进行演示、说明。最为重要的是本书中的很多实例是笔者参与实际开发中总结出来的经验。本书将知识范围锁定在了适合初级、中级的部分，以大量的实例进行示范和解说，其特点主要体现在以下几个方面。

- 本书的编排采用循序渐进的方式，适合初级、中级读者逐步掌握 JavaScript。
- 本书彻底改变教条化的叙述方式，从初学者的角度出发，侧重于结合实例的基础训练。
- 所有实例都具有代表性和实际意义，着重解决工作中的实际问题。
- 对于有特点的实例进行详细的解释和分析，帮助读者理解和模拟实践。
- 对于工作中经常遇到的问题，需要注意的关键点予以特别注示。
- 本书采用了精心设计的进阶练习，通过贴紧实际开发的实例，来理解和巩固所学的 JavaScript 知识。
- 本书紧跟流行趋势，关注技术的发展，使读者在学习过程中感受到技术的更新和提高。
- 本书内容全面，包含脚本语言的基础知识和高级应用、Ajax 等流行 Web 技术的几乎全部领域。

读者对象

- JavaScript 的初学者。
- Web 系统开发人员。
- 对 Ajax 技术感兴趣的人员。
- 网站开发人员。
- 使用 Web 技术进行毕业设计的计算机学员。
- 想了解最新流行的客户端 Web 技术的开发人员。

感谢

本书笔者通过对相关资料的收集、查阅、参考，对内容结构的考虑和划分，离不开很多人的帮助和支持，在这里我要感谢他们。首先是负责本书进度检查和初步审核的编辑陈冠军，她的定期检查和帮助使得我能够在预定的时间内保持较好的质量；我还要感谢的是我的同事和朋友们，他们在本书的编辑过程中给予了很多的鼓励和精神上的支持，也对本书内容和语言描述提了不少的意见，其中凌俊斌为我提供了丰富的图书参考资源；还需要感谢的是互联网资源，本书的部分素材原型，来自于这个虚拟的世界；另外需要特别感谢的是我的父母曾清友和杨昌珍以及对我很重要的人瞿丽华，他们在整个过程中一直保持着与我的联系和鼓励，对我的生活也进行了悉心的照料，让我保持着健康的身体、愉快的心情和无比的耐心，完成了本书。

同时参与编写的还有周科杰、唐翔、戴珊珊、方安乐、曲先发、李宗琨、李继攀、杨水清、徐磊、吝晓宁、陈杰、栗春阳、梁璐、毛磊达、王太刚、王春中、罗名兰、谢广文、赖玫玫、邓剑钦、陈见勇、雷天均、韦一、廉秀霞、吝晓宁、江丽、项宇峰、张启玉等，在此一并表示感谢。

编者

目　　录

第1篇　基础知识

第2篇　了解JavaScript

第 3 篇 JavaScript 编程基础

第 4 篇 JavaScript 进阶

第 5 篇　JavaScript 高级应用

第 6 篇　案例应用

第 1 篇　基础知识

讲述了在学习 JavaScript 语言之前需要了解的基础知识，介绍了万维网的历史和发展相关的知识，对 HTML 语言也做了简要说明，在本篇里，读者还能了解一些程序和脚本的内容，对开始 JavaScript 的学习作了铺垫。

第 1 章　预备知识

每个使用计算机的人，都曾经在 Internet 的海洋中漫游，使用过网站提供的各种内容和功能，如新闻、邮件、博客、论坛、聊天室等。相信读者对这些功能不会陌生，甚至可能非常熟悉。读者一定对那些纷繁复杂的网页效果充满了兴趣，并憧憬着在不久的将来，自己也能制作出同样多姿多彩的网页。

其实，那些网页的效果大部分是通过 JavaScript 来实现的。在学习 JavaScript 之前，先要了解一些关于万维网、程序设计和 HTML 的概念。这些内容对于没有相关基础的读者是很有帮助的，如果读者已经具备了相关的知识，可以跳过本章。

1.1　万维网和 HTML

万维网的目的就是用于共享资源，这些资源包括文字、图片、音频和视频等。为了能够正常地访问这些资源，需要使用一个统一的标准来描述这些信息。这个标准就是一种用于定位和打开这些信息的超文本语言，即 HTML 语言。本节对 HTML 语言及万维网的相关知识做简要介绍。

1.1.1　什么是万维网

万维网（World Wide Web，WWW 或 W3）又称环球网，有时候也被直接叫做 Web。万维网的历史不长，1989 年创建于瑞士日内瓦的 CERN（欧洲量子物理实验室）。最开始的时候是研究人员为了能够轻松访问远程共享资源而开发出的系统。这种系统通过一个统一的方式来访问各类信息，比如图片、文字、音频、视频等。而统一的方式就是超文本链接（HyperTextLink），所有这些信息的定位和打开都使用超文本链接。

为了设计含有各类信息资源的超文本链接的万维网页面，产生了超文本标记语言（HyperText Markup Language），即通常说的 HTML。它可以用 Web 浏览器打开并查看内容。目前，流行的浏览器包括 Microsoft Internet Explorer、Netscape Navigator 和 Mozilla Firefox。

为了能够从远程访问 Web 页面，每个页面都有一个唯一的地址，称为统一资源定位符（Uniform Resource Locator，URL）。正如门牌号码一样，URL 也有自己的命名规则，每一个 URL 都要包括协议、服务、域名或者 IP 地址以及文件名四个部分。通常访问 Web 页面时，使用的协议一般为 HTTP 协议，即超文本传输协议（Hypertext Transfer Protocol）。HTTP 协议确保了浏览器能够正确处理，并显示 HTML 页面中包含的各类信息。第二部分是服务，通常是 WWW，也就是平常在访问网站时首先要输入的前三个字母。第三部分是域名，域名本身又包含两个部分，第一个是一个标识串，第二个是网站的类型（如 com 代表私营公司，gov 代表政府，edu 代表教育机构等），这两个部分由一个点连接成一个整体形成域名，比如 163.com、sina.com 等。最后一个部分是文件名，文件名精确指定了要访问的 Web 页面。通常未指定文件名时，处理请求的 Web 服务器会根据服务器本身配置查找默认文件名，如 index.html、default.html 等。可以定义多个默认文件名，还可以定义它们的优先顺序，当缺少优先级高的文件名时，会自动寻找下一个优先级的文件名。有时候，当网站结构庞大时，在文件名和域名之间，会有一层或者多层目录名。

下面通过几个例子来熟悉一下 URL 的组成。

（1）http://www.163.com：其中 http 是协议，www 是服务，163.com 是域名。

（2）http://www.163.com/sports/index.html：与（1）相比，在域名最后多了两个部分，一个是目录 sports，一个是文件名 index.html。

（3）http://192.168.1.3：本例中，少了通常的 www 服务和域名，取代的是一段同样具有 Web 页面地址定义功能的 IP 地址 192.168.1.3。

（4）http://192.168.1.3/article/default.html：与（3）相比，多了一个目录 article 和一个文件 default.html。

现在的网站因为运用了各种各样的技术，文件名的后缀不仅仅是 HTML，常见的还有 HTM、ASP、ASPX、JSP、PHP、SHTML 等。

1.1.2　了解 HTML 标签

JavaScript 是在 Web 页面里运行的，而 Web 页面是用超文本标记语言 HTML 来编写的，所以了解一些基本的 HTML 语法是非常有必要的。由于本书的目的不是讲解 HTML 语法，因此这里仅对使用 JavaScript 需要了解的 HTML 语法进行有针对性地讲解，若希望更加深入了解 HTML 语法，请参阅相关的书籍。

在学习之前，先来看一个例子（见源代码中的 1-1.html），这个页面通过浏览器打开后的效果如图 1.1 所示。选择“查看”→“源文件”命令，或在页面右击，选择“查看源文件”命令，来查看该网页的源文件，如图 1.2 所示。

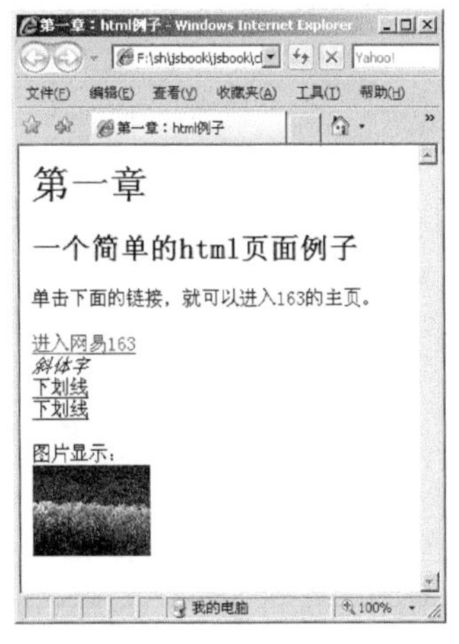

图 1.1　一个简单的 HTML 页面

图 1.2　查看 HTML 页面源代码

把页面效果和 HTML 源代码作比较，可以发现使用不同的标记对文字或者图片进行修饰，可以得到不同的效果，还能直接显示出图片。下面，结合实例来对 HTML 的基本语法进行学习。

HTML 页面是纯文本的，因此在 Windows 操作系统下最简单的编辑 HTML 页面的工具就是记事本。只要在记事本中按照 HTML 的语法写好 Web 页面后，存为 HTML 文档即可。HTML 文档的后缀名必须是 html 或者 htm。保存好 HTML 文档后，用浏览器进行打开查看时，浏览器会对文档中的标签进行解释和处理，最终显示给用户一个实际的页面效果，这个过程可以理解为翻译。

HTML 文档的基本组成部分是标签，它包含在一对尖括号“<>”中，在图 1.2 中可以发现很多标签，如<h1>...</h1>、<b>...</b>、
、<img>等。标签通常是成对出现，一个表示标签开始，一个表示标签结束，中间是标签要设置的对象。例如：“<i>斜体字</i>”的显示效果就是将标签对<i></i>中包含的“斜体字”在浏览器中显示为斜体。开始标签和结束标签的符号相同，只是结束标签多了一个“/”，如<a>...</a>。最外层的标签是<html>标签，任何标准的 HTML 文档都必须以<html>开始，以</html>结束。一个 HTML 文档分为 HEAD 和 BODY 两部分，它们通过标签对<head></head>和<body></body>来表示。其中 HEAD 部分主要包含了提供给浏览器使用的信息，比如页面标题、作者信息、页面描述说明信息等附加信息。而 BODY 则包含了页面需要显示的内容，比如图片、文字、超文本链接、音视频等。当 HTML 页面需要使用 JavaScript 时，通常将 JavaScript 脚本放置在 HEAD 部分。

除了标签代表的修饰效果外，不少标签还有自身的属性，从而可以设定更多的细节。比如超文本链接标签<a></a>的属性 href 就是用来指定超文本链接所要访问的URL 地址，具体用法如下所示。

```
<a href="http://www.163.com">单击进入网易主页</a>
```

以上代码为“单击进入网易主页”这几个字添加了一个超文本链接，链接的目的是网易的主页。图片标签<img>的属性 src 用来指定要显示的图片的地址，如下所示。

```
<img src="winter.jpg" width="100">
```

以上的代码告诉浏览器在页面里显示 winter.jpg 这张图片，并且设置这张图片显示的宽度为 100 像素。

并不是所有的标签都有结束标签，如<img>标签就没有</img>来结束，这类标签通常自身就代表了结束。所以比较标准的写法是在开始标签的第二个尖括号前增加一个“/”来表示标签的结束，如下所示。

```
<img src="winter.jpg"/>
```

当然这个和<img src="winter.jpg">的效果是完全一样的。

表 1.1 为常用的 HTML 标签，可以结合前面给出的例子和互联网上一些简单的网页，体会每个标签的表现形式和作用。

表 1.1　常用 HTML 标签

标签	说明
<html></html>	标志了html文档的开始和结束
<head></head>	页面首部，包含了整个页面的信息
<body></body>	页面主题，html需要显示的内容
<hn></hn>	为表单指定一个名称
<img src=”...”>	插入图片
<hr>	插入水平线
<b></b>	将字体加粗
<i></i>	将字体变为斜体
<p></p>	把文字以段落划分
<title></title>	设置页面标题
<u></u>	给文字加上下划线
 	插入换行

除了<html>标签外，<head>和<body>是比较重要的两个标签，任何一个 HTML 文档都离不开这两个标签。HTML 标签是允许嵌套的，在<head>和</head>之间还可以放置一些常用的标签，用来给浏览器提供信息，如表 1.2 所示。

表 1.2　<head></head>之间可以嵌套的 HTML 标签

标签	说明
<title>...</title>	页面标题，在浏览器标题栏显示
<style>...</style>	在页面嵌入样式代码
<script></script>	在页面嵌入JavaScript代码
<link>	引用一个外部的样式表文件
<meta>	设置html文档的属性

HTML 文档见 1-1.html，代码如下所示。

```
<html>
<head>
<title>第一章：html 例子</title>
<meta name="Generator" content="EditPlus">
<meta name="Author" content="">
<meta name="Keywords" content="">
<meta name="Description" content="">
</head>
<body>
<h1><b>第一章</b></h1>
<h2><b>一个简单的 html 页面例子</b></h2>
<p>
单击下面的链接，就可以进入 163 的主页。
</p>
<a href="http://www.163.com">进入网易 163</a>
<br>
<i>斜体字</i>
<br>
<u>下划线</u>
<br>
<u>下划线</u>
<br>
<br>图片显示：<br>
<img src="winter.jpg" width="100">
</body>
</html>
```

页面标题的定义代码为“<title>第一章：html 例子</title>”，那么用浏览器访问的时候，浏览器的标题栏就会显示为“第一章：html 例子”。<style>...</style>标签是在当前的 HTML 页面嵌入样式表，关于样式表的相关内容将在后面章节进行介绍；<script>...</script>标签是学习或者实际运用到 JavaScript 时经常要使用的标签，它将 JavaScript 代码嵌入到了 HTML 页面里。原则上是嵌入到<head>和</head>之间，随着浏览器对 HTML 语法的容错能力的升高，可以根据实际的需要，将这对脚本嵌入到页面的几乎任何一个位置。<link>标签和<style>标签对一样，都是为了在页面使用样式，只是前者是引用外部的样式表文件，而后者是直接将样式表代码嵌入到了当前 HTML 文档里。<meta>标签是一个扩展度和自由度都较高的标签，可以使用这个标签对 HTML 文档的相关信息或者属性来进行描述，常见的包括有页面关键字、作者、描述信息等，查看如下的代码片段可以进一步了解。

```
<html>
<head>
<title>第一章：html 例子</title>
<meta name="Generator" content="EditPlus"><!--对编辑工具的说明 -->
<meta name="Author" content="曾光"><!–对作者的设置 -->
<meta name="Keywords" content="示例,html"><!--对关键字的定义 -->
<meta name="Description" content="一个 html 文档的简单示例"><!--对文档整体描述
-->
</head>
<body>
<h1><b>第一章</b></h1>
```

注意 以上代码中“<!-- 内容 -->”表示注释，浏览器遇到这样的代码段会将其忽略，注释常常被用来对某些代码片段进行补充说明。

1.1.3 <body>标签的常用属性

一个 HTML 文档的真正内容是包含在<body></body>这对标签中的。其中包含的所有内容构成了一个网页的信息主体。通过<body>标签的一些属性还能对整个页面的属性进行控制，比如背景色、背景图案等。<body>标签的常用属性如表 1.3 所示。

表 1.3 <body>标签的常用属性

标签	说明
background	设置页面的背景图案
bgcolor	设置页面的背景色
text	设置页面的文字颜色
topmargin	页面最顶部元素距离浏览器可见内容区域顶部边框的像素
leftmargin	页面最顶部元素距离浏览器可见内容区域左部边框的像素

还可以给网页设置一张漂亮的背景图案，适宜的背景和字体颜色等，这些页面效果如果设置得当，会给网页增添不少的吸引力。通过 background 属性设置页面背景图示例如下。

```
<body background="winter.jpg">
```

设置页面的背景图案为与当前 HTML 文档同一目录的 winter.jpg 这个图片。

bgcolor 属性的用法示例如下。

```
<body bgcolor="#eeeeee">
```

页面的背景色设置为“#eeeeee”。

text 属性的用法示例如下。

```
<body text="#ff0000">
```

设置页面的字体颜色为“#ff0000”。

topmargin 属性的用法示例如下。

```
<body topmargin ="20">
```

设置页面最顶部元素距离浏览器可见内容区域顶部边框为 20 像素。

leftmargin 属性的用法示例如下。

```
<body leftmargin ="30">
```

设置页面最左部元素距离浏览器可见内容区域左边框为 30 像素。

为了更详细地了解 body 的常见属性，对 1-1.html 文件中 body 部分进行属性修改，保存为 1-2.html，其中 body 部分代码片段如下。

```
<body background="bluehills.jpg" bgcolor="#eeeeee" leftmargin="30"
topmargin="20" text="#ff0000">
```

通过浏览器查看的效果如图 1.3 所示。

图 1.3　修改 body 属性后的效果

细心的读者会发现背景色的设置似乎没有产生效果，那是因为 background 比 bgcolor 要优先，当同时设置了 background 和 bgcolor 属性时，背景图案就会出现在 bgcolor 的上面。如果想要查看每个属性的效果，可以试着去掉其中一个属性后，再用浏览器进行查看。

1.1.4　编写 HTML 页面

通过上面的学习，应该对 HTML 的常用语法有所了解了。下面将逐步地创建学习过程中的第一个 HTML 文档。HTML 文档可以通过任何文本编辑器来编写和创建，Windows 自带的记事本便是其中之一。但使用记事本来创建和编写 HTML 文档，不能在编写时看见编辑效果，必须保存以后用浏览器打开才能看到页面效果。目前有很多种类的编辑工具能够在编写代码的同时，无需借助浏览器就可以查看到大致的效果。由于本节的重点也不是讲解编辑工具，因此这些工具的介绍及使用将放在后面做详细说明。

在创建页面之前，要先想象一下要创建的页面是什么样子，这样才能合理的安排标签布局。下面将创建一个具有一些简单的说明文字、一个超文本链接及常见文字效果的页面，具体步骤如下所示。

（1）选择“开始”→“所有程序”→“附件”→“记事本”命令。

（2）将此空白文档保存为 hello.html。

（3）在第一行输入“<html>”，按 Enter 键。

（4）输入“<head><title>”，按 Enter 键。

（5）输入自定义的文档标题“我的第一个 HTML 页面”，按 Enter 键。

（6）输入“</title></head>”，按 Enter 键。

（7）输入“<body>”，按 Enter 键。

（8）输入以下代码，并按 Enter 键。

```
<h1>hello，这是我的第一个 HTML 页面！</h1>
<p>超文本链接</p>
<a href="http://www.163.com">单击这里进入 163 网易</a>
<hr>
<p>文字效果</p>
<b>我被加粗了</b>
<i>我是斜的</i>
<u>我有下划线</u>
```

（9）输入“</body></html>”结束整个 HTML 文档的编写，并保存文件。

（10）双击 hello.html 用浏览器查看效果，如图 1.4 所示。

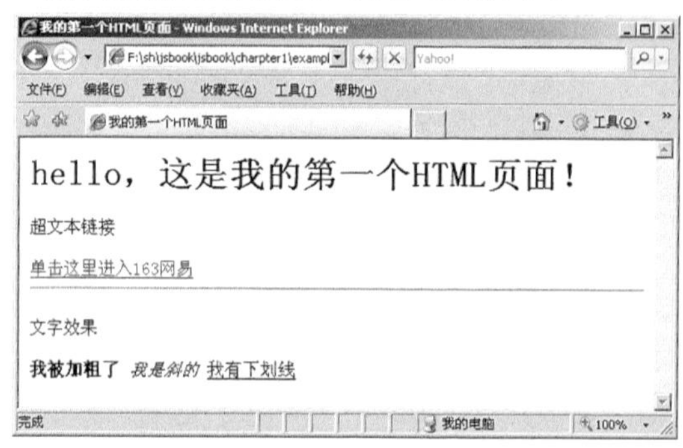

图 1.4　我的第一个 HTML 页面运行效果图

具体代码参见 1-3.html。感兴趣的读者可以尝试在此基础上进行扩展，并熟悉一下其他的 HTML 标签的用法。

> **注意** HTML 文档是不区分大小写的，即<html>和<HTML>是一样的效果。但是，普遍的是 html 代码全部使用小写，因此本书中示例的代码均为小写。

1.1.5　使用浏览器访问网页

因为浏览器厂家的不同，部分 HTML 网页在不同的浏览器中执行的效果并不是完全一样的。因此带来一个值得注意的问题，那就是如何让编写出来的 HTML 代码和 JavaScript 脚本，在任何浏览器里都能够正常运行，且效果一致，也就是通常所说的“跨浏览器”。要达到这样的目的，就是对各种浏览器的特性，如 HTML 语法、CSS 样式的规则等了如指掌，这是一个不断积累的过程。

不过，随着浏览器的不断更新和升级，最新的浏览器在兼容性上做得越来越好。因此，在绝大多数的情况下，使用什么浏览器来浏览网页，并没有多大的差别。关于浏览器的一些具体参数，将在后面的章节进一步说明。

1.2　程序与 Web 脚本

计算机程序设计语言有很多的种类，如 Java、C 和 C++等，这些程序设计语言编写好之后都需要在相应的环境中运行。JavaScript 也是程序的一种，但是 JavaScript 可以嵌入到 HTML 页面中，直接在浏览器中运行。通常情况下，把 JavaScript 这种语言称为 Web 脚本语音。本节就来认识一下程序和 Web 脚本的片段示例。

1.2.1　认识一段程序

这里所谈到的程序指的是计算机程序。计算机程序是利用相应的程序设计语言，按照一定的逻辑和语法进行编写和组织，通过程序的运行，使得计算机实现某种特定的功能。现在的程序设计语言很多，有 VB、VC、Java、C 等等。它们的运行环境以及语法规则各不相同。与 Web 有关的常见的有 ASP、JSP、PHP 等几种。下面通过一段 PHP 程序代码片段，来初步认识一下程序。

```
if($num > 0){
    //num 为正数
echo  "您输入的是正数！";
}else{
    // num 为负数或者 0
echo  "您输入的是负数或 0！";
}
```

上面这段代码其实功能很简单，就是判断 num 这个变量。如果大于 0，则输出“您输入的是正数!”。如果为负数或者 0，则输出“您输入的是负数或 0!”。

If 在英文里的含义是“如果”，在程序中就是一个条件判断语句，也表示如果的意思。$num 是一个名称为 num 的变量的书写方式，echo 则是在页面上输出内容的语句。

1.2.2　认识 Web 脚本

再来看一下 Web 脚本。其实 Web 脚本也不止 JavaScript 一种，还有 VbScript 等其他的脚本语言。脚本语言和程序设计语言一样，是根据一定的逻辑和语法来编写脚本，以实现网页中的特殊效果。下面通过编写一段与上面的 PHP 代码功能类似的 JavaScript 代码来对比一下效果，如下所示。

```
if( num > 0 ){
    //num 为正数
    alert("JavaScript 提示：您输入的是正数！");
}else{
    //num 为负数或 0
    alert("JavaScript 提示：您输入的是负数或 0！");
}
```

上面的 JavaScript 代码段具体运行的结果如图 1.5 所示。

可以看出来，两段程序非常相似，都是判断 num 这个变量的正负关系，并且做出相应的反应。目前，不需要了解这两段代码具体的区别在哪里。只需要明白，无论是程序设计语言还是

Web 脚本语言，它们都是融会贯通的。如果用户学习过其他程序设计语言，那么对于 JavaScript 的学习会有帮助。没有相关的经验也没有关系，学过 JavaScript 以后，再学习其他的语言也会得心应手的。

图 1.5 JavaScript 脚本示例结果

上面两段程序代码。都具有很强的逻辑性和可读性，如果不是因为有不熟悉的语法，简直就像阅读一篇小学生的英语课文一样简单。实际上，无论是程序设计语言，还是学习 JavaScript 之类的 Web 脚本语言都非常简单！

1.3 小结

本章讲解了在学习 JavaScript 知识之前需要了解的一些基础知识，包括了万维网的一些发展历史以及 HTML 语言的简单语法介绍，下面对本章做一个小结。

◎ 万维网（World Wide Web）最初始于瑞士日内瓦的物理实验室为了能轻松访问远程共享的资源而开发出的一套系统。

◎ 万维网通过统一的方式来定位和打开各类资源，这个统一的方式就是超文本链接（HyperTextLink）。

◎ 超文本标记语言（HyperText Markup Language）是为了设计含有各类信息资源的超文本链接的 Web 页面而产生的。

◎ 每个页面都有一个唯一的地址，称为统一资源定位符（Uniform Resource Locator，URL）。

◎ Web 浏览器处理 HTML 页面的方式统称为解释或翻译。

◎ HTML 语言通常由成对的标签组成，单独的标签自身也具有关闭功能。

◎ HTML 文档的后缀必须是 html 或者 htm。

◎ HTML 文档是不区分大小写的，但是建议使用小写。

◎ JavaScript 和其他 Web 程序设计语言一样，都有相似的语法规则和良好的逻辑性和可读性。

1.4 问题

（1）万维网通过一个统一的方式来定位和打开各类资源，它是什么？

（2）每一个页面都有一个唯一的地址，它被称作什么？

（3）所有的 HTML 标签都是成对的吗？请举例说明。

（4）HTML 文档文本扩展名有什么要求？

（5）“<B>我是谁？</B>”和“<b>我是谁？</b>”的效果是一样的吗？

1.5　进阶练习

目的：用记事本制作一个 HTML 页面。

要求：

◎　利用所学的 HTML 知识，把能够想到的标签都用上。

◎　制作出一个丰富内容的页面，并用至少两种不同的浏览器查看运行效果。

◎　写出自己的体会。

1.6　问题解答

（1）超文本链接。

（2）统一资源定位符，简称 URL。

（3）不是所有 HTML 标签都是成对的，也有单独使用的，如
、<hr/>等。

（4）HTML 文件扩展名必须为 htm 或者 html。

（5）两个运行效果完全一样。

第 2 篇　了解 JavaScript

介绍了 JavaScript 在 Web 里所起的作用，如何把 JavaScript 嵌入到网页，同时对浏览器及其他的脚本语言也做了简单介绍。本篇重点讲解了一个完整的 JavaScript 程序的创建过程，使得读者跟随笔者的实例，对 JavaScript 有一个基本的了解。

第 2 章　了解 JavaScript

JavaScript 是一种轻型的解释性的脚本语言，是由 Web 浏览器内的解释器解释执行的程序语言。JavaScript 是在 1995 年出现的，主要为了进行用户输入的合法性验证，比如不允许空值、输入的字符超长、输入的内容不是要求的数字类型等。本章将从 JavaScript 的历史开始，逐渐介绍 JavaScript。

2.1　JavaScript 的发展史

在 1995 年以前，Web 页面的验证工作都是由服务器端的语言来完成的。用户输入的值通过网络传输到服务器端进行相应的处理后，再将结果返回到客户端。在当时的网络状况还不是很好的情况下，这显然不是个好办法（没有人希望看到在辛苦地填写完一个表提交单后，过了几十秒从服务器返回一句输入错误的提示）。Netscape Navigator 引入了 JavaScript，试图改善这种状况，当时被称为 LiveScript。随着 Navigator 2.0 的发行，LiveScript 被改名为 JavaScript 1.0。JavaScript 诞生后页面不再是一成不变的静态页面，增加了更多的用户交互、控制浏览器以及动态创建页面内容的诸多功能，最主要的是使合法性验证之类的工作在客户端就得以实现。

接着，微软公司也发行了用于 Internet Explorer 的 JavaScript 语言，被称为 JScript。随着浏览器版本不断更新，JavaScript 的版本也在更新，每个浏览器支持的版本都不一样，在编写 JavaScript 不得不考虑到不同浏览器的兼容性。欧洲计算机制造商联合会（EMCA），创造了一个国际通用的标准化版本的 JavaScript，即 EMCAScript。所以，为了编写出浏览器通用的 JavaScript 代码，应以这个版本为主要实现标准。

2.2　JavaScript 的作用

JavaScript 的诞生无疑给网页注入了新的活力，除了普通的表单验证外，还可以制作各种漂亮的页面特效，越来越多的网页使用了这一脚本语言。随着 Web 技术的发展和成熟，JavaScript 还被用在与服务器的通信上，也就是近年来越来越火的 Ajax 技术。

2.2.1　表单验证

JavaScript 最开始出现的目的就是为了解决验证方面的工作，这也正是 JavaScript 最基本和最重要的作用。下面将会结合实例来看看 JavaScript 在表单验证上的强大作用。

先来看一个简单的表单页面 2-1.html，这是一个简单的个人资料填写表单，表单里有四个输入框，分别是姓名、年龄、密码、重复密码和备注，如图 2.1 所示，这里对表单输入合法性规定如下。

（1）姓名栏不允许为空。

（2）年龄栏只允许输入阿拉伯数字。

（3）密码栏必须是 6 位，多或少都不行。

（4）密码重复栏必须和第一次输入的密码一致。

（5）对备注说明栏不作要求。

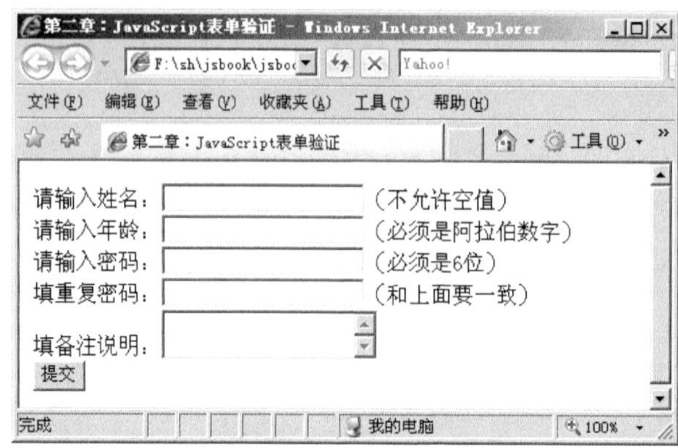

图 2.1　简单表单示例

为了实现以上的效果就需要借助 JavaScript。本例中编写了两个函数来实现验证，页面完整的代码如下所示。

```
<html>
<head>
<title>第二章：JavaScript 表单验证</title>
<script language="JavaScript">
<!--
//是否为数字验证函数
function isNumber(oNum){
    //oNum 变量不存在时，返回 false
    if(!oNum){
return false;
}
    var strP=/^\d+(\.\d+)?$/;
    //不符合验证标准时，返回 false
    if(!strP.test(oNum)){
        return false;
}
//使用 try...catch 语句来进行错误处理
    try{
        if(parseFloat(oNum)!=oNum){
            return false;
        }
    }catch(ex){
        return false;
    }
    return true;
}
//表单验证
function cheForm(){
    //验证姓名
    var myname = document.myform.myname.value;
```

```
    if( myname == "" ){
        alert("姓名不允许空值！");
        return false;
    }
    //验证年龄
    var myage = document.myform.myage.value;
    if( !isNumber(myage) ){
        alert("年龄必须是阿拉伯数字！");
        return false;
    }
    //验证密码
    var mypassword = document.myform.mypassword.value;
    var mypassword1 = document.myform.mypassword1.value;
    if( mypassword.length != 6 ){
        alert("密码必须是 6 位！");
        return false;
    }
    if( mypassword1 != mypassword ){
        alert("两次密码输入不一致！");
        return false;
    }
}
//-->
</script>
</head>
<body>
<form name="myform" onsubmit="return cheForm()">
请输入姓名：<input name="myname" type="text">（不允许空值）<br>
请输入年龄：<input name="myage" type="text">（必须是阿拉伯数字）<br>
请输入密码：<input name="mypassword" type="password">（必须是 6 位）<br>
填重复密码：<input name="mypassword1" type="password">（和上面要一致）<br>
填备注说明：<textarea name="myremark"></textarea><br>
<input name="sub" type="submit" value="提交">
</form>
</body>
</html>
```

其中 isNumber 函数是子函数，用来判断一个变量是否是数字。cheForm 是主函数，在判断年龄是否为阿拉伯数字时调用了 isNumber 函数。在验证不通过时，通过 alert 语句在页面中弹出提示框给用户相应的提醒。

下面，通过不同情况下的输入测试，来看看 JavaScript 表单验证是如何起作用的。

（1）不输入姓名，单击“提交”按钮，如图 2.2 所示。JavaScript 在进行验证时，发现不允许空值的姓名输入框中没有输入内容，则向用户发出提示，如图 2.3 所示。

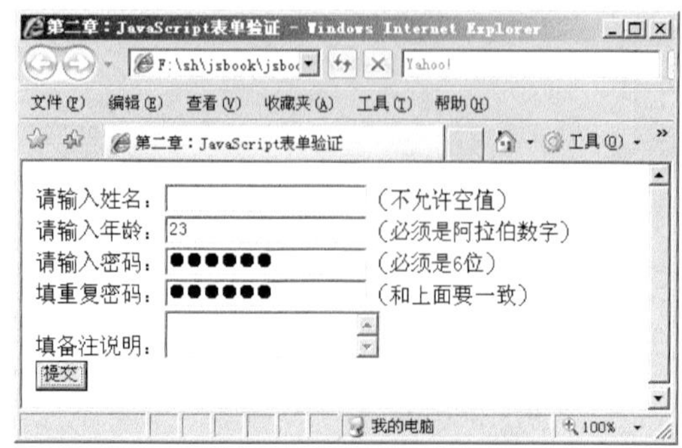

图 2.2　不输入姓名时情况

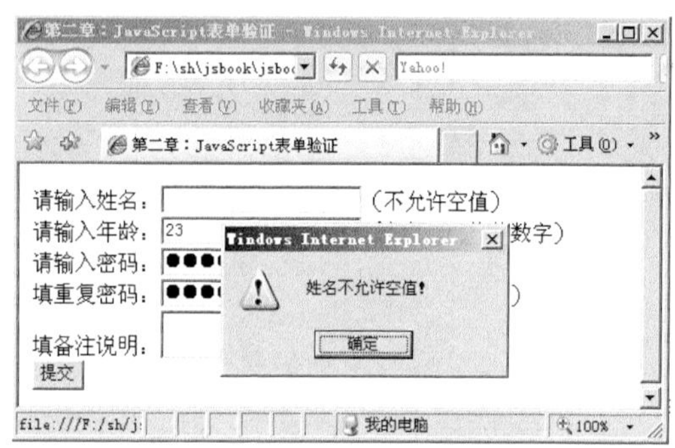

图 2.3　不输入姓名时提交时的合法性提示

（2）年龄处填写汉字，单击“提交”按钮，如图 2.4 所示。JavaScript 在进行验证时，发现输入的年龄值不是数字会向用户发出提示，如图 2.5 所示。

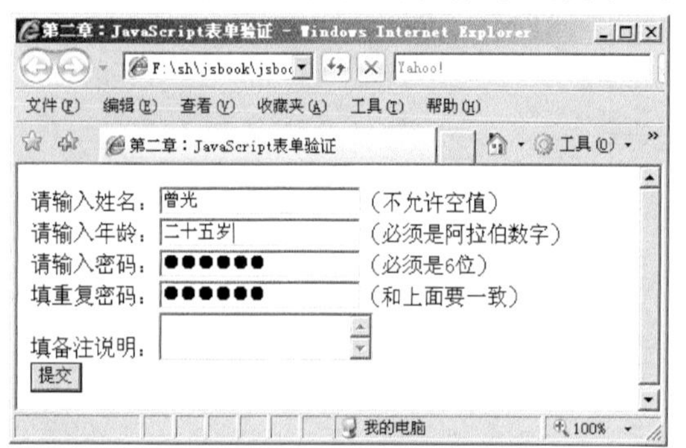

图 2.4　年龄处输入汉字

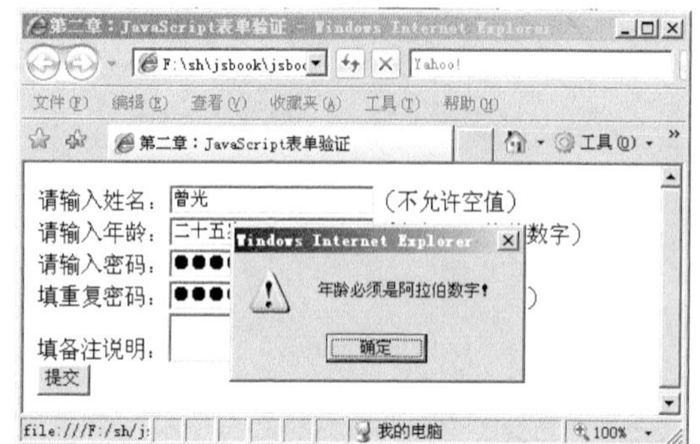

图 2.5　年龄处输入汉字时合法性提示

（3）在密码处输入 5 位密码后，单击“提交”按钮，如图 2.6 所示。JavaScript 在进行验证时，会发现位数不符合，而弹出提示框，如图 2.7 所示。

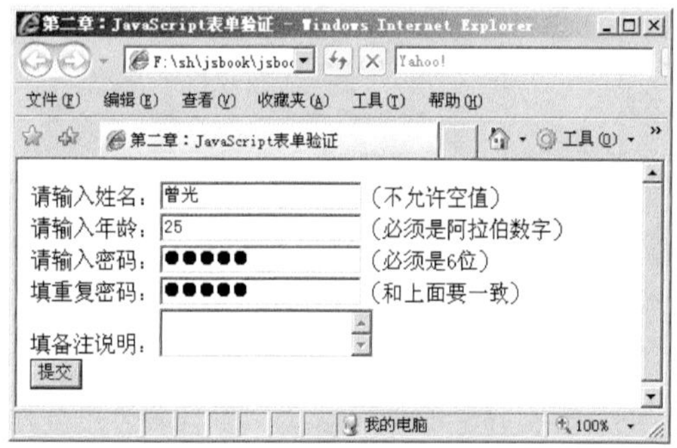

图 2.6　密码位数输入错误

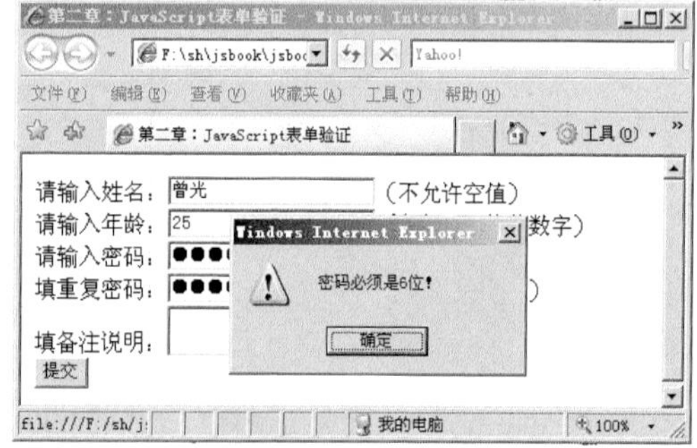

图 2.7　密码位数输入错误合法性提示

（4）两次密码输入不一致，单击“提交”按钮，如图 2.8 所示。JavaScript 在进行两次密码比对验证时发现不一致会弹出提示框，如图 2.9 所示。

通过以上四种情况的输入验证测试，应该对 JavaScript 的表单验证作用有了一定了解。感兴趣的读者可以把 2-1.html 文件输入要求稍作调整，对其中的 JavaScript 代码做相应的调整，来进行更为深入的体会。

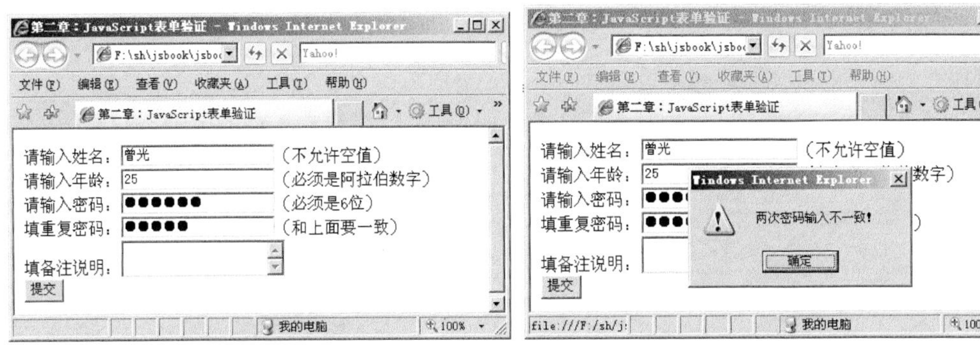

图 2.8　密码输入不一致　　图 2.9　密码输入不一致合法性提示

2.2.2　实现网页特效

除了最基本的表单验证外，JavaScript 还能在页面上实现一些复杂的效果，这些效果按照性质分类如下。

1．文字特效

文字效果有很多，常见的有闪烁文字、滚动文字、打字机效果、文字大小变化等。

图 2.10 为文字特效的效果图。HTML 文档见 2-2.html。

上图中，灰色的文字“欢迎访问我的网站！”从左至右变成红色。

2．鼠标特效

鼠标是浏览网页的重要工具，因此关于鼠标的特效是非常多的，常见的有鼠标点击（单击、双击、右击）和鼠标移上去后显示的特效、鼠标指针跟随文字或图片、鼠标键屏蔽等。

图 2.11 为鼠标特效的效果图，在鼠标的周围环绕着自定义文字“欢迎来到网站”，而且还会围绕鼠标旋转。HTML 文档见 2-3.html。

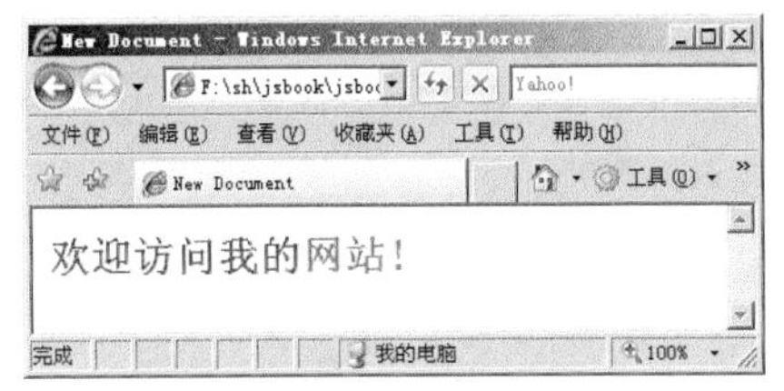

图 2.10　文字变色特效示例

图 2.11　鼠标特效示例

3．图片特效

图片的出现丰富了页面的组成，有关图片的特效也越来越多，常见的有图片抖动、图片若隐若现、图片缩放和图片轮换等。

图 2.12 中一张正常的图片被制作成随风飘动的旗帜效果。HTML 文档见 2-4.html。

4．页面特效

页面特效常见的有页面加载特效、页面滚屏、页面窗口大小改变等。

图 2.13 为页面加载效果，页面从中间往上下两端拉开，像幕布一样的效果。HTML 文档见 2-5.html。

图 2.12　图片旗帜飘动效果示例

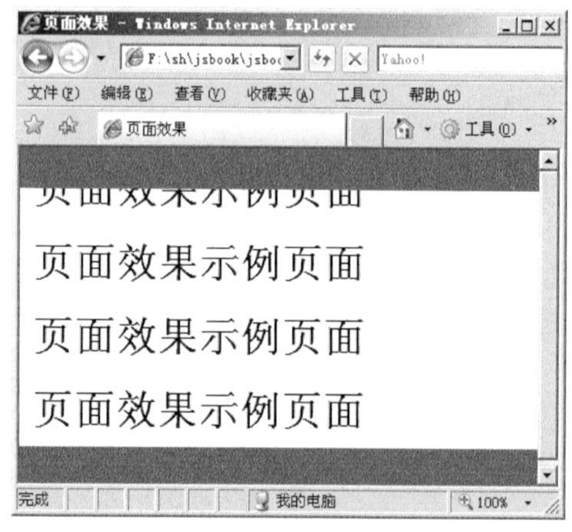

图 2.13　页面加载动画

5．时间特效

时间日期特效在网页上也很常见，比如日历显示、时间显示、倒计时、记住页面访问时间等。图 2.14 显示了一个日历，有农历和公历以及星期的显示，非常实用。HTML 文档见 2-6.html。

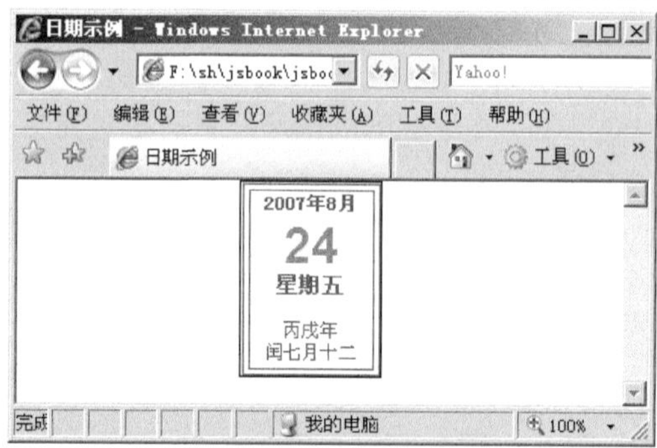

图 2.14　日历效果示例

6．状态栏特效

浏览器的状态栏主要是显示网页加载的信息，可以通过 JavaScript 实现在状态栏显示提示文字、显示时钟等特效。

图 2.15 是在状态栏中从右向左逐渐显示文字的效果。HTML 文档见 2-7.html。

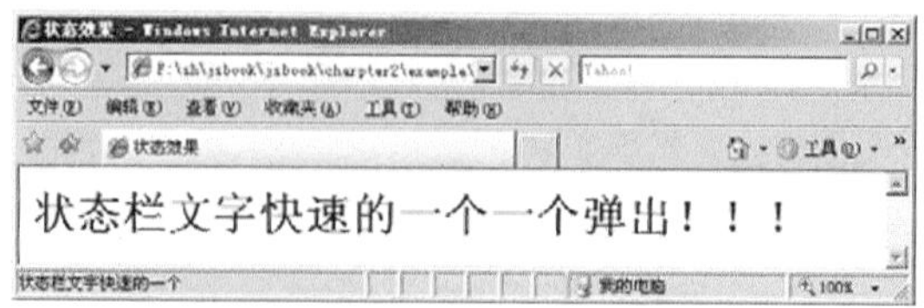

图 2.15　状态栏效果示例

7．导航特效

导航是网页一个很重要的组成部分，使用JavaScript来制作导航条能让导航更加方便，效果也比普通的文字导航好很多。

图2.16为导航示例，导航菜单最开始隐藏在页面的左边，只留下红色部分提供给用户，使导航菜单不至于挡住页面的其他内容，节省了空间。鼠标移到红色部分后导航菜单就会展开。HTML文档见2-8.html。

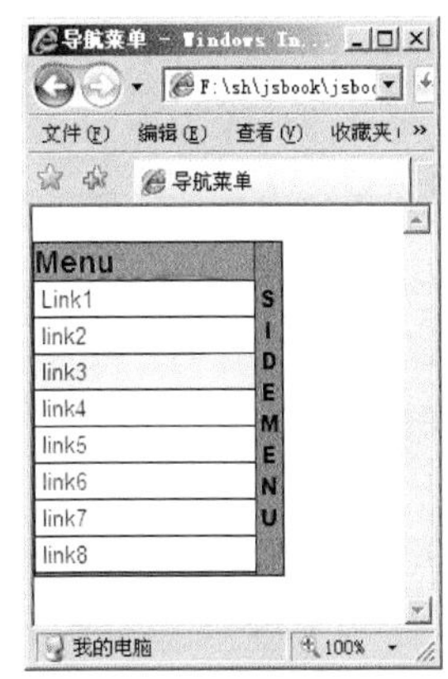

图2.16　导航菜单示例

8．综合特效

以上是一些常见的使用JavaScript制作的效果，分别在各个不同的方面实现了各种特效，但更多的时候，常常需要综合运用来达到需要的效果。

2.2.3　改善页面样式

页面的样式通常是通过样式表（CSS）来定义的。通过样式表，能够随着页面的加载定义页面元素的表现形式。但是有时要根据实际的情况，动态的改变页面的样式，这就需要用到JavaScript。比如单击某个按钮会使得某段文字的颜色改变；鼠标移到一个链接上会有不一样的样式效果；选择不同的选项后内容会切换显示等。

通过JavaScript来控制页面的样式增强了用户的体验性，这对制作一个友好的网页是很重要的。通常JavaScript做得最多的是控制颜色、图案、文字、可见性等。

下面是一个用JavaScript来控制可见性的例子，文档见2-9.html。图2.17是页面的初始状态，提供了一个男女性别的选择。在选择了男生选项后，页面的状态发生了改变，前面的性别选择提示文字被隐藏，同时男生选项部分显示，如图2.18所示。

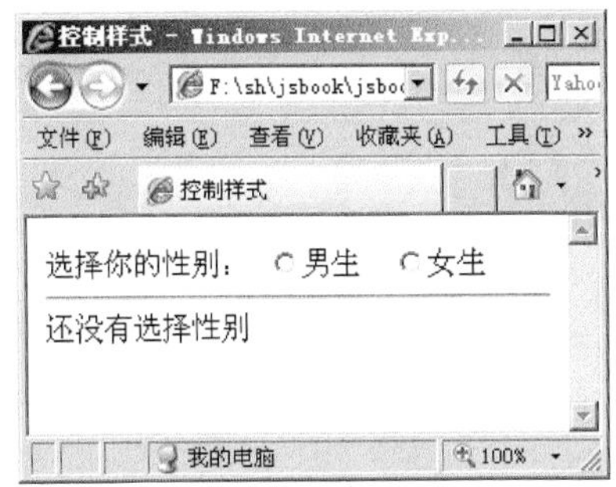

图2.17　页面初始状态

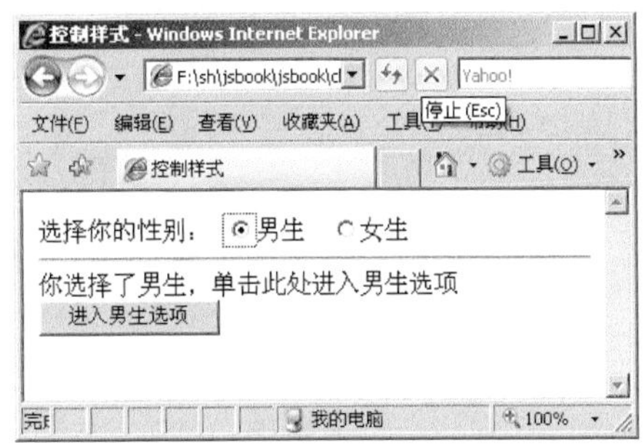

图2.18　选择了男生选项后

选中女生单选按钮后，前面的性别选择提示文字被隐藏，同时女生选项部分显示，男生部分隐藏，如图2.19所示。

通过JavaScript控制样式，可以使页面更加有趣生动，熟练地使用这一特性会使得页面的效果事半功倍。

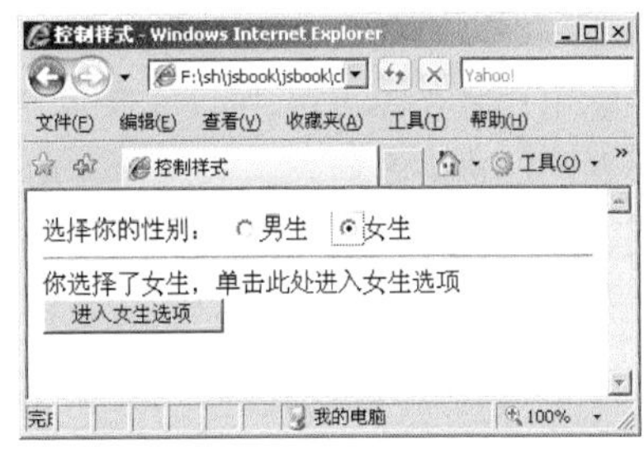

图2.19　选择了女生选项后

2.2.4 应用 Ajax

近年来，随着 Web 2.0 概念的出现，JavaScript 的一个高级应用 Ajax 也风靡起来。Ajax 技术并不是一个新的语言，是 JavaScript、XMLHTTP、CSS、XHTML、XML 等的一个综合应用。其优势主要体现在通过数据异步传输从而减少交互时间和改善用户体验等方面，颠覆了传统的 Web 应用中数据传输的方式（由同步改为异步）。正是因为这些优势，Ajax 技术被广泛地使用起来，甚至有的人怀疑这是互联网的另一场泡沫。但是，它本身的优势是毋庸置疑的，至于是否将这样一种技术应用到 Web 中去，就需要自己衡量了。

下面，先看看几个 Ajax 的实际应用，以便对 Ajax 的应用有所了解，本节只是对 Ajax 技术的简单介绍，具体的 Ajax 技术将在后面章节进行详细说明。

图 2.20 是一个通过 Ajax 技术实现数据异步加载的例子。可以看到，页面整个布局先加载完毕了，页面内产品列表区域和公司新闻区域的数据却还在加载，并显示了友好的动画小图和提示文字。整个页面的数据是异步加载的，也就是说，这两个区域的数据是分开加载的，可能在公司新闻的数据加载完后，产品列表的数据才加载完毕。通常情况下，整个页面必须等到所有数据加载完成后，页面才能够被正常访问。通过 Ajax 技术的运用，页面的多块区域能分时异步加载。

从图 2.21 可以看到，其中的产品列表信息加载完毕了，而公司新闻部分还在加载。这样就不会像通常情况下一样要等待所有数据全部加载完成，变相地减少了等待时间，这无疑是访问者最看重的。

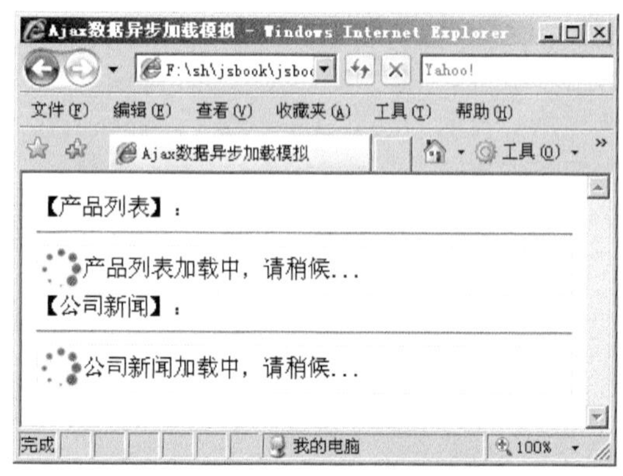

图 2.20 Ajax 实现数据异步加载示例

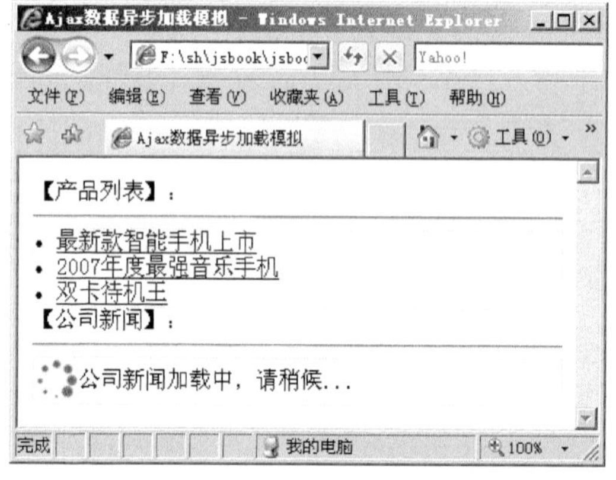

图 2.21 Ajax 数据异步加载情况

下面再来看一个关于新用户注册的例子，如图 2.22 所示。

用户注册对需要判断用户名是否被占用，一般的做法是提交到服务器端进行验证，然后返回信息。较好一点的做法是在用户名后面放一个按钮，单击后会弹出一个单独的用户名验证页面来显示用户名是否可用。但是，上面两种方式都在无形中增加了用户的操作。使用 Ajax 技术，可以很好的解决这个问题。当用户在用户名文本框中输入用户名后，开始填写其他信息时，通过应用 Ajax 技术，可以实时的对用户名进行验证并在页面上显示文字提示，如图 2.23 所示。

当用户名被占用时，用户名文本框后面的文字内容提示也变了，并以加粗红色显示。整个过程中并不需要用户做什么额外的操作。

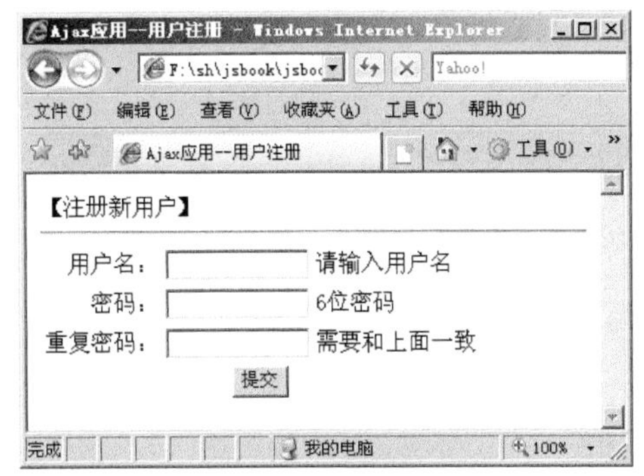

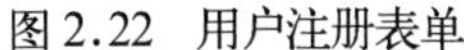
图 2.22　用户注册表单

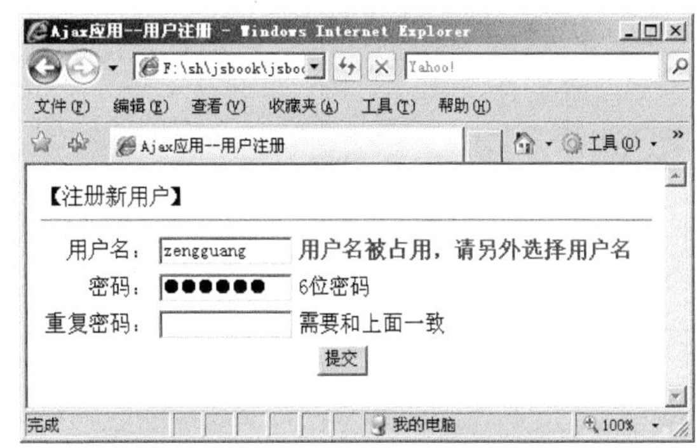

图 2.23　通过 Ajax 异步验证用户名的合法性

2.3　使用 JavaScript

本节将介绍的内容包括在网页嵌入的 JavaScript 标签“<script>...</script>”；如何将一段 JavaScript 嵌入网页并运行它；如何编写一个的 JavaScript 文件并在网页里引用以及如何使用 JavaScript 的事件。

2.3.1　认识<script>标签

JavaScript 是嵌入到 HTML 文档里才得以执行的，HTML 文档主要由标签组成，因此要认识<script>这个标签。通过<script>和</script>这对标签，可以将 JavaScript 脚本嵌入到 HTML 页面中。在说明这个标签的细节之前，先来看一段前面的例子 2-9.html 的代码。

```
<html>
<head>
<title>控制样式</title>
<script language="JavaScript">
<!--
//判断单击类型做相应样式控制
function checkType(f){
    //获得需要控制的对象
    var div0 = document.getElementById("div0");
    var div1 = document.getElementById("div1");
    var div2 = document.getElementById("div2");
    //根据 f 标记变量值进行样式控制
    if( f == 1 ){
        div0.style.display = "none";
        div1.style.display = "block";
        div2.style.display = "none";
    }else{
        div0.style.display = "none";
        div1.style.display = "none";
        div2.style.display = "block";
    }
}
//-->
```

```
    </script>
    </head>
    <body>
    选择你的性别:
    <input name="mytype" type="radio" value="1" onclick="checkType(1)">男生
 
    <input name="mytype" type="radio" value="2" onclick="checkType(2)">女生
    <hr>
    <div id="div0">
    还没有选择性别
    </div>
    <div id="div1" style="display:none;">
    你选择了男生，单击此处进入男生选项<input name="" type="button" value="进入男生选
项">
    </div>
    <div id="div2" style="display:none;">
    你选择了女生，单击此处进入女生选项<input name="" type="button" value="进入女生选
项">
    </div>
    </body>
    </html>
```

在上面的代码中，当用户单击性别时，会用 JavaScript 通过改变页面元素的可见性，来切换显示不同的内容。在代码的前面部分，使用了<script>标签将实现这一功能的 JavaScript 代码嵌入到了网页中。一般来说，JavaScript 都是嵌入到<head>和</head>中间，如果有特殊的需要，也可以将 JavaScript 代码嵌入到页面的任何位置，甚至是最开始和最结束部分。现在的绝大部分浏览器都能够很好的处理这种不规范的嵌入，最后实现的效果与按照标准嵌入方式实现的效果没什么两样。

在<script>后以及</script>标签之前可以看到这样的两段代码“<!--”和“//-->”。有基础的读者会知道<!-- ...-->这对标签是用来对 HTML 代码进行注释的，包括在标签内的语句不会显示，这里的<!--和//-->并不是为了注释。有的浏览器并不支持 JavaScript（现在的浏览器几乎都支持了，不过这里只是说明较早时候的情况），这个时候<script>和</script>之间的代码就会被当作文本内容直接显示到页面中，为了不把 JavaScript 代码显示给用户，因为和页面内容毫无相关的代码会给用户带来极大的困惑，这个时候可以使用<!--和//-->将 JavaScript 代码包含起来，让不支持 JavaScript 的浏览器忽略过这一段代码。

2.3.2 嵌入网页

下面学习一个最简单的 JavaScript 函数 alert()，这个函数的一个用法示例如下。

```
alert("内容");
```

该函数的功能是在网页中弹出一个包含了“确定”按钮的提示框，其中双引号部分的内容会显示在提示框中。单击“确定”按钮后，提示框会关闭。

现在，将这个最简单的语句嵌入到页面里，要使用<script>标签，嵌入后 HTML 代码如下。HTML 文档见 2-10.html。

```
<html>
```

```
<head>
<title>嵌入 JavaScript </title>
<script language="JavaScript">
<!--
alert("你好！");
//-->
</script>
</head>
<body>
</body>
</html>
```

运行上面的代码会看到页面的一个提示框，如图 2.24 所示。

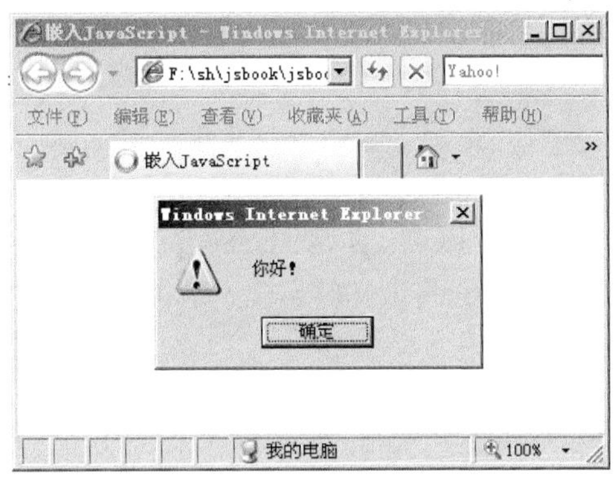

图 2.24　简单的 JavaScript 嵌入

当然，上面仅仅是最简单的一个嵌入示例，随着学习的不断深入，掌握的代码会越来越复杂，实现的功能也会更多。

2.3.3　使用 JavaScript 文件

当 JavaScript 的代码较少时，完全可以使用<script>标签将代码嵌入到页面中，而且也很方便。但是，当页面中需要嵌入的 JavaScript 代码很多时，直接嵌入到页面中会让整个页面的可读性变得比较复杂。因此，可以将篇幅较多的 JavaScript 代码保存一个单独的文件中，然后在 HTML 文档里进行引用，这样才能保持页面的清晰性。

当然，使页面变得清晰易读，并不是引用 JavaScript 文件的主要意义。更大的意义在于这样的方式使代码能够重复使用，而不需要在每个页面中都加上同样的代码，只要写在同一个文件里然后引用即可。这种方式减少了维护的工作量，当需要调整代码时，只要修改这个文件即可，不需要在每个页面都进行同样的修改。

同时，使用文件引用的方式还可以把不同功能的 JavaScript 分成若干个独立的文件，这将使得整个网页的结构变得清晰，修改和调整网页时也更有针对性。

引用单独 JavaScript 文件的标签仍然是<script>，但是使用方法略有不同，要用这个标签的 src 属性来指定 JavaScript 文件的路径，可以是绝对路径，也可以是相对路径。

如将例子 2-10.html 改为单独文件引用方式，要把一个文件分解为两个文件，一个是 JavaScript 代码文件 alert.js，一个是 HTML 文件 2-11.html。

alert.js 代码如下。

```
<!--
alert("你好！");
//-->
```

就是把前面的<script>和</script>中间的代码连同<!--和//-->提取了出来。

2-11.html 如下。

```
<html>
<head>
<title>嵌入 JavaScript </title>
<script src="alert.js"></script>
</head>
<body>
</body>
</html>
```

使用<script>标签的 src 属性，指定了 alert.js 文件的路径（和 2-11.html 处于同一目录）。使用浏览器打开 2-11.html 后，会发现效果和上一小节的相同。

JavaScript 文件使用了 js 作为扩展名（js 是 JavaScript 的缩写），也可以使用其他的扩展名，因为只要是通过<script>来引用，就会将该文件当作一个 JavaScript 文件来使用。读者可以尝试着使用其他的扩展名，再试试效果。

2.3.4 使用事件

在 HTML 文档中用 JavaScript 实现各种各样效果，离不开一个重要的途径——事件。事件是 JavaScript 时刻监视的某些特定条件，当 JavaScript 发现这些条件发生后，便会根据具体的代码对事件进行响应。比如单击某个按钮就触发了这个按钮的 click（单击）事件；将光标移到某个输入框中，就触发了这个输入框的 focus（获得焦点）事件。除了上述由用户的行为来触发的事件外，JavaScript 也响应某些不由用户触发的事件，如整个 HTML 页面加载完毕后的 load（加载）事件。

事件使操作 JavaScript 更加方便，可以按照实际需要针对不同的事件编写事件处理代码，从而实现不同的功能。这里主要的目的是简单了解事件，并不会对事件的使用讲解得很详细，关于事件更全面的内容，将会在后面的章节介绍。

本例中会接触到两个事件，一个是按钮的 click 事件，一个是输入框的 focus 事件。具体流程如下所示。

（1）当用户将光标移动到输入框时，会触发 focus 事件并给用户一个简单提示。

（2）当用户单击按钮时，会触发 click 事件也给用户一个简单提示。

例子的代码如下所示，HTML 源文件见 2-12.html。

```
<html>
<head>
<title>事件示例</title>
</head>
<body>
<input name="txt" type="text" onfocus="alert('请在此输入姓名！')"><br>
```

```
    <input name="sub" type="button" value="确定" onclick="alert('你单击了按钮')">
    </body>
    </html>
```

在上面的代码中分别给输入框和按钮增加了事件触发代码，代码写在了相应的 HTML 标签中。对于需要触发的事件，使用了前缀 on 加上相应事件名称的方式来组成事件触发代码，用来表示当事件被触发时的意思，紧接着的等号后面的内容就是事件触发程序的具体内容，即该事件被触发后要做的事情。

（1）页面加载完毕后的情况如图 2.25 所示，定义了触发事件的输入框和按钮看起来没有什么不同。

（2）当把光标移动到输入框之中后，立即响应了 focus 事件，并按照事先定义的内容显示出一个提示，如图 2.26 所示。

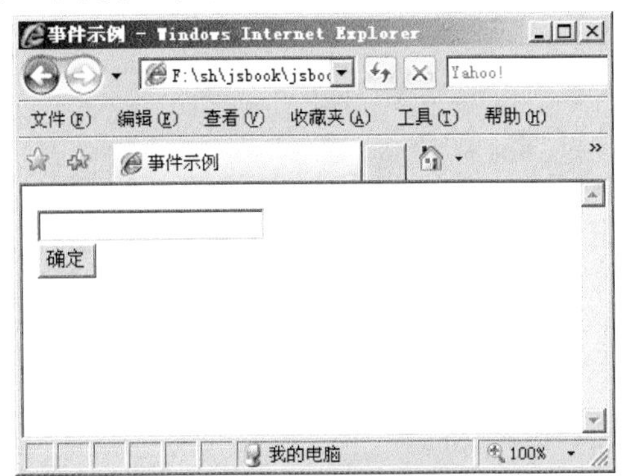

图 2.25　定义了触发事件的输入框和按钮

图 2.26　输入框的获取焦点事件被触发

（3）单击按钮后，按钮的 click 事件被触发，弹出了定义好的提示，如图 2.27 所示。

图 2.27　按钮的单击事件被触发

通过这个例子，学习了如何控制 JavaScript 按照用户的意愿运行。本书最终的目的就是要学习并完全掌控 JavaScript。同时，还应该明白 JavaScript 的事件处理是非常重要的，在以后的学习中还可以体会到 JavaScript 事件处理的强大。

2.4 浏览器与 JavaScript

随着 Internet 的发展，很多公司也都开发出了自己的浏览器，不同的浏览器又有多个不同的版本，它们对 JavaScript 的支持也不尽相同，同样的 JavaScript 代码在不同的浏览器上运行的效果可能是不一样的。与此同时，JavaScript 也在不断的发展，版本也不断的更新。为了能对浏览器与 JavaScript 之间的兼容性有所了解，下面对它们之间的关系进行说明。

2.4.1 简单认识文档对象模型

文档对象模型（Document Object Model，DOM）是表示文档（如 HTML 文档）和访问、操作构成文档的各种元素（如 HTML 标记和文本串）的应用程序接口（API）。DOM 把整个页面规划成为由节点分层级构成的文档。为了直观的理解，下面来看一个简单的 HTML 页面。HTML 文档见 2-13.html。

```
<html>
    <head>
        <title> DOM 示例</title>
    </head>
    <body>
        <h1> DOM 示例</h1>
        <p>
            简单的
            <b>DOM</b>
            示例页面
        </p>
    </body>
</html>
```

为了更好地理解 DOM 的节点和层次的概念，这里特意将代码做了缩进处理，使代码结构层次更加清晰。这个文档的树形表示如图 2.28 所示。

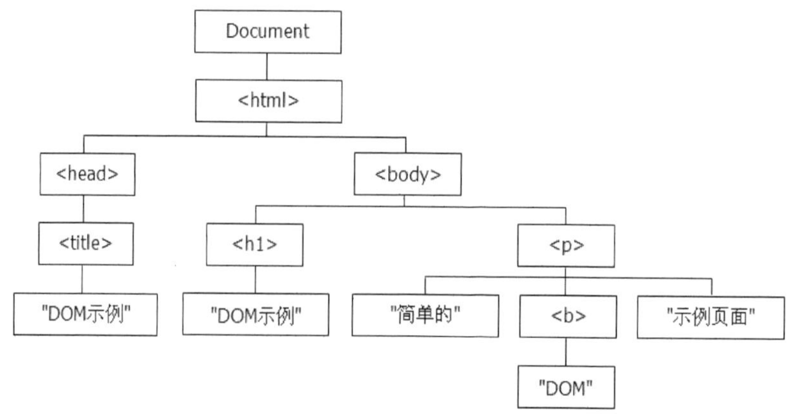

图 2.28 一个简单 HTML 页面的树形表示

DOM 通过创建树来表示一个 HTML 文档，从而使控制文档内容及结构变得异常的容易。使用 DOM 可以非常容易的创建、删除或者更新一个节点。

2.4.2　JavaScript 的版本

在 JavaScript 发展的历程中，各个浏览器公司都发布了不同的版本，其中微软公司发布了 JavaScript 的相似版本 Jscript，ECMA 也发布了若干个版本。

下面，对各个版本的 JavaScript 进行了列举，并且对各个版本做了简要的说明，如表 2.1 所示。

表 2.1　JavaScript 的版本列表

版本	说明
JavaScript 1.0	JavaScript语言的原始版本，由Netscape2实现，目前已经基本上被废弃
JavaScript 1.1	引入了真正的Array对象，消除了大量重要的错误，由Netscape3实现
JavaScript 1.2	引入了switch语句、正则表达式和大量其他特性，基本上符合ECMA v1，但是还有一些不兼容，由Netscape 4实现
JavaScript 1.3	修正了JavaScript 1.2的不兼容性，符合ECMA v1。由Netscape 4.5实现
JavaScript 1.4	只在Netscape的服务器产品中出现
JavaScript 1.5	引入了异常处理，符合ECMA v3。由Mozilla和Netscape 6实现
Jscript 1.0	基本上相当于JavaScript 1.0，由IE 3的早期版本实现
Jscript 2.0	基本上相当于JavaScript 1.1，由IE 3的后期版本实现
Jscript 3.0	基本上相当于JavaScript 1.3，符合ECMA v1，由IE 4实现
Jscript 4.0	还没有任何Web浏览器实现它
Jscript 5.0	支持异常处理，部分符合ECMA v3，由IE 5实现
Jscript 5.5	基本上相当于JavaScript 1.5，完全符合ECMA v3，由IE 5.5和IE 6实现
ECMA v1	JavaScript语言的一个标准版本，标准化了JavaScript 1.1的基本特性，并添加了一些新特性。没有标准化switch语句和正则表达式。与JavaScript 1.3和Jscript 3.0的实现一致
ECMA v2	该标准的维护版本，添加了说明，但没有定义任何新特性
ECMA v3	标准化了switch语句、正则表达式和异常处理。与JavaScript 1.5和Jscript 5.5的实现一致

2.4.3　不同浏览器的支持

DOM 在浏览器实现之前就已经成为了一个标准。微软公司的 Internet Explorer 5.0 开始首次支持 DOM，但是一直到 5.5 版本才真正支持 DOM。Opera 也是到了 7.0 版本才开始支持 DOM。目前对 DOM 支持最好的浏览器是 Mozilla Netscape，它是在 6.0 开始支持 DOM 的。Mozilla 的开发人员们正朝着与标准 100%兼容的目标而不断努力。

不同的浏览器除了对 DOM 的支持不一样外，对 JavaScript 的支持也有所不同。现将各种浏览器对 JavaScript 的支持及 DOM 的功能对比列举出来，如表 2.2 所示。

表 2.2　各种常见浏览器支持的 JavaScript 及 DOM 功能列表

浏览器版本	JavaScript版本	DOM功能
Netscape 2	JavaScript 1.0	表单操作
Nctscape 3	JavaScript 1.1	图像翻转
Netscape 4	JavaScript 1.2	具有层的DHTML
Netscape 4.5	JavaScript 1.3	具有层的DHTML
Netscape 6/Mozilla	JavaScript 1.5	对W3C DOM标准的大量支持，废止了对层的支持

（续表）

浏览器版本	JavaScript版本	DOM功能
IE 3	Jscript 1.0/2.0	表单操作
IE 4	Jscript 3.0	图像翻转，具有document.all[]性质的DHTML
IE 5	Jscript 5.0	具有document.all[]性质的DHTML
IE 5.5	Jscript 5.5	部分支持W3C DOM标准
IE 6	Jscript 5.5	部分支持W3C DOM标准，缺乏对W3C DOM标准的事件模型的支持

2.4.4 指定 JavaScript 版本

使用<script>...</script>标签能够将 JavaScript 嵌入到网页，或把 JavaScript 文件引用到页面上来。同时，也可以使用这个标签来定义 JavaScript 的版本，以便在合适的浏览器版本中使用合适的 JavaScript 版本。

这就需要用到<script>标签的另一个属性 language，使用这个属性可以定义 JavaScript 的版本，代码如下。

```
<script language="JavaScript1.1">
<!--
alert("使用 JavaScript1.1 版本。");
//-->
</script>
```

当然，随着浏览器对 JavaScript 版本的不断支持，在标签中指定 JavaScript 版本的意义显得意义不大。因此，大多数情况下可以省略掉版本号，例如下面所示的代码。

```
<script language="JavaScript">
<!--
alert("不需要指定 JavaScript 版本。");
//-->
</script>
```

以上代码在各大浏览器中运行的效果是完全一致的。

2.5 其他常用脚本和技术

在 Web 上，除了 JavaScript 和 HTML 以外还有很多其他的脚本语言，它们各有特色。下面就来对 Web 上常用的脚本和技术进行简单的介绍。

2.5.1 VBScript 语言

VBScript 与 JavaScript 一样，也是脚本语言。它是微软公司出品的程序开发语言 Visual Basic 家族的成员，它将脚本运用到更加广泛的地方，包括 Microsoft IE 中的 Web 客户机 Script 以及 Microsoft IIS 中的 Web 服务器 Script。

如果对 Visual Basic 有所了解，那么就能很快的熟悉 VBScript。

与 JavaScript 相似，VBScript 同样是要嵌入到 HTML 文档中的，也同样是借助<script>标签，只是要设置 language 属性为 VBScript，代码如下。

```
<script language="VBScript">
```

VBScript 的语法与 Visual Basic 一致。下面就是一段完整的 VBScript 代码，HTML 文档见 2-14.html。

```
<html>
<head>
<title>VBScript 示例</title>
<script language="VBScript">
<!--
//单击按钮函数
function clickBtn()
    msgbox "VBScript 示例：您单击了按钮"
end function
//-->
</script>
</head>
<body>
<input name="sub" type="button" value="请单击我" onclick="clickBtn()">
</body>
</html>
```

在上述代码中，函数的定义方式采用了与 JavaScript 不同的语法。图 2.29 为在网页中单击了按钮的情况。

图 2.29　VBScript 示例

由图 2.28 可以看出，VBScript 的提示框与 JavaScript 的提示框也有一些小的差别。

2.5.2　Java 语言

首先要说明的是，Java 和 JavaScript 不是一个概念，虽然它们的名字里都包含着 Java 这几个字母。

Java 是 Sun 公司推出的一种编程语言，是一种通过解释方式来执行的语言，语法规则和 C++ 类似。同时，Java 也是一种跨平台的程序设计语言。用 Java 语言编写的程序叫做 Applet(小应用程序)，用编译器将它编译成类文件后，可以将它嵌入到 Web 页面中，用户只要装上 Java 的客户端软件就可以在网页上直接运行 Applet。

Java 非常适合于企业网络和 Internet 环境，现在已成为 Internet 中最受欢迎、最有影响的编程语言之一。

Java 有许多值得称道的优点，如简单、面向对象、分布式、解释性、可靠、安全、结构中立性、可移植性、高性能、多线程、动态性等。Java 摒弃了 C++中一些弊大于利的功能和许多很少用到的功能，可以运行于任何微处理器，用 Java 开发的程序可以在网络上传输，并运行于任何客户机上。

Java 和 JavaScript 可以相互进行调用，这部分内容将在后面的章节里详细讲解。

2.5.3 ASP 和 ASP.NET 语言

ASP 是 Active Server Page 的缩写，意为“活动服务器网页”。ASP 是微软公司开发的代替 CGI 脚本程序的一种应用，它可以与数据库及其他程序进行交互，是一种简单方便的编程工具。ASP 是一种服务器端脚本编写环境，可以用来创建和运行动态网页或 Web 应用程序，现在常用于各种动态网站。ASP 文件中可以包含 HTML 标记、普通文本、脚本语言以及 COM 组件等。ASP 的网页文件的后缀是.asp。与 HTML 相比，ASP 网页具有以下特点：

◎ 利用 ASP 可以突破静态网页的一些功能限制，实现动态网页技术。

◎ ASP 文件是包含在 HTML 代码所组成的文件中的，易于修改和测试。

◎ 服务器上的 ASP 解释程序会在服务器端运行 ASP 程序，并将结果以 HTML 形式传送到客户端浏览器上，因此使用各种浏览器都可以正常浏览 ASP 所产生的网页。

◎ ASP 提供了一些内置对象，这些对象可以使服务器端脚本功能更强。例如可以从 Web 浏览器中获取用户通过 HTML 表单提交的信息并在脚本中对这些信息进行处理，然后向 Web 浏览器发送处理结果。

◎ ASP 可以使用服务器端 ActiveX 组件来执行各种各样的任务，例如存取数据库、发 Email 或访问文件系统等。

◎ 由于服务器是将 ASP 程序执行的结果以 HTML 格式传回客户端浏览器，因此使用者不会看到 ASP 所编写的原始程序代码，可防止 ASP 程序代码被窃取。

ASP.NET 是建立在微软新一代以平台架构上的，利用普通语言运行时（Common Language Runtime）在服务器后端为用户提供了建立强大企业级 Web 应用服务的编程框架。

ASP.NET 与现存的 ASP 保持了语法兼容。实际上可将现有的 ASP 文件的扩展名“.asp”改为“.aspx”，然后配置在支持 ASP.NET 运行的 IIS 服务器的 Web 目录下，即可获得 ASP.NET 运行时的全部优越性能。

ASP.NET 与 ASP 的主要区别在于前者是编译（Compile）执行，而后者是解释（Interpret）执行，前者比后者更有效率。实际上，可以把 ASP.NET 的执行过程看做是编译后的普通语言，当运行代码时，充当一个和前端浏览器中间件用户交互的应用程序，它接受用户的请求，并输出 HTML 流到客户端显示。除此之外，ASP.NET 还可以利用.Net 平台架构的诸多优越性能，如类型安全、对 XML、SOAP、WSDL 等 Internet 标准的强健支持。

2.5.4 PHP 语言

PHP 是一个基于服务端来创建动态网站的脚本语言，可以用 PHP 和 HTML 生成网站页面。当一个访问者打开主页时，服务端便会执行 PHP 的命令，并将执行结果发送至访问者的浏览器中。这类似于 ASP，然而 PHP 和它们不同之处在于 PHP 是开放源码和跨越平台的，它可以运行在 Windows NT 和多种版本的 UNIX 上。PHP 不需要任何预先处理就可以快速地反馈结果，它也不需要 mod_perl 的调整来减小服务器的内存映象。PHP 消耗的资源较少，当 PHP 作为 Apache Web 服务器一部分时，运行代码并不需要调用外部二进制程序，服务器不需要承担任何额外的负担。

除了能够操作页面外，PHP 还能发送 HTTP 的标题，可以设置 Cookie（用来让 Web 页面记住一些信息，这些信息通常经过一定的编码加密后，存放在用户的本地硬盘上），还可以管理数字签名和重定向用户，而且它还提供了极好的连通性到其他数据库（还有 ODBC），集成各种外部库来做用 PDF 文档解析 XML 的任何事情。

有了 PHP 就无需特殊的开发环境和 IDE，以<?php 作为程序块的开始，以?>作为 PHP 代码块的结束。当然也可以用<% %>标记，甚至是<script language="php"></script>标签来配置 PHP，PHP 会在那些标志间处理所有的事情。

PHP 编程语言类似与 C 和 Perl。在使用它们之前不需要事先声明任何变量，而且建立数组和 Hash 也是很简单的事情。PHP 还有一些面向对象的特征，可以为组织和打包代码提供很好的帮助。

虽然 PHP 在 Apache 里能快速运行，但是在 PHP 网站里也有一些用来对 Microsoft IIS 和 Netscape Enterprisc Server 无缝结合的指令集。如果还没有 PHP 的话，可以在 http://www.php.com 下载，也可以使用操作手册，它里边包括了所有关于 PHP 的功能和特性的说明。

2.6 小结

本章从 JavaScript 的历史谈起，说明了 JavaScript 的作用及 JavaScript 是如何在 HTML 页面中发挥作用的，同时还介绍了其他的 Web 程序和脚本。下面对本章做一个小结。

◎ 欧洲计算机制造商联合会（EMCA）创造了一个国际通用的标准化版本的 JavaScript——EMCAScript。
◎ JavaScript 最开始出现的目的就是为了解决验证方面的工作。
◎ JavaScript 的主要作用体现在表单验证、网页特效、控制样式、Ajax 应用等方面。
◎ Ajax 技术并不是一个新的语言，是综合了 JavaScript、XmlHttp、CSS、XHTML、XML 等的一个综合应用。
◎ 通过<script>和</script>这对标签，可以将 JavaScript 脚本嵌入到 HTML 页面中。
◎ 使用<!--和//-->将 JavaScript 程序段包含起来，可以让不支持 JavaScript 的浏览器忽略过这一段代码。
◎ 使用<script>标签的 src 属性来指定 JavaScript 文件的路径，可以使用外部的 JavaScript 文件。
◎ 事件是 JavaScript 时刻监视的某些特定条件，当 JavaScript 发现这些条件发生后，便会根据具体的代码来对事件进行响应。
◎ 除了由用户的行为来触发的事件外，JavaScript 也响应某些不由用户触发的事件，比如整个 HTML 页面加载完毕后的 load（加载）事件。
◎ 文档对象模型（Document Object Model,DOM）是表示文档（如 HTML 文档）和访问、

操作构成文档的各种元素（如 HTML 标记和文本串）的应用程序接口（API）。

◎ 使用<script>标签的 language 属性可以定义 JavaScript 的版本。

◎ Web 上常见的脚本和技术有 VBScript、Java、ASP/ASP.NET 以及 PHP 等。

2.7 问题

（1）谁创造了一个通用的 JavaScript 版本？这个版本叫做什么？

（2）JavaScript 最开始出现的目的主要是为了解决什么问题？

（3）JavaScript 的主要作用体现在那几个方面？

（4）近年来流行的 Ajax 是一种语言吗？

（5）使用什么标签能把 JavaScript 代码嵌入到 HTML 页面中？

（6）<script>这个标签都有什么常见属性？每个属性的意义是什么？

（7）事件是什么？有什么作用和意义？JavaScript 只响应用户发起的事件吗？

（8）DOM 是什么？有什么意义？

（9）列举几个 Web 上常见的脚本和技术语言。

2.8 进阶练习

目的：制作一个包含 JavaScript 的 HTML 页面。

要求：

◎ 页面至少要有一个输入框及按钮。

◎ 需要包含一段 JavaScript 代码。

◎ 参照本章的讲解，给按钮增加一个单击事件。

◎ 单击事件要对输入框的内容进行验证，验证规则可自行选择。

◎ 验证结果通过弹出提示方式来实现（使用 alert()函数）。

2.9 问题答案

（1）欧洲计算机制造商联合会（EMCA）创造了一个通用的 JavaScript 版本，称为 EMCAScript。

（2）验证工作。

（3）表单验证、网页特效、控制样式以及 Ajax 应用。

（4）Ajax 不是一种语言，而是 JavaScript、CSS、XML、XMLHTTP、XHTML 等多种语言和技术的综合应用。

（5）使用<script>和</script>能把 JavaScript 嵌入 HTML 页面中。

（6）这个标签的常用属性有 src 和 language。src 属性可以指定引用的外部 JavaScript 文件的地址，地址可以是相对路径，也可以是绝对路径。language 属性可以指定 JavaScript 版本，在 IE 中还能指定其他嵌入的脚本语言。

（7）事件是 JavaScript 时刻监视的某些特定条件，当 JavaScript 发现这些条件发生后，便会根据具体的代码来对事件进行响应。事件使操作 JavaScript 更加方便灵活。JavaScript 除了响应用户发起的事件外，还会响应用户之外的事件，比如页面加载等。

（8）文档对象模型（Document Object Model，DOM）是表示文档（如 HTML 文档）和访问、操作构成文档的各种元素（如 HTML 标记和文本串）的应用程序接口（API）。DOM 通过创建树来表示一个 HTML 文档，从而使控制文档内容及结构变得异常的容易。

（9）VBScript、ASP、ASP.NET、Java、PHP 等。

第 3 章　创建 JavaScript 程序

经过前面的介绍，读者对 JavaScript 已经有了一定的认识，也应该对 JavaScript 在 Web 页面的作用有所了解。但是，在前面并没有真正的讲解如何从头开始编写一段 JavaScript 程序，下面就开始这一期盼已久的任务。

3.1　常用工具介绍

工欲善其事，必先利其器。在编写网页及 JavaScript 程序之前，应该选择一个好的适合自己的工具。那样一定会起到事半功倍的效果，反过来将会浪费大量的时间在其他无关紧要的地方。下面将介绍几个常见的工具，以便读者根据自己的情况进行挑选。

3.1.1　使用记事本

记事本是 Windows 操作系统自带的一个纯文本编辑软件，用它可以来编辑纯文本文件、HTML 文档、JavaScript 程序和其他各种类型的文本文件，其界面如图 3.1 所示。

（1）记事本的启动：要打开记事本，不同的操作系统步骤会略有不同。在 Windows XP 操作系统中打开的方法是选择“开始菜单”→“所有程序”→“附件”→“记事本”命令，如图 3.2 所示。

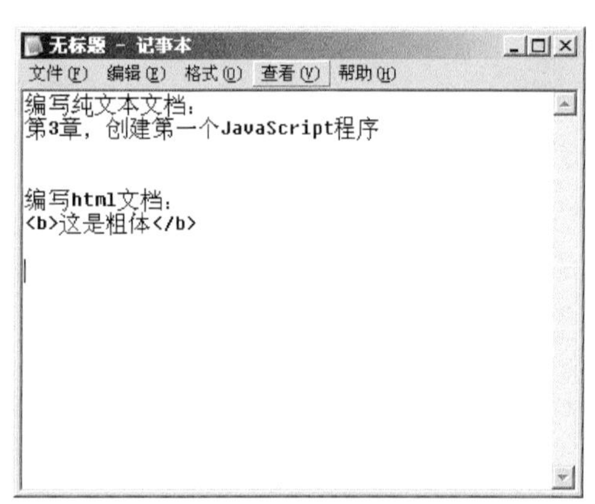

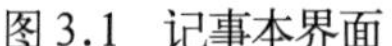
图 3.1　记事本界面

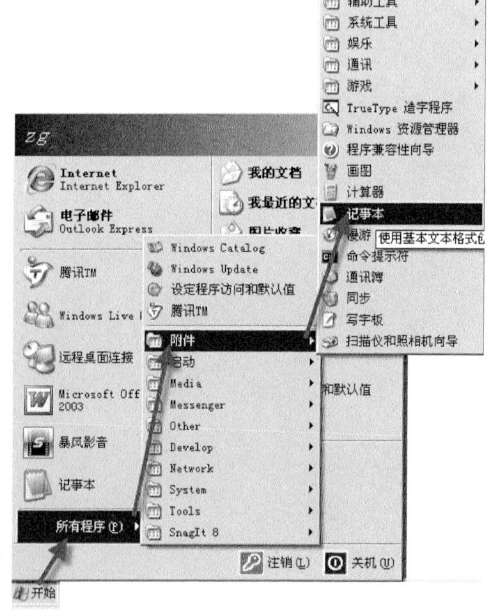

图 3.2　打开记事本的步骤

（2）编辑后的保存：编辑不同类型的文件（程序、脚本或者文章等）方法是一样的，只是在保存时需要选择相应的文件类型，如图 3.3 所示。

保存时，需要先选择保存的路径，然后填写文件名，最后选择保存的文件类型以及文件编码即可。

图 3.3 保存时界面

（3）使用合适的保存选项：在用记事本编写完网页和 JavaScript 后进行保存时，需要注意的是“保存类型”这个选项，如图 3.4 所示。

在图中可以看到，保存类型有“文本文档（*.txt）”和“所有文件”两种。保存网页或者 JavaScript 时，要选择所有文件，并且在文件名的文本框中输入文件名和扩展名。

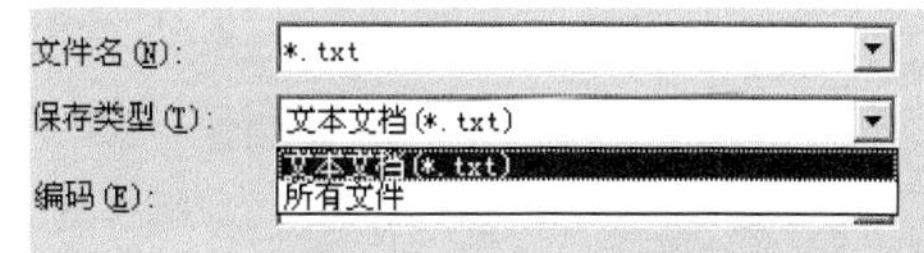

图 3.4 保存类型选项

在保存上为网页文件时，“保存类型”选择为“所有文件”，在文件名的文本框中输入“example.htm”或“example.html”，如图 3.5 所示。

在保存为 JavaScript 文件时，“保存类型”也同样选择“所有文件”，在文件名的文本框中则输入“example.js”如图 3.6 所示，。

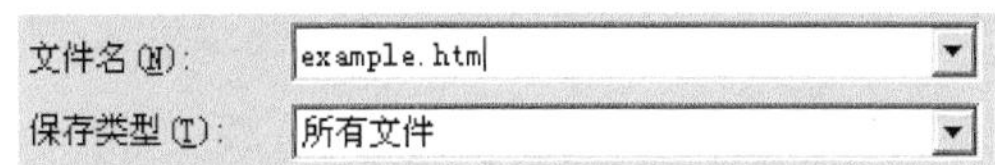

图 3.5 网页格式保存选项示例

图 3.6 JavaScript 文件保存选项示例

3.1.2 使用 EditPlus 编辑器

EditPlus 是 ES-Computing 公司开发的一套功能强大，足以取代记事本的文字编辑器，有无限制撤销与重做、英文拼字检查、自动换行、列数标记、搜寻取代、同时编辑多文件及全屏幕浏览等功能。而它还有一个非常好用的功能，它能够监视剪贴板，能自动将剪贴板的内容粘贴到 EditPlus 的编辑窗口中，省去了粘贴的步骤。另外，它还是一个非常好用的 HTML 编辑器，除了支持颜色标记、HTML 标记外，同时还支持 C、C++、Perl、Java 等语言。

另外，它还内建了完整的 HTML 和 CSS 指令功能，与用记事本编辑网页相比，使用它可以节省一半以上的网页制作时间。若安装了 Internet Explorer 浏览器，它还可以直接预览编辑好的网页（也可指定浏览器路径）。EditPlus 产品的官方网站是 http://www.editplus.com，在网站中可以下载最新的版本，还可以得到相应的帮助文档等。EditPlus 的界面如图 3.7 所示。

在图中是分别编辑了 Java 文件、文本文件以及网页文件。在界面顶部有很多实用的功能按钮，如撤销与重做。EditPlus 还允许使用者对功能进行扩展。

总之，使用 EditPlus 来编辑网页和 JavaScript 是非常方便的。

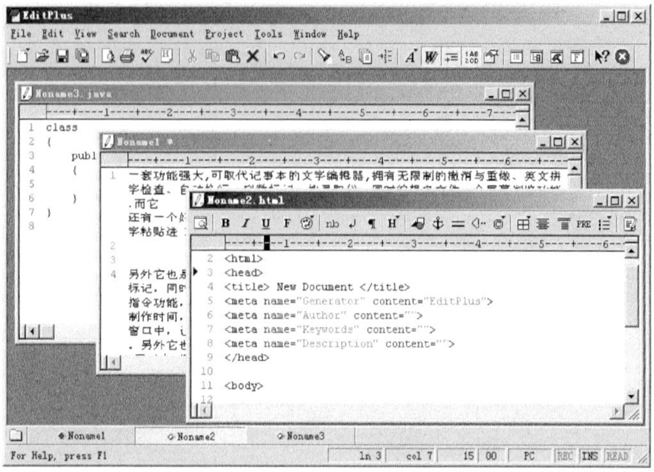

图 3.7　EditPlus 编辑器界面

3.1.3　使用 Dreamweaver

Dreameaver 是由 Macromedia 公司开发的网页制作软件，同动画制作软件 Flash、图片处理软件 Fireworks 合称为“网页制作三剑客”。目前这三个产品已经被 Adobe 公司收购。

Dreameaver 是一个所见即所得的网页制作工具，是建立 Web 站点和制作网页程序的专业工具。它将可视化布局、网页程序开发及代码编辑支持功能组合在一起，功能非常强大，适合各个层次的开发人员及设计人员使用。凭借着对于 CSS 设计的支持及手工编码等功能，Dreamweaver 为专业人员提供了一个集成、高效的开发环境。

Dreameaver 的界面如图 3.8 所示，可以看到 Dreameaver 支持多种文件类型，还有很多强大的功能。Dreameaver 主有要以下几个特点。

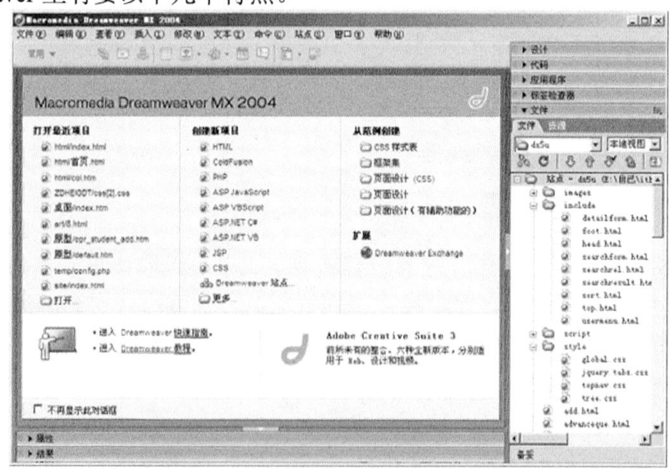

图 3.8　Dreameaver MX 界面一览

1. 方便的设计

能够像搭积木一样在页面里搭建需要的元素（如表格、输入框、按钮、Flash 动画、图片文件、层等）。还可以通过“属性”面板对这些页面元素进行配置，如定义尺寸、颜色和样式等。

图 3.9 是插入表格时的设置。

图 3.9　插入表格的属性配置

在页面设计中对插入图片的属性进行设置的界面如图 3.10 所示。

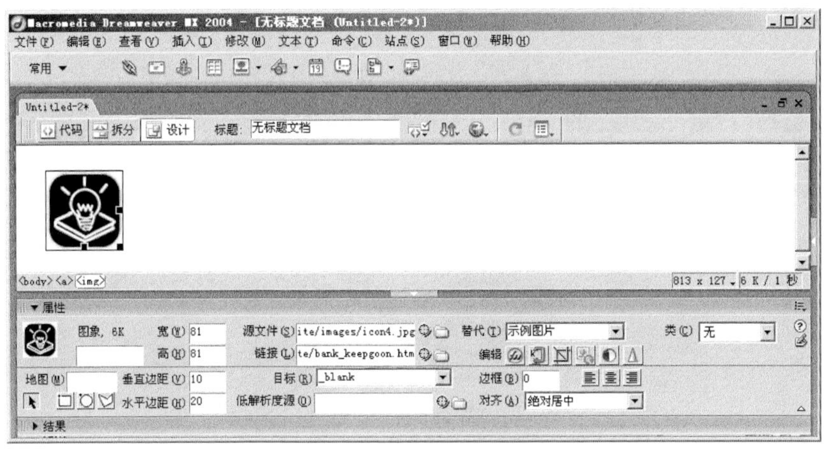

图 3.10　图片属性配置

2．可视化编辑

Dreameaver 为用户提供“代码模式”、“设计模式”以及代码和设计并存的“拆分模式”三种模式，用户在任何时候都可以方便地切换到所需的模式，对页面的样式或代码进行查看。

图 3.11 是设计和代码并存的拆分模式界面，单击选项卡的“代码”及“设计”选项按钮可以切换到相应的模式下。

3．强大的 JavaScript 和 CSS 支持

Dreameaver 提供了强大的 JavaScript 功能，通过功能菜单就能动态的生成代码，制作出复杂的 JavaScript 特效。这对于学习 JavaScript 也有很好的参考作用，对照着动态生成的代码有助于更好地理解和学习 JavaScript。同时，也能够对 CSS 样式进行配置，Dreameaver 提供了对各种样式进行设置的对话框。

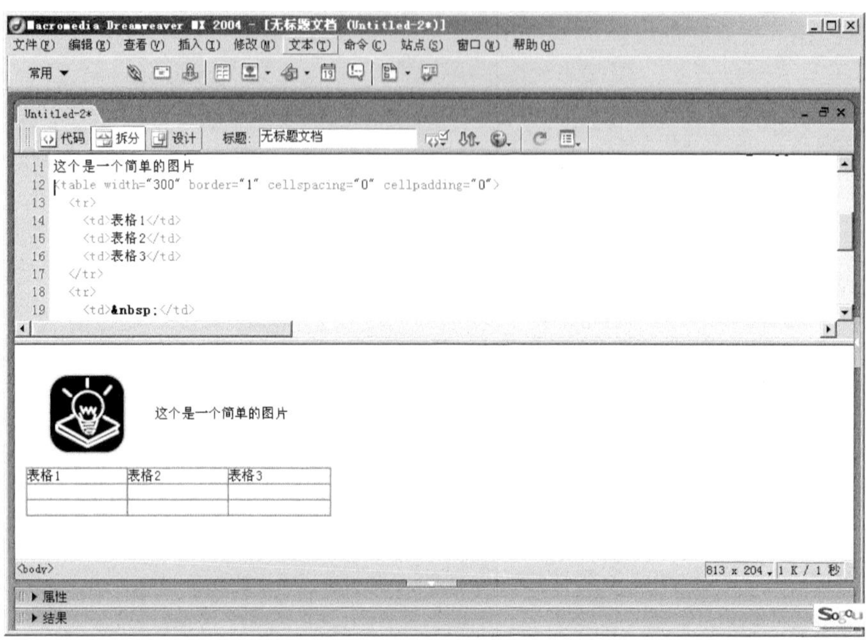

图 3.11　代码和设计界面并存

图 3.12 是利用 Dreameaver 的 JavaScript 功能，实现打开浏览器窗口效果的设置对话框，配置完毕后，会自动根据配置情况生成相应的 JavaScript 代码，如图 3.13 所示。

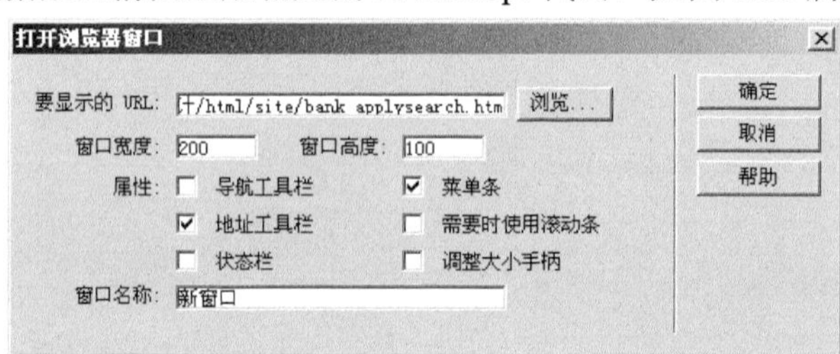

图 3.12　打开浏览器窗口的 JavaScript 功能配置

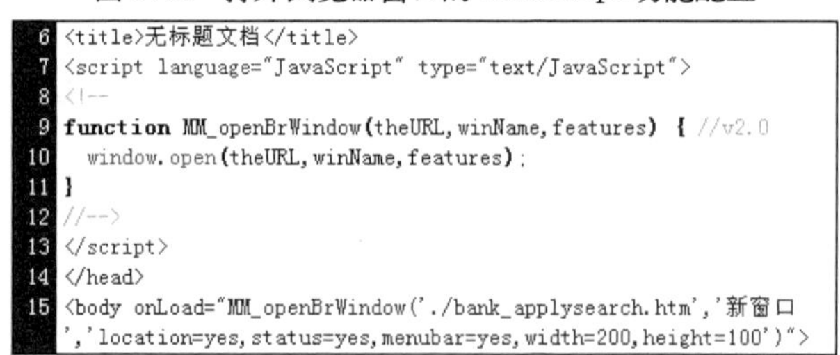

```
<title>无标题文档</title>
<script language="JavaScript" type="text/JavaScript">
<!--
function MM_openBrWindow(theURL,winName,features) { //v2.0
  window.open(theURL,winName,features);
}
//-->
</script>
</head>
<body onLoad="MM_openBrWindow('./bank_applysearch.htm','新窗口
','location=yes,status=yes,menubar=yes,width=200,height=100')">
```

图 3.13　自动生成的 JavaScript 功能代码

图 3.14 是对 CSS 进行配置的对话框，从左边可选择的类型可以看出，几乎所有的 CSS 样式都可以在这里实现。图 3.15 是进行简单配置后生成的样式代码。

Dreameaver 是一个功能强大的软件。如果只是为了进行简单的 HTML 或 JavaScript 代码的编写，却并不是最佳的选择，因为在功能的强大的同时，运行速度也下降了。

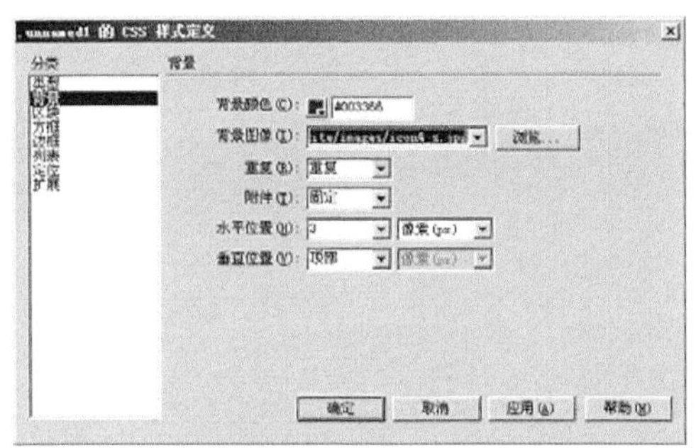

图 3.14　对 CSS 的配置

```
<style type="text/css">
<!--
.unnamed1 {
    background-attachment: fixed;
    background-color: #003366;
    background-image: url(images/icon4_s.jpg);
    background-repeat: repeat;
    background-position: 3px top;
}
-->
</style>
```

图 3.15　自动生成的样式代码

3.2　设计简单的 JavaScript 功能

要创建一个完整的 JavaScript 程序，事先需要对所实现的功能进行设计。这里将以 2-9.html 为原型，对其界面和功能进行扩展。将其改造成针对用户的一个调查表单，用来收集用户的性别、年龄以及一些日常生活习惯的信息。具体内容包括如下几个方面。

（1）页面中包含的元素。

◎　一个名为 myform 的表单。

◎　一个性别单选按钮。

◎　一个姓名输入框（男女都适用）

◎　一个年龄输入框（男女都适用）。

◎　一个月收入输入框（男女都适用）

◎　一个月抽烟花费输入框（针对男性）。

◎　一个月喝酒花费输入框（针对男性）。

◎　一个月美容花费输入框（针对女性）。

◎　一个月购置衣物花费输入框（针对女性）。

◎　一个提交按钮。

◎　一个重填按钮。

（2）页面元素的初始状态。

◎　性别单选按钮均未选中。

◎　姓名输入框显示。

◎　年龄输入框显示。

◎　月收入框显示。

◎　月抽烟花费输入框隐藏。

◎　月喝酒花费输入框隐藏。

◎　月美容花费输入框隐藏。

◎　月购置衣物花费输入框隐藏。

◎　提交按钮显示。

◎　重写按钮显示。

（3）用户单击男性单选按钮功能设计。

◎ “月抽烟花费”输入框显示。

◎ “月喝酒花费”输入框显示。

◎ “月美容花费”输入框仍然隐藏。

◎ “月购置衣物花费”输入框仍然隐藏。

◎ 其他元素与初始状态相比仍保持原状。

（4）用户单击女性单选按钮功能设计。

◎ “月抽烟花费”输入框隐藏。

◎ “月喝酒花费”输入框隐藏。

◎ “月美容花费”输入框显示。

◎ “月购置衣物花费”输入框显示。

◎ 其他元素仍保持初始状态。

（5）表单验证工作。

◎ 当“性别”选中了“男性”时，所有显示的输入项均为必填（即姓名、年龄、月抽烟花费、月喝酒花费）。

◎ 当“性别”选中了“女性”时，所有显示的输入项也都是必填的（即姓名、年龄、月美容花费、月购置衣物花费）。

（6）按钮事件。

◎ 当单击“提交”按钮后，会根据目前的选项显示给用户一个弹出提示框，里面包含了用户填写的信息及计算出每月结余（月收入除去花费后结余）。

◎ 单击“重写”按钮会将表单恢复到页面最初状态。

以上是要实现的功能的规定。具体的代码编写实现，将在下面的内容中进行讲解。图 3.16 是一个操作流程图，方便读者理解页面的功能和流程。

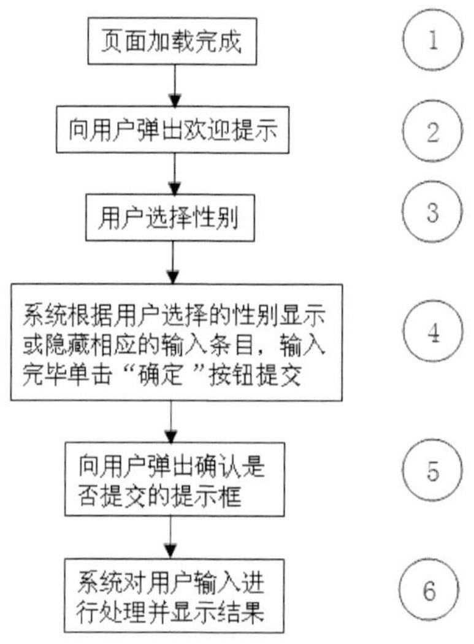

图 3.16　功能流程图

为了简单起见在流程图中，并没有考虑分支（也就是用户不同的选择下）的情况，而且为了方便后面的讲解，在每一个步骤旁边都标注了序号。

3.3　编写 JavaScript 代码之前

对需要实现的功能设计完成后，列出了页面需要的元素以及一些常见的功能和事件效果。下面将按照设计好的功能进行具体的实现，包括 HTML 页面和相关 JavaScript 的编写。为了能够顺利地完成这个示例，先分别介绍每个具体的功能点所需要的 JavaScript 知识，以实现单独的功能。随后，将这些知识点和功能整合起来，以完成整个设计的目标。

3.3.1　向用户显示普通提示对话框

现在 Web 上的网页，再也不是以前静态的网页了，其中加入了很多动态元素，比如 Flash 动画、GIF 动画以及其他特殊的效果。一个好的网页除了要有合适的动态内容外，还应该有好的交互性。所谓交互性就是使用户能够在访问网页的过程中得到信息提示，或在用户不知所措的时候提供给用户一些选择。这些很小的细节往往能够决定用户下一次是否会再次访问。下面将介绍如何使用 JavaScript 来向用户显示普通的提示信息。

在讲解之前先看一个普通提示框的例子，如图 3.17 所示。

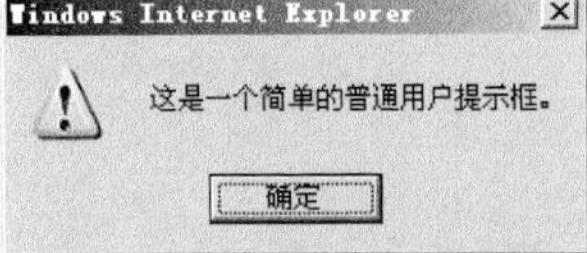

图 3.17　普通提示框示例

这种提示框是最简单，也是使用最广泛的提示框。实现这个提示框的 JavaScript 语句也很简单，在前面的例子里也介绍过，就是 alert()语句。上面那个例子的 JavaScript 代码如下。

```
<script language="JavaScript">
<!--
alert("这是一个简单的普通用户提示框。");
//-->
</script>
```

将这段语句放到一个 HTML 文档中浏览，就可以看到和上面一模一样的提示框。

alert()语句是 JavaScript 的一个内置函数，该函数只接受一个参数，就是要显示的提示内容，如以上例子中的“这是一个简单的普通用户提示框。”。有兴趣的读者可以试着调整提示内容，并查看运行效果。

3.3.2　控制页面元素的显示和隐藏

JavaScript 的主要作用之一就是能够控制页面元素的样式。样式包括很多的内容，如颜色、背景、边框、透明度、尺寸、字体、对齐、可见性等。下面主要介绍如何使用 JavaScript 控制页面元素的可见性。

元素的可见性是通过样式来定义的。可以控制元素可见性的样式属性有 visibility 和 display 两个。它们可以分别加上不同的值来实现可见性效果。visibility 的属性值有 visible 和 hidden 两个，分别代表了显示和隐藏；display 的属性值也有 block 和 none 两个，也表示了显示和隐藏。使用这两个标签的例子代码如下。

代码文件见 3-1.html。

```
<html>
<head>
<title>JavaScript 控制页面元素的显示与隐藏</title>
</head>
<body>
```

```
visible
使用 visibility：<br>
1、正常的输入框
<hr>
<input name="txt1" style="visibility:visible">
<hr>
2、隐藏的输入框
<hr>
<input name="txt1" style="visibility:hidden">
<hr>
<br>
使用 display：
<hr>
1、正常的输入框
<hr>
<input name="txt1" style="display:block">
<hr>
2、隐藏的输入框
<hr>
<input name="txt1" style="display:none">
<hr>
</body>
</html>
```

代码中分别使用了两种样式属性来控制输入框的隐藏和显示。页面的运行效果如图 3.18 所示。

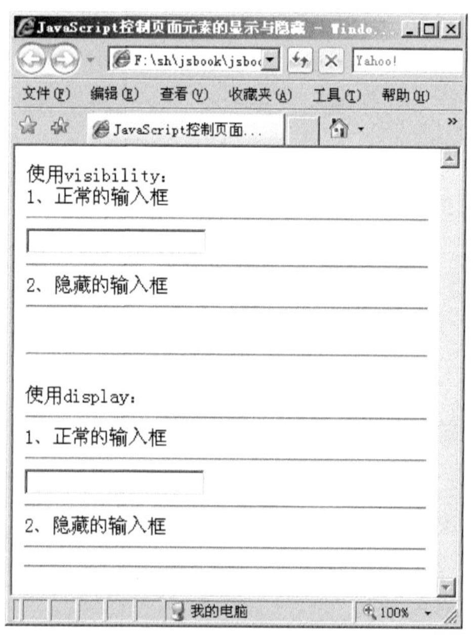

图 3.18　用样式来控制页面元素的可见性

从图中可以发现使用 visibility 隐藏的元素，虽然元素被隐藏了，但元素在页面上占用的位置还在。而使用 display 隐藏的元素连元素占用的位置也一起隐藏了。因此，要根据不同的使用情况选择不同的隐藏方式。

学会了使用样式属性来设置元素的可见性，那么如何用 JavaScript 来控制样式呢？要用 JavaScript 来控制样式的显示需要两个条件。

（1）获取需要控制的元素对象。

获取对象的方式有很多，这是只介绍一种通过元素 id 来获取元素对象的方式，代码如下。

```
document.getElementById("txt1");
```

其中，txt1 即为某元素的 id 值，如下面的输入框即可通过上述语句获取。

```
<input id="txt1" type="text">
```

（2）使用对象的 style 属性来操作样式。

获取对象后就可以使用下面的语句来设置元素的样式属性。

```
document.getElementById("txt1").style.display ="block";//这里可选的值为block和none
document.getElementById("txt1").style.visibility ="visible";//这里可选的值为visible和hidden
```

下面是一个使用 JavaScript 来控制元素的完整例子，使用了按钮的单击事件作为触发条件。

```
<html>
<head>
<title>JavaScript控制页面元素的显示与隐藏</title>
</head>
<body>
```

需要控制的输入框元素：

```
<hr>
<input id="txt1" type="text">
<hr>
<input name="but" type="button" value="visibility隐藏"
onclick="document.getElementById('txt1').style.visibility='hidden';">
<input name="but" type="button" value="visibility显示"
onclick="document.getElementById('txt1').style.visibility='visible';">
<input name="but" type="button" value="display隐藏"
onclick="document.getElementById('txt1').style.display='none';">
<input name="but" type="button" value="display显示"
onclick="document.getElementById('txt1').style.display='block';">
</body>
</html>
```

上述代码通过四个按钮的单击来为按钮设置不同样式属性值，以实现用 JavaScript 来控制样式的功能。HTML 文件见 3-2.html。

3.3.3　向用户显示确认提示对话框

前面介绍的普通提示对话框目的是给用户一个提示，在用户单击“确定”按钮后就会关闭，仅仅是单向通信，根本接收不到用户的任何反馈，无法实现交互。有时需要先获取用户的选择，然后根据用户的选择进行相应的操作，这就需要用到下面要讲解的确认提示对话框。

首先看一下确认提示对话框的示例，如图 3.19 所示。

从图中可以发现，对话框最大的变化就是多出了一个按钮。使用户可以自行选择想要的回答，更重要的是，使用这个确认提示对话框，将用户的选择反馈给网页。

图 3.19　确认提示对话框示例

实现这个对话框功能的 JavaScript 语句是 confirm()。要实现上述效果，代码如下。

```
<script language="JavaScript">
<!--
confirm("你吃过饭了吗？");
//-->
</script>
```

运行代码后查看效果。

confirm()函数也是 JavaScript 的一个内置函数，也同样接收一个参数用来显示提示。与 alert()不同的是，此函数有返回值。单击“确定”按钮时，函数返回“true”；单击“取消”按钮时，函数返回“false”。为了进一步对函数的返回值进行了解，可以结合 alert()函数来学习。

```
<script language="JavaScript">
<!--
alert(confirm("你吃过饭了吗？"));
//-->
</script>
```

上面的代码在 confirm()函数外，套了一个 alert()函数，也就是把 confirm()作为 alert()函数的参数。当用户单击确认提示框的按钮时，就产生了返回值。这个返回值会被当作参数传递给 alert()函数。

用户单击“确定”按钮后的情况，如图 3.20 所示。用户单击“取消”按钮后的情况，如图 3.21 所示。

图 3.20　单击“确定”按钮后的情况

图 3.21　单击“取消”按钮后的情况

根据用户操作产生的返回值，可以帮助 JavaScript 做出判断，从而实现交互性。

3.3.4　在网页中输出内容

通常情况下，要在 HTML 文档里的“<body>”和“</body>”标签内填写相关的内容，才能在网页中显示。这就需要事先确定要输出的内容并且在网页加载完毕后即显示。

JavaScript 提供了在网页显示内容的方法，就是使用“document.write()”语句进行输出。

先看一段 HTML 代码，HTML 文件见 3-3.html。

```
<html>
<head>
<title>简单文档示例</title>
```

```
</head>
<body>
直接使用 HTML 向网页显示内容
</body>
</html>
```

HTML 文件打开后显示的效果就是一段简单的文字“直接使用 HTML 向网页显示内容”，如图 3.22 所示。

下面再来看看包含 JavaScript 输出代码的网页内容，HTML 文件见 3-4.html。

```
<html>
<head>
<title>简单文档示例</title>
</head>
<body>
<script language="JavaScript">
<!--
document.write("使用 JavaScript 向网页显示内容");
//-->
</script>
</body>
</html>
```

使用 JavaScript 的“document.write()”语句同样可以向网页输出内容。运行后效果如图 3.23 所示。

图 3.22　使用 HTML 方式显示内容

图 3.23　使用 JavaScript 方式显示内容

可以看出，除了内容不同外，其余效果完全一样。

3.3.5　使用变量存储数据

任何语言都离不开变量，JavaScript 也不例外。使用变量能存储数据，以便在需要的时候调用。下面主要介绍的内容是利用变量对数据进行简单的存储。

JavaScript 是一种弱类型的语言。所谓弱类型是指 JavaScript 不像其他语言那样对数据类型有严格的要求。准确地说，JavaScript 并没有使用严格的数据类型规则。因此，JavaScript 的变量定义变得很简单。

定义 JavaScript 变量的关键词是“var”。

```
var str = "你好";
```

上面的语句定义了一个名为 str 的变量，并且将该变量赋值为“你好”。

```
var i = 0;
```

上面的语句定义了一个名为 i 的变量，并且将该变量赋值为 0。

JavaScript 的变量之间实际上是没有类型的区分的，它们可以任意组合及转换。

```
<html>
<head>
<title>变量示例</title>
</head>
<body>
<script language="JavaScript">
<!--
var i = 0;
var str ="你好";
alert(str + i);
//-->
</script>
</body>
</html>
```

上面的代码定义了一个变量 i 并赋值为“0”，还定义了一个变量 str 赋值为“你好”，最后用“+”运算符进行运算。HTML 代码见 3-5.html，运行结果如图 3.24 所示。

图 3.24　不同类型变量连接后结果

关于 JavaScript 变量的更多特性，将会随着学习的深入逐渐介绍。

3.3.6　使用 JavaScript 进行计算

同其他程序设计语言一样，JavaScript 也能实现数学运算。JavaScript 不但支持常见的“+”、“-”、“*”、“/”等运算符，还支持更多的运算符。

下面，使用一个简单的程序来实现用 JavaScript 进行的计算功能，HTML 文档见 3-6.html，代码如下。

```
<html>
<head>
<title>javaScript 计算示例</title>
</head>
<body>
<script language="JavaScript">
<!--
var i = 10;
var j = 100;
var k = 3;
alert(i-j*k);
//-->
</script>
</body>
</html>
```

程序输出结果如图 3.25 所示。

可以看到，JavaScript 的运算同样也是遵循了四则运算法则，运算符有优先级。

图 3.25 简单计算示例

3.3.7 将 JavaScript 代码定义为函数

为了能够方便的使用定义好的 JavaScript 代码，可以将代码定义成函数，然后在需要的时候以函数的方式进行调用。

定义函数要使用“function”语句，具体用法如下。

```
function 函数名()    {
语句;
}
```

函数名后面的括号里可以留空实现单一的功能，也可以放置参数。

下面将 3.3.6 小节中进行计算的例子定义成一个函数，取名为 fun1，将 i、j、k 都作为函数的参数，具体代码如下所示。

```
<script language="JavaScript">
<!--
function fun1(i,j,k){
    alert(i-j*k);
}
//-->
</script>
```

在使用的时候，只需要进行调用函数并输入参数即可，具体调用代码如下。

```
<script language="JavaScript">
<!--
fun1(10,100,3);
//-->
</script>
```

3.4 HTML 文档编写与 JavaScript 整合

有了上述 JavaScript 的知识，下面就可以编写 HTML 页面了，然后再将 JavaScript 代码嵌入进去，以便对页面的元素进行控制，对用户的操作进行响应，并按照设计好的流程实现功能。

3.4.1 编写出所有需要的页面元素

参照 3.2 节的设计，编写出的 HTML 代码如下所示，HTML 文件见 3-7.html。

```
<html>
<head>
<title>第一个 JavaScript 程序</title>
</head>
<body>
<form name="myform">
性别:
<input type="radio" id="sex1" name="sex" value="先生">男 
```

```
<input type="radio" id="sex2" name="sex" value="小姐">女<br/>
姓名：<br/>
<input type="text" id="yourname" name="yourname" value=""><br/>
年龄：<br/>
<input type="text" id="yourage" name="yourage" value=""><br/>
月收入：<br/>
<input type="text" id="yourmoney" name="yourmoney" value=""><br/>
月抽烟花费：<br/>
<input type="text" id="yoursmoke" name="yoursmoke" value=""><br/>
月喝酒花费：<br/>
<input type="text" id="yourwine" name="yourwine" value=""><br/>
月美容花费：<br/>
<input type="text" id="yourface" name="yourface" value=""><br/>
月购置衣物花费：<br/>
<input type="text" id="yourclothe" name="yourclothe" value=""><br/>
<hr>
<input type="button" value="提交">
<input type="reset" value="重填">
</form>
</body>
</html>
```

上述代码列出了页面中所有的元素，效果如图 3.26 所示。

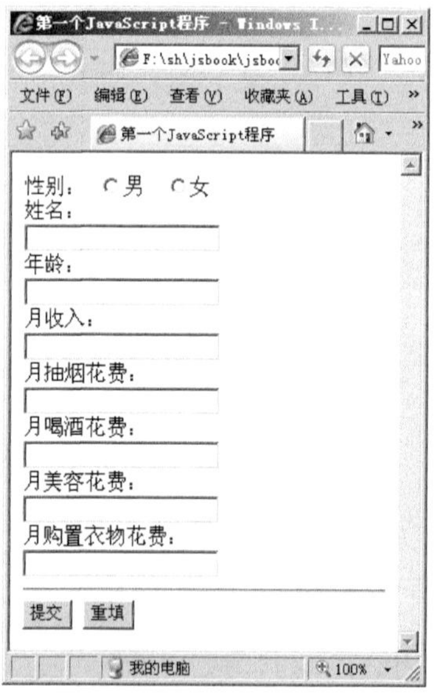

图 3.26　页面里创建好所有元素

在 3.2 节的设计中，部分元素需要隐藏起来，那么就要对网页代码进行修改，修改过的代码如下所示。HTML 文档见 3-8.html。

```
<html>
<head>
<title>第一个 JavaScript 程序</title>
</head>
```

```
<body>
<form name="myform">
性别:
<input type="radio" id="sex1" name="sex" value="先生">男 
<input type="radio" id="sex2" name="sex" value="小姐">女<br/>
姓名: <br/>
<input type="text" id="yourname" name="yourname" value=""><br/>
年龄: <br/>
<input type="text" id="yourage" name="yourage" value=""><br/>
月收入: <br/>
<input type="text" id="yourmoney" name="yourmoney" value=""><br/>
<div id="man" style="display:none">
月抽烟花费: <br/>
<input type="text" id="yoursmoke" name="yoursmoke" value=""><br/>
月喝酒花费: <br/>
<input type="text" id="yourwine" name="yourwine" value=""><br/>
</div>
<div id="miss" style="display:none">
月美容花费: <br/>
<input type="text" id="yourface" name="yourface" value=""><br/>
月购置衣物花费: <br/>
<input type="text" id="yourclothe" name="yourclothe" value=""><br/>
</div>
<hr>
<input type="button" value="提交">
<input type="reset" value="重填">
</form>
</body>
</html>
```

上述代码，把男性需要填写的个性化内容和女性需要填写的个性化内容分别用“<div>”标签隐藏起来了，页面的效果如图 3.27 所示。

图 3.27　经过部分隐藏后的页面情况

注意 这里利用了“<div>”标签来对某些元素进行隐藏，这主要是为了批量控制可见性。

在下一节里，将会把 JavaScript 的功能一步步嵌入到页面。

3.4.2 通过单选按钮控制隐藏属性

这里主要实现的功能是在选择了性别后，根据选择的情况改变隐藏元素的可见性，显示相应的项目内容出来让用户输入。

（1）如果性别选择了“男”，就应该让“月抽烟花费”和“月喝酒花费”文本框显示，而让“月美容花费”和“月购置衣物花费”文本框继续隐藏。JavaScript 代码如下。

```
<script language="JavaScript">
<!--
document.getElementById("man").style.display = "block";
document.getElementById("miss").style.display = "none";
//-->
</script>
```

上述代码通过控制 id 为“man”和“miss”的两个“div”标签的可见性，来控制“div”标签中包含元素的可见性。

（2）如果性别选择了“女”，应该让“月抽烟花费”和“月喝酒花费”文本框隐藏，而让“月美容花费”和“月购置衣物花费”文本框显示。JavaScript 代码如下。

```
<script language="JavaScript">
<!--
document.getElementById("man").style.display = "none";
document.getElementById("miss").style.display = "block";
//-->
</script>
```

（3）将代码写成函数。

为了能够方便的使用上面的代码，要将代码写成函数。给函数取名为“clickSex”，并带上用来判断单击类型的参数“ctype”，具体代码如下。

```
<script language="JavaScript">
<!--
function clickSex(ctype){
    if( ctype == "man" ){
        document.getElementById("man").style.display = "block";
        document.getElementById("miss").style.display = "none";
    }
    if( ctype == "miss" ){
        document.getElementById("man").style.display = "none";
        document.getElementById("miss").style.display = "block";
    }
}
//-->
</script>
```

注意 上面的函数使用了条件判断语句“if()”来判断传入的参数的不同情况，从而控制不同页面内容的可见性。需要关于条件判断语句的详细内容请查看后面章节。

（4）给单选按钮加上事件和 JavaScript 功能关联。

最后一步就是把单选按钮的单击事件和 JavaScript 代码进行关联，按钮的单击事件就是 click，代码如下。

```
性别：
<input type="radio" id="sex1" name="sex" value="先生"
onclick="clickSex('man')">男 
<input type="radio" id="sex2" name="sex" value="小姐"
onclick="clickSex('miss')">女
```

将以上 4 步进行整理后，完整的代码如下。HTML 文档见 3-9.html。

```
<html>
<head>
<title>第一个 JavaScript 程序</title>
<script language="JavaScript">
<!--
function clickSex(ctype){
    if( ctype == "man" ){
        document.getElementById("man").style.display = "block";
        document.getElementById("miss").style.display = "none";
    }
    if( ctype == "miss" ){
        document.getElementById("man").style.display = "none";
        document.getElementById("miss").style.display = "block";
    }
}
//-->
</script>
</head>
<body>
<form name="myform">
性别：
<input type="radio" id="sex1" name="sex" value="先生"
onclick="clickSex('man')">男 
<input type="radio" id="sex2" name="sex" value="小姐"
onclick="clickSex('miss')">女<br/>
姓名：<br/>
<input type="text" id="yourname" name="yourname" value=""><br/>
年龄：<br/>
<input type="text" id="yourage" name="yourage" value=""><br/>
月收入：<br/>
<input type="text" id="yourmoney" name="yourmoney" value=""><br/>
<div id="man" style="display:none">
月抽烟花费：<br/>
<input type="text" id="yoursmoke" name="yoursmoke" value=""><br/>
月喝酒花费：<br/>
```

```
<input type="text" id="yourwine" name="yourwine" value=""><br/>
</div>
<div id="miss" style="display:none">
月美容花费：<br/>
<input type="text" id="yourface" name="yourface" value=""><br/>
月购置衣物花费：<br/>
<input type="text" id="yourclothe" name="yourclothe" value=""><br/>
</div>
<hr>
<input type="button" value="提交">
<input type="reset" value="重填">
</form>
</body>
</html>
```

这样便达到了对控制页面内容可见性的要求，其中单击了性别中“女”选项后的效果如图 3.28 所示。

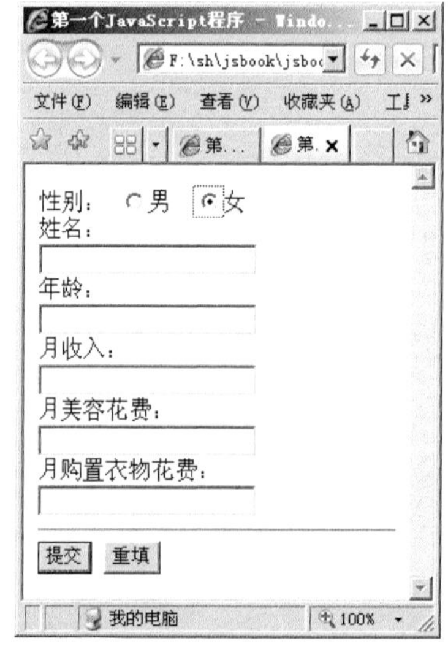

图 3.28　单击了“女”选项的情况

从图 3.28 中可以看到，选择了“女”选项后，男性相关个性化内容输入框隐藏，女性相关的内容就显示了出来。

3.4.3　提交表单时的确认提示框

当用户选择了性别，并填写了相关的信息以后，单击“提交”按钮，按照 3.2 节的设计，这个时候要向用户弹出一个是否提交的确认提示框。

（1）实现单纯的确认提示。

确认提示框很容易实现，提示语句为“是否确认提交数据？点【确定】提交，点【取消】放弃”，实现的代码如下所示。

```
<script language="JavaScript">
<!--
confirm("是否确认提交数据？点【确定】提交，点【取消】放弃");
```

```
//-->
</script>
```

（2）将确认提示框写入函数。

为了方便调用，将上面语句定义成一个函数，命名为“isok()”，并将用户的结果返回，代码如下所示。

```
<script language="JavaScript">
<!--
function isok(){
    return confirm("是否确认提交数据？点【确定】提交，点【取消】放弃");
}
//-->
</script>
```

（3）将按钮的单击事件与确认提示框关联。

按钮的单击要与确认提示相关联同样是 click 事件，把关联函数后代码如下所示。

```
<input type="button" value="提交" onclick="isok()">
```

运行效果如图 3.29 所示。

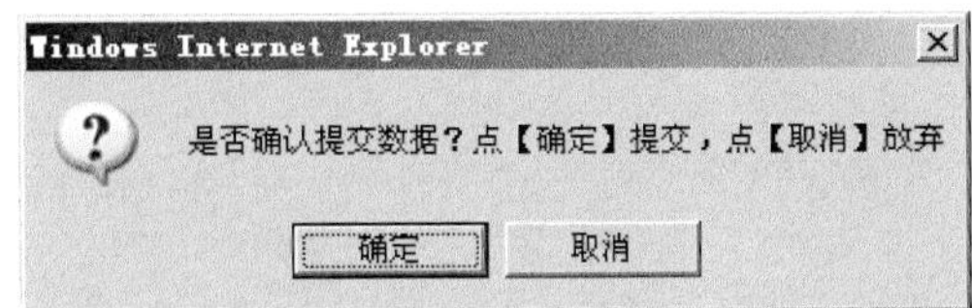

图3.29　关联了确认提示按钮后单击情况

3.4.4　用 JavaScript 函数计算结果

（1）明确计算规则。

这里主要是根据月收入及月消费额计算月余额。在运算前，先说明一下计算的规则，规则如下所示。

结果=月收入-月消费额

用户选择不同，参与运算的用户消费额也是不一样的。当选择“男”后，用户的消费额是“月抽烟花费”与“月喝酒花费”之和。当选择“女”时，用户的消费额是“月美容花费”与“月购置衣物花费”之和。

因此，计算公式如下。

男性月余额=月收入-月抽烟花费-月喝酒花费

女性月余额=月收入-月美容花费-月购置衣物费用

（2）获取用户的选择。

具体应该采用哪一个公式进行计算，要根据用户在单选按钮的选择来确定，这就需要利用如下所示的 JavaScript 语句。

```
document.getElementById("单选按钮 id").checked
```

这个语句可以判断一个单选按钮是否被选择。如果被选中，返回 true，否则返回 false。

（3）获取用户的输入值。

输入用户的值是利用输入框的“value”属性来获取的。代码如下。

```
document.getElementById("输入框 id").value
```

如果输入框被表单包含，还可以使用下面的语句来获取。

```
document.[表单名].[输入框名].value
```

如果一个名称为 mymoney 的输入框包含在一个名称为 myform 的表单里，则获取输入框值的语句如下所示。

```
document.myform.mymoney.value
```

（4）组织整个函数。

确认用户的选择后，使用简单的条件判断语句即可组织好整个函数，代码如下所示（函数命名为 getResult）。

```
<script language="JavaScript">
<!--
function getResult(){
    //用变量分别获取两个单选按钮的选择情况
    var sex1 = document.getElementById("sex1").checked;
    var sex2 = document.getElementById("sex2").checked;
    //用变量分别获取输入框的值
    var yourmoney = document.getElementById("yourmoney").value;
    var yoursmoke = document.getElementById("yoursmoke").value;
    var yourwine = document.getElementById("yourwine").value;
    var yourface = document.getElementById("yourface").value;
    var yourclothe = document.getElementById("yourclothe").value;
    //用变量来保存结果，设置初始值为 0
    var result = 0;
    //根据不同情况做相应计算
    if( sex1 == true ){
        //选择了“男”时
        result = yourmoney - yoursmoke - yourwine;
    }
    if( sex2 == true ){
        //选择了“女”时
        result = yourmoney - yourface - yourclothe;
    }
    //使用 return 语句返回值
    return result;
}
//-->
</script>
```

上面的代码中通过变量来保存选择按钮的状态和值，通过条件判断来执行不同的计算，在最后返回一个保存结果的变量作为函数的返回值。

3.4.5 生成最终页面

通过前面的讲解，实例的主要工作已经完成了，最后一步就是把这些结果进行组织，并显示给客户。显示给客户的方式有很多种，比如使用提示框和直接输出在网页上，这里采用直接输出在网页，即使用“document.write()”。

（1）格式化需要显示给用户的数据。

在输出给用户前，需要对显示的数据进行规范，格式如下所示。

您好[替换为输入的姓名]

您现在[替换为年龄]岁

您的月收入为：[替换为输入的月收入]

根据计算您的月结余为：[替换为计算出来的结果]

谢谢参与！

（2）定义函数进行输出。

为了能够动态的显示结果，将使用一个带有参数函数来进行输出。

```
<script language="JavaScript">
<!--
function outPrint( name, age, money, result ){
    var str = "您好"+name +"<br>您现在"+age+"岁<br>您的月收入为："+money+"<br>
根据计算您的月结余为："+result+"<br>谢谢参与！";
    document.write(str);
}
//-->
</script>
```

以上代码中定义了一个名为 outPrint 的函数，使用了四个分别代表“姓名”、“称谓”、“月收入”及“月结余”的参数，并将输出结果格式化为一个字符串，用“document.write()”语句将其打印出来。

3.4.6　整合所有功能

到目前为止，所有的准备工作和所有要实现的功能都已经完成。下面需要做的就是将这些功能都关联起来，随着用户的操作按照规定触发所有的事件完成功能。

需要借助一个主函数，将前面的所有的功能组织起来，函数如下所示。

```
<script language="JavaScript">
<!--
//主函数
function mainClick(){
    //确认提示结果
    var isok = isok();
    //确认后才继续
    if( isok == true ){
        //获得姓名，年龄，月收入
        var yourname = document.getElementById("yourname").value;
        var yourage = document.getElementById("yourage").value;
        var yourmoney = document.getElementById("yourmoney").value;
        //计算结余
        var yourresult = getResult();
        //输出结果
        outPrint(yourname, yourage, yourmoney, yourresult);
    }
}
```

```
//-->
</script>
```

以上代码中先调用“isok”子函数，向用户显示一个确认提示框，并用变量“isok”来获取用户对确认提示框的单击返回值。然后使用条件语句来进行判断，只有用户单击了“确认”并返回值为“true”时才执行接下来的计算。接着将通过语句获取姓名、年龄、性别的输入值，再和通过函数计算出来的值，分别保存到 4 个变量里。最后将四个变量以参数形式传入“outPrint”函数，将结果输出到页面。

整合后，最终的 HTML 页面代码如下。HTML 文档见 3-10.html。

```
<html>
<head>
<title>第一个 JavaScript 程序</title>
<script language="JavaScript">
<!--
//单击性别按钮
function clickSex(ctype){
    //如果选择了“男”
    if( ctype == "man"){
        document.getElementById("man").style.display = "block";
        document.getElementById("miss").style.display = "none";
    }
    //如果选择了“女”
    if( ctype == "miss" ){
        document.getElementById("man").style.display = "none";
        document.getElementById("miss").style.display = "block";
    }
}

//获得结果
function getResult(){
    //用变量分别获取两个单选按钮的选择情况
    var sex1 = document.getElementById("sex1").checked;
    var sex2 = document.getElementById("sex2").checked;
    //用变量分别获取输入框的值
    var yourmoney = document.getElementById("yourmoney").value;
    var yoursmoke = document.getElementById("yoursmoke").value;
    var yourwine = document.getElementById("yourwine").value;
    var yourface = document.getElementById("yourface").value;
    var yourclothe = document.getElementById("yourclothe").value;
    //用变量来保存结果，设置初始值为 0
    var result = 0;
    //根据不同情况做相应计算
    if( sex1 == true ){
        //选择了“男”时
        result = yourmoney - yoursmoke - yourwine;
    }
```

```
        if( sex2 == true ){
            //选择了“女”时
            result = yourmoney - yourface - yourclothe;
        }
        //使用 return 语句返回值
        return result;
    }

    //格式化的输出
    function outPrint( name, age,  money, result ){
        var str = "您好"+name+"<br>您现在"+age+"岁<br>您的月收入为："+money+"<br>
根据计算您的月结余为："+result+"<br>谢谢参与！";
        document.write(str);
    }

    //确认提交
    function isok(){
        return confirm("是否确认提交数据？点【确定】提交，点【取消】放弃");
    }

    //主函数
    function mainClick(){
        //确认提示结果
        var isok = isok();
        //确认后才继续
        if( isok == true ){
            //获得姓名，年龄，月收入
            var yourname = document.getElementById("yourname").value;
            var yourage = document.getElementById("yourage").value;
            var yourmoney = document.getElementById("yourmoney").value;
            //计算结余
            var yourresult = getResult();
            //输出结果
            outPrint(yourname, yourage, yourmoney, yourresult);
        }
    }
    //-->
    </script>
    </head>
    <body>
    <form name="myform">
    性别：
    <input type="radio" id="sex1" name="sex" value="先生"
    onclick="clickSex('man')">男 
    <input type="radio" id="sex2" name="sex" value="小姐"
    onclick="clickSex('miss')">女<br/>
```

```
姓名：<br/>
<input type="text" id="yourname" name="yourname" value=""><br/>
年龄：<br/>
<input type="text" id="yourage" name="yourage" value=""><br/>
月收入：<br/>
<input type="text" id="yourmoney" name="yourmoney" value=""><br/>
<div id="man" style="display:none">
月抽烟花费：<br/>
<input type="text" id="yoursmoke" name="yoursmoke" value=""><br/>
月喝酒花费：<br/>
<input type="text" id="yourwine" name="yourwine" value=""><br/>
</div>
<div id="miss" style="display:none">
月美容花费：<br/>
<input type="text" id="yourface" name="yourface" value=""><br/>
月购置衣物花费：<br/>
<input type="text" id="yourclothe" name="yourclothe" value=""><br/>
</div>
<hr>
<input type="button" value="提交" onclick="mainClick()">
<input type="reset" value="重填">
</form>
</body>
</html>
```

打开界面后输入相应的内容，如图 3.30 所示。然后单击了“提交”按钮，会弹出如图 3.31 所示的确认提示框。

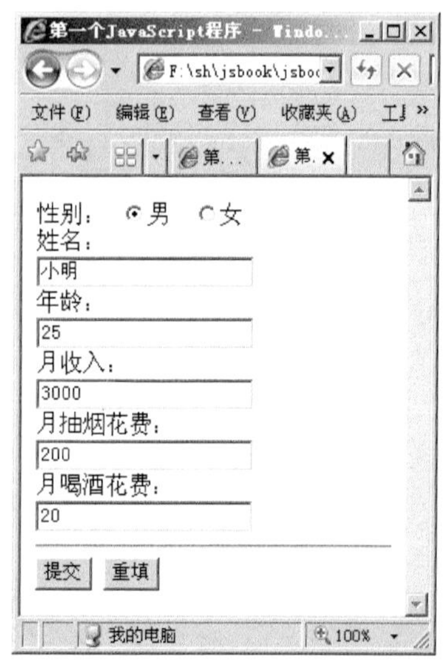

图 3.30 一个输入示例

图 3.31 确认提示框

单击“确认”按钮后，就会按照指定的规则进行计算，并将结果输出在页面中，如图 3.32 所示。

这样第一个 JavaScript 程序就全部完成了。

图 3.32　页面打印出的结果

3.5　小结

本章主要根据一个实际的例子，对从设计、编写到整合的整个网页制作步骤进行了完整地介绍，通过本章的学习，应该对 JavaScript 的开发过程有所体会。下面再来复习一下本章主要内容。

◎　HTML 是纯文本格式文件，可以使用任何的文本编辑器来进行编辑，只要将文件名保存为“html”或“htm”即可。

◎　常见的编辑器有记事本、EditPlus、Dreamweaver 等。

◎　JavaScript 的“alert()”语句用来向用户显示一个带有“确定”按钮的提示框，单击“确定”即可关闭提示。

◎　JavaScript 的“confirm()”语句用来向用户显示一个带有“确定”和“取消”按钮的确认提示框，单击“确定”和“取消”均可关闭提示框，不过会分别返回“true”和“false”值。

◎　JavaScript 的“document.write()”语句可以在页面中输出内容。

◎　HTML 元素的可见性是通过“visibility”或“display”这两个样式属性来控制的，visibility 样式属性的可见和不可见的值是“visible”和“hidden”，display 样式属性的可见和不可见的值是“block”和“none”。

◎　“visibility”和“display”都能对元素进行隐藏，不过使用“visibility”隐藏的元素所占的位置不会隐藏，使用“display”隐藏的元素所占位置一起被隐藏。

◎　通过 id 获得对象的语句是“document.getElementById(‘元素的 id’)”。

◎　获得 HTML 元素后，通过 style 属性即可控制可见性。

◎　通过元素对象的 value 属性可以获取输入框的值。

◎　JavaScript 是一种弱类型的语言，普通变量的定义很简单，直接使用“var”即可。

◎　JavaScript 允许将某些具有特定功能的代码集合在一起定义成函数，函数可以只实现功能，也能使用“return”语句返回值，还可以加入参数将一些变量传入参与运算。

3.6　问题

（1）HTML 是否可以使用写字板来编辑？

（2）列出常见的可以编写 HTML 代码的编辑器。

（3）JavaScript 中向用户显示提示框的语句是什么？

（4）JavaScript 中向用户显示确认提示框的语句是什么？与普通的提示框有什么差别？

（5）JavaScript 使用什么语句向页面输出内容？

（6）HTML 元素的可见性是通过哪两个样式属性来控制？它们控制可见和隐藏的属性值分别是什么？这两种可见性控制元素的方式，有什么差别？

（7）JavaScript 通过什么语句来控制对象的可见性？

（8）获得一个 id 为“testid”对象的 JavaScript 语句是什么？

（9）如何获取输入框的值？

（10）谈谈对 JavaScript 函数的理解。

3.7 进阶练习

目标：用记事本制作一个 HTML 页面。

要求：

◎ 需要利用用户的输入进行简单的计算。

◎ 需要使用函数。

◎ 结合按钮来触发事件。

◎ 能够控制页面元素的显示和隐藏。

◎ 以上功能可以分别实现，最好通过一个事件触发。

3.8 问题解答

（1）HTML 是纯文本格式的文件，写字板也是文本编辑器，因此可以使用它来编辑。

（2）记事本、写字板、EditPlus、Dreameaver 都可以。

（3）alert()。

（4）confirm()，它们的区别是 confirm 给用户两个选择，并且会根据用户的选择返回不同的值。

（5）document.write()。

（6）“visibility”和“display”；它们分别的属性值分别是“visible”和“hidden”以及“block”和“none”。使用这两个样式来控制可见性的区别是“visibility”能隐藏元素，但是不会隐藏元素占据的页面位置，而“display”不会。

（7）“对象.style.display=可见属性”或者“对象.style. visibility=可见属性”。

（8）document.getElementById(“testid”)。

（9）对象.value。

（10）JavaScript 函数是 JavaScript 代码的集合，通常将一些常用的代码放在一起定义成函数，方便多次调用。函数可以只实现功能，也能使用“return”语句传递返回值，还可以加入参数将一些变量传入进来以参与运算。

第 3 篇　JavaScript 编程基础

在初步了解 JavaScript 的基础上，对 JavaScript 的编程习惯和语法结构，JavaScript 对象基础进行了简单的介绍，对 JavaScript 的数据类型和变量、函数和事件、运算符和表达式，以及判断和循环语句等基础知识做了细致而全面的讲解。通过对本篇的学习，读者对 JavaScript 程序编写具备了一定的理论基础。

第 4 章　JavaScript 语言基本概念

通过前面学习，读者一定对 JavaScript 有了较深的印象，并且也能独立的编写出一些常用的 JavaScript 程序了，还可以利用简单的 JavaScript 知识实现一些简单的验证、计算以及样式控制功能。但前面只是结合示例进行的讲解，并没有系统的介绍，在实例中也只是接触了一些常用的简单用法。从本章开始，将会对 JavaScript 作一个系统的介绍。在本章主要学习 JavaScript 语言的基本概念。

4.1　JavaScript 语法结构

程序设计语言的语法结构是一套基本规则，用来说明如何使用这种语言进行程序编写。JavaScript 同其他程序设计语言一样，有着自己的语法结构、主要包含变量名的命名，注释的使用以及语句之间通过什么进行分隔等内容。

4.1.1　大小写敏感

JavaScript 是对大小写敏感的一种语言，这就意味着在使用变量、关键字、函数以及其他标识符时，都必须保持大小写的一致。比如对于以下变量名“mynum”、“MYnum”、“MyNum”以及“MYNUM”来说，是完全不同的四个变量。

但要注意的是，html 是不区分大小写的，而 JavaScript 是嵌入到 html 中去的。因此，在书写带有 JavaScript 的 html 时，常常容易混淆，这点需要引起读者注意。比如对于事件处理程序“onsubmit”，在 html 代码中通常被声明为“onSubmit”，但是在 JavaScript 里只能使用小写的“onsubmit”。

4.1.2　空格、制表符和换行

关键字、变量名、数字、函数名或者其他的标识符中间的空格、制表符以及换行在 JavaScript 程序中是会被忽略的，除非这个空格是属于字符串或者其他变量的一部分。如果在一个关键字、变量名、数字、函数名或其他标识符之间加入了空格、制表符或换行符后，就会变成两个变量了。例如“abc”是一个变量名，而“ab c”就变成了两个独立的变量名，这样就产生了语法错误。

既然空格、制表符或者换行符正常使用时能被忽略，那么它们的作用就体现出来了。在编写 JavaScript 的过程中，可以使用这些分隔符来对齐程序语句，或将一条长语句分成几行编写，这样对于程序的美观整洁是很有好处的，也增加了程序的可读性。

例如下面的一段代码就使用了空格、制表符和换行来对程序进行布局。

```
if( document.getElementById("text1").display == "block"      //第 1 行
&& document.getElementById("text2").value == "JavaScript"    //第 2 行
&& thisFlag == true){                                         //第 3 行
    var fText1       = document.myform.mymoney.value;         //第 4 行
    var thisNewFlag     = document.myform.myage.value;        //第 5 行
}                                                             //第 6 行
```

上面的代码段，第 1 至 3 行其实是一条判断语句，但是里面有三个比较长的判断子语句。为了美观易读，编写人员将这条比较长的判断语句用换行符分成了三行，使判断条件变得清楚了许多。同时在第 4 和第 5 两行，为了使两个赋值语句的赋值符号“=”对齐，使用了制表符。另外，在等于条件符“==”、条件与符号“&&”以及赋值符号“=”的前后，都使用了一个空格来将运算符和前后的语句隔开，使得结构更加清晰。

4.1.3 直接量

直接量就是程序里直接显示出来的数值。直接量可以充当变量的值。原则上讲，直接量是任何一种程序设计语言必不可少的一部分。下面是直接量的一些例子。

```
30                    //数字
0.8                   //小数
"你好！"              //字符串
"hello."              //字符串
true                  //布尔值真
false                 //布尔值假
```

另外，ECMAScript v3 版本还支持两种特殊的直接量：对象和数组。下面是两个直接量的例子。

```
{top:100, left:30}  //对象初始化
[2,4,6,8]           //数组初始化
```

以上的代码段分别初始化了一个具有两个属性（top 和 left）的对象，以及一个有四个元素（2，4，6，8）的数组。

4.1.4 分号

JavaScript 里的分号“;”跟在很多程序语言中的作用一样，是用来分隔两条程序语句的。JavaScript 里的分号可以省略，而用换行来代替。具体代码如下所示。

```
var a = 5
var b = 6
```

上面代码就是用换行实现了两条赋值语句的分隔，使用分号的情况如下所示。

```
var a = 5;
var b = 6;
```

使用分号还可以将两条语句放在同一行内进行分隔，如下所示。

```
var a = 5;var b = 6
```

上面的三种方式都实现了同样的效果，且都被 JavaScript 所接受。

但是，为了养成良好的编程习惯，最好每条语句都使用一个分号“;”作为结束。

4.1.5 标识符

标识符相当于一个名称。在程序设计语言中，标识符用来命名变量或函数等。JavaScript 和其他程序设计语言一样，有着同样的标识符命名规则，必须是以字母、下划线“_”或美元符“$”开始的字母、数字、下划线以及美元符号的任意组合。数字不允许作为变量名的开头。

下面是几个合法的标识符。

a

_num

b2

$int

all_num_1

标识符只要满足命名规则就可以任意的定义，但是有一点必须注意，不能和 JavaScript 的保留字重名。保留字将在下面进行详细介绍。

4.1.6 保留字

保留字也可以称作关键字，保留在 JavaScript 中具有特殊意义，是 JavaScript 语言的一部分。因此，不能用来作为标识符使用。

表 4.1 为 JavaScript 的保留字列表。

表 4.1 JavaScript 的保留字

Break	case	catch	continue	default
Delete	do	else	false	finally
For	function	if	in	instanceof
New	null	return	switch	this
Throw	true	try	typeof	var
Void	while	with		

另外，ECMAScript 还保留了一些 JavaScript 已经不再使用的保留字，虽然现在已经不是 JavaScript 的保留字了，但是为了以后的扩展，ECMAScript v3 还是保留了它们，具体见表 4.2 所示。

表 4.2 ECMA 保留字

abstract	boolean	byte	char	class
const	debugger	double	enum	export
extends	final	float	goto	implements
import	int	interface	long	native
package	private	protected	public	short
static	super	synchronized	throws	transient
volatile				

另外，除了表 4.1 和表 4.2 里列出的保留字以外，ECMAScript v3 标准中还有一些针对全局变量和全局函数的标识符，这些标识符也应当避免使用，如表 4.3 所示。

表 4.3 避免使用的其他标识符

arguments	Array	Boolean	Date	decodeURI
decodeURIComponent	encodeURI	Error	escape	eval
EvalError	Function	Infinity	isfinite	Math
NaN	Number	Object	parseInt	RangeError
ReferenceError	RegExp	String	SyntaxError	TypeError
undefined	unescape	URIError		

4.2 理解 JavaScript 对象

对象是人们要进行研究的任何事物，从最简单的整数到复杂的飞机等均可被看成对象，它不仅能表示具体的事物，还能表示抽象的规则、计划或事件。JavaScript 同其他程序设计语言一样，是面向对象的语言。因此，这里先介绍一些 JavaScript 面向对象的概念。

4.2.1 JavaScript 面向对象概念

面向对象（Object Oriented，OO）是 20 世纪 90 年代以来软件开发的主流方法。面向对象的应用已经超越了程序设计和软件开发的范围，被扩展到更宽的领域，如数据库系统、交互式界面、应用结构、应用平台、分布式系统、网络管理结构、CAD 技术、人工智能等。

简单地说，面向对象就是尽可能模拟人类的思维习惯，使程序设计的方法与过程尽可能的接近人类的自然思维方式。面向对象的思想最重要的是对于类的理解，对象实际上只是类的一个实例，类是对对象的抽象。举个简单的例子，如果把“狗”当成一个类，那么“杜宾狗”就是“狗”这个类的一个实例化的“对象”。在程序设计中，类是不能直接访问的，只能访问类实例化后的对象。这就好比说，动物学家不能凭空研究“狗”的这个物种，只能去研究“杜宾狗”这种实际存在的品种。

JavaScript 对象类基于构造器函数创建的。使用构造器函数创建一个对象时，实际上是实例化了一个对象，或者是扩展了先前的对象。

构造器函数包含属性和方法两个基本的元素。属性实际上用于存储对象的数据，方法是在对象内部调用的函数，用于实现一些功能或对属性进行访问更改。

4.2.2 对象的创建

JavaScript 的对象是通过“new”运算符来创建的，除了使用“new”外，还有用于初始化对象的构造器函数，如下面的代码所示。

```
var cat = new Cat();
```

这里使用了“new”和“Cat”这个构造器函数创建了一个名为 cat 的对象。但是“Cat”这个构造器函数必须是事先存在。

下面的代码实现了一个名为 Dog 的简单的构造器函数。

```
function Dog(type, weight, name){
    this.dog_type = type;            //狗的类型
    this.dog_weight = weight;        //狗的重量，单位 kg
    this.dog_name = name;        //狗的名称
}
```

注意 类名通常以大写字母开头，而构造器函数相当于类，因此构造器函数也通常以大写字母开头。

利用上述构造器函数创建对象的语句如下所示。

```
var dog = new Dog("宠物", 30, "杜宾");
```

上述的代码，创建了一个类型为“宠物”、重量为“30kg”、名称为“杜宾”的对象。

在创建了对象后，便可以通过程序对其进行操作，以实现相应的功能了。另外，使用下面的语句还可以创建一个没有任何属性的空对象。

```
var obj = new Object();
```

JavaScript 还可以使用内部构造函数来创建对象，如下面的代码所示。

```
var date = new Date();
```

上面的代码创建了一个表示日期和时间的对象。

4.2.3 属性的设置和读取

JavaScript 通常用“.”运算符来实现属性的存取。“.”左边是表示该对象的引用名，右边是属性名称。举例来说，要引用对象 dog 的属性 weight，代码就是 dog.weight。可以把对象的属性看成变量，可以将值存储到属性里，也可以从属性中读取值。看一下下面的代码。

```
//创建一个名为 dog 的对象
var dog = new Dog();
//设置对象的重量属性
dog.dog_weight = 50;
//设置其他属性
Dog.dog_type = "大型";
Dog.dog_name = "狼狗";
//使用 alert 函数读取属性
alert("狗的类型是: "+ dog.dog_type);
alert("狗的重量是: "+ dog.dog_weight + "kg");
alert("狗的名称是: "+ dog.dog_name);
```

以上代码中显示了从对象创建、对象属性设置及对象属性读取的过程。

4.2.4 对象的方法

对象的方法其实就是一个函数，这个函数与一个特定对象相关，要通过对象进行调用。对象方法可以实现单纯的功能，也能对对象的属性进行访问和设置，比如读取或者改变属性值。在方法中可以使用与构造器函数一样的方式来访问属性，也就是通过“this”。下面的代码即是一个方法的定义。

```
//定义一个简单方法
function showDogInfo(){
    alert("狗的类型是: "+ this. dog_type);
alert("狗的重量是: "+ this. dog_weight + "kg");
alert("狗的名称是: "+ this. dog_name);
}
```

上面的代码中定义了名为 showDogInfo 的方法，它的功能是使用提示框向用户显示对象的属性信息。这个方法从外观上看与普通的函数没有什么两样，只是用了“this”来访问对象的属性。另外这里的函数名没有使用大写字母开头，因为除了构造器函数外，其他函数名称没有大小写的限制。

定义好方法后，就可以在程序中进行调用了。下面的代码就是一个使用方法的简单示例。

```
//创建对象
var dog = new Dog("宠物", 30, "杜宾");

//调用方法
dog.showDogInfo();
```

上面的代码创建了一个名为 dog 的对象，并且调用了其中的方法。

4.2.5 对象的继承和原型

继承是对象的一个很重要的特征。对象可以从实例化它的构造器函数中继承到属性和方法。

在理解继承概念之前，先看一个构造器函数示例。

```
//动物（Animal）构造器函数定义
function Animal(type , sound, food ){
    this.animal_type = type;
    this.animal_sound = sound;
    this.animal_food = food;
}
```

上面定义了一个动物（Animal）的构造器函数，分别对动物的类型、声音以及食物进行了初始化。

如果基于这个构造器函数实例化一个对象 dog，那么 dog 对象中就会自动包含了属性 animal_type、animal_sound 以及 animal_food，这就是继承。继承并不仅限于属性的继承，还包括方法的继承。

在实例化 dog 对象后，为了达到和前面小节的 dog 同样的属性，可以用“.”为这个对象增加新的属性。下面是增加属性的一个示例。

```
//实例化对象
var dog = new Animal("dog", "汪汪", "杂食");
//增加属性
dog.dog_type = "宠物";
dog.dog_weight = 30;
dog.dog_name = "杜宾";
```

以上代码中先基于 Animal 构造器函数实例化了一个名为 dog 的对象，随后用“.”增加了三个属性。这样一来，dog 对象就有了 6 个属性。与前面创建的 dog 对象相比，多出了三个属性，这是继承了构造器的三个属性。

如果为一个对象增加了新的属性，这个属性就只能在这个特定的对象中使用，在构造函数中以及其他由构造器创建的对象中都不能使用。看看下面的代码。

```
//实例化对象 dog
var dog = new Animal("dog", "汪汪", "杂食");
//增加属性
dog.dog_type = "宠物";
//实例化对象 dog1
var dog1 = new Animal("dog", "汪汪", "杂食");
alert(dog1.dog_type);
```

执行了上面的代码后，会提出“undefined”这个结果，如图 4.1 所示。

图 4.1　提示属性未定义

这是因为 dog_type 属性只是在 dog 这个特定的对象里增加的，dog1 并没有这个属性。

为了解决这个问题，这里引入了原型属性的概念。原型属性是一个内置的属性，它指定了对象所扩展的是构造器函数。如下代码。

```
//实例化对象 dog
var dog = new Animal("dog", "汪汪", "杂食");
//增加属性
dog.prototype.detail_type = "宠物";
//实例化对象 cat
```

```
var cat = new Animal("cat", "喵喵", "杂食");
alert(cat.detail_type);
```

执行代码后会发现能够正常访问对象属性了，如图 4.2 所示。

图 4.2　通过原型属性访问值

在以上代码中，所有 Animal 创建的对象的 detail_type 属性都是“宠物”。但是通常情况下，不是所有的动物都是宠物。所以，通常在使用原型属性时，会把属性值初始化为空，如下面的代码所示。

```
//增加属性
dog.prototype.detail_type = "";
```

具体的属性值将在具体的实例化对象中去设置。使用原型属性可以实现用附加对象定义来扩展对象定义。

4.3　养成良好的编程习惯

在程序开发中，维护的成本通常远远高于开发的成本，这里的成本主要包括时间、人力、物力等。大多数的情况下，维护工作需要直接对程序进行阅读，以便理解程序流程，来查找错误并进行调试。这时，良好的编程习惯就变得尤为重要了，因为无论是自己编写的程序，还是别人编写的程序，能够迅速的了解程序实现的功能以及设计的思路是非常必要的。良好的编程习惯恰恰能够帮助维护者减少很多在理解程序和功能上所花费的时间，将更多的时间放在纠错上。

4.3.1　命名风格

一个应用程序中命名风格必须保持一致性和可读性。任何一个实体的主要功能或用途必须能够从命名中明显的看出来。因为 JavaScript 是一个动态类型的语言，命名最好是使用包含意义的单词，或者包含多个单词的组合。对于函数和变量名要采取不同的命名风格。

函数主要是用来实现功能，那么通常使用“动词+名词”的形式，例如下面的几个函数名。

showInfo()

makeDir()

alertTip()

变量名通常是用来存储数据，通常建议使用“名词”或“形容词+名词”的形式，也可以使用多个名词的组合，例如下面的几个变量名。

age

allMoney

userName

bookPrice

dog_weight

通常情况下，变量名以小写字母开头，对于有多个词的情况，如果多个词语间没有分隔符，则从第二个开始每个词语第一个字母大写。否则，就在词中间加上下划线“_”等分隔符进行分隔。

类的命名通常是使用名词，类名应该以大写字母开头。这不仅仅是一种命名风格，而且是一种规定，例子如下所示。

Dog

Animal

Book

命名风格不是规定，具有一定的灵活性。每个人在编写一段时间的程序后，都可能形成自己的命名规则，但是为了让程序更加通用易读，使用常见的命名风格绝对不是一个坏的选择。

4.3.2　使用注释

JavaScript 和很多语言（如 Java、C、PHP、C++）一样，也支持同样的注释形式。

（1）使用“//”实现单行注释。

JavaScript 会忽略从“//”开始到该行结尾的任何内容。该注释符用于单行注释，通常用于行尾。下面的代码就是一个单行注释。

```
var a = 5;//定义一个变量 a，赋值为 5
```

（2）使用“/*”和“*/”实现块注释。

“/*”和“*/”之间的内容也会被当作注释忽略掉。这对注释符之间可以是多行内容，但是不能嵌套。当注释跨越多行时，称为块注释。下面的代码使用“/*”和“*/”对代码段的某个部分进行注释。

```
/* 变量定义部分 */
var a = 5;//定义一个变量 a，赋值为 5
var b = "JavaScript";
var c = 0;
```

再看如下的代码。

```
/*
功能：显示提示
参数：str，需要显示的字符内容
*/
function sysAlert(str){
    alert(str);
}
```

代码实现了函数的功能及参数注释，且占用了多行，所以是块注释。块注释通常用来对一个函数或者某段代码进行说明。块注释有时候也会用在调试的过程当中，用来注释掉大块的代码，以便找出问题。

（3）使用整体注释。

编写的代码不一定保存在一个文件里，还有可能保存在多个文件里。如果多个文件之间有关联，最好在每个文件开始的地方，编写与下面的注释的内容类似。

```
/*************************************************************
// 购物功能函数库文件-基础部分
// Copyright ©2007 Danshu inc. All rights reserved.
// 完 善：小明，xiaoming@126.com
*************************************************************/
```

这样，关联的文件之间就有了层次区分。在不同的场合，合理地使用注释是非常重要的。

注意 注释虽然很重要，但是并不是越多越好。注释也要讲究一个度，为每一条语句都写上注释。显然也是不好的。

4.4 小结

本章对 JavaScript 的一些基本概念进行了介绍，为后面深入学习 JavaScript 打下一个基础。下面看一下本章小结。

◎ JavaScript 是对大小写敏感的。

◎ 关键字、变量名、数字、函数名或者其他的标识符中间的空格、制表符以及换行在 JavaScript 程序中会被忽略，通常用来对齐程序。

◎ 直接量就是程序里直接显示出来的数值。直接量可以充当变量的值。原则上，直接量是任何一种程序设计语言必不可少的一部分。

◎ JavaScript 是用分号“;”来分隔两条程序语句的，也可以使用换行来实现两条语句的分隔。

◎ 标识符只要满足命名规则，就可以任意的定义，但不能和 JavaScript 的保留字重名。

◎ 对象实际上是类的一个实例，类是对对象的抽象。

◎ JavaScript 对象是基于构造器函数创建的。

◎ JavaScript 的对象，是通过运算符“new”来进行创建的。

◎ JavaScript 通常使用“.”运算符来实现属性的调用。

◎ 继承是对象的一个很重要的特征。

◎ 使用原型属性可以实现用附加对象定义来扩展对象定义。

◎ 良好的编程习惯最主要的两部分是命名规则以及使用注释。

4.5 问题

（1）在 JavaScript 中，变量名“dog”和“Dog”是同一个变量吗？为什么？

（2）“a=b”与“a = b”这两条语句是一样的吗？

（3）JavaScript 用什么来分隔两条语句？

（4）定义几个标识符。

（5）说明对象、实例和类之间关系。

（6）写出一条创建对象的语句。

（7）通过什么运算符实现对对象属性访问？

（8）原型属性的意义是什么？

4.6 进阶练习

目标：自己动手写一个简单的类。

要求：

◎ 包含至少 3 个属性。
◎ 包含至少 1 个方法。
◎ 在方法中要访问属性。
◎ 必须使用注释。

4.7 问题解答

（1）不是，因为 JavaScript 中大小写敏感。

（2）是一样的。后面的语句只是在“=”两边各多了一个空格，这是程序编写的一种风格，用来增加程序可读性。同样的方式还有使用制表符和换行。

（3）JavaScript 可以使用“;”或者换行来分隔两条语句，通常使用“;”。

（4）txtmonth、_day、$name。

（5）对象实际上是类的一个实例，类是对对象的抽象。

（6）new Date()。

（7）通过“.”访问对象的属性。

（8）使用原型属性可以实现用附加对象定义来扩展对象定义。

第 5 章　变量和常见数据类型

在前面的章节里讲到过 JavaScript 是一个弱类型的语言，在声明和使用变量时，并不像其他语言那么严格。JavaScript 也有着不同的数据类型，它们的声明和使用也都不尽相同。本章主要介绍 JavaScript 的变量使用以及介绍几种常见的 JavaScript 数据类型。

5.1 变量的命名

变量是用来存储数据的，可以利用变量参与各种运算，以实现动态的效果。关于变量的命名在前面章节有过简单的介绍。本节将结合具体的示例针对各种情况进行讲解。

5.1.1 使用有意义的名称

变量名代表了所存储数据的具体含义，比如“名称”、“平均数”、“价格”、“重量”等。给变量名取合适的名字能够帮助理解变量的含义，进而使程序的编写和理解更加容易。以下是几个变量的声明示例。

```
var name = "小明";    //定义 name 变量，表示名称
var age = 16;         //定义 age 变量，表示年龄
var price = 32.8;     //定义 price 变量，表示价格
var weight = 55;      //定义 weight 变量，表示重量
```

以上的四行声明语句分别定义了“name”、“age”、“price”和“weight”四个变量，根据变量的名称可以很容易理解出变量代表着“名称”、“年龄”、“价格”以及“重量”等意义。因此，变量名使用有意义的名称，作用是显而易见的。

5.1.2 使用多个单词与分隔符

简单的程序可以很容易就定义好需要的变量名。对于较为庞大的程序，变量名使用单个简单的词语已经无法完全表示出变量的意义，因此就需要用多个单词进行组合。使用多个单词组合表达的意义更加精确，变量能够表达的意义范围也相应扩大了。不过为了便于理解，多个单词组合成的变量，通常会采取不同的方法来对变量名进行处理以方便理解。采取的方法是第二个单词起首字母大写，或在多个单词间使用分隔符，分隔符通常是用下划线“_”，如下面的几个变量定义语名所示。

```
var userName = "小明";
var maxAge = 16;
var bookPrice = 32.8;
var dog_weight = 55;
```

5.1.3 全大写命名方式

变量名字母全部大写方式，如下代码所示。

```
//配置全局变量，名称
var NAME = "变量测试示例";
```

并没有什么语法规定非要用变量名全部大写的方式来命名，但在通常情况下，变量名全部大写表明该变量的级别比较高，比如在后面将要讲到的全局变量就建议使用这样的命名方式。

5.1.4　给变量名增加前缀

使用合适的前缀能有效地防止变量名“重名”或者“混淆”的情况。前缀可以是有意义的字母组合，也可以是简单的无意义单一字符。

通常可以把具有相关性质的变量进行统一命名，这样无论是编写程序还是读程序时都能够很好的理解变量之间的关系，比如下列变量就使用了统一的前缀。

```
book_price
book_name
book_author
```

上面的三个变量统一使用了“book”这个前缀，它们针对的是书本的“价格”、“名称”以及“作者”三个变量，增加了这样的前缀，对相关的一组变量做了明确的定义。

有时前缀也不需要用有意义的单词或字母，在很多情况下可以仅仅使用单一的下划线“_”来作为前缀，例如下面的几个变量名。

```
_price
_name
_author
```

这种方式一般用来区分变量的作用范围，比如局部变量常会使用这种方式，让人一看就知道这个变量是在函数体或某一小段程序里使用的，和其他的函数或程序没有关联。

5.1.5　综合示例

以上的四个变量的命名规则，仅仅是对读者的建议。四种方式可以单独使用，也可以进行综合以适应更多的情况。通过一段时间的学习和编码后，读者应该会逐渐形成自己的命名习惯。下面结合一个实例来加深对变量命名的体会。在这个例子中，并不会涵盖所有的情况，但对一些基本的情况还是有实际的操作。这个例子的JavaScript代码是嵌入到HTML页面里的HTML页面见5-1.html。

```
<html>
<head>
<title>JavaScript 变量命名示例</title>
<script language="JavaScript">
<!--
/*全局变量，大写*/
var DISCOUNT = 0.7;//折扣

//计算书本折扣后价格，并弹出提示
function getPrice(){
    /*局部变量，使用“book_”前缀，为了表明是局部变量，前面统一再增加“_”前缀*/
    var _book_name = document.myform.bookname.value;
    var _book_author = document.myform.bookauthor.value;
    var _book_price = document.myform.bookprice.value;
    /*局部变量，使用“_”前缀*/
    var _price = _book_price * DISCOUNT;
```

```
        var _alert = "这本书名为《"+_book_name+"》，"+_book_author+"编著的书，折扣
后价格为："+_price;
        alert(_alert);
    }
    //-->
    </script>
    </head>
    <body>
    <form name="myform">
    价格：
    <input type="text" name="bookprice" value="50"><br/>
    书名：
    <input type="text" name="bookname" value="JavaScript 入门教程"><br/>
    作者：
    <input type="text" name="bookauthor" value="小明"><br/>
    <input type="button" onclick="getPrice()" value="计算折扣价">
    </form>
    </body>
    </html>
```

上述代码包括了全局变量、局部变量、前缀的运用，可以在浏览器中打开查看效果。

5.2 赋值给变量

变量的作用就是用来存储数据的。在程序的编写过程中，除了要随时定义变量外，做得比较多的一件事情就是给变量赋值。给变量赋值需要使用赋值运算符“=”。运算符左边是需要赋值的变量名，右边是具体的值或者值的表达式。变量可以先定义，在需要时进行赋值。也可以在定义变量的同时直接给变量赋值，一般有初始值或者默认值的变量都通常采用这种方式。这里列举几种变量赋值方式的示例。

（1）先定义变量后赋值。

```
var book_name;
var book_price;
....//其他程序段
book_name = "JavaScript 入门教程";
book_price = 0.7 * allPrice;
```

在上面的代码中，最后一条语句里的 allPrice 是一个已经有值的变量，这就是使用表达式来赋值的方式。

（2）定义时赋值。

如下面的代码所示。

```
var book_name = "JavaScript 入门教程";
```

5.3 变量的作用域

在 JavaScript 中使用变量时，变量的作用域是值得特别注意的地方。简单的程序没有太大

问题，稍微复杂的程序，比如有多个函数，很长的代码等情况时就要注意这个问题了。变量的作用域主要分为全局和局部两种。全局变量是在函数体外声明的，可以在任何地方使用（包括函数的内部）。局部变量是在函数体内声明的，只能在函数体内使用，并随着函数的结束而消失。如果使用变量而不注意作用域的话，有可能会使程序产生错误，而且很难发现。

5.3.1 局部变量

局部变量是指在函数体内声明的变量，下面的代码中的函数里就使用了局部变量。

```
<script language="JavaScript">
<!--
function showAlert(sex, name, age){
    var _alert = "您好，您的名字是"+namc;
    _alert = _alert + "，您的性别是"+sex;
    _alert = _alert + "，您的年龄是"+age;
    alert(_alert);
}
//-->
</script>
```

代码中的“_alert”即为函数体内声明的局部变量。另外，在上面的函数里，函数的参数“sex”、“name”和“age”也被当作局部变量来处理。它们同样在函数结束以后就不存在了。声明变量要用到“var”，但在声明局部变量时，是可以省略掉的。比如下面的局部变量声明语句。

```
var book_price = 50;
```

也可以写成下面的形式。

```
book_price = 50;
```

不过为了养成良好的编程习惯，最好在任何情况下都不要省略“var”。

5.3.2 全局变量

全局变量是在函数体外声明的，声明后可以在任何的地方调用，即可以读取变量的值，也可以为其赋值。声明全局变量时，按照前面介绍的规则，变量名全部用大写。当然，也有只将首字母大写的。下面的代码中就声明并使用了全局变量。

```
<script language="JavaScript">
<!--
var BOOKNAME = "JavaScript入门教程";
function showAlert(){
    alert("书名：" + BOOKNAME + "。");
}
showAlert();
//-->
</script>
```

代码中声明了一个名为“BOOKNAME”的全局变量，并赋值为“JavaScript入门教程”，然后在函数showAlert里进行了调用。代码执行后效果如图5.1所示。

图5.1　全局变量示例

如果全局变量和局部变量遇到重名的情况，局部变量会优先。但是，无论怎么改变局部变量的值，全局变量的值都不会受到影响。

示例代码如下所示。

```
<script language="JavaScript">
<!--
var BOOKNAME = "JavaScript 入门教程";
function showAlert(){
    var BOOKNAME = "JavaScript 从入门到精通";
    alert("书名: " + BOOKNAME + "。");
}
showAlert();
alert("书名: " + BOOKNAME + "。");
//-->
</script>
```

代码运行后，会先显示局部变量赋值后的书名，然后再显示全局变量赋值后的书名，可见全局变量的值并不会因为函数内同名的局部变量的重新赋值而发生改变。

5.4 使用数字

计算机最早的应用就是辅助计算，因此，算术运算是程序编写里中一个重要的组成部分。JavaScript 支持两种数字的数据类型，一种是整型，另一种是浮点型。整型数字是没有小数点的正数、负数和零（范围从-9007199254740992~9007199254740992）。如下所示的都是整型数字。

-235，-3，0，45，100，105

带小数点的数字都属于浮点型数字，比如下面的几个示例。

-1.01，0.01，350.9

数字在位数较少时可以直接书写，当位数过多时，通常采用科学计数法书写。科学计数法也称为指数计数法，是一种用较短的格式来表示位数较多的小数或整数的方法。科学计数法是用 1~10 之间的数值乘以 10 的 N 次方来表示数字的。数值 10 用 E 或者小写 e 代替。如对于以下的数字。

3,000,000,000,000

使用科学计数法就记作。

3.0e12

表示的是“3 乘以 10 的 12 次方”。下面是一个使用数字的示例。HTML 文件见 5-2.html。

```
<html>
<head>
<title>JavaScript 数字使用示例</title>
<script language="JavaScript">
<!--
//声明整数
var int_num = 100;
//声明浮点数
var float_num = 7.0e9;
//输出值
var str_alert = "[整数]: \nint_num=" + int_num;
str_alert = "\n[浮点数]: \nfloat_num=" + float_num;
```

```
alert(str_alert);
//-->
</script>
</head>
<body>
</body>
</html>
```

代码中分别定义了一个整数和浮点数，最后通过 alert 提示框显示给用户。在浏览器里运行效果如图 5.2 所示。

上面的代码仅仅是显示了数字的类型，并没有真正将其运用到运算中去，下面通过一个计算图书折扣价的例子来深入理解。

```
<html>
<head>
<title>JavaScript 数字运算使用示例</title>
<script language="JavaScript">
<!--
//声明整数
var int_book_price = 111;
//按照 0.73 折扣的方式计算折扣
var float_book_price = int_book_price * 0.73;
//输出值
var str_alert = "[折扣价]: " + float_book_price;
alert(str_alert);
//-->
</script>
</head>
<body>
</body>
</html>
```

以上代码对图书的价格进行了折扣计算，运行后结果如图 5.3 所示 HTML 文件见 5-3.html。

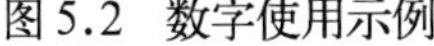
图 5.2　数字使用示例

图 5.3　数字运算示例

5.5　使用布尔值

布尔值是一个逻辑值，其值有“true”和“false”两个。从逻辑上，可以按照自己的方式来理解，比如“对”和“错”、“真”和“假”、“开”和“关”等。布尔值常常在条件判断语句里用来控制程序的流程。通常在有些无返回值的函数里，也会用“return”语句返回一个布尔值，以提供给调用的代码进行条件判断。

在其他的开发程序中，布尔值可能不仅仅为“true”和“false”，有时也会使用 1 和 0 来代表布尔值。但在 JavaScript 中代表布尔值的只能是“true”和“false”，而 1 和 0 通常被认为是数字或字符。在必要的时候，对于代表逻辑值的 1 和 0，JavaScript 会自动进行转化。看一下下面的两段程序。

```
<script language="JavaScript">
<!--
var flag = 1;
if( flag ){
    alert("true");
}else{
    alert("false");
}
//-->
</script>
<script language="JavaScript">
<!--
var flag = true;
if( flag ){
    alert("true");
}else{
    alert("false");
}
//-->
</script>
```

两段程序运行效果是完全一样的，这是因为在条件语句中，值为 1 或 0 的变量被 JavaScript 自动转化为了“true”和“false”。

5.6 使用字符串

字符串是一段文本内容，通常用一对单引号或双引号括起来，可以是一个或多个字符。字符串在 JavaScript 里使用也非常频繁，在前面的介绍中很多地方都使用了字符串这个数据类型。这里主要对字符串进行讲解。在 JavaScript 里，字符串是一个对象，它具有一些属性和方法以方便对其进行处理和操作。

5.6.1 创建字符串

在 JavaScript 中创建字符串要使用成对的双引号或单引号。具体是用双引号还是单引号要看字符串里内容而定。如果要引用的字符串里含有双引号“"”，那么创建字符串时就使用一对单引号“'”，如下所示。

```
var str = '本节要讲解"字符串"';
```

如果需要引用的字符串里含有单引号“'”，创建字符串时就使用一对双引号“"”括起来，如下所示。

```
var str = "本节要讲解'字符串' ";
```

不管使用单引号还是双引号，原则是字符串必须以相同类型的引号开始和结束。上面两条语句都是正确的，因为分别以双引号和单引号开始并结束的。

```
var str = '字符串";
var str1 = "字符串';
```

上面的语句都是不正确的，因为开始和结束的符号并不相同。

JavaScript 对于单个字符，没有类似其他程序的“char”之类的专用数据类型。单个字符在 JavaScript 仍然是一个字符串，如下所示。

```
var str = "a";
var str1 = 'a';
```

JavaScript 还支持空字符串。空字符串与空值和未定义内容不同，空字符串相当于长度为 0 的字符串，如下所示。

```
var str = "";
var str1 = '';
```

5.6.2　使用转义符号“\”

在实际运行中，有时会出现在字符中即包括单引号，又包括双引号的情况出现，如下所示。

```
var str = "使用单引号“'”还是双引号“"”要注意区分。";
var str1 = '使用单引号“'”还是双引号“"”要注意区分。';
```

代码以上运行后会发生错误，上面语句想在字符串里包含单引号和双引号，但无论采用单引号和双引号来包含都会发生错误。为了解决这个问题，这就需要了解转义字符的知识。在 JavaScript 中，使用“\”和一些能够转义的字符便可以解决一些特殊的问题。例如使用“\"”就能表示“"”，使用“\'”就能表示“'”。这样的话，对上面的两条语句进行修改，改后代码如下。

```
<script language="JavaScript">
<!--
var str = "十月一日是\"国庆节\"，也是我国的'法定'假日。";
var str1 = '十月一日是"国庆节"，也是我国的\'法定\'假日。';
alert(str + str1);
//-->
</script>
```

经过修改后，就能正常显示了，上述代码运行后结果如图 5.4 所示。

图 5.4　转义字符应用示例

常见的转义字符如表 5.1 所示。

表 5.1　JavaScript 常见转义字符列表

转移字符	意义
\b	退格
\f	换页
\n	换行
\r	回车

续表

转移字符	意义
\t	水平制表符
\'	单引号
\"	双引号
\\	反斜杠

5.6.3 使用 length 属性获取字符串长度

字符串的运算中，计算字符串长度是一个比较重要的运算。JavaScript 通过字符串对象的 length 属性来获取字符串的长度，如下面的语句所示。

```
<script language="JavaScript">
<!--
var str = "十月一日是\"国庆节\"，也是我国的'法定'假日。";
alert("字符串 str 的长度是："+str.length);
//-->
</script>
```

运行结果如图 5.5 所示。

JavaScript 计算字符串长度的方式与其他的程序设计语言有所不同，例如下面的语句。

```
<script language="JavaScript">
<!--
var str = "十月一日";
var str1 = "abcd";
alert("字符串 str 的长度是：" + str.length + "，字符串 str1 的长度是：" +
str1.length);
//-->
</script>
```

运行后效果如图 5.6 所示。

图 5.5　字符串长度示例

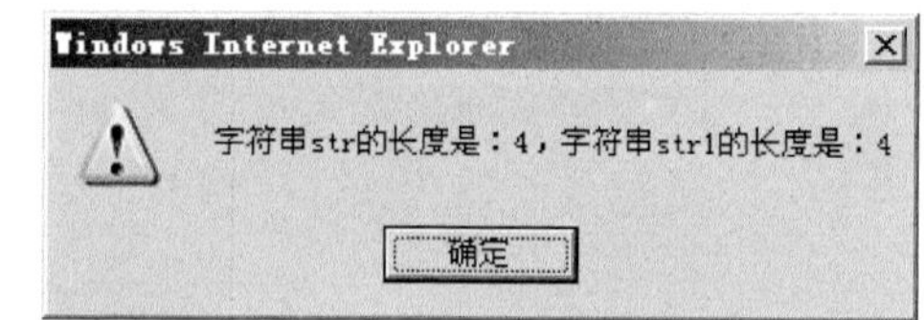

图 5.6　字符串长度对比

可以发现“十月一日”和“abcd”两个字符串，一个是汉字，一个是英文字母，运行后得到的长度都是 4，也就是说 JavaScript 只关注字符的个数，而不关心是汉字或是其他字符。

5.6.4 截取字符串

字符串截取是很多程序设计语言都有的一个方法，JavaScript 里也提供了字符串截取的方法，就是字符串对象的“substring”方法，substring 方法有一个变体为 substr。这个方法有两个参数，第一个是起始截取位置。第二个是截取位数，第二个参数如果省略，那就意味着截取从起始位置开始的所有字符。下面通过实例来说明。

（1）截取指定起始位置和长度的字符串。

假定原字符串是“十月一日是国庆节”，要截取“国庆节”这三个字，那应该是从“国”字前的位置算起，往后截取3个字符。“国”字位于第5个字符后，那么代码如下所示。

```
<script language="JavaScript">
<!--
var str = "十月一日是国庆节";
alert(str.substr(5,3));
//-->
</script>
```

运行后效果如图5.7所示。

图5.7　截取指定起始位置和长度的字符串示例

（2）只指定起始位置截取字符串。

如果要截取指定位置以后的全部字符，可以只指定第一个参数。同样截取“国庆节”三个字符，代码如下所示。

```
<script language="JavaScript">
<!--
var str = "十月一日是国庆节";
alert(str.substr(5));
//-->
</script>
```

这段代码指定了第一个参数，省略了第二个参数，JavaScript就会从第一个参数指定的位置开始，一直截取到字符串的末尾。运行后的效果同图5.7所示一样。

（3）利用length属性动态指定位置截取。

有时对于不知道字符串长度的有规律的截取工作，可以利用字符串对象的length属性来作动态的截取。比如对于下面定义的三个字符串。

var str = "小明（姓名）";

var str1 = " 20（年龄）";

var str2 = "男（性别）";

要分别截取上面三个字符串中括号左边的文本，先进行一下简单的分析，可以出现这三个字符串括号和括号内的内容一共是4个字符，因此我们只要从开始截取到倒数第四个字符位置即可。字符串的长度可以通过length属性得到，实现代码如下所示。

```
<script language="JavaScript">
<!--
var str = "小明（姓名）";
var str1 = " 20（年龄）";
var str2 = "男（性别）";
alert(str.substr(0,str.length-4) + ", " + str1.substr(0,str1.length-4) + ", " + str2.substr(0,str2.length-4));
//-->
```

```
</script>
```

上述代码运行后如图 5.8 所示。

如果第一个参数为负数，JavaScript 仍然会从字符串开始的位置进行截取。如果第一个参数超过了字符串的总长度，那么不管第二个参数是多少，都将得到一个空字符串。如果第一个参数在字符长度范围内，而第二个参数超过了字符串的总长度，JavaScript 会只截取到字符末尾。如果第二个参数为负数，则不管第一个参数为多少，都会得到一个空字符串。

图 5.8 动态截取示例

5.6.5 字符串的大小写转换

在 JavaScript 中还可以将某些字符全部转化为大写或者全部转化为小写，需要用到的是字符串对象的两个方法；“toLowerCase()”和“toUpperCase()”。使用方法如下面的代码所示。

```
<script language="JavaScript">
<!--
var str = "JavasSript";
var str1 = "JAVASCRIPT";
alert(str + "转化为大写为: "+str.toUpperCase() + ", " + str1 +"转化为小写为:
"+ str1.toLowerCase());
//-->
</script>
```

运行后效果如图 5.9 所示。

图 5.9 大小写转换示例

大小写转换的方法，有时候也可以用在条件判断语句中以减少语句的复杂度。例如对于判断任意大小写的三个字母是否按照“D”、“A”、“Y”这个顺序进行排列组合时，正常的条件判断语句如下所示。

```
if( str == "day" || str == "DAY" || str == "Day" || str == "dAy" || str ==
"daY" || str == "DAy" || str == "dAY" || str == "DaY" ){
//程序段
}
```

这样写使得程序变得非常复杂，同时还不一定能穷举出所有的条件，如果借助大小写转换方法来辅助判断，即可很轻松，如下所示。

```
//第一种方式：转化为小写
if( str.toLowerCase() == "day" ){
//程序段
}
//第二种方式：转化为大写
if( str.toUpperCase() == "DAY" ){
//程序段
}
```

以上两个方式都能实现同样的效果，而且程序语句也变得简洁了许多。

5.6.6　查找与匹配子串

字符串有时候可能需要进行拆分或者匹配，以满足复杂的使用情况，JavaScript 中进行字符串查找和匹配是使用 indexOf 或 lastIndexOf 方法来进行。这两个方法返回的都是位置，其中 indexOf 方法有一个参数，为需要匹配或查找的字符串，该方法返回的是该字符串在被查找的字符串里第一次出现的位置。lastIndexOf 也有一个参数，也是需要匹配或查找的字符串，只是该方法返回的是该字符串在被查找字符串里最后一次出现的位置。代码如下所示。

```
<script language="JavaScript">
<!--
var str = "a";
var str1 = "javascript";
alert("第一次出现的位置："+str1.indexOf(str)+"，最后一次出现的位置："+str1.lastIndexOf(str));
//-->
</script>
```

代码运行后，会显示第一次出现的位置和最后一次出现的位置，效果如图 5.10 所示。当找不到字符串时，两个方法都会返回“-1”。代码如下所示。

```
<script language="JavaScript">
<!--
var str = "k";
var str1 = "javascript";
alert("第一次出现的位置："+str1.indexOf(str)+"，最后一次出现的位置："+str1.lastIndexOf(str));
//-->
</script>
```

运行效果如图 5.11 所示。

图 5.10　字符串匹配示例

图 5.11　找不到子串

查找的字符串长度可以是 1，也可以大于 1。

5.7　使用数组

数组是 JavaScript 数据类型的一种，由一个单独的名称表示，并包含一系列的数据。可以把数组想象成由若干个变量组合起来的一个变量组。数组也同样有自己的属性和方法。因为能够包含一组数据，因此数组的应用也非常普遍。

5.7.1　创建一个数组

JavaScript 中数组使用 Array()构造器来创建，如下所示。

```
var ary = new Array(num);
```

其中的 num 即为数组元素的个数，也可以理解为数组中可包含数据的个数。下面代码是创建一个拥有 3 个元素的数组。

```
var ary = new Array(3);
```

数组内的元素是按照顺序排列的，序号从 0 开始，比如上面创建的数组 3 个元素的元素序号分别为 0、1、2。通常把这个序号称为数组元素的下标，借助这个下标就可以对数组的元素进行访问，如下所示。

```
ary[1];
```

上面的代码就表示为 ary 数组的第 2 个元素。

5.7.2 给数组元素赋值

前面讲解了如何通过下标对数组元素进行访问，那么用同样的方式还可以像给变量赋值一样对数组的元素进行赋值。下面的语句就是对数组的元素进行赋值操作。

```
ary[0] = "a";
ary[1] = "b";
ary[2] = "c";
```

使用数组元素和使用普通的变量一样，如下面语句所示。

```
alert(ary[0]);
```

以上代码在提示框里显示了数组 ary 的第一个元素，效果如图 5.12 所示。

图 5.12 显示数组的元素

不仅通过使用数组下标这种方式可以给数组元素赋值，在创建数组对象时，也可以对数组的元素进行初始化的赋值，如下所示。

```
var ary = new Array("a","b","c");
```

语句中创建了一个数组，指定数组的长度为 3，并且分别将数组的三个元素赋值为“a”、“b”、“c”。

5.7.3 使用 length 属性获取数组的长度

和字符串一样，数组也有长度属性，同样可以通过 length 属性来获取。数组的长度就是数组元素的个数。通过如下语句就可以获得数组的长度。

```
ary.length
```

获得数组长度后，可以利用循环语句来对数组元素依次进行访问和赋值。下面的语句就是动态访问数组 ary 的元素。

```
<script language="JavaScript">
<!--
for( var i=0; i< ary.length; i++ ){
    alert(ary[i]);
}
//-->
</script>
```

还可以动态的改变数组长度，如下面的语句所示。

```
ary[3] = "d";
```

上面的语句相当于扩充了 ary 的长度，使其变为 4 个元素。通过为指定下标的元素赋值，便可以增加数组的长度，会自动增加到下标指定长度。

5.7.4　多维数组

如果数组中的每一个元素，又是一个数组，那么就变成了 2 维数组。同样的道理，如果继续嵌套将成为多维数组。多维数组能存储更多的数据，同时表示更多的信息。下面的语句将通过初始化赋值的方式创建一个 2 维数组用于存放用户的姓名和年龄等信息。

```
var ary = new Array(
    new Array("老张","32"),
    new Array("小王","20"),
    new Array("小李","24"),
    new Array("小陈","18")
);
```

对于类似上面的二维数组或者多维数组，可以使用并列的方括号“[]”来对数组元素进行访问，如下所示。

```
ary[1][1];
```

得到的将是小王的年龄 20。下面是一个三维数组的例子。

```
var ary = new Array(
    new Array(
        "小王",
        "20",
        new Array("老王","60"),
        new Array("老刘","58")
    ),
    new Array(
        "小李",
        "24",
        new Array("老李","70"),
        new Array("老陈","65")
    )
);
```

可以看出上面的三维数组其实是一个混合数组，通过普通元素和数组元素的组合，对复杂的逻辑关系和关联的信息进行了表示，这样对于访问和管理数据都是非常有利的。看一下下面的例子。HTML 文件见 5-4.html。

```
<html>
<head>
<title>数组示例</title>
</head>
<body>
<script language="JavaScript">
<!--
var ary = new Array(
    new Array(
        "小王",
        "20",
```

```
            new Array("老王","60"),
            new Array("老刘","58")
        ),
        new Array(
            "小张",
            "26",
            new Array("老张","70"),
            new Array("老陈","65")
        )
    );
    alert(ary[0][0] + ary[0][1] + "岁，父亲" + ary[0][2][0] + ary[0][2][1] + "
岁，母亲" + ary[0][3][0] + ary[0][3][1] + "岁");
    //-->
    </script>
    </body>
    </html>
```

执行效果如图 5.13 所示。

图 5.13　多维数组示例

上面的程序段通过多维数组的方式，能够轻松地把一组关联的数据按照指定逻辑表现出来。数组的应用非常广泛，可以在具体的学习和程序编写过程中仔细体会。

5.8　小结

本章结合实例对 JavaScript 变量的使用以及 JavaScript 中常见的数据类型进行了介绍。本章所介绍的数据类型都是常用的数据类型，希望读者能够很好地掌握并灵活运用。下面再复习一下本章的主要内容。

◎　变量是用来存储数据的，也可以参与运算。

◎　变量的命名有一些常用的规则，比如大小写的使用、使用有意义的单词分隔符等。

◎　变量使用“=”来进行赋值，可以先声明后赋值，也可以在声明的同时直接赋值。

◎　变量有作用域，局部变量在函数体内有效，全局变量在所有范围有效。

◎　数字数据类型有整型和浮点型两种类型，对于位数较长的数字应采用科学计数法。

◎　布尔数据类型有“true”和“false”两个值。JavaScript 在某些时候会自动将“1”和“0”转化为“true”和“false”。

◎　字符串可以是一个字符也可以是多个字符。引用字符串要使用成对的单引号“'”或双引号“"”。

◎　输出特殊的字符要使用转义字符。

◎　字符串的长度可通过字符串的 length 属性获取。

◎　截取字符串可使用 substring 或者 substr 方法。

◎ 字符串的查找和匹配要使用 indexOf 或者 lastIndexOf 方法。
◎ 字符串的大小写转换方法分别是 toLowerCase 和 toUpperCase。
◎ 数组通过 Array()构造器来创建。
◎ 可以在创建时直接赋值给数组元素赋值，也可以在创建后使用下标来进行逐一赋值。
◎ 数组的长度也可以通过数组对象的 length 属性获取。
◎ 数组可以通过给指定下标的元素赋值来实现数组的扩充。
◎ 如果数组的某个元素也是一个数组，那么就形成了多维数组。

5.9 问题

（1）谈谈对变量的理解。
（2）给变量命名通常要注意那些方面？
（3）变量的赋值是如何实现的？举例说明。
（4）变量的作用域怎么理解？
（5）数字数据类型有哪两种，并列举一个科学计数法的例子。
（6）谈谈对布尔数据类型的理解。
（7）字符串的引用要使用什么符号？
（8）字符串的长度是怎么来获取的？
（9）举例说明常见的转义字符。
（10）如何截取指定字符串？
（11）如何查找和匹配指定的字符串？
（12）字符串大小写如何转换？
（13）写一行可以创建具有 3 个元素的数组的语句。
（14）数组元素如何赋值？
（15）数组的长度如何获取？
（16）如何扩充数组的长度？
（17）怎样理解多维数组？

5.10 进阶练习

目标：使用常见的数据类型和变量来设计一段 JavaScript 程序并运行。

要求：

◎ 要使用全局变量和局部变量。
◎ 要使用字符串。
◎ 要使用数组。
◎ 要包含一条简单的条件判断语句。

5.11 问题解答

（1）变量是用来存储数据的，也可以参与运算。

（2）给变量命名通常忌讳用无意义的单词，不能杂乱无章没有规律，对于全局变量和局部变量要进行区分，可使用前缀或者分隔符。

（3）变量通过赋值运算符“=”来赋值，比如“int_num = 10;”。

（4）变量按照作用域可分为全局变量和局部变量。全局变量在函数体外部声明，在任何地方都可以使用。局部变量在函数体内声明，只能在函数体内使用。

（5）数字数据类型有整数和浮点数两类。科学计数法用“2.0e11”表示“200,000,000,000”。

（6）布尔类型有“true”和“false”两个值。布尔类型通常用于条件判断或函数的返回值。在特定条件下，JavaScript 会将“1”和“0”自动转化为“true”和“false”。

（7）字符串使用成对的单引号“'”或者双引号“"”来包括。

（8）字符串的长度通过字符串的“length”属性来获取。

（9）常见的转义字符有“\n”、“\r”、“\t”、“\f”、“\"”、“\'”、“\b”、“\\”。

（10）截取字符串使用“substring”方法。

（11）查找和匹配字符串使用“indexOf”或“lastIndexOf”方法。

（12）字符串大小写的转换使用“toLowerCase”和“toUpperCase”方法。

（13）var ary = new Array(3);。

（14）数组可以通过下标对元素进行赋值，也可以在创建对象时一起赋值。

（15）数组的长度使用数组的“length”属性获取。

（16）数组的长度可以通过给某个指定下标的元素赋值来扩充。

（17）多维数组实际上是嵌套的数组，也就是说数组的某个元素也是数组。

第 6 章　函数和事件

在前面的章节中对函数和事件有过简单的介绍，函数和事件是 JavaScript 里最复杂又最重要的内容。在复杂的程序中使用函数是必然的。函数的定义、编写以及调用构成了整个程序功能。而事件在很多情况下往往是函数的触发条件。通过运用各种各样的事件，可以灵活的控制 JavaScript 实现具体的功能。本章将对函数和事件进行详细讲解。

6.1　使用函数

在很多的程序设计语言里，通常是将有关联的若干条语句组合起来，形成一个独立的单元，这个单元被称为过程或函数，JavaScript 里被统称为函数。JavaScript 里的函数允许有返回值，也可以仅仅实现功能。

6.1.1　定义函数

函数和其他的普通 JavaScript 一样，也要放在“<script>”和“</script>”之间。在使用函数前必须使用保留字“function”对函数进行定义，具体的定义语句如下所示。

```
function 函数名(参数){
    具体语句;
}
```

从上面的定义语句可以看出，定义函数有以下的几个规则。

（1）使用保留字“function”，保留字后面紧跟着的将是函数的名称。

（2）函数的命名规则与变量名的命名规则一样。

（3）函数名后面的括号内可以包含若干参数，也可以不带参数。使用参数是为了在调用函数时将变量传入函数内部的。

（4）最后是一对大括弧“{}”，在大括弧内就是具体的函数语句。

定义一个简单的函数语句如下所示。

```
//计算长宽分别为 a，b 的长方形面积
function showResult(a, b){
    var result = a * b;
    alert("面积是："+ result);
}
```

代码中定义了一个名为“showResult”的函数，并且有两个参数来分别传入长和宽的值。在函数体内，定义了一个名为“result”的变量，用来存放长和宽的乘积。最后函数将计算结果以提示框的形式显示给用户。参数可以有多个，多个参数间要用逗号“,”进行分隔。

6.1.2　调用函数

定义好函数后，就可以在需要的时候进行调用了。因为函数不会自动执行的，所以这需要编程人员在适当的时候编写程序进行调用。调用函数的方法是使用函数名称并在括号中包含着所要传入的参数值。调用语句也要放在“<script>”和“</script>”标签里。调用函数的前提是

这个函数必须事先定义，如果调用一个未定义的函数，会收到错误消息。

调用 6.1.1 小节中前面定义的 showResult 函数的语句如下所示。

```
showResult(5, 6);
```

调用结果如图 6.1 所示。

下面是一个示例，里面包含了简单的函数定义以及函数的调用。HTML 文档见 6-1.html。

```
<html>
<head>
<title>函数调用示例</title>
<script language="JavaScript">
<!--
//计算三角形面积
function getSquare(a, b){
    var result = a * b;
    result = result * 0.5;
    //调用子函数
    alert("函数 getSquare 执行后结果是: "+result);
}
//-->
</script>
</head>
<body>
<script language="JavaScript">
<!--
getSquare(3,4);
//-->
</script>
</body>
</html>
```

代码中定义了一个计算三角形面积的函数，通过 a 和 b 参数传入底和高，然后进行计算。执行后效果如图 6.2 所示。

图 6.1　函数调用结果

图 6.2　函数执行结果示例

调用函数还可以跨框架，也就是说在多框架嵌套的页面里，可以在一个框架调用另一个框架里定义的函数。这样就增强了 JavaScript 的控制力。关于跨框架的调用将在后面讲解框架的章节里做进行详细说明。

6.1.3　函数的返回值

函数不仅可以实现一些简单的功能，比如弹出一个提示框或在网页上输出一些内容等。函数能够通过参数接受传入的变量，同时也能够将一些结果返回调用函数的地方。实现函数返回值的语句是“return”，语法如下所示。

```
return 返回值;
```

这条语句在函数需要返回值时使用。执行完返回语句后，函数就停止执行了。如果在调用函数时使用“=”将函数返回值赋给变量，如下面的语句所示。

```
var retval = 函数(参数);
```

随着函数的执行完毕后会将函数的返回值传递给变量。下面举例说明，HTML 文档见 6-2.html。

```
<html>
<head>
<title>函数返回值示例</title>
<script language="JavaScript">
<!--
//计算三角形面积
function getSquare(a, b){
    var result = a * b;
    result = result * 0.5;
    return result;
}
//-->
</script>
</head>
<body>
<script language="JavaScript">
<!--
var ret = getSquare(3,4);
alert("ret="+ret);
//-->
</script>
</body>
</html>
```

代码中函数 getSquare 通过“return”语句返回了计算结果“result”。因为在调用时，将函数赋值给了“ret”变量，所以最后在提示框里显示“ret”的值就是函数返回的值。

函数除了可以返回一个确切的值外，也可以只使用“return”进行返回，如下所示。

```
return;
```

直接使用 return 语句会使函数停止执行，这在很多时候都可以用到。如下面的函数所示。

```
<script language="JavaScript">
<!--
function getSquare(a,b){
    if( a <= 0 || b <= 0 ){
        return;
    }else{
        return a*b*0.5;
    }
}
//-->
```

```
</script>
```

函数“getSquare”的功能是计算三角形面积，当代表底和高的参数“a”或“b”有不大于0 的情况时，函数会直接返回空值，并停止执行。

6.1.4 组合多个函数来实现复杂功能

当功能复杂时，使用一个函数是很难实现的。通常情况下，需要对功能进行分解，用不同的函数来分别实现分解后的功能，然后在调用时按照逻辑关系将这些函数组合起来使用。这样最大的好处是使程序的逻辑关系变得更加清晰，另外比较重要的一点可以在程序编写的过程中体会代码的重用。分解后的函数能够用在不同的地方，且实现相同的功能。

多个函数共同实现复杂功能时，函数会有一个调用和被调用的关系，其中总有一个函数起着主导作用。在这个函数里，会调用别的函数，通常把这个起主导作用的函数称为主函数，而被调用的函数称为子函数。主函数和子函数都是相对而言的。为了更好地理解，下面将通过一个实例来进行说明。

这个实例仍然以三角形面积的计算为基础。不过要对功能进行扩展，使功能变得复杂一点，以便使用多个函数。首先，在页面里增加两个输入框用于接收手工输入的三角形的底和高，然后需要增加一个按钮来执行计算。经过功能扩展后，页面代码如下所示。HTML 文档见 6-3.html。

```
<html>
<head>
<title>函数组合示例</title>
<script language="JavaScript">
<!--
//计算三角形面积
function getSquare(a, b){
    var result = a * b;
    result = result * 0.5;
    return result;
}
//提示子函数
function alertTip(str){
    alert("结果是: "+str);
    //重置表单
    document.myform.reset();
}
//主函数
function startFun(){
    var bottom = document.myform.v_bottom.value;
    var height = document.myform.v_height.value;
    //调用计算面积子函数计算结果
    var result = getSquare(bottom, height);
    //调用提示子函数显示提示
    alertTip(result);
}
//-->
</script>
```

```
</head>
<body>
<form name="myform">
底：
<input name="v_bottom" type="text"><br/>
高：
<input name="v_height" type="text"><br/>
<input name="sub" type="button" value="计算" onclick="startFun()">
</form>
</body>
</html>
```

以上代码中通过“startFun”这个主函数，获取了底和高的值，然后作为参数去调用子函数“getSquare”。在获得结果后，调用“alertTip”子函数显示提示，然后重置表单。运行效果如图 6.3 所示。

图 6.3　组合函数示例

6.2　使用事件

在前面介绍过事件的概念，利用事件 JavaScript 可以使 HTML 具有了动态特性，还可以控制页面效果。本节将对一些与事件相关的 HTML 标签进行介绍，另外会对几个重要的事件进行讲解。

6.2.1　HTML 标签与事件

JavaScript 是嵌入在 HTML 文档里的，因此 HTML 的标签是主要的事件对象。而页面与用户进行交互的一个重要标签就是“<input>”标签。“<input>”标签有一个“type”属性，通过改变这个属性的值便可以使这个标签成为各种类型的输入域，如文本输入框、单选框和复选框等。在前面的介绍中还可以发现，使用“<input>”标签能够接受用户的输入值及响应用户的单击事件等。在后面的表单章节中将会对该标签进行详细的说明。还有好多 HTML 标签也都具有各自的事件，常见标签以及每个标签具备的事件参见表 6.1。

表 6.1　HTML 标签及相关事件列表

HTML标签	描述	事件列表
<a>	超链接	click mouseover mouseout
<img>	图像	abort error load
<area>	区域	mouseover mouseout
<body>	文档内容	blur error focus load unload
<frameset>	框架集	blur error focus load unload
<frame>	框架	blur focus
<form>	表单	submit reset
<textarea>	文本域	blur focus change select
<select>	下拉框	blur focus change
<input type="text">	文本框	blur focus change select
<input type="radio">	单选	click
<input type="checkbox">	复选	click
<input type="submit">	提交	click
<input type="reset">	重置	click

上表列出了常用的 HTML 标签的相关事件，其他标签的事件在这里就不再说明了。

6.2.2 事件处理器

为了能够响应事件，JavaScript 使用了事件处理器。事件处理器就是为了响应某个特定的事件而被执行的代码。具体的事件发生时，比如 load，会通知 JavaScript，从而执行事件处理器。事件处理器代码作为一个属性添加在HTML标签中。一个链接标签的事件处理器代码如下所示。

```
<input 事件处理器="JavaScript 语句">
```

事件处理器的名称就是由事件名称加上一个“on”前缀组成的，比如 load 事件的事件处理器为“onload”，click 事件的事件处理器为“onclick”等。事件处理器被作为 HTML 的一个属性，不区分大小写，但是建议统一使用小写。

事件处理器代码后面用“=”添加了事件触发时需要执行的 JavaScript 代码。代码可以是一条语句，也可以调用一个函数，如下面的两条语句所示。

```
<input onclick="alert('单击！')">
<input onclick="showTip()">
```

第一条语句里的事件响应的代码直接就是 JavaScript 语句，第二句里则在事件触发时调用了一个函数。

6.2.3 使用常用事件

很多的 HTML 标签与 JavaScript 都有事件处理程序，使用合适的事件能够让相应的 HTML 标签实现一些功能，比如单击事件、双击事件等。

（1）click 事件

click 单击事件是任何 type 属性的“<input>”标签都具有的事件，当鼠标在输入框或按钮上单击时，就会触发该事件。下面的代码是一个 click 事件的示例。

```
<input type="button" onclick="alert('按钮单击事件！')" value="单击我">
```

鼠标单击后的效果如图 6.4 所示。

图 6.4　按钮单击事件

输入框、单选框和复选框都有同样的效果。

（2）blur 事件

blur 事件是指对象失去焦点后触发的事件，比如对设置了触发事件的输入框输入完毕后，将光标放到另一个输入框里面时就会触发该事件，或者光标原来停留在某单选框中，移到别的地方后同样会触发该事件。下面的代码是一个输入框的 blur 事件的示例。

```
<input type="text" onblur="alert('输入框失去焦点事件！')">
```

运行后，在输入框中输入值，当用鼠标单击页面空白处使输入框失去焦点后，就会触发事件，具体效果如图 6.5 所示。

图 6.5　失去焦点示例

失去焦点事件 blur 和获得焦点事件 focus 是一对相反的事件。

（3）change 事件

change 事件通常指当输入框的值发生了变化后，就会触发这个事件。示例代码如下所示。

```
<input type="text" onchange="alert('输入框内容改变事件！')">
```

运行后，在输入框中输入值，当光标移出输入框表示输入完毕，JavaScript 如果检测到输入框的内容发生了变化，就触发事件，具体效果如图 6.6 所示。

图 6.6　change 事件示例

change 触发的条件与 blur 类似，都需要焦点移出对象后才会触发。

（4）select 事件

select 事件是指用鼠标在输入框内选中内容时，就会触发事件，具体示例的代码如下所示。

```
<input type="text" onselect="alert('你选择了一段文字！')" value="用鼠标选择我">
```

运行后，在输入框中输入值，当用鼠标选中一段文字后，就会触发事件，具体效果如图 6.7 所示。

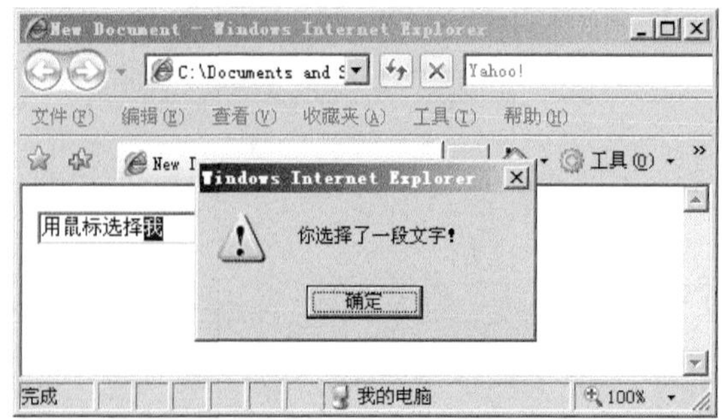

图 6.7　鼠标 select 事件

（5）focus 事件

与 blur 事件正相反，focus 事件是获得焦点时触发的事件，具体示例代码如下所示。

```
<input type="text" onfocus="alert('获得焦点！')">
```

运行后，当将光标移到输入框内，就会触发事件，具体效果如图 6.8 所示。

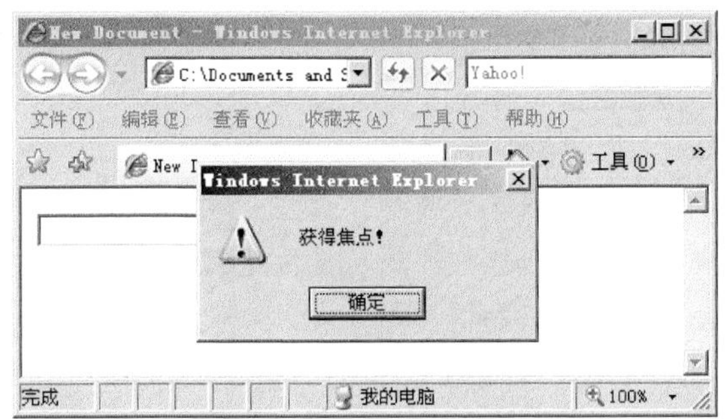

图 6.8　获得焦点事件

（6）load 事件

load 事件使用最多的时候是在“<body>”标签里，当页面所有内容全部加载完毕后就会触发该事件，示例代码如下所示。

```
<html>
<head>
<title>boay 的 load 事件</title>
</head>
<body onload="alert('页面加载完毕！')">
load 示例<br>
load 示例<br>
load 示例<br>
load 示例<br>
load 示例<br>
load 示例<br>
load 示例<br>
load 示例<br>
load 示例<br>
load 示例<br>
</body>
</html>
```

运行后，效果如图 6.9 所示。

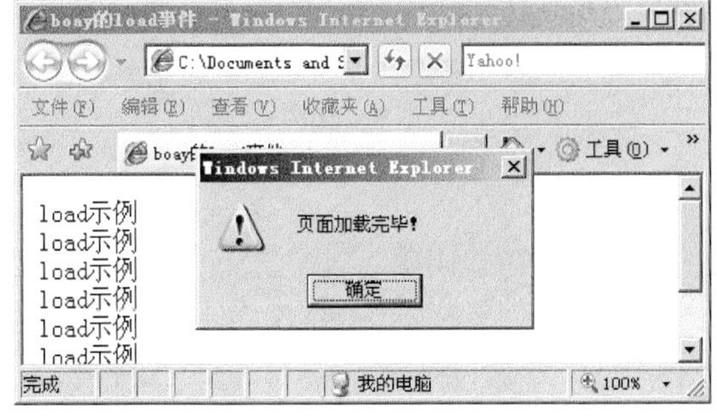

图 6.9　body 的 load 示例

这里主要介绍这 6 种常见的事件，关于其他的事件可以查阅相关资料。

6.3 小结

本章主要对函数和事件的内容进行了介绍，主要包括函数的定义和调用、多函数的组合使用等。同时还简单介绍了事件的相关内容，事件是 JavaScript 重要的一个知识，对于常见的事件要熟练掌握。下面对本章主要进行一下复习。

◎ 多条语句组合成独立的逻辑单元被称作过程，在 JavaScript 里称为函数。

◎ 函数可以只实现功能，也可以在完成功能后返回值。

◎ 函数名的定义规则和变量名相同。

◎ 定义函数使用“function”关键字。

◎ 参数是在定义函数时规定的，函数可以不带参数，也可以带 1 个或多个参数。参数在函数内部相当于局部变量。

◎ 函数通过使用关键字“return”加上具体的内容来实现返回值。“return”关键字也可以单独使用，以终止函数的执行。

◎ 可以组合多个函数来实现复杂的功能，它们之间存在着主次关系，分别称为主函数和子函数。

◎ 事件是使 HTML 具有动态特性的重要途径。

◎ 事件处理器的名称是由事件名加上一个前缀“on”组成的，主要是以标签属性的方式写到标签中，属性值就是具体事件的处理代码。

◎ 常见事件有“click”、“load”、“blur”、“focus”、“change”以及“select”等。

6.4 问题

（1）JavaScript 函数的意义是什么？

（2）函数除了实现可以功能外还有什么特性？

（3）函数名的定义规则是什么？

（4）定义函数要用什么关键字？

（5）什么是参数？有什么作用？

（6）解释“return”关键词的作用。

（7）什么是事件？

（8）事件处理器的编写语法是什么？

（9）列举几个常见的事件。

6.5 进阶练习

目标：使用多个事件来实现函数的调用。

要求：

◎ 使用的事件不少于 4 个。

◎ 定义 3 个以上的函数，并确定主函数和子函数。

◎ 用不同的事件来调用主函数。

6.6　问题解答

（1）多条语句组合成独立的逻辑单元被称作过程，在 JavaScript 里称为函数。

（2）函数除了实现功能外，还可以有返回值。

（3）函数名的命名规则与变量名的命名规则一致。

（4）使用“function”关键词定义一个函数。

（5）参数是在定义函数时规定的，函数可以不带有参数，也可以带有 1 个或多个参数。参数在函数内部相当于局部变量。

（6）函数通过使用关键字“return”加上具体的内容来实现返回值。“return”关键字可以单独使用，以终止函数的执行。

（7）事件是使 HTML 具有动态特性的重要途径。

（8）事件处理器名称是由事件名加上一个前缀“on”组成的。主要是以标签属性的方式写到标签中，属性值就是具体事件的处理代码。

（9）常见的事件有“click”、“load”、“blur”、“focus”、“change”以及“select”等。

第 7 章　运算符和表达式

本章将主要介绍表达式和运算符在 JavaScript 中的使用。JavaScript 中的运算符和表达式的使用和其他程序设计语言非常相似，如果对常见的程序设计语言比较了解，那么只要简单了解本章即可。如果并没有接触过其他程序设计语言，那么通过本章的介绍就可以学习到 JavaScript 的表达式和运算符的相关知识。

7.1 使用表达式

表达式在 JavaScript 中就是一个简短的句子，是直接量、变量、运算符，以及其他表达式的组合，JavaScript 的解释器能够识别它从而计算出相应的值。下面就是几个简单的表达式。

```
"JavaScript is interest. "        //字符串表达式
false                             //布尔值表达式
var_num                           //变量表达式
24                                //数字表达式
3.14                              //小数表达式
null                              //空值表达式
```

以上主要是变量和直接量的表达式，在 JavaScript 中表达式远不止这些，表达式还可以通过相互组合来形成新的表达式。

```
3.14 + var_num
```

上面的表达式就是使用 “+”运算符。来将小数和变量进行组合。同样，还可以用括弧“()”以及其他运算符来进行组合，如下所示。

```
(3.14 + var_num) * 10
```

上面的表达式就是用了括弧“()”和乘号“*”来组成一个新表达式。JavaScript 还有许多的运算符，详细内容将在下面进行说明。

7.2 运算符概述

运算符大部分都是用单个符号来表示的，如“+”、“-”、“*”、“=”等。但是也有其他形式的运算符，如关键字形式，“new”也算是一个运算符。JavaScript 的运算符按照性质可以大致分为几类，具体如表 7.1 所示。

表 7.1　JavaScript 运算符类型

类型	说明
算术运算符	用于数学计算
逻辑运算符	对布尔型操作数进行布尔操作
关系运算符	比较操作数返回布尔值
赋值运算符	赋值给变量
字符串运算符	操作字符串

另外，每个运算符都有各自的特，优先级及运算规则也都各不相同，这些具体的规则和特

性也将在后面分节进行详细介绍。

7.3 使用算术运算符

算术运算符在 JavaScript 中担任数学计算任务，比如加、减、乘、除、求余数（也称为取模）等。因为这些运算符需要两个操作数才能进行运算，所以也称为二元算术运算符。JavaScript 还有部分一元运算符，在后面将进行介绍。

7.3.1 二元运算符

下面就来介绍一下二元运算符。表 7.2 为 5 个二元算术运算符具体说明。

表 7.2　二元算术运算符

运算符	说明
+	加，两个操作数做加法运算
-	减，两个操作数做减法运算
*	乘，两个操作数做乘法运算
/	除，两个操作数做除法运算
%	求模，两个操作数相除，返回所得余数

示例代码如下所示。HTML 文档见 7-1.html。

```
<html>
<head>
<title>算术运算符</title>
<script language="JavaScript">
<!--
//加法运算
var a = 7;
var b = 2;
var c = a + b;
alert("加法运算: "+ a + "+" + b + "="+c);
//减法运算
a = 12;
b = 3;
c = a - b;
alert("减法运算: "+ a + "-" + b + "="+c);

//乘法运算
a = 3;
b = 4;
c = a * b;
alert("乘法运算: "+ a + "*" + b + "="+c);

//除法运算
a = 20;
b = 5;
```

```
c = a / b;
alert("除法运算："+ a + "/" + b + "="+c);

//取模运算
a = 21;
b = 4;
c = a % b;
alert("取模运算："+ a + "%" + b + "="+c);
//-->
</script>
</head>
<body>
算术运算符
</body>
</html>
```

代码执行后，将分别弹出进行了加、减、乘、除、取模运算后的结果。

图 7.1 是值为 7 和 2 的两个变量进行加法运算后弹出结果提示的情况。

图 7.2 是值为 12 和 3 的两个变量进行减法运算后弹出结果提示的情况。

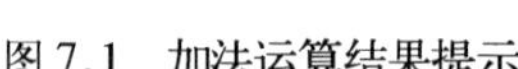

图 7.1　加法运算结果提示

图 7.2　减法运算结果提示

图 7.3 是值为 3 和 4 的两个变量进行乘法运算后弹出结果提示的情况。

图 7.4 是值为 20 和 5 的两个变量进行除法运算后弹出结果提示的情况。进行取模运算结果如图 7.5 所示。

图 7.3　乘法运算结果提示

图 7.4　除法运算结果提示

图 7.5　取模运算结果提示

JavaScript 是一种弱类型的语言，在进行算术运算时，JavaScript 解释器具有类型转换的功能。在算术运算中，字符串值会被尝试着转换为数字，如下面的代码所示。

```
<script language="JavaScript">
<!--
var a = "3";
var b = "4";
var c = a * b;
```

```
alert("结果为: "+c);
//-->
</script>
```

上面的代码中“a”和“b”其实是两个字符串变量，值分别为“3”和“4”。在进行乘法运算时，JavaScript 解释器并不会因为类型不对而报错，相反能够将两个字符串转换为数值 3 和 4 进行运算，并得出结果是 12。最后的运行效果如图 7.6 所示。

但是，并不是任何算术运算都遵循这个规则，加法运算符“+”就是一个特例。在使用加法运算符时，JavaScript 就不会把字符串转化为数字，如下面的代码所示。

```
<script language="JavaScript">
<!--
var a = "变量a";
var b = "4";
var c = a + b;
alert("结果为: "+c);
//-->
</script>
```

代码中定义了 2 个字符串变量“a”和“b”，值分别为字符串“变量 a”和字符串“4”。运行后效果如图 7.7 所示。

图 7.6 字符串与数字乘法时类型转换

图 7.7 字符串加法运算示例一

可以看到，两个字符串变量运行加法运算后，得到的结果是两个字符串了连接进行，变成了“变量 a4”。再看一个例子，代码如下。

```
<script language="JavaScript">
<!--
var a = "3";
var b = "4";
var c = a + b;
alert("结果为: "+c);
//-->
</script>
```

这个例子跟前面的乘法运算例子的代码差不多，唯一的区别就是由乘法运算符“*”变成了加法运算符“+”。运行后的效果如图 7.8 所示。

可以看到输出的结果是“34”。当然，这里的“34”并不是数字 34，而是字符串“3”和字符串“4”连接而成的一个新字符串“34”。

图 7.8 字符串加法运算示例

7.3.2 一元运算符

一元运算符能够对一个单独的操作数进行算术运算，表 7.3 列出了 JavaScript 中的一元算术运算符。

表 7.3　一元算术运算符

运算符	说明
++	递加，操作数加1
--	递减，操作数减1
-	相反数，操作数取相反数

二元算术运算符是将运算符放在两个操作数的中间，那么一元运算符与操作数的位置又是如何呢？对于递加“++”和递减“--”运算符来讲，可以放在操作数的前面，也可以放在操作数的后面。而对于相反数运算符“-”来说，只能放在操作数前面。下面将通过示例来说明运算符放在不同位置的意义和用法。

（1）“++”运算符在前面。

“++”是递加运算符，作用是给操作数加 1。在操作数前面时，操作数的值将在递加后返回，示例代码如下。

```
<script language="JavaScript">
<!--
var a = 3;
var b = ++a;
alert("a 的值为: "+a+", b 的值为: "+b);
//-->
</script>
```

代码中变量“a”的初始值为 3，第二条语句中变量“a”在递加后将值赋给变量“b”。运行结果如图 7.9 所示。

图 7.9　递加前缀运算

可以看到，变量“b”的值是变量“a”加 1 后的值。

（2）“++”运算符在后面。

“++”运算符在操作数后面时，操作数的值将在递加前返回，并在递加后加 1，示例代码如下。

```
<script language="JavaScript">
<!--
var a = 3;
var b = a++;
alert("a 的值为: "+a+", b 的值为: "+b);
//-->
</script>
```

代码中变量“a”的初始值为 3，第二条语句中变量“a”在递加前将值赋给变量“b”，然后自身加 1。运行结果如图 7.10 所示。

图 7.10　递加后缀运算

可以看到，变量“b”的值仍然是变量“a”加 1 前的值“3”，变量“a”加 1 后变为“4”。

（3）“--”运算符在前面。

“--”是递减运算符，作用是给操作数减 1。当在操作数前面时，操作数的值将在递减后返回，示例代码如下。

```
<script language="JavaScript">
```

```
<!--
var a = 3;
var b = --a;
alert("a 的值为: "+a+", b 的值为: "+b);
//-->
</script>
```

代码中变量“a”的初始值为 3，第二条语句中变量“a”在递减后将值赋给变量“b”。运行结果如图 7.11 所示。

图 7.11 递减前缀运算

可以看到，变量“b”的值是变量“a”减 1 后的值。

（4）“--”运算符在后面。

“--”运算符在操作数后面时，操作数的值将在递减前返回，然后自身减 1，示例代码如下。

```
<script language="JavaScript">
<!--
var a = 3;
var b = a--;
alert("a 的值为: "+a+", b 的值为: "+b);
//-->
</script>
```

代码中变量“a”的初始值为 3，第二条语句中变量“a”在递减前将值赋给变量“b”，然后自身减 1。运行结果如图 7.12 所示。

图 7.12 递减后缀运算

可以看到，变量“b”的值是变量“a”减 1 前的值，变量“a”运行完后变为了“2”。

（5）相反数运算符“-”。

相反数运算符是取相反数，即改变操作符的正负，示例代码如下。

```
<script language="JavaScript">
<!--
var a = 3;
var b = -a;
alert("a 的值为: "+a+", b 的值为: "+b);
//-->
</script>
```

代码中变量“a”的初始值为 3，第二条语句中变量“a”取相反数后赋值给变量“b”。运行结果如图 7.13 所示。

图 7.13 取相反数运算

可以看到，变量“b”的值是变量“a”取相反数后的值“-3”。

7.4 使用赋值运算符

赋值运算符用来给变量赋予相应的值。最常见的赋值运算符是等号“=”。等号“=”运算符可以为新声明的变量进行初始化赋值，也可以给已经存在的变量赋值。在前面的介绍中，等号“=”的使用很广泛，如下面的代码所示。

```
<script language="JavaScript">
<!--
var a = 3;
var b = a + 3;
alert("b 的值为: "+b);
//-->
</script>
```

上述代码中声明了一个变量“a”，并且使用赋值运算符“=”赋初始值为 3，接着将“a+3”的值再赋给新声明的变量“b”，运行结果如图 7.14 所示。

图 7.14 赋值运算示例

JavaScript 不是只有等号“=”这一个赋值运算符，还有更为复杂的赋值运算符。这些运算符能够先对变量或直接量进行数学运算后再进行赋值运算。表 7.4 为 JavaScript 中赋值运算符的使用说明。

表 7.4 JavaScript 的赋值运算符

运算符	说明
=	直接将右操作数赋值给左操作数
+=	连接或左右操作数相加，把结果赋值给左操作数
-=	左操作数减右操作数，所得结果赋值给左操作数
*=	左操作数乘右操作数，所得结果赋值给左操作数
/=	左操作数除以右操作数，所得结果赋值给左操作数
%=	左操作数除以右操作数，所得余数赋值给左操作数

因为等号“=”赋值运算符比较简单而容易理解，下面着重对其他几种运算符进行说明。

7.4.1 “+=”运算符

“+=”运算符是先把左右操作数相加，然后把得到的结果赋值给左边的操作数，示例如下所示。

```
<script language="JavaScript">
<!--
var a = 3;
a += 2;
alert("a 的值为: "+a);
//-->
```

```
</script>
```

代码中先声明了一个初始值为 3 的变量“a”，然后“a += 2”这行语句计算出左右操作数相加的结果为 5，并将这个结果赋值给左边的操作数“a”，这样变量“a”的值就变为了 5。运行结果如图 7.15 所示。

使用“+=”运算符进行运算时，同样遵循字符串与数字相互转化的规则。

图 7.15　“+=”运算符示例

7.4.2　“-=”运算符

“-=”运算符正好与“+=”运算符相反，它是先用左边的操作数减去右边的操作数，然后把得到的结果赋值给左边的操作数，示例代码如下。

```
<script language="JavaScript">
<!--
var a = 3;
a -= 2;
alert("a 的值为："+a);
//-->
</script>
```

代码中先声明了一个初始值为 3 的变量“a”，随后“a -= 2”这行语句计算出左右操作数相减的结果为 1，并将这个结果赋值给左边的操作数“a”，这样变量“a”的值就变为了 1。运行结果如图 7.16 所示。

图 7.16　“-=”运算符示例

7.4.3　“*=”运算符

“*=”运算符是先用左边的操作数乘以右边的操作数，然后把得到的结果赋值给左边的操作数，示例代码如下。

```
<script language="JavaScript">
<!--
var a = 3;
a *= 2;
alert("a 的值为："+a);
//-->
</script>
```

代码中先声明了一个初始值为 3 的变量“a”，随后“a *= 2”这行语句计算出左右操作数相乘的结果为 6，并将这个结果赋值给左边的操作数“a”，这样变量“a”的值就变为了 6。运行结果如图 7.17 所示。

图 7.17　“*=”运算符示例

7.4.4　“/=”运算符

“/=”运算符是先用左边的操作数除以右边的操作数，然后把得到的结果赋值给左边的操作数，示例代码如下。

```
<script language="JavaScript">
<!--
```

```
var a = 3;
a /= 2;
alert("a 的值为: "+a);
//-->
</script>
```

代码中先声明了一个初始值为 3 的变量“a”，随后“a /= 2”这行语句计算出左右操作数相除的结果为 1.5，并将这个结果赋值给左边的操作数“a”，这样变量“a”的值就变为了 1.5。运行结果如图 7.18 所示。

图 7.18　“/=”运算符示例

7.4.5　“%=”运算符

“%=”运算符是先用左边的操作数除以右边的操作数，然后把得到的余数赋值给左边的操作数，示例代码如下。

```
<script language="JavaScript">
<!--
var a = 3;
a %= 2;
alert("a 的值为: "+a);
//-->
</script>
```

代码中先声明了一个初始值为 3 的变量“a”，随后“a %= 2”这行语句计算出左右操作数取模运算后的结果为 1，并将这个余数赋值给左边的操作数“a”，这样变量“a”的值就变为了 1。运行结果如图 7.19 所示。

图 7.19　“%=”运算符示例

7.5　使用关系运算符

所谓关系运算其实就是比较。比较分为大于、小于、等于及不等于几种情况。比较的结果是一个布尔值，用来表示操作数之间是否满足关系运算符指定的关系。关系运算符在程序编写中主要是作为判断的条件用在条件控制语句中。表 7.5 为 JavaScript 的关系运算符。

表 7.5　JavaScript 的关系运算符

运算符	说明
==	等于，如果左右操作数相等返回true，反之返回false
!=	不等于，如果左右操作数不相等返回true，反之返回false
>	大于，如果左操作数大于右操作数返回true，反之返回false
>=	大于等于，如果左操作数大于或者等于右操作数，返回true，反之返回false
<	小于，如果左操作数小于右操作数返回true，反之返回false
<=	小于等于，如果左操作数小于或者等于右操作数返回true，反之返回false

下面依次对各运算符举例进行介绍。

7.5.1　“==”等于运算符

判断左右操作数是否相等，相等返回 true，否则返回 false。代码如下所示。

```
<script language="JavaScript">
<!--
var a = 3;
var b = 3;
var c = 2;
var flag_ab = a==b;
var flag_ac = a==c;
alert("a 等于 b: "+flag_ab+", a 等于 c: "+flag_ac);
//-->
</script>
```

上面的代码中定义了三个变量“a”、“b”、“c”，值分别为 3、3、2，使用“==”运算符对它们之间的关系进行判断，把“a”和“b”之间是否相等的结果赋值给“flag_ab”变量，把“a”和“c”之间是否相等的结果赋值给“flag_ac”变量。执行结果如图 7.20 所示。

图 7.20　“==”示例

7.5.2　“!=”不等于运算符

判断左右操作数是否不相等，不相等返回 true，否则返回 false，代码如下所示。

```
<script language="JavaScript">
<!--
var a = 3;
var b = 3;
var c = 2;
var flag_ab = a!=b;
var flag_ac = a!=c;
alert("a 不等于 b: "+flag_ab+", a 不等于 c: "+flag_ac);
//-->
</script>
```

上面的代码中定义了三个变量“a”、“b”、“c”，值分别为 3、3、2，使用不等于运算符“!=”对它们之间的关系进行判断，把“a”和“b”之间是否不相等的结果赋值给变量“flag_ab”，把“a”和“c”之间是否不相等的结果赋值给变量“flag_ac”。执行结果如图 7.21 所示。

图 7.21　“!=”示例

7.5.3　“>”大于运算符

判断左操作数是否大于右操作数，大于返回 true，否则返回 false，代码如下所示。

```
<script language="JavaScript">
<!--
var a = 3;
var b = 3;
var c = 2;
```

```
var flag_ab = a>b;
var flag_ac = a>c;
alert("a 大于 b: "+flag_ab+", a 大于 c: "+flag_ac);
//-->
</script>
```

上面的代码中定义了三个变量“a”、“b”、“c”，值分别为 3、3、2，使用大于运算符“>”对它们之间的关系进行判断，把“a”是否大于“b”的结果赋值给“flag_ab”变量，把“a”是否大于“c”的结果赋值给“flag_ac”变量。执行结果如图 7.22 所示。

图 7.22 “>”示例

7.5.4 “>=”大于等于运算符

判断左操作数是否大于或者等于右操作数，大于或等于返回 true，否则返回 false，代码如下所示。

```
<script language="JavaScript">
<!--
var a = 3;
var b = 3;
var c = 2;
var flag_ab = a>=b;
var flag_ac = a>=c;
alert("a 大于等于 b: "+flag_ab+", a 大于等于 c: "+flag_ac);
//-->
</script>
```

上面的代码中定义了三个变量“a”、“b”、“c”，值分别为 3、3、2，使用大于等于运算符“>=”对它们之间的关系进行判断，把“a”是否大于或等于“b”的结果赋值给“flag_ab”变量，把“a”是否大于或等于“c”的结果赋值给“flag_ac”变量。执行结果如图 7.23 所示。

图 7.23 “>”示例

7.5.5 “<”小于运算符

判断左操作数是否小于右操作数，小于返回 true，否则返回 false，代码如下所示。

```
<script language="JavaScript">
<!--
var a = 3;
var b = 3;
var c = 2;
var flag_ab = a<b;
var flag_ac = a<c;
alert("a 小于 b: "+flag_ab+", a 小于 c: "+flag_ac);
//-->
</script>
```

上面的代码中定义了三个变量“a”、“b”、“c”，值分别为 3、3、2，使用小于运算符“<”对它们之间的关系进行判断，把“a”是否小于“b”的结果赋值给变量“flag_ab”，把“a”是

否小于“c”的结果赋值给变量“flag_ac”。执行结果如图 7.24 所示。

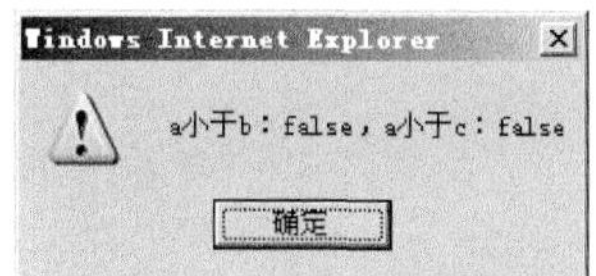

图 7.24　“<”示例

7.5.6　“<=”小于等于运算符

判断左操作数是否小于或者等于右操作数，小于或等于返回 true，否则返回 false，代码如下所示。

```
<script language="JavaScript">
<!--
var a = 3;
var b = 3;
var c = 2;
var flag_ab = a<=b;
var flag_ac = a<=c;
alert("a 小于等于 b: "+flag_ab+", a 小于等于 c: "+flag_ac);
//-->
</script>
```

上面的代码中定义了三个变量“a”、“b”、“c”，值分别为 3、3、2，使用小于等于运算符“<=”对它们之间的关系进行判断，把“a”是否小于或等于“b”的结果赋值给变量“flag_ab”，把“a”是否小于或等于“c”的结果赋值给变量“flag_ac”。执行结果如图 7.25 所示。

图 7.25　“<=”示例

7.6　使用逻辑运算符

逻辑运算符是比较两个具有布尔操作数的关系。比较后同样返回一个布尔值结果。如表 7.6 为 JavaScript 的逻辑运算符。

表 7.6　JavaScript 的逻辑运算符

运算符	说明
&&	逻辑与，左操作数和右操作数都为true就返回true，否则返回false
||	逻辑或，左操作数和右操作数任意一个为true就返回true，否则返回false
!	逻辑非，表达式为false就返回true，为true返回false

下面对以上三个运算符依次进行介绍。

7.6.1　“&&”运算符

“&&”是逻辑与运算符，用来判断两个表达式是否都为 true，如果都为 true 则返回 true，否则返回 false，示例代码如下。

```
<script language="JavaScript">
```

```
<!--
var a = true;
alert( a && 3 > 2 );
//-->
</script>
```

上面的代码中先声明了一个初始值为 true 的变量“a”，随后使用“&&”运算法对变量“a”和表达式“3 > 2”进行比较。因为两个表达式都为 true，所以返回的结果也为 true。运行结果如图 7.26 所示。

图 7.26　“&&”运算符示例

7.6.2　“||”运算符

“||”是逻辑或运算符，用来判断两个表达式是否有一个为 true，如果有则返回 true，否则返回 false，示例代码如下。

```
<script language="JavaScript">
<!--
alert( 2 < 1 || 3 > 2 );
//-->
</script>
```

上面的代码中使用“||”运算符对表达式“2 < 1”和“3 > 2”进行比较，因为两个表达式有一个为 true，所以返回的结果也为 true。运行结果如图 7.27 所示。如果把上面的代码改为下面所示的代码。

```
<script language="JavaScript">
<!--
alert( 2 < 1 || 3 < 2 );
//-->
</script>
```

代码里两个表达示都为 false，因此返回值为 false，运行结果如图 7.28 所示。

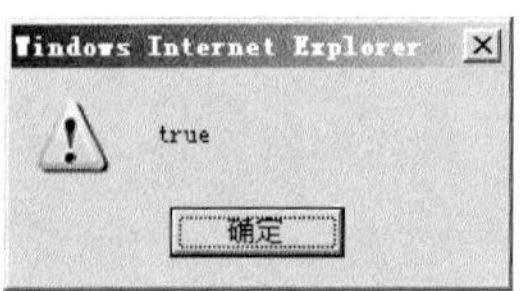

图 7.27　“||”运算符示例一

图 7.28　“||”运算符示例二

7.6.3　“!”运算符

“!”是逻辑非运算符，用来将 false 转化为 true 或将 true 转化为 false，示例代码如下。

```
<script language="JavaScript">
<!--
alert( !(2 < 1) );
//-->
</script>
```

上面的代码中对表达式“2 < 1”取逻辑非，表达式本身为 false，取非后变为 true。运行结果如图 7.29 所示。

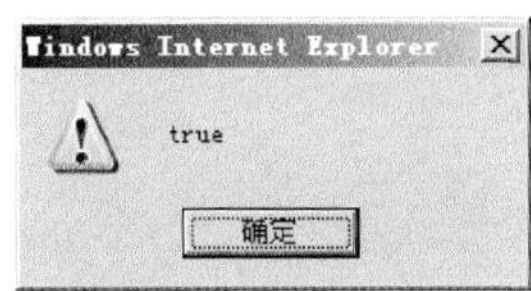

图 7.29　“!”运算符示例

逻辑运算符通常用在条件判断语句中，可以组合多个条件从而实现对复杂的情况的判断。

7.7　使用字符串运算符

JavaScript 的字符串运算符一共有两个，就是“+”和“+=”。字符串运算很简单，下面结合实例进行介绍。

7.7.1　“+”运算符

“+”运算符在字符串运算中用于连接两个字符串，示例代码如下。

```
<script language="JavaScript">
<!--
var str = "Java";
var str_long = str + "Script";
alert(str_long);
//-->
</script>
```

上面的代码中先定义了一个名为“str”的变量并赋值为“Java”，接着定义了一个变量“str_long”用来保存变量“str”和字符串“Script”连接的结果，“str_long”的最终值是“JavaScript”。运行效果如图 7.30 所示。

JavaScript 在进行字符串连接运算时，能够把数字等其他类型数据转化为字符型数据，示例代码如下。

```
<script language="JavaScript">
<!--
var int_num = 1;
var str_long = int_num + "Script";
alert(str_long);
//-->
</script>
```

在进行字符串连接运算时，会将整型变量“int_num”的值数字 1 转化为字符“1”，因此连接后的结果为“1Script”，如图 7.31 所示。

图 7.30　字符串运算符“+”示例一

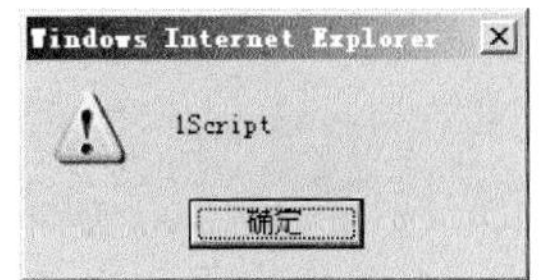

图 7.31　字符串运算符“+”示例二

同样，对于布尔型数据也会进行转换，示例代码如下。

```
<script language="JavaScript">
<!--
var flag = true;
var str_long = flag + "Script";
alert(str_long);
//-->
</script>
```

运行效果如图 7.32 所示。

图 7.32　字符串运算符“+”示例三

7.7.2　“+=”运算符

这个运算符在前面有过介绍，在字符串运算中也具有相同的性质，可以将左边操作数的值与右边的操作数值进行字符串连接，得到的结果会赋值给左边的操作数，如下所示。

```
<script language="JavaScript">
<!--
var str = "Java";
str += "Script";
alert(str);
//-->
</script>
```

上面的代码中先定义了一个变量“str”，初始值为“Java”。然后使用“+=”运算符连接字符串“Script”，得到的结果为“JavaScript”，并将这个结果赋值给变量“str”。运行效果如图 7.33 所示。

可以发现，使用“+=”运算符能够减少运算步骤，从而简化代码。

图 7.33　字符串运算符“+=”示

7.8　理解运算符的优先级

JavaScript 有很多运算符，在复杂的程序里通常都是组合起来使用的。那么当组合使用时，它们之间会遵循一个怎样的规则呢？运算符的优先级是一个表达式中运算符求值的优先顺序。在表达式中一般按照从左至右的顺序来进行，不过首先需要按照运算符的优先级来进行求值。

运算符的优先级在 JavaScript 程序编写中很重要，因为程序的编写有很强的逻辑性，如果因为运算符的优先级问题导致程序和实际的逻辑不一致，且往往很难发现错误。表 7.7 为 JavaScript 中常见的运算符优先级顺序（按照优先级从高到低进行排列）。

表 7.7　JavaScript 常见运算符的优先级

优先级	运算符	说明
1	() [] .	圆括号、方括号和点号
2	! - ++ -- typeof void	求反及递增运算符
3	* / %	乘除及求模
4	+ -	加减运算
5	< <= > >=	关系运算符
6	== !=	相等运算符
7	&&	逻辑与
8	||	逻辑或
9	= += -= *= /= %=	赋值运算符

下面通过一个例子来说明一下运算符的优先级，如下所示。

```
<script language="JavaScript">
<!--
var a = 3 + 4 * 7;
var b = (3 + 4) * 7;
alert("a="+a+", b="+b);
//-->
</script>
```

上面的代码中将表达式“3 + 4 * 7”的值赋给了变量“a”，按照优先级顺序，应先执行乘法“4 * 7”，然后再执行加法“3+28”，所以变量“a”的值为 31。而将表达式“(3+4）*7”的值赋给了变量“b”，因为括号的优先级是最高的，因此先计算括号中的部分“3+4”，然后再计算乘法“7*7”，所以“b”的值是 49。运行效果如图 7.34 所示。

图 7.34　运算符优先级示例

7.9　小结

本章对 JavaScript 的运算符和表达式进行了介绍，其中对各个常见运算符的性质进行了详细的说明。下面来复习一下本章的内容。

◎ 表达式在 JavaScript 中就是一个简短的句子，是直接量、变量、运算符，以及其他表达式的组合。

◎ 算术运算符在 JavaScript 中担任数学计算任务，如加、减、乘、除、求余数等。主要运算符如下：加“+”、减“-”、乘“*”、除“/”、取模“%”、递加“++”、递减“--”、取相反数“-”。

◎ 赋值运算符用来给变量赋予相应的值。常见的赋值运算符：“=”、“+=”、“-=”、“*=”、“/=”、“%=”。

◎ 关系运算其实就是比较。比较分为大于、小于、等于、不等于几种情况.关系运算符主要有“==”、“!=”、“<”、“<=”、“>”、“>=”。

◎ 逻辑运算符是比较两个具有布尔操作数的关系，有“&&”、“||”、“!”三种运算符。

◎ 字符串运算符主要用于进行字符串连接，运算符有“+”、“+=”。
◎ 运算符的优先级参见表 7.7。

7.10 问题

（1）如何理解表达式？
（2）列举几个算术运算符，并说明它们的性质。
（3）列举几个赋值运算符，并说明它们的性质。
（4）列举几个关系运算符，并说明它们的性质。
（5）列举几个逻辑运算符，并说明它们的性质。
（6）列举几个字符串运算符，并说明它们的性质。
（7）结合表 7.7 理解运算符的优先级。

7.11 进阶练习

目标：创建一个简单的计算器程序。
要求：
◎ 由用户在两个输入框输入参与运算的值。
◎ 要包含加和减两种运算。
◎ 使用按钮来触发运算。
◎ 完成上面任务后，试着将参与运算的值增加到 3 个，并增加乘法运算。

7.12 问题与测试解答

（1）表达式在 JavaScript 中就是一个简短的句子，是直接量、变量、运算符，以及其他表达式的组合。
（2）参见相应章节。
（3）参见相应章节。
（4）参见相应章节。
（5）参见相应章节。
（6）参见相应章节。
（7）参见相应章节。

第 8 章　流程控制语句

大多数程序设计语言都有两种重要的流程控制语句：判断语句和循环语句。JavaScript 也不例外。使用判断语句能够根据不同的情况，分别执行不同的内容，实现不同的功能。比如在一个变量的值大于 1 或不大于 1 的情况下，分别让变量参与不同的运算。使用循环语句往往能够重复做某些事情，比如重复 1000 次让某个变量乘以 2。利用这两种语句进行程序设计，可以让程序变得更加的灵活、简单和清晰。

8.1　使用判断语句

在编写一个程序时，通常要根据特定的条件执行不同的语句。比如性别为“男”时，称呼用户为“先生”；性别为“女”时，称呼用户为“女士”。前面的章节里也有很多类似的例子，比如在性别处选择了“男”或“女”时，页面会根据选择情况进行显示或隐藏，而且在计算时的算法上也会有所不同。其中的一段代码如下所示。

```
//根据不同情况做相应计算
if( sex1 == true ){
    //选择了“男”时
    result = yourmoney - yoursmoke - yourwine;
}
if( sex2 == true ){
    //选择了“女”时
    result = yourmoney - yourface - yourclothe;
}
```

可以看到代码中使用了“if”语句来进行条件判断。不过条件语句并不只有这些形式，下面来进行详细介绍。

8.1.1　使用 if 语句

在条件语句中，if 语句是使用最广泛也是比较简单的一个语句。if 语句从英文的字面意思来看，意义也很明确，就是“如果”。在理解程序时，也可以从这个字面意思上来理解，示例代码如下。

```
if( i > 2 ){
    a = i * 10;
}
```

代码的作用是，如果变量 i 大于 2，那么变量 a 的值就是 i 与 10 的乘积。if 语句的语法如下所示。

```
if( 条件表达式 ){
    语句或语句块;
}
```

从语法中可以看出，if 语句有三个部分：if 关键字、包含在圆括号里的条件表达式，以及包含在大括号里的语句或语句块。这些语句或语句块是在条件表达式为 true 时执行的。如果条件表达式的值为 false，那么条件语句大括号里的语句，或语句块是不会被执行的。同时，在 if 语句前后的语句都不会受 if 语句里条件表达式的影响，即使 if 语句设定的语句，或者语句块无法执行，if 语句后面的其他语句也会继续执行，示例代码如下。

```
<script language="JavaScript">
<!--
var i = 3;
var a = 10;
if( i > 2 ){
    a = i * 10;
}
alert(a);
//-->
</script>
```

在 if 语句后，有一条“alert(a);”语句。代码运行后，可以看到在 if 语句执行后，Alert 语句是能够正常执行的。只不过由于条件表达式为 true，因此 a 的值被改变了，如图 8.1 所示。

图 8.1　if 语句示例

在 JavaScript 里，如果需要执行的语句只有一句，也可以省略外面的大括号，上面示例中条件部分代码可以写成如下所示的格式。

```
f( i > 2 )
    a = i * 10;
```

if 语句可以循环嵌套。也就是说，如果 if 语句里面的代码又是 if 语句，仍然可以使用同样的规则。代码如下所示。

```
if( i > 2 )
    if( j < 3 )
        a = i * 10;
```

上面的写法也是正确，但为了使程序的可读性更强，最好还是不要省略大括号，推荐的写法如下所示。

```
if( i > 2 ){
    if( j < 3 ){
        a = i * 10;
    }
}
```

在条件判断里，不仅可以使用一个表达式在 if 的条件表达式里，还可以使用逻辑运算符将多个表达式联合起来进行条件判断，如下面的代码所示。

```
<script language="JavaScript">
<!--
var i = 3;
var j = 10;
var a = 0;
if( i < 4 && j > 5 ){
    a = i * j;
}
//-->
</script>
```

上面的代码中使用了逻辑与运算符“&&”来将两个表达式“i < 4”和“j > 5”连接为一个大的表达式，只有当两个表达式都为 true 时，整个表达式的值才为 true。当需要判断的条件较多时，还可以并列使用多个 if 语句来进行控制。

下面再来看一个在线小测试程序示例。代码如下所示。HTML 文件见 8-1.html，

```
<html>
<head>
<title>if 条件语句示例</title>
<script language="JavaScript">
<!--
//地点检查
function checkCity(v){
    if( v == "a" ){
        alert("回答正确！");
    }
    if( v == "b" ){
        alert("回答错误！");
    }
    if( v == "c" ){
        alert("回答错误！");
    }
    if( v == "d" ){
        alert("回答错误！");
    }
}
//时间检查
function checkDay(v){
    if( v == "a" ){
        alert("回答错误！");
    }
    if( v == "b" ){
        alert("回答错误！");
    }
    if( v == "c" ){
        alert("回答正确！");
    }
    if( v == "d" ){
        alert("回答错误！");
    }
}
//-->
</script>
</head>
<body>
<h1>测试题</h1>
<hr>
1、2008 年奥运会在那个城市举行？<br>
```

```
    <input name="city" type="radio" value="a" onclick="checkCity(this.value)">
北京<br>
    <input name="city" type="radio" value="b" onclick="checkCity(this.value)">
悉尼<br>
    <input name="city" type="radio" value="c" onclick="checkCity(this.value)">
纽约<br>
    <input name="city" type="radio" value="d" onclick="checkCity(this.value)">
伦敦<br>

    2、2008 年奥运会什么时候开幕? <br>
    <input name="day" type="radio" value="a" onclick="checkDay(this.value)">7
月 1 号<br>
    <input name="day" type="radio" value="b" onclick="checkDay(this.value)">8
月 1 号<br>
    <input name="day" type="radio" value="c" onclick="checkDay(this.value)">8
月 8 号<br>
    <input name="day" type="radio" value="d" onclick="checkDay(this.value)">9
月 1 号<br>
    </body>
    </html>
```

在页面中分别针对 2008 年奥运会的举办城市和开幕时间提出了问题。每个问题设置了四个选项，其中只有一个是正确的。用户单击进行选择后，网页会对用户的选择进行判断，接着提示用户的选择是否正确。为了能对用户的选择进行判断，另外还编写了两个函数，分别是 checkCity 和 checkDay。在函数中使用了并列的 if 语句来对各个选项进行判断。为了触发函数，使用了单选按钮的 click 事件。两个函数都有一个参数，用来传递用户选中的选项对应的答案。因此，在给每个单选按钮添加 click 事件与函数进行关联时，还要使用 this.value 来获取当前选项的值。运行后的效果如图 8.2 所示。

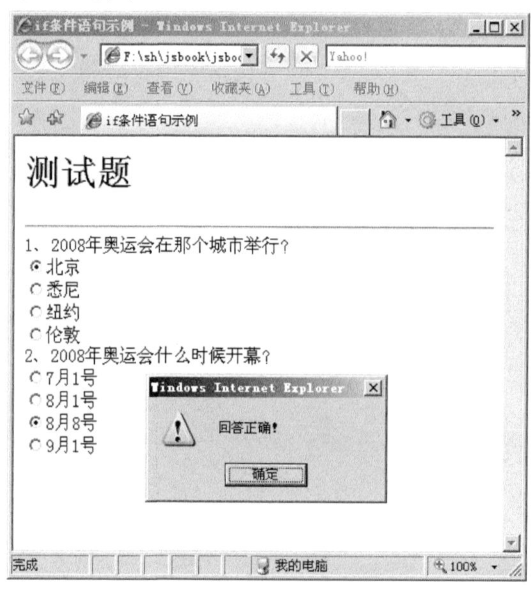

图 8.2　if 语句测试题示例

感兴趣的读者还可以模仿这个实例，设置自己的测试题目和答案，以便加深体会。

8.1.2 使用 if...else 语句

if 语句的后面还可以带一个 else 语句，当 if 语句中的条件表达式为 false 时，会执行 else 语句中包含的语句或语句块。也就是说使用 if...else 语句可以在条件表达式的值为 true 或 false 分别执行相应的语句或语句块。下面是 if...else 语句的语法结构。

if(条件表达式){
条件表达式为 true 时语句或语句块;
}else{
条件表达式为 false 时语句或语句块;
}

if...else 语句也很简单，下面用示例进行说明。

（1）条件表达式为 true 时。

当条件表达式满足指定的规则时，执行第一个分句的内容。

```
<script language="JavaScript">
<!--
//条件表达式为true
var i = 3;
if( i > 2 ){
    alert("变量i大于2。");
}else{
    alert("变量i小于或等于2。");
}
//-->
</script>
```

上面的代码中定义了变量 i，并赋值为 3，而条件表达式为“i > 2”，显然条件表达式的结果为 true，因此执行第一个大括号里的语句“alert("变量 i 大于 2。");”，而不会执行 else 分句里的“alert("变量 i 小于或等于 2。");”语句。

（2）条件表达式为 false 时。

当条件表达式不满足指定的规则时，会执行第二个分句（即 else 分句）的内容。

```
<script language="JavaScript">
<!--
//条件表达式为false
var j = 3;
if( j < 2 ){
    alert("变量j小于2。");
}else{
    alert("变量j大于或等于2。");
}
//-->
</script>
```

代码中定义了一个变量 j，并赋值为 3，条件表达式是“j < 2”，是虽然条件表达式值为 false，

而第一个大括号里的语句“alert("变量 j 小于 2。");”不会执行，执行 else 分句中的语句“alert("变量 j 大于或等于 2。");”。

8.1.3 将 if 和 if...else 语句嵌套使用

在使用 if 或者 if...else 等语句进行条件判断时，如果情况比较复杂的时，可能会需要进行更进一步的判断。比如小朋友们做游戏需要分组，假设小朋友们的年龄是 3~10 岁，分组的规则是 5 岁以下分为第一组，5 岁以上的小朋友如果小于 8 岁那么分为第二组，大于 8 岁，分为第三组。对于这样一个逻辑就可以使用嵌套来编写，下面使用汉字描述程序的逻辑结构。

```
if( 年龄 > 5 ){
    if( 年龄 > 8 ){
        分到第三组;
}else{
        分到第二组;
}
}else{
    分到第一组;
}
```

可以看到，上面的结构中，在第一个 if 语句的大括号内，嵌套了一个 if...else 语句。通过这样的嵌套，可以对条件进行进一步的判断。嵌套是不限制层级的，可以无限次的进行嵌套。如下面的代码所示。

```
<script language="JavaScript">
<!--
var city = "华盛顿";
if( city == "北京" ){
alert("中国首都! ");
}else{
if( city == "东京" ){
    alert("日本首都! ");
}else{
    if( city == "多伦多" ){
        alert("加拿大首都! ");
    }else{
        if( city == "华盛顿" ){
            alert("美国首都! ");
        }else{
            alert("未知城市! ");
        }
    }
}
}
//-->
</script>
```

代码中使用了三层 if...else 语句嵌套，用来判断所给出的城市是哪个国家的首都。可以看到，这样的代码有些复杂，清晰度不够高。而且嵌套的时候如果不注意代码缩进，很容易造成混淆，如下面的代码所示。

```
<script language="JavaScript">
<!--
var city = "华盛顿";
if( city == "北京" ){
alert("中国首都！");
}else{
if( city == "东京" ){
alert("日本首都！");
}else{
if( city == "多伦多" ){
alert("加拿大首都！");
}else{
if( city == "华盛顿" ){
    alert("美国首都！");
}else{
    alert("未知城市！");
}
}
}
}
//-->
</script>
```

上面的代码执行时不会有任何问题，但是阅读起来就非常费劲，因此可以使用 if...else if 语句作为改进方案，就是把被嵌套的 if 和上面的 else 放在同一行，中间用空格隔开。上面的代码修改如下所示。

```
<script language="JavaScript">
<!--
var city = "华盛顿";
if( city == "北京" ){
    alert("中国首都！");
}else if( city == "东京" ){
    alert("日本首都！");
}else if( city == "多伦多" ){
    alert("加拿大首都！");
}else if( city == "华盛顿" ){
    alert("美国首都！");
}else{
    alert("未知城市！");
}
//-->
</script>
```

可以看到，经过改后的代码不仅篇幅缩短了，而且代码也变得清晰易读，还有点类似 if 语句并列的情况。利用这个语句，将 8.1.1 中的例子 8-1.html 修改一下，并保存为 8-2.html，代码如下所示。

```
<html>
<head>
<title>条件语句嵌套示例</title>
<script language="JavaScript">
<!--
//地点检查
function checkCity(v){
    if( v == "a" ){
        alert("回答正确！");
    }else if( v == "b" ){
        alert("回答错误！");
    }else if( v == "c" ){
        alert("回答错误！");
    }else if( v == "d" ){
        alert("回答错误！");
    }
}
//时间检查
function checkDay(v){
    if( v == "a" ){
        alert("回答错误！");
    }else if( v == "b" ){
        alert("回答错误！");
    }else if( v == "c" ){
        alert("回答正确！");
    }else if( v == "d" ){
        alert("回答错误！");
    }
}
//-->
</script>
</head>
<body>
<h1>测试题</h1>
<hr>
1、2008 年奥运会在那个城市举行？<br>
<input name="city" type="radio" value="a" onclick="checkCity(this.value)">
北京<br>
<input name="city" type="radio" value="b" onclick="checkCity(this.value)">
悉尼<br>
<input name="city" type="radio" value="c" onclick="checkCity(this.value)">
纽约<br>
<input name="city" type="radio" value="d" onclick="checkCity(this.value)">
伦敦<br>
```

```
    2、2008 年奥运会什么时候开幕? <br>
    <input name="day" type="radio" value="a" onclick="checkDay(this.value)">7
月 1 号<br>
    <input name="day" type="radio" value="b" onclick="checkDay(this.value)">8
月 1 号<br>
    <input name="day" type="radio" value="c" onclick="checkDay(this.value)">8
月 8 号<br>
    <input name="day" type="radio" value="d" onclick="checkDay(this.value)">9
月 1 号<br>
    </body>
    </html>
```

可以运行查看一下效果，看看和 8-1.html 是否一致。

8.1.4　使用 switch 语句

在 JavaScript 中，switch 语句也是一个经常使用的条件控制语句。switch 语句跟 if 或 if...else 语句最大的区别就是，switch 语句是根据一个固定表达式的值来进行条件控制的，而不能像 if 或者 if...else 语句那样能够使用多个不同的表达式进行判断。因此，switch 对于只有一个表达式但有多种结果的条件控制尤其有用。比如前面介绍的用户选择值“v”的判断和对于各国首都判断的例子，就是针对固定表达式的值来进行判断的，这些情况都可以使用 switch 语句。switch 语句的语法如下所示。

```
switch　( 表达式 ){
case 备选值 1:
    语句或语句块;
    break;
case 备选值 2:
    语句或语句块;
    break;
...
case 备选值 n:
    语句或语句块;
    break;
default:
    默认执行语句或语句块;
}
```

一个完整的 switch 语句包括一个 switch 关键字、一个需要判断的表达式、若干个判断表达式备选值的 case 标签、符合每个 case 标签匹配的值时要执行的语句或语句块，匹配 case 标签的 break 关键字以及一个 default 标签。其中 default 标签是用来指定当所有的 case 标签所匹配的值都与表达式的值不符时默认的执行语句。default 标签不是必须的，可以省略。

下面，使用 switch 对 8.1.1 节和 8.1.3 节中的两个大的实例进行改造，来理解 switch 语句的功能。改造后的 HTML 文件见 8-3.html，代码如下所示。

```
    <html>
```

```
<head>
<title>switch 条件语句嵌套参见示例</title>
<script language="JavaScript">
<!--
//地点检查
function checkCity(v){
    switch( v ){
        case "a":
            alert("回答正确！");
            break;
        case "b":
            alert("回答错误！");
            break;
        case "c":
            alert("回答错误！");
            break;
        case "d":
            alert("回答错误！");
            break;
    }
}
//时间检查
function checkDay(v){
    switch( v ){
        case "a":
            alert("回答错误！");
            break;
        case "b":
            alert("回答错误！");
            break;
        case "c":
            alert("回答正确！");
            break;
        case "d":
            alert("回答错误！");
            break;
    }
}
//-->
</script>
</head>
<body>
<h1>测试题</h1>
<hr>
1、2008 年奥运会在那个城市举行？<br>
<input name="city" type="radio" value="a" onclick="checkCity(this.value)">
```

```
北京<br>
    <input name="city" type="radio" value="b" onclick="checkCity(this.value)">
悉尼<br>
    <input name="city" type="radio" value="c" onclick="checkCity(this.value)">
纽约<br>
    <input name="city" type="radio" value="d" onclick="checkCity(this.value)">
伦敦<br>

    2、2008 年奥运会什么时候开幕？<br>
    <input name="day" type="radio" value="a" onclick="checkDay(this.value)">7
月 1 号<br>
    <input name="day" type="radio" value="b" onclick="checkDay(this.value)">8
月 1 号<br>
    <input name="day" type="radio" value="c" onclick="checkDay(this.value)">8
月 8 号<br>
    <input name="day" type="radio" value="d" onclick="checkDay(this.value)">9
月 1 号<br>
    </body>
    </html>
```

可以看到，在两个函数中都使用了 switch 语句。页面执行后的效果与原来一致。下面对 8.1.3 中的例子进行改造，代码如下所示。

```
<script language="JavaScript">
<!--
var city = "华盛顿";
switch( city ){
    case "北京":
        alert("中国首都！");
        break;
    case "东京":
        alert("日本首都！");
        break;
    case "多伦多":
        alert("加拿大首都！");
        break;
    case "华盛顿":
        alert("美国首都！");
        break;
    default:
        alert("未知城市！");
}
//-->
</script>
```

读者可以运行后看看情况，然后自行编写后调试。

8.2 使用循环语句

前面介绍的内容都是从上到下顺序执行的语句，或是通过条件选择进行分支控制的语句，总的规律都是从上到下的执行方式。在现实生活中，经常会出现具有重复性、有规律的一些事情，比如每天都要按时起床、吃早饭、上班或上学等。同样的道理，程序中也经常会出现重复的情况，比如重复执行某一个运算等。下面就开始介绍如何利用循环语句来实现重复的动作。

8.2.1 使用 while 语句

while 语句是一个比较简单的循环语句，它的规则是当给定的某个条件表达式为 true 时，重复的执行一条语句或语句块。下面先看一下 while 语句的语法结构。

while(条件表达式){

语句或语句块;

}

可以看出，while 语句的语法跟 if 语句类似，都是在关键字后面紧跟着一个用圆括号包含的条件表达式，当条件表达式为 true 时，执行大括号里的语句或语句块。不同的是 while 语句会重复执行大括弧里的语句或语句块一直到条件表达式为 false 为止。因此，通常要设置一个类似于计数器的变量来组成条件表达式，从而当变量达到某个数量以后停止循环，示例代码如下。

```
<script language="JavaScript">
<!--
var i = 1;
var num = 10;
while( i < 5 ){
    i++;
    num = num * i;
}
alert("i="+i+",num="+num);
//-->
</script>
```

例子中定义了两个变量 i 和 num，并分别赋值为 1 和 10，随后使用 while 来进行循环。循环的条件是变量 i 小于 5，循环的内容是每次循环让变量 i 加 1，并把当前 num 的值与当前 i 的乘积重新赋值给变量 num，最后用 alert 语句把变量 i 和 num 最终的值以提示框的形式输出。运行效果如图 8.3 所示。

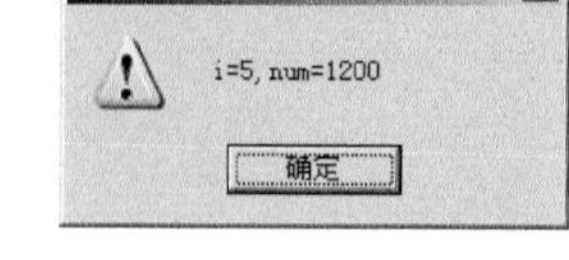

图 8.3 while 循环示例

使用 while 时需要注意的一点是要能在合适的情况下结束循环，否则程序就会陷入无限的循环当中去，这是编写程序的过程中非常忌讳的。因此不要设置条件表达式，还要让条件表达式能够产生作用，示例代码如下。

```
<script language="JavaScript">
<!--
var i = 1;
var num = 10;
while( i < 5 ){
    num = num * i;
```

```
}
//-->
</script>
```

代码中虽然设置了条件表达式“i<5”，但是在循环体内并没有改变变量 i 的语句，所以变量 i 一直保持为初始值 0，这样条件表达式就永远是 true，因此这个循环将会一直执行。除了利用条件表达式来结束循环以外，还可以使用关键字 break 来跳出循环，示例代码如下。

```
<script language="JavaScript">
<!--
var i = 1;
var num = 10;
while( i < 5 ){
    num = num * i;
    if( num > 5 ){
        break;
    }
}
//-->
</script>
```

代码中虽然条件表达式始终为 true，并不能结束循环，但是可以利用 break 来结束循环。在代码中先用 if 语句对变量 num 的值进行判断，如果大于 5 就会利用 break 来结束循环。

8.2.2　使用 do...while 语句

do...while 语句是一个和 while 类似的语句，它也是判断条件表达式是 true 或是 false 来决定是否结束循环，但是和 while 不同的是 do...while 语句不论条件表达式的值如何，都会执行一次循环体内的语句或语句块，随后再根据条件表达式来判断是否继续循环。do...while 语句的语法如下所示。

```
do{
语句或语句块;
}while( 条件表达式 )
```

可以看出，与 while 语句相比，除了条件语句的位置发生变化外，还多了一个关键字 do。下面将利用 do…while 语句把 8.2.1 节中的示例来进行改造，具体代码如下。

```
<script language="JavaScript">
<!--
var i = 1;
var num = 10;
do{
    i++;
    num = num * i;
}while( i < 5 )
alert("i="+i+",num="+num);
//-->
</script>
```

运行后的效果如图 8.4 所示。

图 8.4　do...while 语句示例

可以看出运行结果与前面 while 语句完全一样。下面，通过调整条件表达式，来对比理解一下 while 和 do...while 语句的区别。

（1）while 语句代码。

示例具体代码如下所示。

```
<script language="JavaScript">
<!--
var i = 1;
var num = 10;
while( i < 1 ){
    i++;
    num = num * i;
}
alert("i="+i+",num="+num);
//-->
</script>
```

上面的代码中使用了 while 语句，并把条件表达式设为了“i<1”，因为表达式的值为 false，所以循环体内的代码不会执行。运行效果如图 8.5 所示。

图 8.5　语句对比示例——while 语句

（2）do...while 语句代码。

示例具体代码如下所示。

```
<script language="JavaScript">
<!--
var i = 1;
var num = 10;
do{
    i++;
    num = num * i;
}while( i < 1 )
alert("i="+i+",num="+num);
//-->
</script>
```

代码中使用了 do...while 语句，条件表达式仍然使用“i<1”，虽然表达式的值为 false，但是循环仍然会执行一次，运行效果如图 8.6 所示。

图 8.6　语句对比——do...while 语句

使用 do...while 语句需要注意的地方和 while 语句一样，需要设置合适的结束条件或利用 break 语句结束，防止产生死循环。

8.2.3 使用 for 语句

在 JavaScript 中，也可以使用 for 语句来实现循环。for 语句的语法结构和 while 很相似，for 语句的语法如下所示。

```
for( 初始化表达式; 条件表达式; 更新语句 ){
    语句或语句块;
}
```

对比 while 语句的语法可以看出，在紧跟关键字 for 的圆括号中，由 while 语句的一个条件表达式，变成了由分号分隔的三个独立的部分，第一个部分是初始化表达式，用来初始化变量等；第二条部分是条件表达式，用于进行循环条件判断；第三部分是更新语句，用来更新条件表达式中的变量值，从而改变条件表达式的值，进而控制整个循环。从某种程度上讲，for 语句应该算是 while 语句的一个升级或改进版本。

for 语句的执行顺序如下。

（1）执行初始化表达式。在执行 for 语句时，首先会执行 for 语句中的初始化表达式。初始化表达式通常是声明一个变量并赋值。初始化表达式只执行一次，不会随着循环而多次执行。

（2）判断条件表达式。如果条件表达式的值为 false，则结束循环。如果条件表达式的值为 true，则开始循环。

（3）一次完整的循环的最后一步是执行更新语句。更新语句通常用来改变条件语句中的变量值，从而控制循环。

下面是一个完整的 for 语句的例子。

```
<script language="JavaScript">
<!--
for( var i=0; i < 5; i++ ){
    document.writeln("i="+i+"<br>");
}
//-->
</script>
```

代码中初始化了一个变量 i 并赋值为 0，然后在“i<5”时，输出变量 i 的值。在执行完毕后，把变量加 1。执行结果如图 8.7 所示。

图 8.7 for 语句示例

上面的代码如果用 while 语句来实现，则代码如下所示。

```
<script language="JavaScript">
<!--
```

```
var i=0;
while( i < 5 ){
    i++;
    document.writeln("i="+i+"<br>");
}
//-->
</script>
```

可以看出，使用 while 语句不如使用 for 语句的效率高，但是 for 语句常用于含有计数器的程序里，利用计数器变量来控制循环，因此并不是在所有的情况下都适合用 for 语句替代 while 语句。使用 while 语句时还能够使用其他的判断条件。如下面的语句所示。

```
<script language="JavaScript">
<!--
var f=true;
while( f ){
    f = confirm("继续循环？");
}
//-->
</script>
```

上面的代码会根据用户在确认提示框中的选择来决定是否继续循环，如图 8.8 所示。

图 8.8　循环中产生的确认提示框

上面的例子，也可以用 for 语句来实现，但是却显得比较累赘，代码如下所示。

```
<script language="JavaScript">
<!--
for( var f=true; f==true; f = confirm("继续循环？")){
}
//-->
</script>
```

还有另外一种省略更新语句的写法，代码如下所示。

```
<script language="JavaScript">
<!--
for( var f=true; f==true; ){
    f = confirm("继续循环？");
}
//-->
</script>
```

值得注意的是，省略更新语句时，条件语句后的分号不能省略，否则会出错。同样，for 语句的另外两个部分（初始化表达式和条件表达式）也可以省略，但是必须要保留分号，否则同样会出错。

8.2.4　使用 for...in 语句

在前面介绍过对象的概念，对象可以有很多属性。for...in 语句就是用来对一个对象的属性进行循环访问的语句。for...in 语句的语法如下所示。

```
for( 属性名变量 in 对象名 ){
语句或语句块;
}
```

for...in 语句没有类似 while 或 for 语句那样的条件表达式来控制循环的结束，for...in 语句会一直循环到对象的属性遍历完毕。因此，for...in 语句的循环次数就是对象的属性个数。使用 for 语句需要自己定义一个属性名变量，以便在循环语句里使用这个变量。下面用一个例子来说明 for...in 语句的用法，代码如下所示。HTML 文件为 8-4.html。

```
<html>
<head>
<title>for...in 语句访问对象</title>
<script language="JavaScript">
<!--
//动物（Animal）构造器函数定义
function Animal(type , sound, food ){
    this.animal_type = type;
    this.animal_sound = sound;
    this.animal_food = food;
}
var dog = new Animal("dog", "汪汪", "杂食");
for( obj_p in dog ){
    document.writeln("对象属性"+obj_p+"的值是："+dog[obj_p]+"<br>");
}
//-->
</script>
</head>
<body>
</body>
</html>
```

代码中先编写了一个构造器函数 Animal，并为这个函数创建了三个属性。随后创建了一个对象并且进行了赋值。最后使用 for...in 语句通过自定义的 obj_p 变量来实现对属性的访问，循环输出新创建对象的属性值。运行效果如图 8.9 所示。

在循环语句里使用的变量 obj_p 是用来代替当前循环中的对象的属性名称的，这个变量名可以自己定义，并没有特殊的要求。

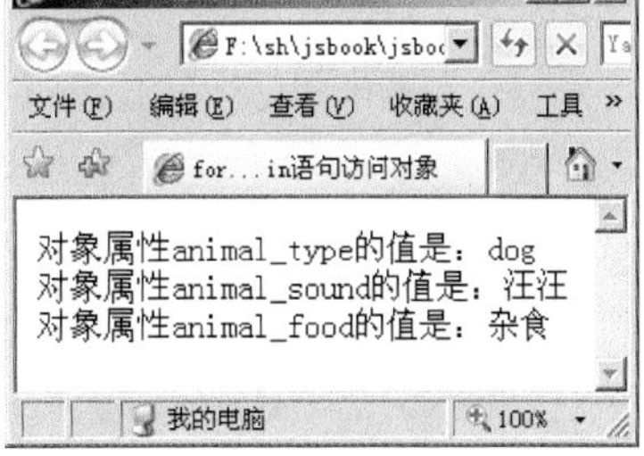

图 8.9　for...in 语句示例

8.2.5　使用 with 语句

处理对象的属性不仅有 for...in 语句，with 语句也能够实现对属性的访问。使用 with 语句可以省略要重复输入的对象名称。在 with 语句的范围内，可以不用在每个属性前面加上要重复输入的对象名称。with 语句的语法如下所示。

with(对象){
语句或语句块;
}

with 关键字后面紧跟着一对圆括号，圆括号里面是对象名。然后是一个大括号，里面是循环的语句或语句块。

在前面的代码中，经常使用 document.write 和 document.writeln 语句，如下所示。

```
<script language="JavaScript">
<!--
document.writeln("第一行<br>");
document.writeln("第二行<br>");
document.writeln("第三行<br>");
//-->
</script>
```

代码作用是在页面中输出了一些内容。实际上，document 是 JavaScript 中的一个文档对象，write 是这个对象的一个方法，用来输出内容到页面，有时候也会用 writeln 来实现类似的功能。在使用 document.write 这个语句时，可以结合 with 语句，省略掉 document 这个对象名，如下面的代码所示。

```
<script language="JavaScript">
<!--
with( document ){
    writeln("第一行<br>");
    writeln("第二行<br>");
    writeln("第三行<br>");
}
//-->
</script>
```

可以看到，使用了 with 语句后，在 writeln 方法前就不需要再添加 document 这个对象名字了。另外，可以使用 with 语句对上面那个循环访问对象属性的例子进行改造后，HTML 文件见 8-5.html，代码如下所示。

```
<html>
<head>
<title>使用 with 访问对象</title>
<script language="JavaScript">
<!--
//动物（Animal）构造器函数定义
function Animal(type , sound, food ){
    this.animal_type = type;
    this.animal_sound = sound;
    this.animal_food = food;
}
var dog = new Animal("dog", "汪汪", "杂食");
```

```
with( dog ){
    document.writeln("对象属性 animal_type 的值是: "+animal_type+"<br>");
    document.writeln("对象属性 animal_type 的值是: "+animal_sound+"<br>");
    document.writeln("对象属性 animal_type 的值是: "+animal_food+"<br>");
}
//-->
</script>
</head>
<body>
</body>
</html>
```

代码中同样创建了一个名为 dog 的对象，并使用 with 语句简化对象名的重复输入，在输出属性值时，直接使用了属性名称。运行结果如图 8.10 所示。

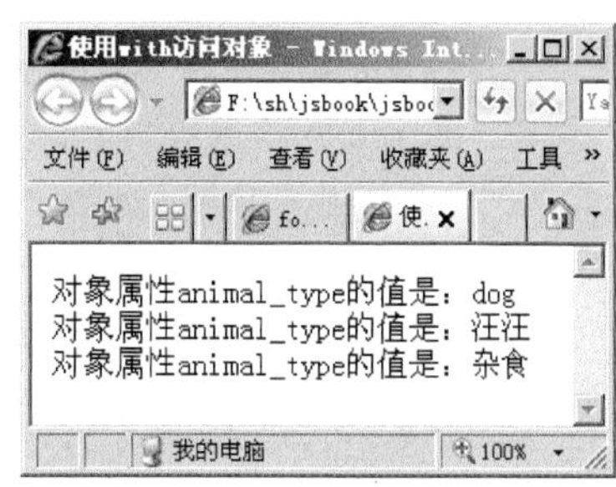

图 8.10　使用 with 访问对象

8.2.6　使用 continue 语句

在前面的介绍，接触到了 break 语句的内容，它是用来强制跳出循环的。下面要介绍的 continue 语句具有和 break 类似的终止循环的功能。但是 break 是跳出整个循环，而 continue 是结束本次循环，从循环开始的地方继续循环。例如，要过滤掉从 1 至 5 的所有整数中的 3 的倍数，不让这些数字参与累加运算，那么就可能使用 continue 语句，示例代码如下。

```
<script language="JavaScript">
<!--
var num = 0;
for( var i=1; i <=5; i++ ){
    if( i % 3 == 0 ){
        continue;
    }else{
        num += i;
    }
}
alert(num);
//-->
</script>
```

代码的目的是将从 1 到 5 的所有整数进行累加，但要过滤掉 3 的倍数。运行结果如图 8.11 所示。

图 8.11　使用 continue 示例

8.3 小结

本章主要介绍了 JavaScript 中的两种流程控制语句：判断语句和循环语句。要写出灵活而完善的程序，掌握好这两种语句是非常必要的。下面来复习一下本章的内容。

◎ if 语句用来指定在条件表达式为 true 时执行的程序段。

◎ if 语句后面的语句和语句块不会因为 if 语句而影响其执行。

◎ 在 if...else 语句中只有其中一个分句的代码可以执行，当条件表达式为 true 时执行 if 分句的代码。当条件表达式为 false 时执行 else 分句的代码。

◎ if 和 if...else 可以相互嵌套，嵌套的层次没有限制。但是为了让程序变得简单易读，可以采用 if…else if 语句形式。

◎ switch 语句可以根据一个表达式的值来执行不同的代码。

◎ switch 语句中要标识不同值需要执行的代码时使用 case 标签。

◎ default 标签用来指定 switch 语句里当所有的 case 标签指定的值都不符合表达式的值时默认的执行代码。default 标签可以省略。

◎ 循环语句是用来重复执行代码的，循环语句通过条件表达式来控制循环是否结束。

◎ while 语句可以用来重复执行代码，条件是 while 语句中的条件表达式为 true。

◎ while 语句的循环体内必须要有能够改变表达式的值的语句，以便在合适的时候结束循环。

◎ do...while 语句与 while 语句一样，在条件表达式符合指定条件就继续循环，但是 do...while 语句至少会执行一次循环。

◎ for 语句也是用来重复执行语句的，条件是给定的表达式为 true。

◎ for 语句中的圆括号里包含了三个部分：初始化表达式、条件表达式、更新语句。这三个部分通过分号分隔，在必要时可以省略，但是分号必须保留。

◎ for...in 语句用来对对象里所有的属性进行访问。

◎ for...in 语句同样可以实现循环功能，但是与其他循环语句不同的是，for...in 语句不需要计数器或表达式来控制循环，循环执行次数是对象属性的个数。

◎ with 可以引用一个对象，然后在 with 语句范围内，就不用重复输入该对象名了，可以直接使用对象的属性或方法。

◎ break 语句用来强制结束整个循环，继续执行循环之后的代码。break 常于 switch 语句一起配合使用。

◎ continue 语句同样可以结束循环，但是 continue 只结束当次循环，会跳转到循环的开始处，继续执行循环语句。

8.4 问题

（1）什么叫流程控制？

（2）if...else 语句的 if 和 else 两个子句里的代码能同时被执行吗？

（3）if 和 if...else 语句能否无限嵌套？

（4）switch 也是条件判断语句，与其他条件判断语句有何不同？

（5）switch 语句的 default 标签作用是什么？是否可以省略？

（6）while 和 do...while 语句有什么区别？

（7）for 语句圆括号的三个部分分别是什么？

（8）for...in 语句的循环结束条件是什么？

（9）with 语句主要作用是什么？

（10） break 和 continue 都具有结束循环的功能，那么它们有什么区别？

8.5　进阶练习

目标：使用本章所学的所有语句，编写小程序。

要求：

◎　要包含本章所学的所有语句。

◎　程序最好写成一个较复杂的整体，如果有困难可以分成独立的若干段。

8.6　问题解答

（1）流程控制是决定程序语句执行顺序的过程。

（2）if...else 语句的 if 和 else 子句不能同时被执行，每次只能执行一个子句里的代码。如果条件表达式为 true，就执行 if 子句里的代码，否则执行 else 子句里的代码。

（3）if 和 if...else 语句是可以嵌套的，嵌套不限制层级。

（4）switch 语句和其他判断语句不同之处是 switch 仅针对一个条件表达式的值，结合 case 标签设置需要执行的代码。

（5）switch 的 default 标签用来指定当所有的 case 标签里都找不到符合表达式的值时默认执行的代码。Default 标签可以省略。

（6）while 和 do...while 语句都是在条件表达式值为 true 时进行循环，不同的是，当条件表达式为 false 时，while 语句不会执行循环。而 do...while 语句无论条件表达式的值是什么，都会执行一次循环。

（7）for 语句的圆括弧有三个部分，第一部分是初始化表达式，用来声明变量及赋初始值；第二部分是条件表达式，用来判断循环的条件；第三部分是更新语句，常用来更新条件表达式中的变量值。三个部分之间使用分号进行分隔，三个部分的任何一个部分都可以省略，但是分号不能省略。

（8）for...in 语句用来对对象的属性进行访问，for...in 语句结束的条件是对象的属性被遍历完毕。

（9）with 可以引用一个对象，然后在 with 语句范围内，就不用重复输入该对象名了，可以直接使用对象的属性或方法。

（10）break 语句用来强制结束整个循环，继续执行循环之后的代码常与 switch 语句一起配合使用。continue 语句同样用来结束循环，但是 continue 只结束当次循环，会跳转到循环的开始处，继续执行循环语句。

第 4 篇　JavaScript 进阶

结合实例讲解，对表单对象、CSS 样式表、动态 HTML 和动画技术、框架应用等方面进行了详细的介绍，使得读者能够应对绝大部分的 Web 编程应用，并能够综合运用。

第 9 章　表单

通过前面的介绍，对 JavaScript 的基本语法应该有了一定的了解。如果把前面的内容当作 JavaScript 的理论基础的话，那么从本章开始将会把理论知识运用于实践。本章将介绍如何使用表单，包括使用表单对象的方法与事件、使用表单元素两部分。

表单在网页中的运用非常广泛，如论坛注册、发送邮件、登录网站等都要使用表单。表单的作用就是将输入的数据进行提交和处理。表单的提交和处理都是由服务器端程序来完成的，它们会按照要求保存数据，并提供给网站使用。但是这里将着重讲解使用 JavaScript 在表单提交前做的事情，主要是事件处理（关于事件处理在前面已作过介绍）。

表单和它所有的输入元素都具有事件处理程序，JavaScript 可以使用这些程序实现用户和表单之间的交互。比如，在注册论坛用户时，如果忘记在必填的用户名栏内填写内容，JavaScript 程序会向用户发出一个提示框。在选择所在省、市二级联动下拉列表框时，所在市列表的内容会根据所选择的省份不同而变化。要想能够灵活地在表单里运用事件处理程序，就要对表单有一个全面的了解。下面会结合具体的实例来对表单的内容进行讲解。

9.1　使用 FORM 对象

这里将主要对 FORM 表单对象进行介绍，通过介绍应该能够学会用<FORM>标签创建一个或多个表单；理解并学会使用<FORM>标签的常用属性；了解表单对象及获取表单对象的方法；掌握表单对象的 submit()方法和 reset()方法；掌握使用表单事件处理程序 onsubmit 和 onreset。

9.1.1　使用<form>标签

表单是由一对 HTML 标签<form>…</form>创建的。在一个页面里允许添加多个表单，但表单不允许嵌套。因此要加入<form>开始标签之前，要确定页面中没有别的表单或者表单已经用</form>结束了。

当然，如果因为一时疏忽而忘记了这一点，JavaScript 解释器会按照下面的原则来进行处理。在一个</form>标签之前如果遇到一个新的<form>标签，第二个<form>标签后面的所有表单元素都会加入到第一个表单中，相当于合并了两个表单。这样，在预览的时候并不会出现页面错误，但是和最初预想的不同，一定会给后面的调试和处理带来更大麻烦。

下面是一个包含了两个表单的网页，代码如下所示，HTML 页面见 9-1.html。

```
<html>
<head>
<title>表单示例--显示两个表单</title>
</head>
<body>
表单一：<br/>
<form>
输入名称：<br/>
<input type="text"/>
```

```
<input type="submit" value="确定"/>
</form>
<hr/>
表单二：<br/>
<form>
选择城市：<br/>
<select>
<option>北京</option>
<option>上海</option>
</select>
<input type="submit" value="提交"/>
</form>
</body>
</html>
```

运行的结果如图 9.1 所示。

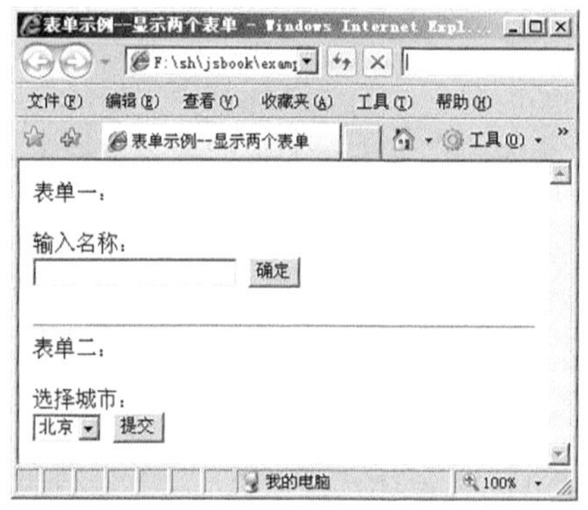

图 9.1　显示两个表单

< form >标签还有许多可以使用的属性，如表 9.1 所示。

表 9.1　<FORM>标签的属性

属性	说明
action	指定表单数据提交的目标URL地址。通常情况下，这个属性用来指定到一个服务器端的处理程序或一个email地址。如果action=""，则会提交到当前页的地址
method	设定表单数据提交的方式，可以为GET和POST两种方式。默认为GET方式，在提交时会将表单的数据变成一个字符串，并传送到action指定的地址。POST方式则是将表单数据隔开后进行传递。通常推荐使用POST方式
target	用来指定接收和处理表单数据的窗口。在单一的HTML页面中可以使用_blank在新窗口显示服务器返回的处理结果。在多框架的页面中可以指定此属性值为任意一个框架名，那么会在指定框架中显示服务器返回的结果（关于框架和表单的应用将在后面进行详细介绍）
name	为表单指定一个名称
enctype	设置要传送的数据的格式。默认值为application/x-www-form-urlencoded，指定了一个表单的数据应该按照一个长字符串进行编码。另外的一个类型是multipart/form-data，该类型则是将每个域作为各自单独的部分编码，通常在上传文件的表单中使用。还有一个类型是text/plain，用来将表单数据提交到一个email地址

下面，结合一个实例来介绍一下几个主要的属性，其他的属性将在后面的内容中结合表单

元素进行针对性说明。

（1）将页面 9-1.html 的代码中表单属性部分进行完善，并存为 9-2.html，代码如下所示。

```
<html>
<head>
<title>表单示例--两个不同属性的表单</title>
</head>
<body>
表单一：<br/>
<form  name="form1"  action="  http://www.sohu.com/index.html"  method=
"post">
输入名称：<br/>
<input type="text"/>
<input type="submit" value="确定"/>
</form>
<hr/>
表单二：<br/>
<form name="form2" action="http://www.163.com/index.html" target= "_blank"
method="post">
选择城市：<br/>
<select>
<option>北京</option>
<option>上海</option>
</select>
<input type="submit" value="提交"/>
</form>
</body>
</html>
```

（2）运行后，单击表单一中的“确定”按钮提交表单，结果如图 9.2 所示。从代码中可以看出，表单一指定的提交地址为“http://www.sohu.com/index.html”，并没有指定 target，所以表单提交后会在本页面显示指定的提交地址。

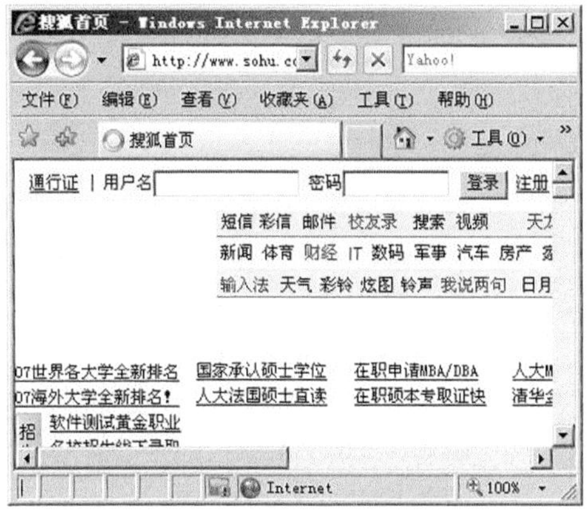

图 9.2 表单一提交结果

（3）单击表单二中的“提交”按钮提交表单，结果如下图 9.3 所示。从代码中可以看出，表单二 action 指定的地址为“http://www.163.com/index.html”，并且指定的 target 为“_blank”，所以表单提交后会在弹出的窗口中显示 action 的指定地址。

图 9.3　表单二提交结果

要注意的是，因为没有实际的服务器端处理程序来对提交的数据进行处理，这里暂时使用了互联网上的地址做作示范，所以无法看到提交的数据对返回内容的影响，但这并不是 JavaScript 所关注的内容。

还可以试着把 action 设置为空，即 action=""，单击“提交”按钮后看看会发生什么。

9.1.2　表单对象

回想一下前面提到的对象概念，在网页中的 HTML 表单，实际上就是 JavaScript 的 FORM 对象。有几种方式可以得到表单对象，一种是通过 document.forms[i]的方式来得到表单对象（i 为从 0 开始的表单序号，一般以在 HTML 代码中出现的先后顺序为准）；另一种是通过表单的名字获取，如名称为 form1 的表单可以通过 document.form1 来得到这个表单对象。

得到表单对象后，就可以用 JavaScript 来动态修改表单的属性，如 target、action、method 等。通常的格式为 document.[表单名].[属性名]=[属性值]，中括号部分在具体的应用中由实际的内容替换。

下面来看一个示例，代码如下。HTML 文件的 9-3.html。

```
<html>
<head>
<title>表单示例--两个不同属性的表单</title>
</head>
<body>
表单一：<br/>
<form name="form1" action=" http://www.sohu.com/index.html" method=
"post">
输入名称：<br/>
<input type="text"/><input type="submit" value="确定"/>
</form>
<script language="JavaScript">
<!--
document.form1.action="http://www.163.com/index.html";//改变 action 地址
```

```
document.form1.target="_blank";//改变目标窗口属性为弹出
//-->
</script>
</body>
</html>
```

在表单中单击“确定”按钮提交表单后，表单提交地址和目标窗口都会作相应变化。下面的代码能替换上面的第13、14行代码实现同样的功能。

```
document.forms[0].action="http://www.163.com/index.html";//改变表单对象数组的第一个表单的action地址
document.forms[0].target="_blank";//改变表单对象数组的第一个表单目标窗口属性为弹出
```

当有 n 个 form 在同一个页面时，通过改变数组的下标就能得到相应的表单对象。在文件9-1.html中，如要获取表单二对象，就可以使用document.forms[1]来得到。

9.1.3 使用表单的方法和事件

在JavaScript出现之前，表单的提交必须用Submit按钮才能实现，表单元素的重置则是用Reset按钮来实现。提交表单是指将表单的数据传递给action指定的页面；重置表单是指将表单元素的状态，比如内容、下拉菜单的选项等，恢复到页面第一次加载后的初始状态。

在获取表单对象后，便可以调用表单对象的submit()和reset()方法来实现表单的提交和重置了。将下面的两行代码的任意一行嵌入到9-3.html的JavaScript代码中，产生的效果与单击提交按钮后的效果是一样的。

```
document.form1.submit();//表单提交方式一
document.form[0].submit();//表单提交方式二
```

打开运行时可以发现表单自动提交了。这为自由控制表单的提交提供了方法。

为了配合submit()和reset()方法，Form对象还提供了onsubmit和onreset事件处理程序。onsubmit用来检测表单的提交，onreset用来检测表单的重置。值得注意的是，onsubmit和onreset是在单击submit按钮和reset按钮后才会触发，直接调用表单对象的submit()方法和reset()方法是不会触发的。

onsubmit事件提供了最后一次验证表单的机会，可以在这个事件里对用户输入的数据合法性进行判断，还能阻止表单的提交，从一定程度上防止了错误数据提交到服务器端去，减轻了服务器端的负荷。

onreset事件提供了阻止重置表单元素的方法，尤其是当表单较为复杂且输入内容较多时，可以防止因为误操作造成的损失。

下面的示例将演示一个简单的例子，用于说明表单的方法和事件处理程序。文件9-4.html。

```
<html>
<head>
<title>表单示例--表单方法与事件</title>
</head>
<script language="JavaScript">
<!--
//表单提交检测函数
function submitForm(){
```

```
        alert("表单无法提交！");
        return false;
    }
    //表单重置检测函数
    function resetForm(){
        return confirm("您确定要重置表单吗？");
    }
    //-->
    </script>
    <body>
    表单一：
    <form    name="form1"    action=""    onsubmit="return    submitForm()"
onreset="return resetForm()">
    输入名称：
    <input type="text"/>
    <input type="submit" value="确定"/>
    <input type="reset" value="重置"/>
    </form>
    </body>
    </html>
```

在上面的代码中定义了 submitForm()和 resetForm()两个函数。为了测试效果，当单击“提交”按钮触发 submitForm()时，假设因为输入错误而无法提交表单，并给用户一个小小的提示，然后阻止表单的提交，效果如图 9.4 所示。

在单击“重置”按钮触发 resetForm()时，使用了 confirm()函数给用户显示一个带有提示信息的确认提示框，如图 9.5 所示。然后根据用户的单击获取用户的操作信息，从而判断是否重置表单元素。

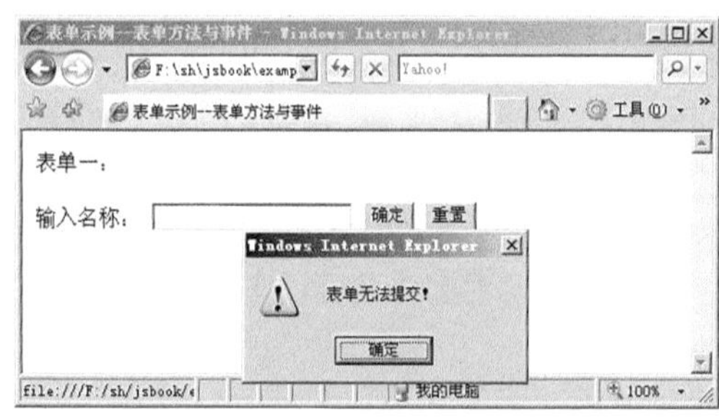

图 9.4　表单的 onsubmit 事件处理程序

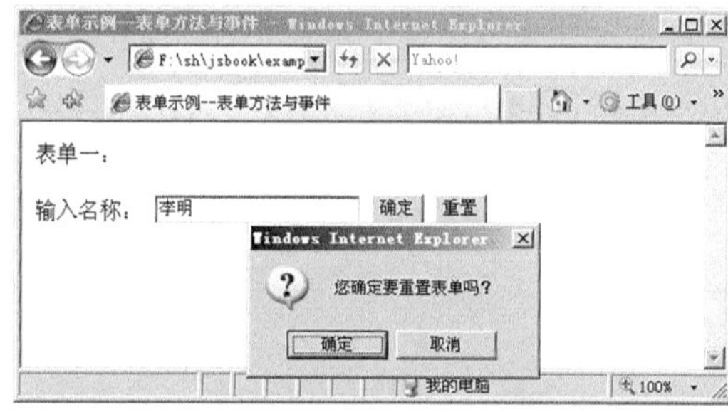

图 9.5　表单的 onreset 事件处理程序

9.2　使用表单元素

表单使用的目的是为了将用户在表单里填写的数据提交到服务器。在访问网站时，能够接触到各式各样的表单，也有着不同的数据填写方式。如输入框、输入文本域、单选和复选框、下拉框等。这些都称为表单元素，下面就介绍表单里的表单元素及其使用。

9.2.1 给表单元素命名

表单元素中有输入框、文本输入域、单选框、复选框、下拉框、按钮等多种类型，它们都位于表单标签“<form>”和“</form>”之间。虽然有这么多类型，但是标签只有三个，分别是“<input>”标签、“<select>”标签和“<textarea>”标签。这三个标签通过设置不同的属性，能够变换成为若干种不同的类型。

和表单一样，表单元素也有自己的名称。给表单元素命名的意义主要有两方面，第一个方面是当表单提交到服务器端的程序里时，服务器端的程序就是通过表单元素的名称来获取表单数据的；第二个方面是在客户端的 JavaScript 里，结合元素的名称或 id 属性可以实现网页的交互或样式的控制。

给表单元素命名，主要是使用表单标签的 name 属性来实现。给表单元素命名的语法如下所示。

```
name="元素名称"
```

具体示例代码如下。

```
<input name="username" type="text">
<textarea name="content"></textarea>
<select name="city">
<option value="sh">上海</option>
<option value="bj">北京</option>
</select>
```

上面的代码中分别使用了三个标签“<input>”、“<textarea>”以及“<select>”，并使用 name 属性将三个元素命名为“username”、“content”以及“city”。

9.2.2 <input>标签

“<input>”标签用来创建不同类型的输入区域及按钮元素，比如输入框、单选框、复选框、提交按钮、重置按钮等。“<input>”标签能够实现这么多类型的表单元素，主要就是设置其中的“type”属性。除了“type”属性外，“<input>”标签还有另外的属性，可以用来控制输入区域的外观、位置以及值等。表 9.2 列出了“input”标签的常见属性。

表 9.2 “input”标签的属性列表

属性	说明
type	类型属性，用于指定输入元素的类型，可选属性值有text、button、submit、reset、radio、checkbox、image、hidden和password等。每个属性值代表的具体意义将在后续的小节里详细说明
size	用一个整数设置文本输入区域的长度
align	当type为image时图片的对齐方式。可选的属性值有absbottom、absmiddle、baseline、bottom、left、middle、right、texttop和top
name	元素的名称
src	当type属性为image时指定图片的路径
value	指定输入域的值
checked	当type属性值为radio或checkbox时，指定是否默认被选中
maxlength	用一个整数指定输入域最大可输入的字符长度

下面，结合实例对这些属性值做进一步的说明，创建一个由 input 标签实现的各种类型元素的列表示例，代码如下所示。文件为 9-5.html。

```
<html>
<head>
<title>input 标签示例</title>
</head>
<body>
<form>
1.文本输入框：<br/>
<input type="text"><br/>
2.密码输入框：<br/>
<input type="password"><br/>
3.普通按钮：<br/>
<input type="button" value="按钮"><br/>
4.单选框组：<br/>
<input type="radio" name="radio1" value="r1">
<input type="radio" name="radio1" value="r2"><br/>
5.复选框组：<br/>
<input type="checkbox" name="check1" value="c1">
<input type="checkbox" name="check1" value="c2"><br/>
6.提交按钮：<br/>
<input type="submit" value="提交"><br/>
7.重置按钮：<br/>
<input type="reset" value="重置"><br/>
</form>
</body>
</html>
```

上面的代码中利用了“<input>”标签，通过为其设置不同的属性得到了不同类型的表单元素。运行后的效果如图 9.6 所示。

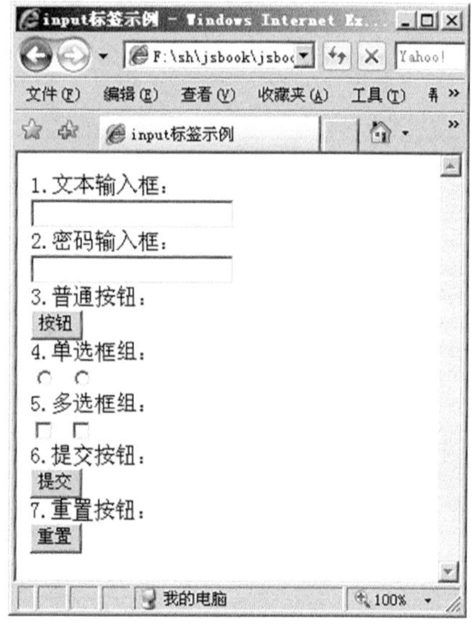

图 9.6 input 标签示例

9.2.3 使用文本框

文本框是使用得最多的一种数据输入的表单元素。在登录论坛、发送邮件、注册用户等地方都要使用，如图 9.7 所示。

图中是一个邮箱登录表单，其中的用户名和密码就是文本输入框。文本框对应的标签是“<input>”。使用文本输入框有三种方式，代码如下所示。文件见 9-6.html。

```
<html>
<head>
<title>输入框的三种实现方式</title>
</head>
<body>
1.普通输入框<br/>
```

```
<input type="text"><br/>
2.密码输入框<br/>
<input type="password"><br/>
3.不设置 type 属性的输入框<br/>
<input><br/>
</body>
</html>
```

上面的代码中分别将<input>标签的 type 属性设置为“text”和“password”，还有一个不设置 type 属性的<input>标签。运行效果如图 9.8 所示。

图 9.7　输入框示例

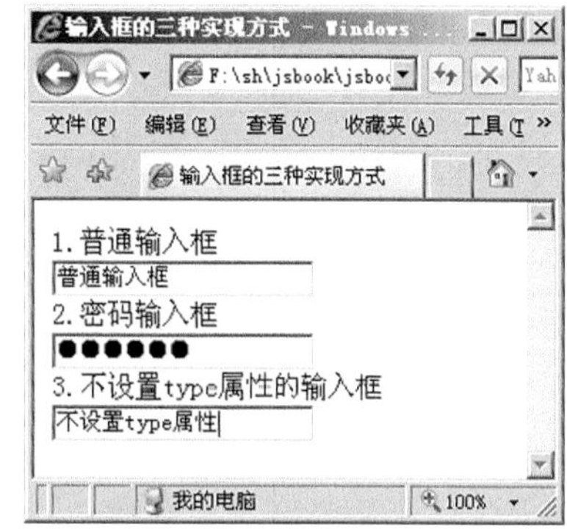

图 9.8　输入框的三种实现方式

将 type 属性设置为“text”和不设置 type 属性的效果是完全一样的，得到的都是一个普通的文本输入框，因此可以认为 input 标签的 type 属性的默认值就是“text”。将 type 属性设置为“password”时，则为密码输入框。接下来，看一下<input>作为输入框时，设置不同属性后的表现形式，代码如下所示。详见文件 9-7.html。

```
<html>
<head>
<title>输入框示例</title>
</head>
<body>
1.普通输入框：<br/>
<input type="text"><br/>
2.规定了 size 属性为 10 的输入框：<br/>
<input type="text" size="10"><br/>
3.设置了初始值的输入框：<br/>
<input type="text" size="14" value="初始值"><br/>
4.size 为 30 但是最大长度只有 2 的输入框：<br/>
<input type="text" size="30" maxlength="2"><br/>
5.不设置 type 属性时默认输入框：<br/>
<input><br/>
6.设置了最大字符长度的密码输入框：<br/>
<input type="password" maxlength="6"><br/>
</body>
```

```
</html>
```

运行效果如图 9.9 所示。

其中第一个为除了 type 属性外，没有设置其他任何属性的输入框。第二个为设置了 size 属性的输入框，从图中可以看到输入框的长度变小了。第三个给输入框设置了 value 属性赋予初始值，并设置了 size 属性为 14。从图中可以看到，输入框中显示了初始值并且长度也跟普通的输入框有所区别。第四个是设置了 size 长度为 30，但同时设置了最大长度属性 maxlength 为 2 的输入框，虽然输入框长度很大但是里面允许输入的字符只有两个。第五个是不设置 type 的输入框，前面讲过 input 标签的 type 属性默认值是“text”，因此这跟第一个输入框的效果一样。第六个是设置了最大字符长度属性 maxlength 值为 6 的密码输入框。密码输入框的 type 属性为“password”，密码输入框不会显示输入的真实内容，统一用替代字符代替。图 9.10 是在除去具有初始值的输入框以外的其他输入框内输入字符串“javascript”的情况。

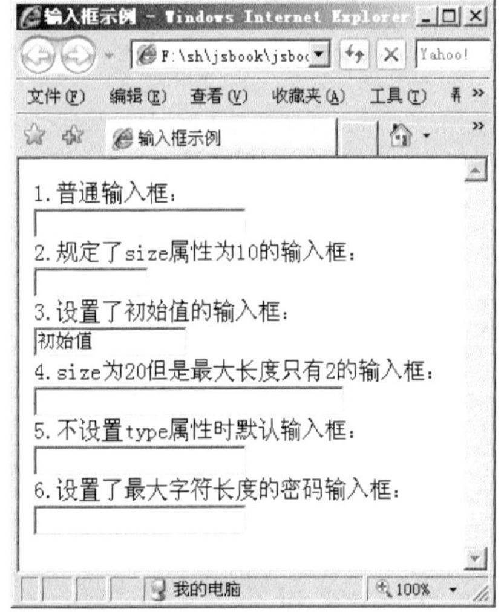

图 9.9 输入框示例

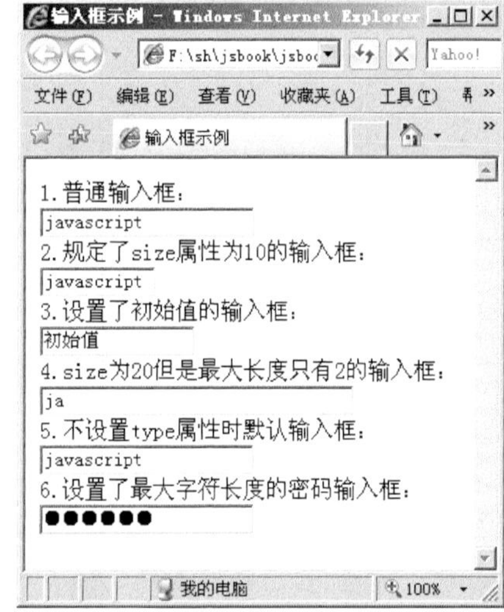

图 9.10 试图在输入框内输入字符“javascript”的情况

9.2.4 使用按钮

按钮在网页里也有多种形式，有普通按钮、提交按钮、重置按钮、图形按钮等。按钮也是通过标签“<input>”来创建的。不同类型的按钮属性也不同。下面代码是一个按钮的列表，文件为 9-8.html。

```
<html>
<head>
<title>按钮示例</title>
</head>
<body>
<form>
1.普通按钮：<br/>
<input type="button" value="按钮"><br/><br/>
2.提交按钮：<br/>
<input type="submit" value="提交"><br/><br/>
3.重置按钮：<br/>
```

```
<input type="reset" value="重置"><br/><br/>
4.图片按钮：<br/>
<input type="image" src="button.gif"><br/>
</form>
</body>
</html>
```

代码中分别创建了普通按钮、表单提交按钮、重置按钮以及图片按钮。其中的提交按钮和图片按钮都能起到提交表单的作用，重置按钮是将表单恢复到初始状态。运行后效果如图 9.11 所示。

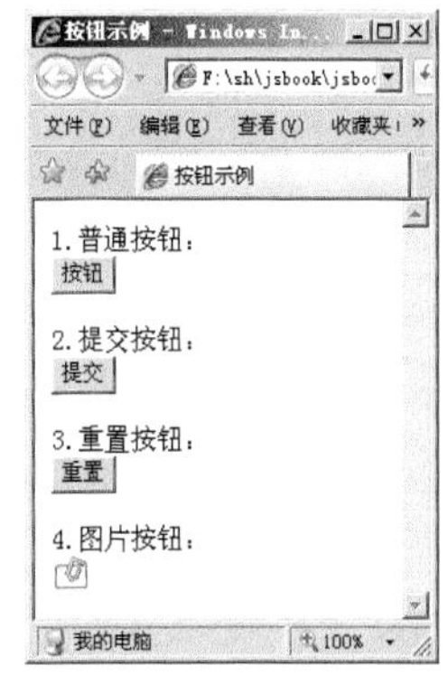

图 9.11 按钮示例

9.2.5 使用单选框

在表单里，常常需要让用户对某个选项进行选择，并在可选项中只允许选择一项。这时，就需要使用单选框。单选框通常不单个使用，经常是用若干个与同一个选择项目相关联的单选框构成单选框组来使用，如图 9.12 所示。

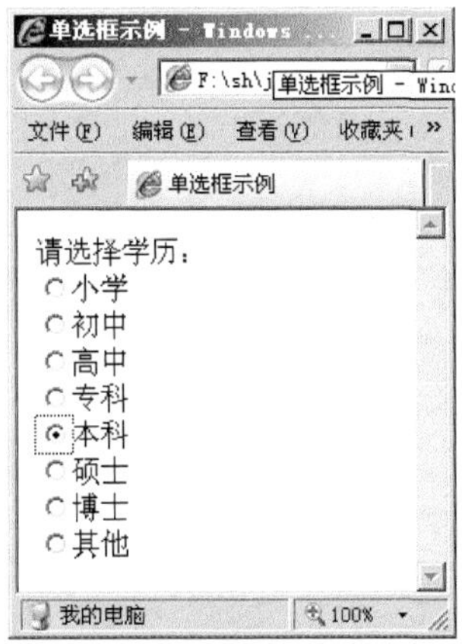

图 9.12 单选框示例

图中的单选框组是用一组关联于同一个选择项目的单选框组合而成的，代码如下所示。文件见 9-9.html。

```
<html>
<head>
<title>单选框示例</title>
</head>
<body>
请选择学历：<br/>
<input name="grade" type="radio" value="1"/>小学<br/>
<input name="grade" type="radio" value="2"/>初中<br/>
<input name="grade" type="radio" value="3"/>高中<br/>
<input name="grade" type="radio" value="4"/>专科<br/>
<input name="grade" type="radio" value="5"/>本科<br/>
<input name="grade" type="radio" value="6"/>硕士<br/>
<input name="grade" type="radio" value="7"/>博士<br/>
<input name="grade" type="radio" value="0"/>其他
</body>
```

```
</html>
```

从上面的代码中可以看出，单选框是通过设置“<input>”标签的 type 属性值为 radio 而建的。而创建一组关联的单选框，则是利用了 name 属性。只要设置一组单选框的 name 属性值为同一个值，那么这些单选框就相互关联了。相互关联的单选框能保证同时只选择其中一个。单选框能应用在很多的地方，比如性别选择、单选调查题目等。单选框还可以设置 value 属性，被选中的单选框的 value 值将作为整个单选框组的值传递到服务器端，服务器端则根据单选框组的 name 属性来进获取这个值。

一般来说，每个单选框都需要设置相匹配的文字，用于显示在网页里表示该选项的意义，比如下面的代码。

```
<input name="grade" type="radio" value="7"/>博士
```

但仍然要单击单选框才能选中该选项。如果直接单击文字就可以选中选项，会更加方便。因为单击一段文字比单击一个小小的单选框要容易。要让文字和单选框关联，需要使用“<label>”标签。使用“<label>”标签的 for 属性，同时借助单选框的 id 属性，即可实现文字和选项的关联。关联的语法如下所示。

```
<input name="单选框名称" type="radio" value="单选框值" id="单选框 id"/><label
for="单选框 id">关联文字</label>
```

具体的实例如下代码。

```
<input    name="grade"    type="radio"    value="7"    id="grade7"/><label
for="grade7">博士</label>
```

利用这个代码把 9-9.html 进行修改，代码如下所示。文件为 9-10.html。

```
<html>
<head>
<title>单选框示例-label 文字关联</title>
</head>
<body>
请选择学历：<br/>
<input    name="grade"    type="radio"    value="1"    id="grade1"/><label
for="grade1">小学</label><br/>
<input    name="grade"    type="radio"    value="2"    id="grade2"/><label
for="grade2">初中</label><br/>
<input    name="grade"    type="radio"    value="3"    id="grade3"/><label
for="grade3">高中</label><br/>
<input    name="grade"    type="radio"    value="4"    id="grade4"/><label
for="grade4">专科</label><br/>
<input    name="grade"    type="radio"    value="5"    id="grade5"/><label
for="grade5">本科</label><br/>
<input    name="grade"    type="radio"    value="6"    id="grade6"/><label
for="grade6">硕士</label><br/>
<input    name="grade"    type="radio"    value="7"    id="grade7"/><label
for="grade7">博士</label><br/>
<input    name="grade"    type="radio"    value="0"    id="grade0"/><label
for="grade0">其他</label>
</body>
</html>
```

使用“<label>”标签设置的文字，不一定要写在单选框的前面或后面，可以放在页面的任何一个位置，但一般是放在对应单选框的后面。在浏览器里运行后，就可以单击文字实现对相应选项的选择，如图 9.13 所示。

从图中可以看到被选中选项的文字周围有一个虚线框，从这点就能够看出其与普通文字的区别。

有时，需要默认选项，要使用 checked 属性。加上了 checked 属性，则会让该选项成为默认选项。checked 属性不需要属性值，如下所示。

```
<input name="grade" type="radio" value="0" id="grade0" checked/>
```

但是现在的 HTML 标准中要求不需要属性值的属性仍然要增加一个默认的属性值 true，如下所示。

```
<input name="grade" type="radio" value="0" id="grade0" checked="true"/>
```

设置了 checked 属性的选项会默认被选中，给前面示例中的“本科”对应的单选框设置 checked 属性后，效果如图 9.14 所示。

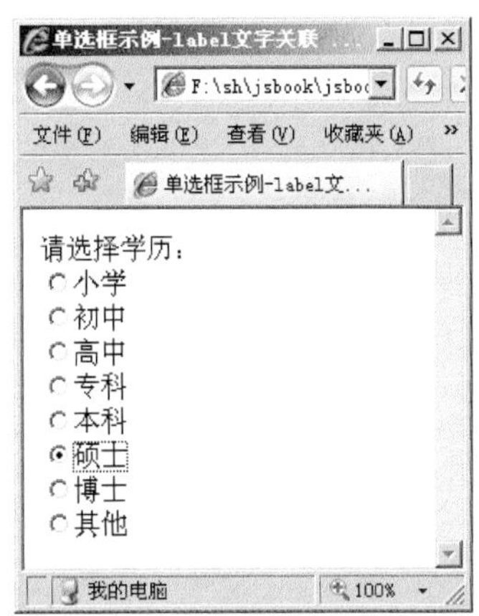

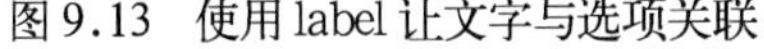

图 9.13　使用 label 让文字与选项关联

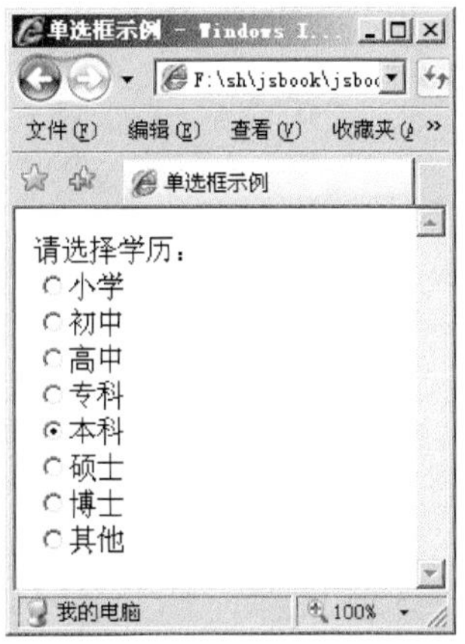

图 9.14　给“本科”选项设置默认被选中

9.2.6　使用复选框

与单选框相对应的是复选框。顾名思义，复选框就是在同一个选择项目中可以选择多个内容。比如有一个关于个人兴趣的选择项目，选项有篮球、足球、围棋、唱歌、看书等，这样的选项是可以有多个选择的，因此这时就需要使用复选框。一个简单的复选框例子如图 9.15 所示。

复选框仍然使用“<input>”标签，只需把 type 属性设置为 checkbox 即可。图 9.14 所示的示例代码如下所示。HTML 文件见 9-11.html。

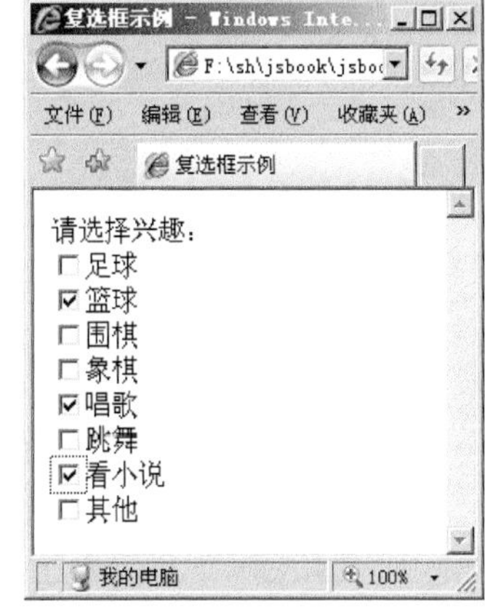

图 9.15　复选框示例

```
<html>
<head>
<title>复选框示例</title>
</head>
<body>
请选择兴趣：<br/>
```

```
    <input name="interest" type="checkbox" value="1" id="interest1"/>足球<br/>
    <input name="interest" type="checkbox" value="2" id="interest2"/>篮球<br/>
    <input name="interest" type="checkbox" value="3" id="interest3"/>围棋<br/>
    <input name="interest" type="checkbox" value="4" id="interest4"/>象棋<br/>
    <input name="interest" type="checkbox" value="5" id="interest5"/>唱歌<br/>
    <input name="interest" type="checkbox" value="6" id="interest6"/>跳舞<br/>
    <input name="interest" type="checkbox" value="7" id="interest7"/>看小说
<br/>
    <input name="interest" type="checkbox" value="0" id="interest8"/>其他
    </body>
    </html>
```

与单选框一样，对于同一个选择项目的一组复选框的，name 属性也要保持一致，这样才能保证在提交到服务器端后，能够通过 name 属性来取得相应的值。每个复选框也需要加上相应的文字来表示选项的意义。与单选框一样，也可以使用“<label>”标签来让文字和选项进行关联，从而方便用户的操作。同样，利用“<label>”标签对 9-11.html 进行调整，代码如下所示。文件见 9-12.html。

```
    <html>
    <head>
    <title>复选框示例</title>
    </head>
    <body>
    请选择兴趣：<br/>
    <input name="interest" type="checkbox" value="1" id="interest1"/><label
for="interest1">足球</label><br/>
    <input name="interest" type="checkbox" value="2" id="interest2"/><label
for="interest2">篮球</label><br/>
    <input name="interest" type="checkbox" value="3" id="interest3"/><label
for="interest3">围棋</label><br/>
    <input name="interest" type="checkbox" value="4" id="interest4"/><label
for="interest4">象棋</label><br/>
    <input name="interest" type="checkbox" value="5" id="interest5"/><label
for="interest5">唱歌</label><br/>
    <input name="interest" type="checkbox" value="6" id="interest6"/><label
for="interest6">跳舞</label><br/>
    <input name="interest" type="checkbox" value="7" id="interest7"/><label
for="interest7">看小说</label><br/>
    <input name="interest" type="checkbox" value="0" id="interest8"/><label
for="interest8">其他</label>
    </body>
    </html>
```

经过调整后，在网页中就可以直接单击对应文字选中相应的选项了，效果如图 9.16 所示。

从图 9.16 中可以看到，被选中的文字周围有一个虚线框，这就是与<label>标签相关联后与普通文字的区别。如果需要让某个选项作为默认选项，同样需要使用 checked 属性。为了与 HTML 现行标准一致，也要给 checked 属性增加一个属性值 true，如下所示。

```
    <input name="interest" type="checkbox" value="0" checked="true"/>
```

设置了 checked 属性的选项会被默认选中，给 9-11.html 中的“足球”和“唱歌”选项设置 checked 属性后，效果如图 9.17 所示。

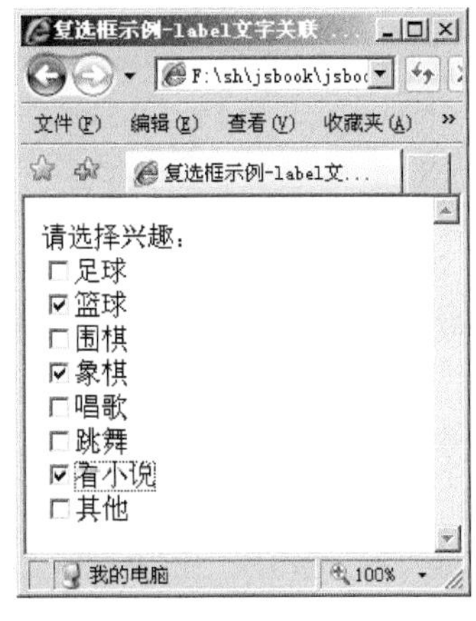

图 9.16　label 文字与选项关联

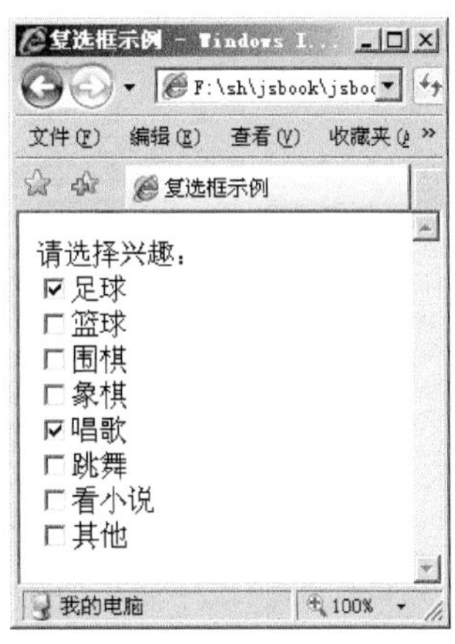

图 9.17　选项设置默认被选中

9.2.7　使用多行文本域

在网页中，通常会有大量的文字需要输入，使用文本框则不能满足要求，这时就需要使用多行文本域。多行文本域使用的范围也非常广泛，比如在论坛发表一篇文章，文章的正文就需要使多行文本域；在网上留言板发布一段留言，留言内容要使用多行文本域；在网上发送一封邮件，邮件的正文也需要使用多行文本域。简单的多行文本域示例如图 9.18 所示。

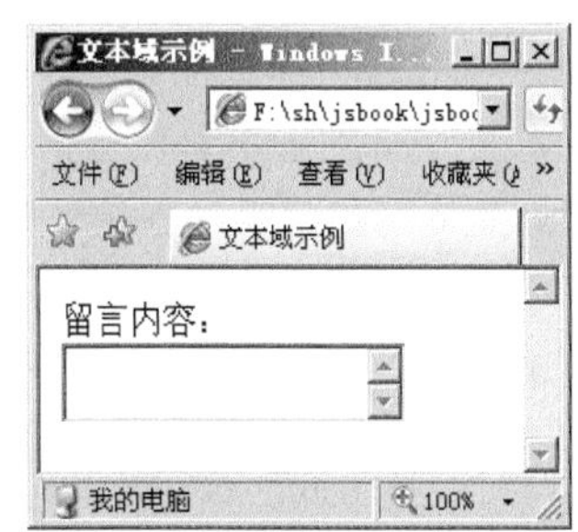

图 9.18　多行文本域示例

多行文本域的标签是“<textarea></textarea>”，同“<input>”标签一样，多行文本域也有若干属性可以设置。“<textarea>”标签一共有三个属性，如表 9.3 所示。

表 9.3　多行文本域<textarea>属性列表

属性	说明
name	输入域元素的名称
cols	在文本域中显示的列数
rows	在文本域中显示的行数

其中 name 属性与“<input>”标签的 name 属性作用一样，也是用于服务器端获取数据以及客户端的 JavaScript 对元素进行操作的 cols 属性用来设置多行文本域所显示的列数，rows 属性用来设置多行文本域所显示的行数。可以利用 cols 和 rows 这两个属性值来控制多行文本域所占区域大小，示例代码如下所示。文件为 9-13.html。

```
<html>
<head>
<title>文本域示例</title>
</head>
<body>
1.留言内容 1: <br/>
```

```
<textarea cols="10" rows="10"></textarea>
<hr>
2.留言内容 2：<br/>
<textarea cols="50" rows="8"></textarea>
</body>
</html>
```

代码中使用rows属性和cols属性来分别设置了两个不同尺寸的多行输入区域，如图9.19所示。

可以看到，由于设置了不同的 cols 和 rows 属性，两个多行文本输入域的尺寸有明显的区别。具体的数值可以根据实际的情况进行调整。

多行文本输入域“<textarea>”与“<input>”输入框一样，也能够设置默认值。但是与“<input>”标签不同的是，“<textarea>”标签的默认值不是使用 value 属性，而是将默认值写在“<textarea>”和“</textarea>”之间，示例代码如下所示。文件为 9-14.html。

```
<html>
<head>
<title>文本域默认值</title>
</head>
<body>
<textarea cols="30" rows="5">
```

可以看到，由于设置了不同的 cols 和 rows 属性，两个多行文本输入域的尺寸有明显的区别。具体的数值可以根据实际的情况进行调整。

代码中使用 rows 属性和 cols 属性分别设置了两个不同尺寸的多行输入区域，如图 9.19 所示。

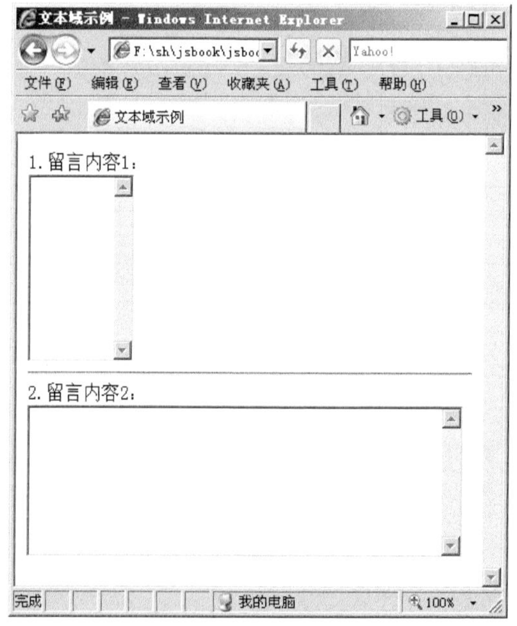

图 9.19　多行文本域示例

```
</textarea>
</body>
```

```
</html>
```

运行效果如图 9.20 所示。

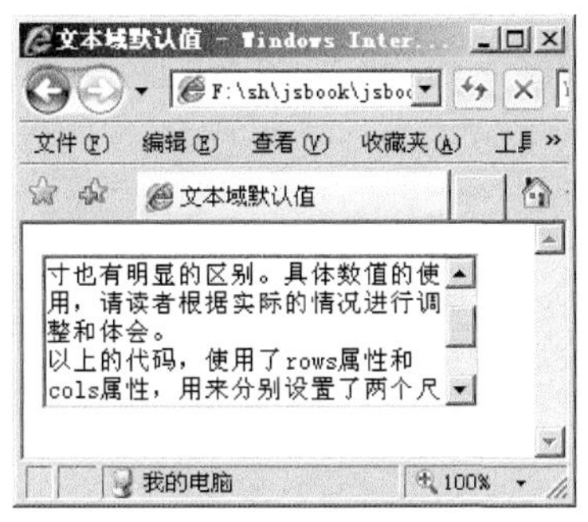

图 9.20　文本域设置默认值

9.2.8　使用选择列表

选择列表是用标签“<select>...</select>”创建的。使用“<option>”标签可以在选择列表里创建可选的项目。“<select>”标签也有三个属性，如表 9.4 所示。

表 9.4　<select>标签的属性

属性	说明
name	选择列表的名称
multiple	设置选择列表是否可以选择多个项目
size	设置选择列表显示的行数，默认为1，即下拉列表

“<select>”标签用来创建空的列表，里面的选项要用“<option>”标签来创建。“<option>”标签也有自己的属性，如表 9.5 所示。

表 9.5　<option>标签的属性

属性	说明
selected	该选项是否为默认选项，为可选属性
value	设置对应选项的值

下面结合具体的实例来加强对以上两个标签及属性的理解，代码如下所示。HTML 文件见 9-15.html。

```
<html>
<head>
<title>选择列表示例</title>
</head>
<body>
1、选择列表一<br/>
请选择城市：<br/>
<select name="city">
<option value="1">江苏-南京</option>
<option value="2">北京</option>
<option value="3">广东-广州</option>
<option value="4">上海</option>
</select>
```

```
<hr>
2、选择列表二<br/>
请选择喜欢的书：<br/>
<select name="book" multiple="true" size="7">
<option value="1">JavaScript 从入门到精通</option>
<option value="2">如何使用 Dreamweaver 来制作网页</option>
<option value="3">Asp 编程实例教程</option>
<option value="4">CSS 禅意花园</option>
<option value="5">全面掌握 DIV 布局</option>
</select>
</body>
</html>
```

上面的代码中创建了两个选择列表，一个是选择城市，另一个是选择图书。在浏览器中运行效果如图 9.21 所示。

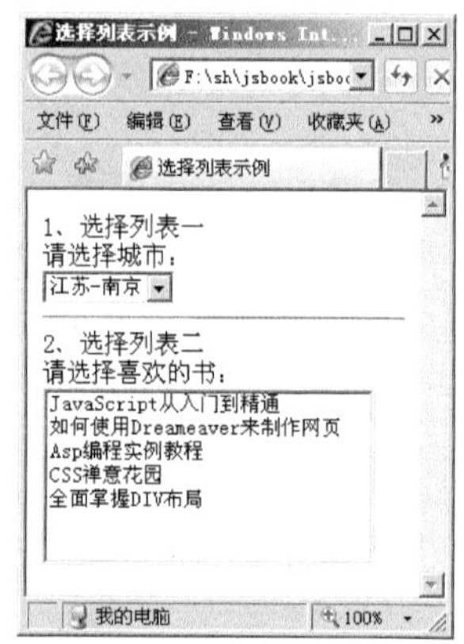

图 9.21　选择列表示例

在第一个选择列表中，并没有使用太多的属性，因此只显示了一行并且为单选列表。而在第二个选择列表中，则设置了 multiple 属性，还设置了 size 属性为 7，将选择列表的显示设置范围为 7 行。multiple 属性同前面介绍的 checked 属性一样，可以不设置任何属性值，但是为了符合 HTML 标准，还是需要进行如下设置。

```
multiple="true"
```

如果给选择列表中的部分“<option>”添加 selected 属性，则会给选择列表设置默认值，9-15.html 经过修改后代码如下所示。文件为 9-16.html。

```
<html>
<head>
<title>选择列表示例--设置默认值</title>
</head>
<body>
1、选择列表一<br/>
请选择城市：<br/>
<select name="city">
<option value="1">江苏-南京</option>
<option value="2" selected>北京</option>
<option value="3">广东-广州</option>
<option value="4">上海</option>
</select>
<hr>
2、选择列表二<br/>
请选择喜欢的书：<br/>
<select name="book" multiple="true" size="7">
<option value="1">JavaScript 从入门到精通</option>
<option value="2" selected>如何使用 Dreamweaver 来制作网页</option>
<option value="3">Asp 编程实例教程</option>
```

```
<option value="4" selected>CSS 禅意花园</option>
<option value="5">全面掌握 DIV 布局</option>
</select>
</body>
</html>
```

代码中把选择列表一的第二个选项设置为了默认值，把列表二的第二个和第四个选项设置成了默认值，效果如图 9.22 所示。

在单选列表中，如果为多个“<option>”设置了 selected 属性，由于只能选择一个，所以会以最后一个设置了 selected 属性的“<option>”作为默认值，代码如下所示。

```
请选择城市：<br/>
<select name="city">
<option value="1">江苏-南京</option>
<option value="2" selected>北京</option>
<option value="3">广东-广州</option>
<option value="4" selected>上海</option>
</select>
```

运行效果如图 9.23 所示。

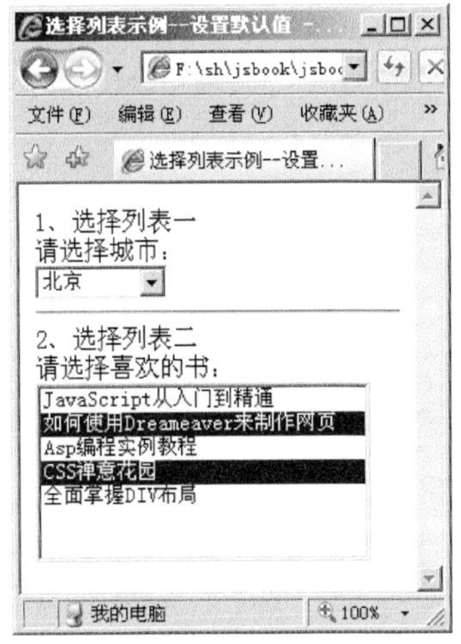

图 9.22 给选择列表设置默认值

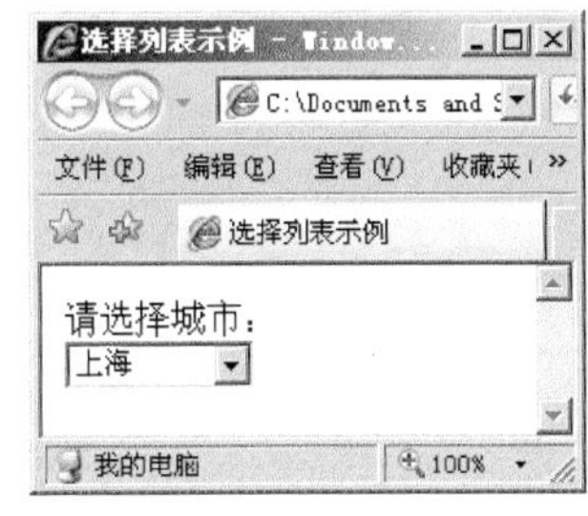

图 9.23 选择列表示例

9.3 表单验证示例

使用表单可以设置各种不同的格式，以便用户进行输入或选择。一般情况下，需要在客户端对表单中的数据进行初步的验证，以防止不正确的数据提交到远端服务器。表单的验证都很常见，比如登录系统时，用户名和密码通常是不允许为空的；在发送邮件时，邮件地址是不允许为空的；在输入年龄时，必须为数字的等。

以下是一个简单的表单验证示例，代码如下所示。HTML 文件见 9-17.html。

```
<html>
<head>
<title>表单验证示例</title>
<script language="JavaScript">
```

```
<!--
//表单验证
function checkForm(){
    var username = document.myform.username.value;
    var password = document.myform.password.value;
    if( username == "" ){
        alert("用户名不能为空！");
        return false;
    }
    if( password == "" ){
        alert("密码不能为空！");
        return false;
    }
}
//-->
</script>
</head>
<body>
表单一：<br/>
<form name="myform" onsubmit="checkForm();">
用户名：<br/>
<input type="text" name="username"/><br/>
密码：<br/>
<input type="password" name="password"/><br/>
<input type="submit" value="登录"/>
</form>
</body>
</html>
```

代码可以对一个登录表单进行验证，包括两个输入框，一个是用户名，一个是密码，两个都不允许输入空值。示例中使用了表单的 onsubmit 事件，使用了一个验证函数 checkForm 用于表单验证并返回验证结果。运行后效果如图 9.24 所示。

当不输入内容直接提交时，会提示不能输入空值。如果任何一个输入框为空，同样会弹出提示，并阻止表单的提交。提示效果如图 9.25 所示。

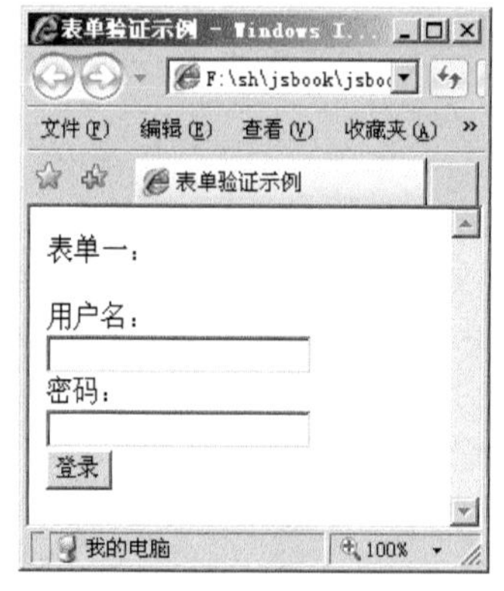

图 9.24 表单验证示例

图 9.25 只输入用户名不输入密码

9.4 小结

本章主要对表单的相关内容进行了介绍，对表单标签、表单内可选元素标签以及它们的属性设置进行了详细介绍，同时还对表单的验证进行了示例说明。下面来复习一下本意主要内容。

◎ 创建表单要使用“<form>”和“</form>”标签。

◎ “<form>”标签的常用属性有 action、method、target、name 和 enctype。

◎ 用 JavaScript 获取表单对象有两种方法，一种是“document.forms[i]”，另一种是“document.表单名称”。

◎ 表单对象有 submit()和 reset()方法，作用分别是提交表单和重置表单。

◎ 对应表单对象的两个方法，表单也有 onsubmit 和 onreset 两个事件处理程序。

◎ “<input>”标签用于创建输入域，通过设置不同的 type 属性，可以创建单行普通输入框、密码输入框、隐藏输入框、单选框、复选框、提交按钮、图片按钮和普通按钮等多种表单元素。

◎ “<input>”标签常见的属性有 type、size、align、name、src、value、checked 和 maxlength 等。

◎ “<textarea>”和“</textarea>”标签用于创建多行输入域。

◎ “<textarea>”标签的常见属性有 name、cols 和 rows。

◎ 使用“<select>”和“</select>”标签可创建选择列表，利用成对的“<option>”标签可创建选择列表具体的选项。

◎ 可以利用表单的事件处理程序进行简单的表单验证。

9.5 问题

（1）表单使用什么标签来创建？

（2）标签“<form>”的常用属性有哪些？

（3）JavaScript 获取表单对象的方法有几种？

（4）表单对象有哪些方法？

（5）表单对象有哪些事件处理程序？

（6）“<input>”标签可以创建哪些表单元素？

（7）“<input>”标签有哪些属性？

（8）创建多行输入域的标签是什么，有哪些属性？

（9）选择列表用什么标签创建？

9.6 进阶练习

目的：创建一个复杂表单并执行简单验证。

要求：

◎ 包含所有的表单元素。

◎ 对部分表单元素进行空值验证。

9.7 问题解答

（1）表单使用“<form>”和“</form>”标签来创建。

（2）表单的常见属性有 action、method、target、name 和 enctype 等。

（3）JavaScript 可以使用“document.forms[i]”或“document.表单名称”两种方法获取表单的对象。

（4）表单对象有 submit()和 reset()方法，分别用于提交表单和重置表单。

（5）表单对象处理程序有 onsubmit 和 onreset 两种，分别在表单提交时和表单重置时生效。

（6）“<input>”标签通过设置不同的 type 属性，可以创建单行普通输入框、密码输入框、隐藏输入框、单选框、复选框、提交按钮、图片按钮、普通按钮等多个表单元素。

（7）“<input>”标签的属性有 type、size、align、name、src、value、checked 和 maxlength 等。。

（8）创建多行输入域的标签是“<textarea>”和“</textarea>”。

（9）选择列表通过“<select>”和“</select>”标签来创建，同时要“<option>”和“</option>”标签来创建选择列表中的具体选项。

第 10 章　CSS 样式表

CSS 样式表，又称为层叠式表单。CSS 样式表是一个用来管理 HTML 文档的格式化信息的标准集。可以用其格式化的内容包括字体、颜色、背景、布局以及 HTML 文档的外观等特性。通过 CSS 能够控制页面内容的外观，简单的说来，使用 CSS 可以将页面的内容和外观分离开来。HTML 能够通过 JavaScript 来管理 CSS，以便动态的控制页面元素的外观。下面本章就来介绍如何使用 CSS 样式表，并同时讲解如何使用 JavaScript 对 CSS 进行控制。

10.1　定义样式表

要使用样式表，首先需要对样式进行定义，也就是编写样式代码，定义具体样式的格式如下所示。

```
样式名{样式属性 1:值 1;样式属性 2:值 2...}
```

样式名后面紧接着的花括弧里，就是针对具体样式属性进行的设置，多个样式属性之间使用分号进行分隔。样式名的命名，根据不同的情况，也有具体的要求，本节主要对样式的定义进行讲解。

10.1.1　定义与 HTML 标签对应的样式

HTML 文档有很多的标签，比如 body、table、tr、td、div、a、input、form 等。对于这些标签的样式定义，可以直接使用标签名作为样式名，如下所示。

```
body{background-color:#ff0000;text-align:right}}
table{width:300px}
input{border:1px solid blue}
```

上面的三个样式分别对 HTML 的 body 标签内的内容、网页中所有的表格以及所有的 <input>标签创建的元素进行了样式定义。上述代码定义出来的页面效果如图 10.1 所示。

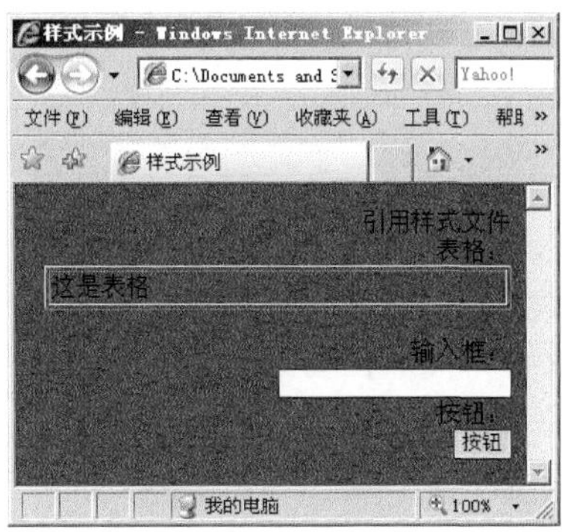

图 10.1　样式示例

从图中可以看到，通过 body 样式的定义后，整个网页背景变成了红色的，同时页面内所有的元素对齐方式都是右对齐。页面中表格的宽度按照样式定义的 300px 宽度显示。由“<input>”标签创建的一个输入框和按钮，外观变成了预先设定好的蓝色细线边框。通过使用与 HTML 标签相同的样式名称，来定义样式便能达到统一的效果。也就是说，只要把某个标签的名称作为样式的名称，并定义具体的样式。这样，网页内所有的这个标签所创建的元素的外观，都会受到控制，这和对页面内的每个元素都定义样式相比，显得简单了很多。

10.1.2 创建自定义样式

通过定义与 HTML 标签对应的样式，可以节省很多的样式代码，但是在实际操作过程中，还是需要定义特殊的样式，比如在一个页面，可能有若干个表格，每个表格都需要不同的外观，那么就需要定义不同的样式，这就需要创建自定义样式。创建自定义样式的格式名称可以自定义，但是为了与后面 10.2.1 节中讲解的 HTML 标签对应的样式有所区分，需要在自定义样式名称前面加一个点“.”，如下所示。

```
.table1{width:200px}
.table2{width:300px}
.table3{width:270px}
```

以上代码定义了三个自定义的样式，如果把这三个样式分别应用于三个表格，则会实现不同的效果，如图 10.2 所示。

图 10.2 给三个表格使用自定义样式

从图 10.2 中可以看到，三个表格使用不同的自定义样式后，表现出了尺寸不同的外观。

10.2 使用样式表

如果要在网页里使用样式表，有三种方式，一种是直接在网页的<head>标签内包含样式代码；第二种是编写专门的样式文件，然后在网页里引用；第三种是直接使用 HTML 的 style 属性，直接在 style 的属性值里编写样式代码；第四种是使用 class 属性来引用样式；第五种是使用 id 属性来引用样式。下面分别就这五种方式进行说明。

10.2.1 直接在网页内编写代码

直接在网页内编写代码，需要借助“<style>”和“</style>”标签对，在其中包含样式代码，然后放置在<head>标签和</head>标签内。一个简单的例子如 10-1.html，代码如下所示。

```
<html>
```

```
<head>
<title>在网页里直接包含样式代码</title>
<style>
body{
background-color:#ff0000;
font-size:30pt;
text-align:center;
}
</style>
</head>
<body>
在网页里直接包含样式代码
</body>
</html>
```

上面的代码，使用“<style>”和“</style>”标签对包含了一段样式代码，对页面 body 区域的背景颜色做了定义，字体大小和文本的对齐方式也做了定义，效果如图 10.3 所示。

图 10.3　使用“<style>”标签在网页里直接包含样式代码

可以看到，网页的样式按照样式代码里的定义显示出来。

10.2.2　单独使用样式文件

将 10.2.1 小节的样式代码稍作改变，如下所示。

```
body{
background-color:#ffff00;
font-size:40pt;
text-align:right;
}
```

另存文件为 css1.css，通常样式的后缀是 css，也可以使用其他的后缀名。在 HTML 页面里引用这个文件，引用的格式如下所示。

```
<link href="样式文件地址" rel="stylesheet" type="text/css">
```

其中的样式文件地址可以是绝对地址，也可以是相对的。按照上面的引用格式，将 10-1.html 文件稍作调整后另存为 10-2.html，代码如下所示。

```
<html>
<head>
<title>引用样式文件</title>
<link href="css1.css" rel="stylesheet" type="text/css">
</head>
```

```
<body>
引用样式文件
</body>
</html>
```

对比后可以看出，通过引用样式文件的方式来定义网页的样式，网页显得清晰些了，尤其在样式代码很多的时候。通过浏览器运行以上代码后，效果如图 10.4 所示。

图 10.4　引用样式文件

10.2.3　直接使用 HTML 标签的 style 属性

为了给 HTML 的标签设置样式，可以将样式代码直接写入标签的 style 属性里，如下面的代码所示。

```
<body style=" background-color:#00ff00; font-size:60pt; text-align:left;">
```

给 body 标签设置了样式。完整的页面如 10-3.html，代码如下所示。

```
<html>
<head>
<title>直接使用 style 属性</title>
</head>
<body style=" background-color:#00ff00; font-size:60pt; text-align:left;">
引用样式文件<br/>
<div style="font-size:20px;color:#ff0000">div 里的文字</div>
</body>
</html>
```

以上的代码，给<body>标签添加了 style 属性并设置了样式代码。并在 body 内，给<div>标签设置了另一个样式，效果如图 10.5 所示。

图 10.5　使用 style 属性设置样式

10.2.4　使用类 class

在 10.1.2 节中提到过可以创建自定义的样式，格式是在自定义样式名称前加一个点“.”，定义好这样的自定义样式后，就可以使用 class（类）来进行引用。语法如下所示。

```
<html 标签 class="自定义样式名">
```

一个示例的文件见 10-4.html，代码如下所示。

```
<html>
<head>
<title>使用 class</title>
<style>
.mystyle{
background-color:#00ff00;
font-size:50pt;
text-align:left;
}
</style>
</head>
<body class="mystyle">
引用样式文件
</body>
</html>
```

以上的代码，自定义了一个样式“mystyle”，然后使用 class 属性在<body>标签引用这个样式，效果如图 10.6 所示。

图 10.6 使用 class

使用 class 属性可以同时引用多个自定义样式，中间使用空格分隔，语法格式如下。

```
<html 标签 class="样式 1 样式 2 样式 3">
```

在 10-4.html 中扩展几个样式，并保存为 10-5.html，代码如下所示。

```
<html>
<head>
<title>使用 class 引用多个样式</title>
<style>
.mystyle1{
background-color:#00ff00;
text-align:center;
}
.mystyle2{
font-size:20pt;
font-weight:bold;
```

```
font-style: italic;
}
.mystyle3{
color:#ff0000;
}
</style>
</head>
<body class="mystyle1 mystyle2 mystyle3">
使用 class 引用多个样式
</body>
</html>
```

在浏览器里运行后效果如图 10.7 所示。

图 10.7 使用 class 引用多个样式

10.2.5 使用 id 属性

在网页中还可以用元素的 id 属性，来使样式和元素实现关联。与 class 引用样式的语法相同，使用 id 属性引用样式的语法如下所示。

```
<html 标签 id="关联样式名">
```

但是，与 class 不同的是，使用 id 关联的样式名，前面的点“.”变成了“#”，如文件 10-6.html，代码如下所示。

```
<html>
<head>
<title>使用 id 引用样式</title>
<style>
#mystyle{
background-color:#00ff00;
text-align:center;
}
</style>
</head>
<body id="mystyle">
使用 id 引用样式
</body>
</html>
```

以上代码使用“#”定义了样式 mystyle，在<body>标签里使用 id 来引用这个样式，效果如图 10.8 所示。

因为元素的 id 是不允许重复的，因此使用 id 来关联样式不能像使用 class 那样同时引用多个样式。不过，两种引用样式的方式可以同时产生作用。如文件 10-7.html，代码如下所示。

```
<html>
<head>
<title>使用 id 和 class 引用样式</title>
<style>
#mystyle{
background-color:#00ff00;
text-align:center;
}
.mystyle1{
font-size:20pt;
font-weight:bold;
font-style: italic;
}
</style>
</head>
<body id="mystyle" class="mystyle1">
使用 id 和 class 同时引用样式
</body>
</html>
```

以上代码运行后效果如图 10.9 所示。

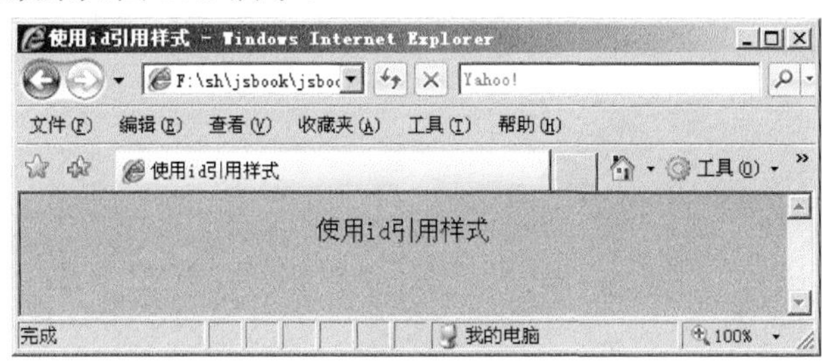

图 10.8　使用 id 引用样式

图 10.9　使用 id 和 class 同时引用样式

10.3　CSS 属性介绍

样式代码是通过各种样式属性来编写的，要想够灵活的使用 CSS 来控制样式，就要对 CSS 的属性有所了解。CSS 的属性有很多，本节主要针对常用的一些属性进行介绍，如果读者想要对 CSS 的知识有更深入的了解，可以查阅专门讲解 CSS 的相关书籍。

10.3.1 背景与颜色

在网页中最重要的一项就是色彩的运用，给网页中不同的部分使用不同的颜色和背景，会让页面变得具有亲和力。下面针对 CSS 的背景与颜色的属性做简单的讲解。将背景与颜色相关的属性列表如表 10.1 所示。

表 10.1 CSS 样式的背景与颜色相关属性

属性	说明
color	定义前景颜色，通常体现为字体颜色，属性值为颜色值
background-color	定义背景色，属性值为颜色值
background-image	定义背景图片，属性值为图片路径
background-repeat	定义背景图片重复规则，可选属性值有repeat-x、repeat-y、no-repeat等
background-attachment	设置滚动，可选属性值为scroll、fixed
background-position	设置背景图片的位置，可选属性值有percentage、length、top、left、right、bottom等

下面作简单举例说明，示例 HTML 文件见 10-8.html 所示，代码如下所示。

```
<html>
<head>
<title>CSS 背景和颜色</title>
<style>
.mystyle{
background-image:url(bg.gif);
background-repeat:repeat-x;
background-position:bottom;
color:#ff0000;
}
</style>
</head>
<body class="mystyle">
使用 id 和 class 同时引用样式
</body>
</html>
```

以上的代码，给<body>定义了一个背景图片，并且规定背景图片沿着横向重复，背景图片的位置位于底部，前景颜色（也就是字体颜色）为“#ff000”，效果如图 10.10 所示。

图 10.10 CSS 的背景和颜色示例

其他的属性效果读者可以自行尝试，本节不再依次讲解。

10.3.2　字体

文字是网页中最基本的元素之一，对于文本的字体样式也有若干的属性，如表 10.2 所示。

表 10.2　CSS 字体属性

属性	说明
font-family	定义使用的字体类型
font-style	定义字体是否是斜体，可选值为normal、italic、oblique
font-variant	定义是否用小体大写，可选值为normal、small-caps
font-weight	定义字体的粗细，可选值为normal、bold、bolder、lithter
font-size	设置字体大小

通过字体的 CSS 属性，可以控制网页内字体的不同样式，下面通过文件 10-9.html 的示例进行说明，代码如下所示。

```
<html>
<head>
<title>CSS 字体属性</title>
</head>
<body>
<p style="font-family:Arial Black">
Arial Black: JavaScript
</p>
<p style="font-style:italic">
斜体: JavaScript
</p>
<p style="font-variant:small-caps">
小体大写: JavaScript</p>
<p style="font-weight:bold">
粗体: JavaScript
</p>
<p style="font-size:16pt">
16pt 字体: JavaScript</p>
</body>
</html>
```

以上的代码，分别对字体的五个属性做了示例，运行后效果如图 10.11 所示。

图 10.11　字体的 CSS 属性示例

以上的例子也只是对其中的个别属性进行了示例，其他属性读者可以自行尝试。

10.3.3 文本间距

文本除了有字体等样式外，文本还有间距属性，表 10.3 列举了 CSS 的文本间距属性。

表 10.3 CSS 文本间距属性

属性	说明
word-spacing	定义单词间的距离，可选值为normal或者具体的整数数值
letter-spacing	定义字母间的距离，可选值为normal或者具体的整数数值
text-decoration	定义文本的装饰属性，可选值为none、underline、overline、line-through、blink
vertical-align	定义文本的垂直对齐，可选值为middle、top、bottom、baseline、sub、super、text-top、text-bottom、百分比
text-transform	定义文本转换形式，可选值有captitalize、uppercase、lowercase、none
text-align	定义文本的水平对齐，可选值有left、right、center、justify
text-indent	定义文本的首行缩进方式，可选值有整数数值或百分比
ling-height	定义行高，可选值有normal、整数数值、百分比

同样借助实例来进行说明和理解，查看文件 10-10.html，代码如下所示。

```
<html>
<head>
<title>CSS 文本属性</title>
</head>
<body>
<p style="letter-spacing:1 em">
间距：JavaScript
</p>
<p style="text-transform:uppercase">
转化大写：JavaScript
</p>
<p style="text-indent:5em;line-height:2em">
本站两大特色功能是：图书存借和图书交换。通过图书的存借和交换可以实现资源共享，从而实现
旧书的价值。登录本站注册则可成为会员，本站实行积分制
度，有普通会员、高级会员、顶级会员和实验室成员。
</p>
</body>
</html>
```

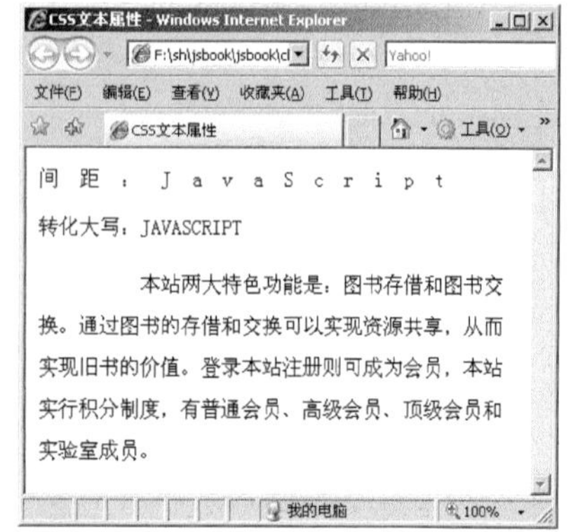

图 10.12 文本属性示例 1

上面的代码选择了 4 个属性进行示例，其他的属性留给读者去尝试。在浏览器中查看效果如图 10.12 所示。

值得特别注意的属性是 text-decoration，这个属性除了单独使用能对文本进行必要的装饰外，通常会结合链接实现特殊的样式。查看文件 10-11.html，代码如下所示。

```
<html>
<head>
<title>CSS 文本属性</title>
</head>
<body>
<p>
普通链接：<a href="http://www.ds5u.com">www.ds5u.com</a>
</p>
<p>
无下划线：<a href="http://www.ds5u.com"
style="text-decoration:none">www.ds5u.com</a>
</p>
<p>
顶部线：<a href="http://www.ds5u.com"
style="text-decoration:overline">www.ds5u.com</a>
</p>
</body>
</html>
```

运行后效果如图 10.13 所示。

图 10.13　使用 CSS 属性与链接结合

10.3.4　边距与边框

网页里的图片、文本以及其他的元素，都是放置在一个个容器里的。那么容器是什么呢，比如“<body>”标签相当于一个大的容器，里面的所有内容都被这个大容器包围着。同样的道理，“<table>”也是一个容器，放置在表格里的各种文本图片等内容，也都装在这个容器里。容器包含很多属性，其中最主要的是边框与边距，下面分别对这两个部分内容进行说明。

（1）边距

边距的属性列举如表 10.4 所示。

表 10.4　边距属性

属性	说明
margin-top	定义顶端边距
margin-right	定义右边距
margin-bottom	定义底部边距
margin-left	定义左边距

使用示例来进行说明，示例文件如 10-12.html，代码如下所示。

```
<html>
<head>
<title>边距属性</title>
</head>
<body style="margin:10px 20px 30px 40px">
<p>
本站两大特色功能是：图书存借和图书交换。通过图书的存借和交换可以实现资源共享，从而实现旧书的价值。登录本站注册则可成为会员，本站实行积分制度，有普通会员、高级会员、顶级会员和实验室成员。
</p>
</body>
</html>
```

以上的代码分别对上、右、底、左的几个边距进行了设定。运行后结果如图 10.14 所示。

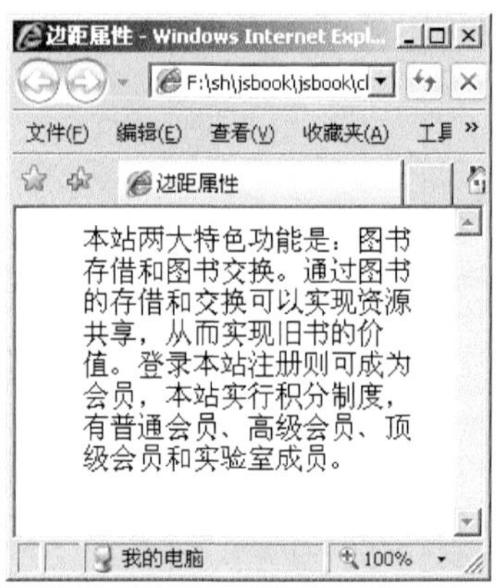

图 10.14　边距属性

从图中可以看出，上、右、底、左的边距分别按照 10px、20px、30px、40px 的设定显示。另外，设定边距时，可以使用如下简单的方式来设定。

```
margin:上边距 右边距 底边距 左边距;
```

可以看到，从顶部边距开始，顺时针方向，以空格进行分隔，因此示例文件 10-12.html 中的样式代码部分可以写成如下的形式。

```
<body style="margin:10px 20px 30px 40px">
```

（2）边框

使用边框属性可以对具有边框属性的容器边框样式进行定义，下面将边框的属性列举如表 10.5 所示。

表 10.5　边框属性

属性	说明
border-top-width	定义顶端边框宽度，可选属性值有thin、medium、thick和整数数值
border-right-width	定义右边框宽度，可选属性值有thin、medium、thick和整数数值
border-bottom-width	定义底部边框宽度，可选属性值有thin、medium、thick和整数数值
border-left-width	定义左边框宽度，可选属性值有thin、medium、thick和整数数值

续表

属性	说明
border-width	定义所有边框宽度
border-color	定义边框颜色
border-style	定义边框样式，可选值有none、dotted、dash、solid、double、groove、ridge、inset、outset。
border-top	定义顶部边框所有属性
border-right	定义右边框所有属性
border-bottom	定义底部边框所有属性
border-left	定义左边框所有属性

下面将 10-12.html 文件进行调整，给文字设置边框，调整后文件另存为 10-13.html，代码如下所示。

```
<html>
<head>
<title>边框属性</title>
</head>
<body style="margin:10px 20px 30px 40px">
<p style="border:5px dotted">
本站两大特色功能是：图书存借和图书交换。通过图书的存借和交换可以实现资源共享，从而实现旧书的价值。登录本站注册则可成为会员，本站实行积分制度，有普通会员、高级会员、顶级会员和实验室成员。
</p>
</body>
</html>
```

上面的代码，给文本外的容器“<p>”标签，设置了宽度为 5px 的边框，并且将边框样式设置为 dotted，即点式，运行后如图 10.15 所示。

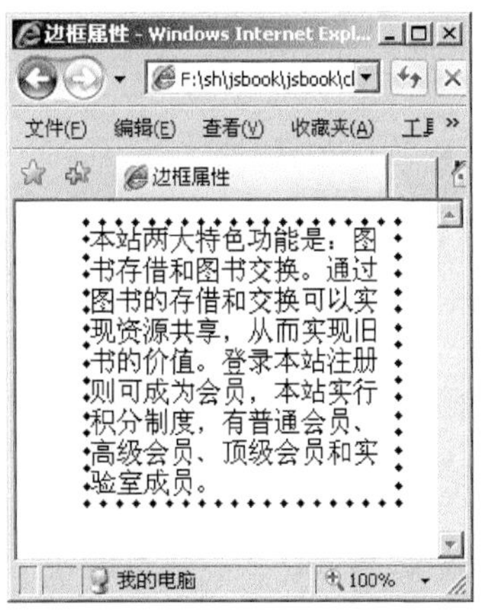

图 10.15　边框属性示例

由于本书讲解的侧重点不是 CSS 内容，因此只对一些常用的内容进行了介绍。关于 CSS 的相关内容，建议读者另外查阅专业的 CSS 书籍进一步了解。

10.4 使用 JavaScript 动态控制样式

除了使用样式代码来定义样式外，还可以在必要的时候通过 JavaScript 来对 CSS 样式动态进行控制，最常用的一种是直接改变元素的 class 属性，如文件 10-14.html 所示，代码如下所示。

```
<html>
<head>
<title>用 JavaScript 改变样式</title>
<style>
.stylenormal{
    color:#ffffff;
    background-color:#000000;
}
.styleclicked{
    color:#ff0000;
    background-color:#0000ff;
}
</style>
</head>
<body>
<p class="stylenormal" onclick="this.className='styleclicked'">
本站两大特色功能是：图书存借和图书交换。通过图书的存借和交换可以实现资源共享，从而实现旧书的价值。登录本站注册则可成为会员，本站实行积分制度，有普通会员、高级会员、顶级会员和实验室成员。
</p>
</body>
</html>
```

以上的代码，定义了两个样式 stylenormal 和 styleclicked，在网页里的段落中设置了默认样式为 stylenormal，当单击段落时，使用 JavaScript 改变样式为 styleclicked。预览时效果如图 10.16 所示。单击后样式改变，效果如图 10.17 所示。

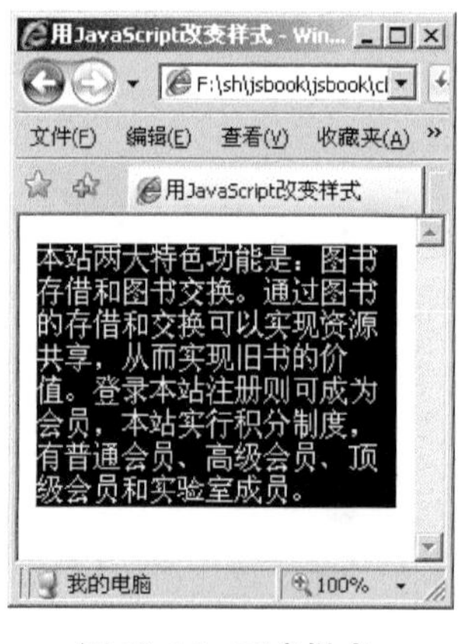

图 10.16　正常样式

图 10.17　单击后样式

另一种改变样式的常用方式是直接使用 style 来改变属性。如文件 10-15.html 所示，代码如下所示。

```
<html>
<head>
<title>用 JavaScript 改变样式</title>
</head>
<body>
<p onclick="this.style.color='#ff0000';">
本站两大特色功能是：图书存借和图书交换。通过图书的存借和交换可以实现资源共享，从而实现旧书的价值。登录本站注册则可成为会员，本站实行积分制度，有普通会员、高级会员、顶级会员和实验室成员。
</p>
</body>
</html>
```

以上代码默认显示了一个段落，当单击段落时，会使用 JavaScript 改变文字的颜色。运行后初始状态如图 10.18 所示。单击段落后，文字颜色发生变化，如图 10.19 所示。

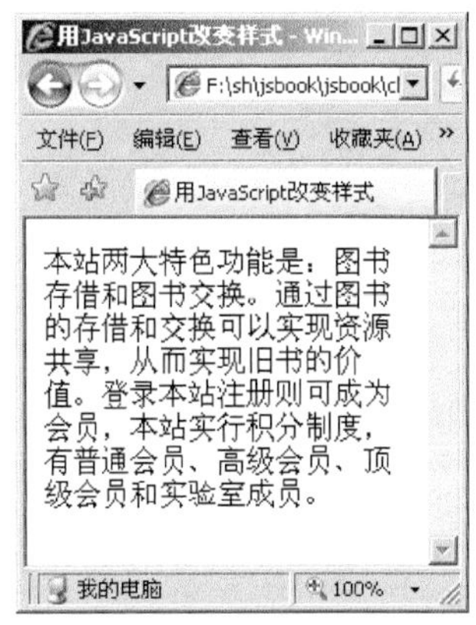

图 10.18　初始状态

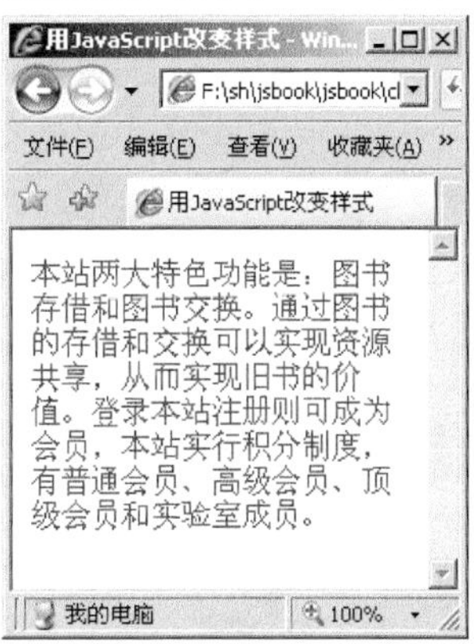

图 10.19　单击后文字发生变化

通过以上两个简单的实例介绍了如何通过 JavaScript 动态控制样式。样式还有更多的属性，读者可以参照这两种方式，来尝试对样式进行控制。

10.5　小结

本章介绍了 CSS 样式表的相关内容，其中涵盖了样式表的定义、样式表的使用、CSS 的具体属性以及如何通过 JavaScript 来控制样式，现在就本章的内容作一下小节。

◎　CSS 样式表，是一个用来管理 HTML 文档的格式化信息的标准集。

◎　CSS 的使用，使得页面的内容和外观分离开来。

◎　定义样式可以定义与 HTML 标签相对应的样式名，也可以自定义样式名。

◎　直接在网页里使用样式表的方式是嵌入“<style>”和“</style>”标签，在这对标签内编写样式代码。

◎　在网页里也可以使用单独的样式表文件，使用“<link src=”样式表文件路径”>”格式。

◎　可以直接使用 style 属性来给标签附加样式，格式为：“<HTML 标签 style=”样式代码”>”。

◎　可以使用 class 来把自定义样式与元素关联起来。

◎ 可以使用 id 来把自定义样式与元素关联起来。

◎ JavaScript 控制样式可以通过两种方式，一是改变 class，二是使用 style。

10.6 问题

（1）谈谈对 CSS 样式表的理解。

（2）样式名的定义，有哪几种方法？

（3）在网页里使用样式，有哪些方式？

（4）用 JavaScript 来控制样式，有哪些主要的方法？

10.7 进阶练习

目的：创建一个包含若干样式的页面。

要求：

◎ 使用直接在页面包含样式代码和引用文件样式两种方式。

◎ 给页面内至少 5 种元素定义样式。

◎ 使用至少 3 种 10.3 节里讲解的 CSS 属性。

◎ 要有简单的 JavaScript 控制样式的功能。

10.8 问题解答

（1）CSS 样式表，是一个用来管理 HTML 文档的格式化信息的标准集，CSS 的使用，使得页面的内容和外观分离开来。

（2）样式名有三种组成方式，一是直接与 HTML 标签对应，样式自动和相应标签对应；二是一个点“.”加上自定义样式名，通过 class 来设置对应的样式名；三是一个“#”加上自定义样式名，通过 id 来设置对应的样式名。

（3）在网页里可以使用 style 属性来直接设置具体的样式代码；也可以引用单独的样式文件；还可以使用 class 或者 id 来把相应样式和元素进行关联。

（4）用 JavaScript 来控制样式，主要有两种，分别是改变 class 对应的样式的名称和使用 style 直接改变单个样式属性。

第 11 章　动态 HTML 和动画

现在互联网上的网页，已经不仅仅局限于使用静态的文字或者图片，越来越多的网页更愿意选择一些动态的元素，比如 Flash 动画，当鼠标移到按钮或图片上后自动更改内容或样式；用户单击某个按钮后触发页面更多的动作；拖动滚动条后，网页边上的广告图片会不停地调整自己的位置，并始终保持在用户的视野范围等等。这些都是动态的 HTML，动态 HTML 能够在浏览器解释完网页 HTML 代码后，对其内容进行再次调整或改变。本章主要讲解在网页里使用动态 HTML 和动画。

11.1　创建一个可定位的层元素

在本节中，将利用前面章节所学的 CSS 样式知识，定义一个层元素，为该层元素定义好位置、大小、可见性及其他属性，最后通过动态的改变这些属性，来理解动态 HTML 的相关内容。将这个层元素命名为 mydiv，id 也设置为 mydiv。即如下所示。

```
<div name="mydiv" id="mydiv">JavaScript</div>
```

11.1.1　定义位置和大小

定义位置有两种方式，一种是使用相对位置，另一种是使用绝对位置。使用相对位置需要有一个参照元素，设置好相对位置和参照元素后，位置就会根据参照物而移动；使用绝对定位是以网页边框为参照的，只要设置好绝对位置，那么元素的位置就会始终固定在距离边框某个距离的位置。

（1）绝对定位。

绝对定位有两个属性 left 和 top，分别是距离网页左边和网页顶部的绝对位置。借助 style 属性，按照如下的格式进行设置。

```
style="position:absolute;left:距离左边距离;top:距离顶部距离"
```

完整的代码如下所示。

```
<div name="mydiv" id="mydiv" style="position:absolute;left:200px;top:200px">
JavaScript
</div>
```

效果如图 11.1 所示。

图 11.1　绝对定位

（2）相对定位。

相对定位同样也有两个属性 left 和 top，分别是距离网页左边和网页顶部的相对位置。借助 style 属性，按照如下的格式进行设置。

```
style="position: relative;left:距离左边距离;top:距离顶部距离"
```

完整的代码如下所示。

```
<table align="right" bgcolor="#efefef">
<tr><td width="200">
<div id="mydiv" id="mydiv" style="position:relative; left:50px;
top:20px;">
JavaScript 相对定位</div>
</td></tr></table>
<div name="mydiv1" id="mydiv1"
style="position:absolute;left:200px;top:100px">
JavaScript 绝对定位
</div>
```

以上代码，对相对定位和绝对定位做了对比。为了说明相对定位的效果，还把一个居右对齐的表格作为了相对定位的参照物，运行后效果如图 11.2 所示。

除了定义位置，还能够定义尺寸大小。在定义尺寸大小时，需要使用 width 和 height 属性，其格式如下所示。

```
style="width:宽度;height:高度"
```

完整代码如下所示。

```
div 前文字<hr>
<div  name="mydiv"  id="mydiv"  style="position:realtive;left:200px;top:
100px;width:400px;height:50px">
div 层
</div><hr>
div 后文字
```

以上的代码，为了体现出 div 所占据的位置，特意在其前后都放置了文字并用一个水平分隔线隔开，运行后如图 11.3 所示，从滚动条可以看出，div 所占据的宽度。从两条分隔线可以看出，div 所占据的高度。

图 11.2　相对定位

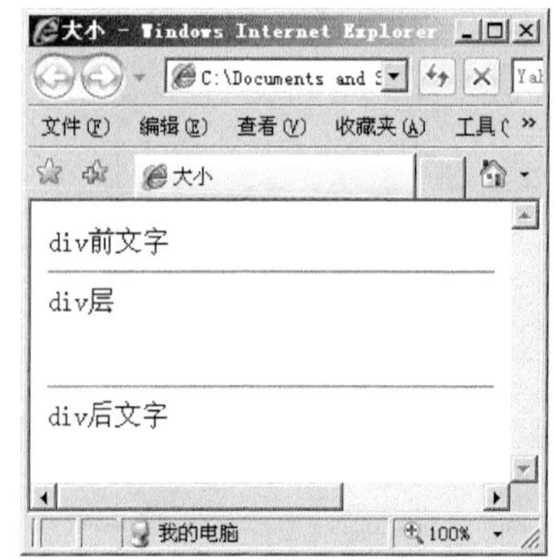

图 11.3　定义大小

11.1.2　定义溢出属性

溢出属性（overflow），是用来处理内容所占的区域，和一个固定尺寸的容器产生冲突后，以什么外观显示。对于定义好长宽的层来说，当层里的内容过多，这个尺寸显示不了全部内容后，层的外观如何定义。overflow 有 4 个可选值，如表 11.1 所示。

表 11.1　overflow 属性值说明

属性	说明
visible	当需要显示的内容超过容器所定义的尺寸时，会自动扩充
hidden	当需要显示的内容超过容器所定义的尺寸时，多余部分隐藏
scroll	当需要显示的内容超过容器所定义的尺寸时，横向和纵向都出现滚动条
auto	当需要显示的内容超过容器所定义的尺寸时，实际需要的宽度超过容器宽度则出现横向滚动条；实际需要的高度超过容器高度则出现纵向滚动条

下面举例来说明，见文件 11-1.html，代码如下所示。

```
<html>
<head>
<title>overflow 属性设置</title>
<style type="text/css">
div
{
    border:thin solid green;
    width:300px;
    height:80px;
}
</style>
<script type="text/javascript">
function setOverflow(type){

    document.getElementById("div1").style.overflow=type;
}
</script>
</head>
<body>
<div id="div1">
本站两大特色功能是：图书存借和图书交换。通过图书的存借和交换可以实现资源共享，从而实现旧书的价值。登录本站注册则可成为会员，本站实行积分制度，有普通会员、高级会员、顶级会员和实验室成员。
</div>
<br />
<input type="button" onclick="setOverflow('hidden');" value="隐藏（hidden）"/>
<input type="button" onclick="setOverflow('visible');" value="隐藏（visible）"/>
<input type="button" onclick="setOverflow('scroll');" value="滚动（scroll）"/>
<input type="button" onclick="setOverflow('auto');" value="自动（auto）"/>
</body>
```

```
</html>
```

以上代码，创建了一个层（div），并设定了层的高为 80px、宽为 300px，然后在层里放置了一段文字，并用一个函数来动态改变层的 overflow 属性，具体的触发通过 4 个按钮实现。overflow 的默认属性值为 visible，在浏览器中运行后如图 11.4 所示。单击“隐藏（hidden）”按钮，多余的部分会被隐藏，如图 11.5 所示。

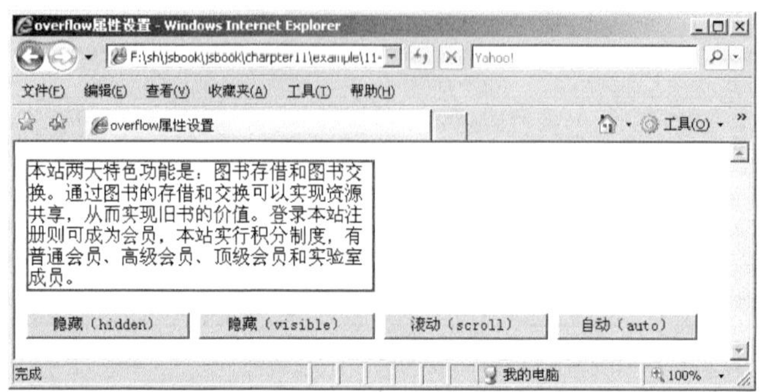

图 11.4　overflow 属性示例

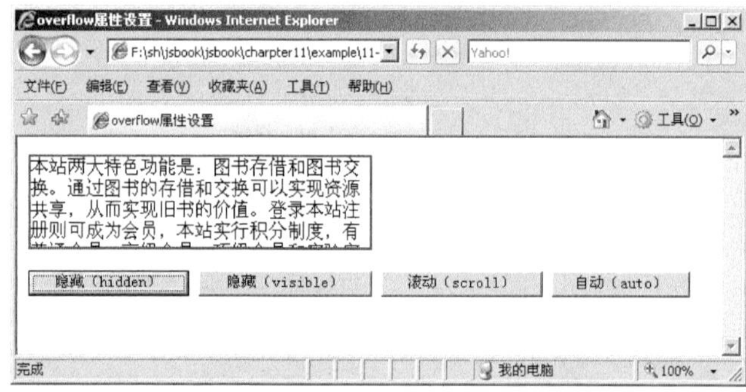

图 11.5　overflow 设置 hidden 属性

单击“滚动（scroll）”按钮，会同时出现横向和纵向的滚动条，如图 11.6 所示。单击“自动（auto）”按钮时，则只出现纵向滚动条，如图 11.7 所示。

图 11.6　overflow 设置 scroll 属性

单击“隐藏（visible）”按钮，恢复到初始状态，显示全部的内容，如图 11.4 所示。在合适的情况下使用不同的属性，可以达到各种预期的目的。

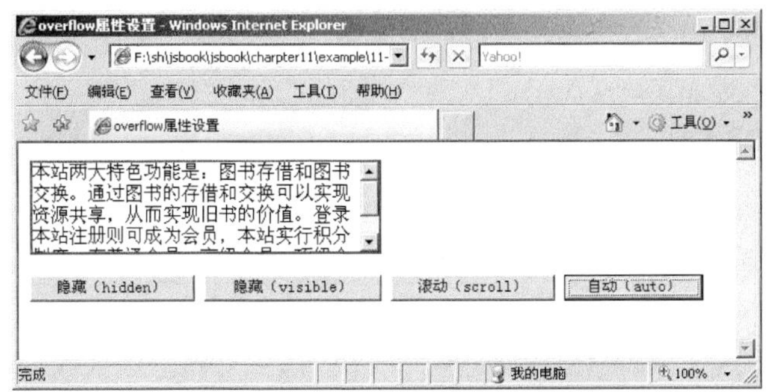

图 11.7　overflow 设置 auto 属性

11.1.3　定义可见属性

定义页面元素的可见属性有两个，一个是 visibility，一个是 display。这两个属性都能通过各自的属性值来控制页面元素的显示与隐藏。但是它们有一定的区别。下面结合示例来讲解。

（1）使用 visibility 来控制可见属性。

visibility 有 hidden 和 visible 两个可选属性值。hidden 是隐藏，visible 是显示。示例文件 11-2.html，代码如下所示。

```
<html>
<head>
<title>visibility 属性</title>
<script language="JavaScript">
<!--
function setVisibility(type){

    document.getElementById("div1").style.visibility=type;
}
//-->
</script>
</head>
<body>
div 之前内容<hr>
<div id="div1" style="visibility:visible">
本站两大特色功能是：图书存借和图书交换。通过图书的存借和交换可以实现资源共享，从而实现旧书的价值。登录本站注册则可成为会员，本站实行积分制度，有普通会员、高级会员、顶级会员和实验室成员。
</div><hr>
div 之后内容<br/>
<input type="button" onclick="setVisibility('hidden')" value="隐藏（hidden）"/>
<input type="button" onclick="setVisibility('visible')" value="隐藏（visible）"/>
</body>
</html>
```

以上代码，通过设置不同的 visibility 属性值，来控制 div 的可见性，通过按钮来实现切换。

单击“隐藏（visible)”按钮时，切换为可见，如图 11.8 所示。单击“隐藏（hidden)”按钮，则切换为不可见，效果如图 11.9 所示。

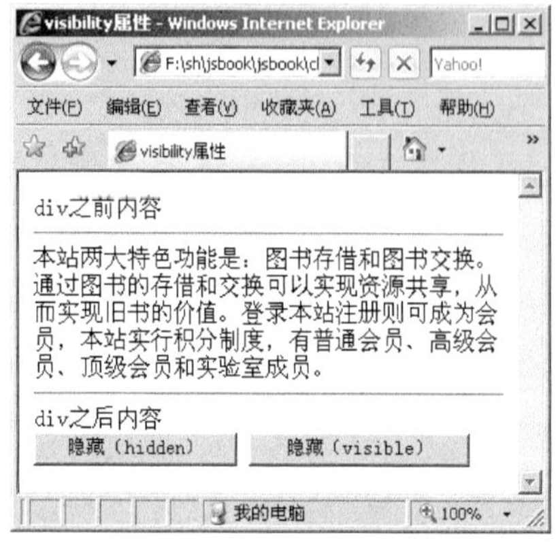

图 11.8　visibility 可见属性 visible

图 11.9　visibility 可见属性 hidden

（2）使用 display 来控制可见属性。

display 有 none 和 block 两个可选属性值，none 是隐藏，block 是显示。示例文件 11-3.html，代码如下所示。

```
<html>
<head>
<title>display 属性</title>
<script language="JavaScript">
<!--
function setDisplay(type){

    document.getElementById("div1").style.display=type;
}
//-->
</script>
</head>
<body>
div 之前内容<hr>
<div id="div1" style="display:block">
本站两大特色功能是：图书存借和图书交换。通过图书的存借和交换可以实现资源共享，从而实现旧书的价值。登录本站注册则可成为会员，本站实行积分制度，有普通会员、高级会员、顶级会员和实验室成员。
</div><hr>
div 之后内容<br/>
<input type="button" onclick="setDisplay('none')" value="隐藏"/>
<input type="button" onclick="setDisplay('block')" value="显示"/>
</body>
</html>
```

上面的代码，通过设置不同的 display 属性，借助按钮来实现指定区域的隐藏和显示。单击“显示”按钮，设置区域恢复可见，如图 11.10 所示。单击“隐藏”按钮时，display 属性值变为 none，即不可见，效果如图 11.11 所示。

从以上两个示例文件中能以看到，使用 display 属性设置不可见和用 visibility 属性设置不可见时的区别，那就是用 display 设置的不可见区域，所占的位置也一起隐藏，而用 visibility 属性设置的不可见区域，所占的位置还保留，只是元素不可见而已。

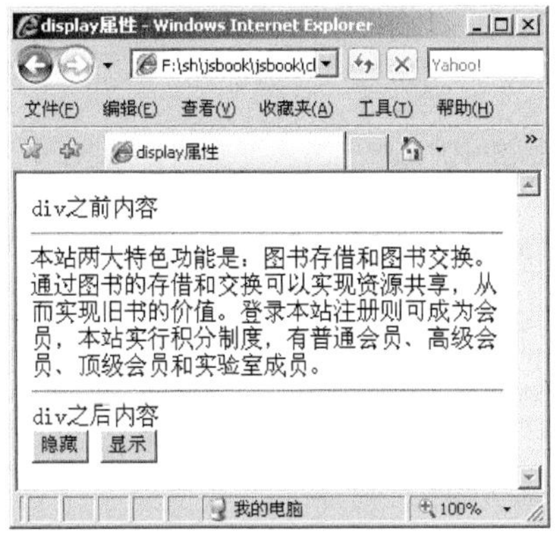

图 11.10　display 可见属性 block

图 11.11　display 可见属性 none

11.1.4　定义背景和边框属性

为了让所属区域看起来更加突出，可能定义背景和边框属性，示例文件 11-4.html，代码如下所示。

```
<html>
<head>
<title>简单定义边框和背景</title>
</head>
<body>
<div id="div1" style="border:1px solid #000000;background-color:#efefef">
本站两大特色功能是：图书存借和图书交换。通过图书的存借和交换可以实现资源共享，从而实现旧书的价值。登录本站注册则可成为会员，本站实行积分制度，有普通会员、高级会员、顶级会员和实验室成员。
</div>
</body>
</html>
```

在浏览器里运行，如图 11.12 所示。

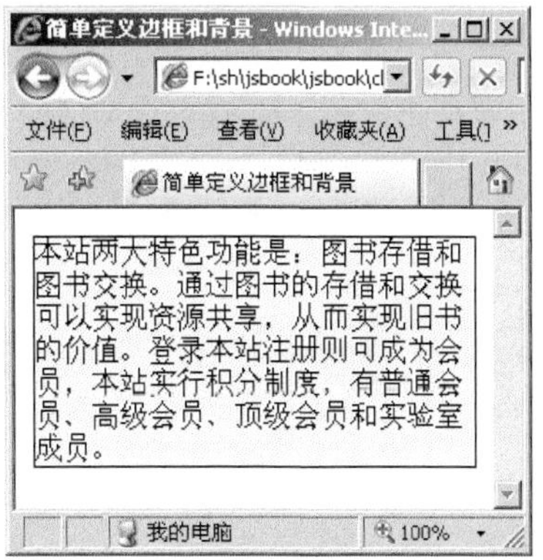

图 11.12　给 div 定义简单的边框和背景属性

11.2 使用 JavaScript 进行定位

创建好一个可定位的层以后，就可以使用 JavaScript 来对这个层进行定位。通过 JavaScript 实现定位，只要控制元素的位置即可。但是，对于不同的浏览器，JavaScript 控制定位的方法也不同，下面就针对不同的浏览器，进行说明。

11.2.1 在 Internet Explorer 和 Fircfox 中定位

在 Internet Explover（以下简称 IE）和 Firefox 中，层都是使用“<div>”标签，其定位方法也是一样的，即通过改变元素对象的 style 所对应的 left 和 top 属性值来改变元素位置。下面通过具体的实例来说明，示例文件 11-5.html，代码如下所示。

```
<html>
<head>
<title>在 IE 和 firefox 中定位</title>
<style>
div{
    border:1px solid #000000;
    background-color:#efefef;
    width:300px;
    position:absolute;
    left:50px;
    top:50px
}
</style>
<script language="JavaScript">
<!--
function moveTo(left,top){
    var obj = document.getElementById("div1");
    obj.style.left = left;
    obj.style.top = top;
}
//-->
</script>
</head>
<body>
<input type="button" onclick="moveTo(100,100)" value="移动到（100,100）">
<input type="button" onclick="moveTo(50,50)" value="移动到（50,50）">
<input type="button" onclick="moveTo(150,50)" value="移动到（150,50）">
<input type="button" onclick="moveTo(0,80)" value="移动到（0,80）">
<div id="div1">
本站两大特色功能是：图书存借和图书交换。通过图书的存借和交换可以实现资源共享，从而实现旧书的价值。登录本站注册则可成为会员，本站实行积分制度，有普通会员、高级会员、顶级会员和实验室成员。
</div>
</body>
</html>
```

以上的代码，定义了一个层，并通过 JavaScript 的函数 moveTo 来移动该层到指定位置，移动操作通过四个按钮触发，运行后效果如图 11.13 所示。

在图 11.13 中可以看到，层的初始位置位于距离顶部和左边各 50px 的位置，单击“移动到（100，100）”按钮，层移动到距离左边 100px、距离顶部 100px 的位置，如图 11.14 所示。

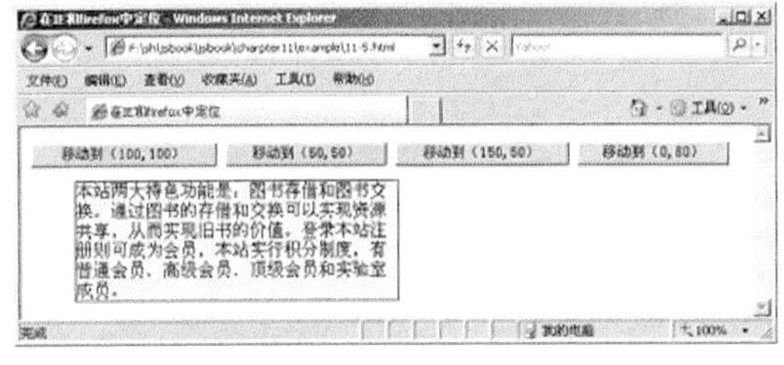

图 11.13　在 IE 和 firefox 中定位时的初始状态

图 11.14　单击“移动到（100，100）”按钮后

可以看到图 11.14 中层的位置移动后浏览器右边出现了滚动条，单击“移动到（150，50）”按钮，效果如图 11.15 所示。单击“移动到（0，80）按钮”后效果如图 11.16 所示。

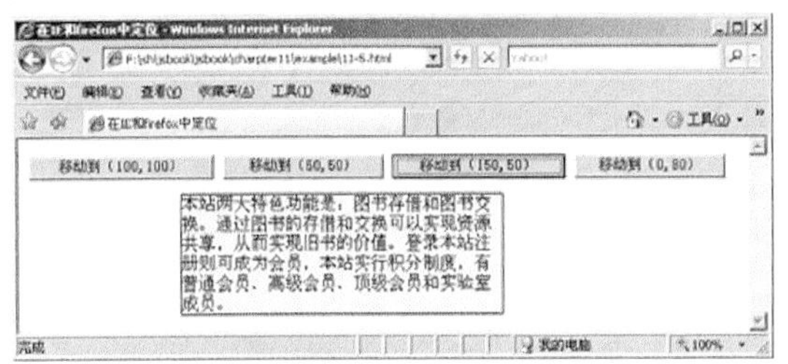

图 11.15　单击“移动到（150，50）”按钮后

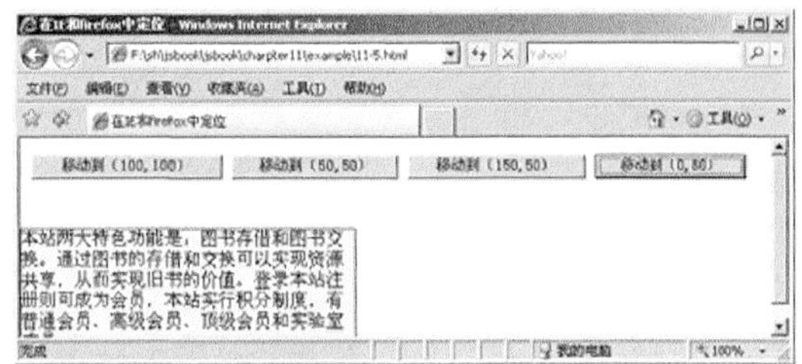

图 11.16　单击“移动到（0，80）按钮”后

单击“移动到（50，50）”按钮，层又返回到和初始状态相同的位置，如图 11.13 所示。

11.2.2　在 Navigator 中定位

在 Navigator 浏览器中，层元素的标签是“<layer>”。同时，通过 JavaScript 控制定位的方法也有所差别，在 Navigator 浏览器里，通过 layer 对象的 offset()和 moveTo()函数来实现定位。下面分别对这两个函数进行说明。

（1）offset()函数。

offset()函数的功能是让层在水平方向或垂直方向移动指定的像素数。该函数有两个参数。第一个参数是水平移动的像素数，第二个参数是垂直移动的像素数。代码如下所示。

```
document.layers[0].offset(10,30);
```

是让页面的第一个 layer 对象在水平方向移动 10 像素，在垂直方向移动 30 像素。而下面的代码。

```
document.layers[0].offset(0,50);
```

是让第一个 layer 对象在垂直方向上移动 50 像素。

（2）moveTo()函数。

这个函数名称与 11.2.1 小节里的自定义函数 moveTo 相同。不同的是，在 Navigator 函数里，这个函数是 layer 对象自带的方法，但是二者功能一样，都是把层移动到指定的位置。第一个是距离左边的像素，第二个是距离顶部的像素。如下所示。

```
document.layers[0].moveTo(10,30);
```

是让网页里第一个 layer 移动到距离左边 10 像素，距离顶部 30 像素的位置。

11.2.3 考虑跨浏览器兼容性

在 11.2.1 小节和 11.2.2 小节的内容中介绍了因为浏览器的不同，实现同样功能的 JavaScript 代码却不一定相同，因此如何让设计出来的网页能够通用，在任何的浏览器里运行都正常，这就是本小节需要考虑的，跨浏览器兼容性的问题。

要实现跨浏览器，常见的主要有两种不同的方法，第一种是试图创建兼容的 JavaScript 代码和 HTML 页面；第二种是分别设计符合特定浏览器的页面，然后判断浏览器类型决定访问哪个文件。相比之下，第一种方法显得困难和艰巨得多，因为要创建真正的跨浏览器兼容的代码需要了解不同浏览器的文档对象模型，并编写在不同浏览器下能正确运行的代码。所以，常用的是第二种方法。示例文件 11-6.html，代码如下所示。

```
<html>
<head>
<title>检查</title>
<script language="JavaScript">
<!--
function checkB(){
    if( navigator.appName == "Netscape" ){
        location.href = "11-8.html";
    }else{
        location.href = "11-7.html";
    }
}
//-->
</script>
</head>
<body onload="checkB()">
</body>
</html>
```

以上的代码，自定义了一个检查浏览器类型的函数 checkB，该函数利用 navigator.appName 属性来获取浏览器类型，从而根据不同的类型跳转到不同的页面。在 IE 浏览器中运行上面的页面，则会跳转到 11-7.html 页面中去。

除了以上的方法能够获取浏览器类型外，还可以通过 document 对象是否具有 layers 属性来进行判断，示例文件 11-9.html，代码如下所示。

```
<html>
<head>
<title>检查</title>
<script language="JavaScript">
<!--
function checkB(){
    if( document.layers != null ){
        location.href = "11-8.html";
    }else{
```

```
            location.href = "11-7.html";
        }
    }
    //-->
    </script>
    </head>
    <body onload="checkB()">
    </body>
    </html>
```

可以看到，运行后达到同样的效果。

11.3　使用 Image 对象

网页里如果仅有文字，就算有花样繁多的样式来修饰，那也是不够的。图像已经是网页里不可或缺的一部分，虽然现在的网页逐渐回归到简洁模式，但是图像仍然是必不可少的，比如网站的 logo、产品的图片、广告动画等。

11.3.1　Image 对象概述

在网页内使用图片，只需要使用<img>标签的 src 属性即可，在 src 属性里设置图片的绝对路径或者相对路径。跟 form 一样，HTML 页面里的每个<img>标签都由 images[]数组内的 Image 对象所表示。如果需要在网页里实现动画或者一些图像效果，那么必须在 JavaScript 里使用 Image 对象。要使用 Image 对象，得先了解 Image 对象的属性，如表 11.2 所示。

表 11.2　Image 对象属性列表

属性	说明
border	图片边界的宽度
complete	布尔值，图片加载完毕返回真
height	图片高度
hspace	图片和左右水平元素的间距
lowsrc	以低分辨率显示图像的url
src	图片的url
width	图片的宽度
vspace	图片和垂直元素的间距
name	图片标签名称

Image 对象的事件，如表 11.3 所示。

表 11.3　Image 对象事件

事件	说明
onload	图片边界的宽度
onabort	布尔值，图片加载完毕返回真
onerror	发生错误时的错误处理

下面，通过实例来对 Image 对象的属性和事件进行说明。示例文件 11-10.html，代码如下

所示。

```
<html>
<head>
<title>Image 对象示例</title>
<script language="JavaScript">
<!--
//更换图片
function changePic(pic){
    var picobj = document.getElementById("myimg");
    picobj.src = pic;
}
//更换尺寸
function changeArea(w,h){
    var picobj = document.getElementById("myimg");
    picobj.width = w;
    picobj.height = h;
}
//设置 border
function setBorder(){
    var picobj = document.getElementById("myimg");
    picobj.border = 2;
}
//-->
</script>
</head>
<body>
<img id="myimg" src="1.jpg" width="100" onload="alert('图片加载完毕！')"><br/>
<input type="button" onclick="changePic('1.jpg')" value="换为 1.jpg">
<input type="button" onclick="changePic('2.jpg')" value="换为 2.jpg">
<input type="button" onclick="changeArea(300,110)" value="尺寸为 300*110">
<input type="button" onclick="setBorder()" value="设置边框">
</body>
</html>
```

以上的代码，通过几个 JavaScript 函数，来实现更改 Image 对象的部分属性功能，由于给<img>标签设置了 onload 事件，因此在图片加载完毕时，出现了事件里设定的提示框。代码 c 以上运行后，效果如图 11.17 所示。

在图 11.17 中开始是显示 1.jpg，单击“换为 2.jpg”按钮后，通过改变 Image 对象的 src 属性，图片切换为 2.jpg，同样当 2.jpg 加载完毕时，同样会弹出一个提示框，如图 11.18 所示。

单击“尺寸为 300*110”按钮，通过改变 Image 对象的 width 和 height 属性，图片的尺寸会做相应改变，如图 11.19 所示。单击“设置边框”按钮，可以给图片设置边框，如图 11.20 所示。

图 11.17　Image 对象属性控制初始状态

图 11.18　改变 src 属性示例

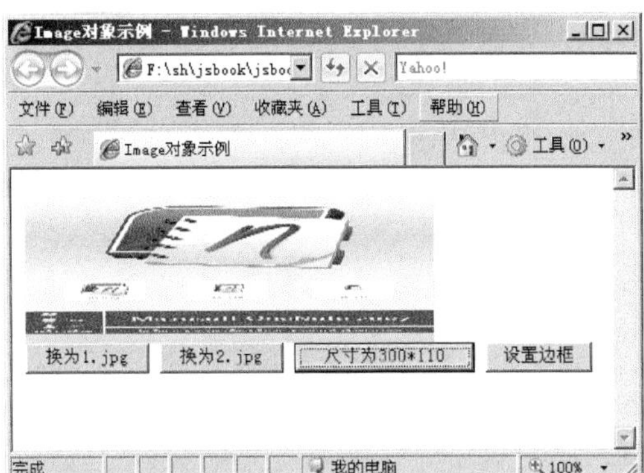

图 11.19　改变 width 和 height 属性控制图片尺寸

图 11.20　改变 border 属性给图片设置边框

以上的示例，只是对 JavaScript 中改变 Image 对象部分属性的情况做了讲解，其他属性留给读者去尝试。

11.3.2　使用 Image 对象的动画

在网页内，可以使用多个图片，借助 JavaScript 的 setTimeout 和 setInterval 方法，实现动画的效果，其实也就是图片轮换。在介绍如何使用 JavaScript 来实现动画前，先介绍一下刚刚提到的两个方法。setTimeout 方法允许某个动作延迟一段时间进行；setInterval 方法使得某个动作按照某个时间周期循环进行。下面创建一个简单的图片轮换动画程序，示例文件 11-11.html，代码如下所示。

```
<html>
<head>
<title>Image 对象动画示例</title>
<script language="JavaScript">
<!--
var nowpic = "1.jpg";
//更换图片
function changePic(){
    var picobj = document.getElementById("myimg");
    var newpic = "1.jpg";
    var nosrc = picobj.src.substr(picobj.src.length-5,5);
```

```
        if( nosrc == "1.jpg" ){
            newpic = "2.jpg";
        }else{
            newpic = "1.jpg";
        }
        picobj.src = newpic;
    }
    //-->
    </script>
    </head>
    <body onload="setInterval(changePic,2000);">
    <img id="myimg" src="1.jpg" width="100">
    </body>
    </html>
```

以上的代码，通过判断当前图片文件名，结合 setInterval 方法，来实现图片的轮换，轮换周期为 2000 毫秒，即两秒，初始化状态的图片为 1.jpg，如图 11.21 所示。2 秒钟后图片轮换为 2.jpg，如图 11.22 所示。

图 11.21　刚加载时图片状态

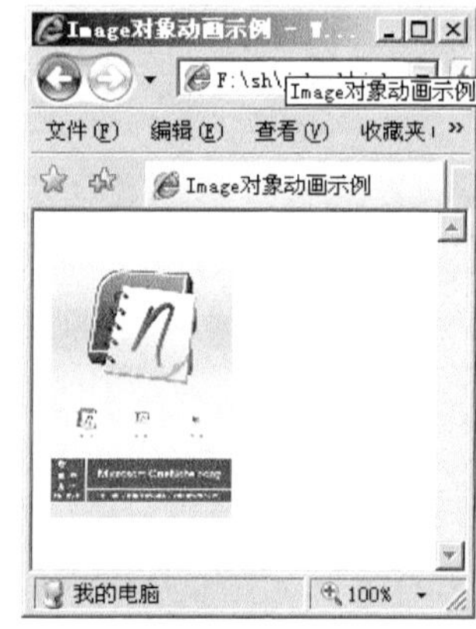

图 11.22　轮换后的 2.jpg

通过简单的结合，即实现了动画的效果，综合使用，会达到更好的效果。

11.3.3　使用图像缓冲技术增强用户体验

在上面 11.3.2 小节里的图片轮换程序，图片的切换看起来十分连贯和迅速，那是因为在本地访问的缘故。在实际的网络环境里，遇到某张轮换图片特别大时，下载速度不可能那么快，就可能导致轮换的连贯性的问题。如果图片出现不连贯，那是因为 JavaScript 并没有在系统的内存里，保存需要轮换的图片，本节主要讨论的是使用图像缓冲技术，来让用户对图像的效果感到有较好的体验。

图像缓冲技术，实际上是在本地计算机内存中暂时保存图像文件，使用 JavaScript 在计算机内存里保存和查找图像，这样就不需要在每次需要时再下载，节省了下载的时间。使用这种技术，需要借助 Image 对象的 Image()构造函数。主要需要几个步骤。

（1）使用 Image()构造函数创建新对象。

（2）将图像文件设置给新的 Image 对象的 src 属性。

（3）将该 Image 对象的 src 属性赋值“<img>”标签的 src 属性。

示例文件 11-12.html，具体代码如下所示。

```
<html>
<head>
<title>图片缓冲示例</title>
<script language="JavaScript">
<!--
objImage = new Image();
objImage.src = "1.jpg";
function changePic(){
    document.getElementById("myimage").src = objImage.src;
}
//-->
</script>
</head>
<body>
<img id="myimage" src="2.jpg" width="100"/><br/><br/>
<input type="button" onclick="changePic()" value="改变图片为1.jpg"/>
</body>
</html>
```

上面的代码，使用 Image()构造函数创建了一个新对象 objImage，并设置 src 属性为 1.jpg，将 1.jpg 从后台读取放入本地计算机的内存里。函数 changePic 用来将 id 为 myimage 的“<img>”标签的 src 属性设置为 1.jpg，id 为 myimage 的“<img>”标签 src 属性为 2.jpg。在浏览器里运行后如图 11.23 所示。

单击“改变图片为 1.jpg”按钮，图片很快切换为 1.jpg。切换后如图 11.24 所示。

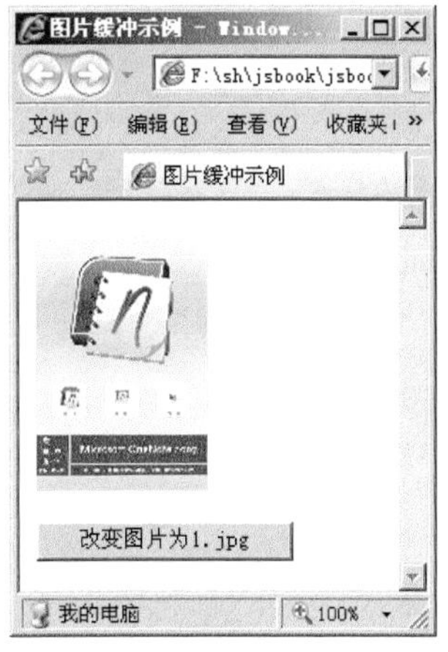

图 11.23　图像缓冲技术示例

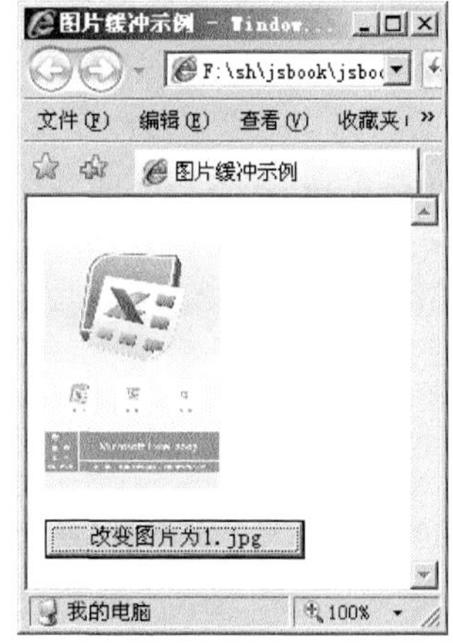

图 11.24　图像缓冲技术示例——切换图片

11.4　小结

本章介绍了如何通过 JavaScript 的应用，使用动态 HTML 以及动画来让网页变得更加生动有趣，下面对本章的内容做一下小结。

◎ 动态 HTML 结合了多种 Internet 技术，比如 JavaScript、CSS 以及 HTML，它使得 HTML 标签能够动态的发生改变，网页能够动态显示，用户和网页有了更多的交互。
◎ 定义元素的位置有两种方式：一种是使用相对位置，另一种是使用绝对位置。
◎ 定义元素尺寸，主要使用元素对象的 width 和 height 属性来实现。
◎ 层元素有溢出属性即 overflow，是用来处理当内容所占的区域和一个固定尺寸的容器产生冲突后，以什么外观显示。
◎ 元素的可见性可以有两种方式来控制，一个是 visibility，一个是 display。使用 visibility 控制元素不可见后元素仍然会占据原来的位置，使用 display 控制元素不可见后，元素的位置也一并去掉了。
◎ 元素常见的属性还有边框和背景属性。
◎ 使用 JavaScript 来控制元素的位置，在不同的浏览器里需要运用不同的方法，在 IE 及 Firefox 浏览器里主要通过控制元素的 left 和 top 位置属性；在 Navigator 中则需要使用 moveTo 和 offset 方法。
◎ 因为浏览器的不同，在编写网页时，需要考虑到浏览器的兼容性。
◎ 使用 Image 对象可以实现动画效果，同时能对图像的其他属性进行控制。
◎ 使用 JavaScript 的图像缓冲技术，可以让图像的效果更加让用户感到舒适。

11.5 问题

（1）动态 HTML 是什么？能带来什么？
（2）如何定义元素的位置？
（3）如何定义元素的尺寸？
（4）层元素的 overflow 属性有什么作用？
（5）元素的可见性如何控制？
（6）在不同的浏览器里怎样控制元素的位置？
（7）Image 对象和 JavaScript 的使用能够带来什么？

11.6 进阶练习

目标：制作一个广告图片轮换网页。
要求：
◎ 使用图片缓冲技术。
◎ 通过按钮来实现图片位置的变换。
◎ 通过按钮来实现图片尺寸的改变。
◎ 通过按钮来控制图片的可见性。

11.7 问题解答

（1）动态 HTML 结合了多种 Internet 技术，比如 JavaScript、CSS 以及 HTML，它使得 HTML

标签能够动态的发生改变，网页能够动态显示，用户和网页有了更多的交互。

（2）定义元素的位置有两种方式；一种是使用相对位置，另一种是使用绝对位置。

（3）定义元素尺寸，主要使用元素对象的 width 和 height 属性来实现。

（4）层元素有溢出属性即 overflow，是用来当内容所占的区域和一个固定尺寸的容器产生冲突后，以什么外观显示。

（5）元素的可见性可以有两种方式来控制，一个是 visibility，一个是 display。使用 visibility 控制元素不可见后元素仍然会占据原来的位置，使用 display 控制元素不可见后，元素的位置也一并去掉了。

（6）使用 JavaScript 来控制元素的位置，在不同的浏览器里需要运用不同的方法，在 IE 及 Firefox 浏览器里主要通过控制元素的 left 和 top 位置属性；在 Navigator 中则需要使用 moveTo 和 offset 方法。

（7）使用 Image 对象可以实现动画效果，同时能对图像的其他属性进行控制。使用 JavaScript 的图像缓冲技术，可以让图像的效果更加让用户感到舒适。

第 12 章　窗口和框架

用户都是通过浏览器的窗口来访问网页的，在制作网页时除了要考虑网页的内容外，也要对窗口自身的应用。窗口特效有很多种，比如弹出广告窗口、让窗口刷新、窗口最大化最小化、移动窗口等等。在网页里，除了单一的页面外，还可以包含多个框架，也就是说一个窗口里分成若干个区域，每个区域都是一个独立的网页，像积木一样拼成一个大的网页。本章主要对窗口和框架的内容进行讲解。

12.1　使用窗口

为了能够达到一些特定的效果，通常需要使用 JavaScript 来控制窗口的动作，比如需要在窗口的状态栏显示当前的操作说明文字；把当前窗口的标题更换成另一段文字；弹出一个新的窗口；重新加载当前页面等，要实现这些效果，需要利用浏览器对象模型。浏览器对象模型是 JavaScript 对象的一个体系，每个对象都能够对网页或者浏览器窗口进行程序控制。每个对象所处理的范围不同，因此可以利用不同的对象来进行不同的控制。图 12.1 为浏览器对象模型图。

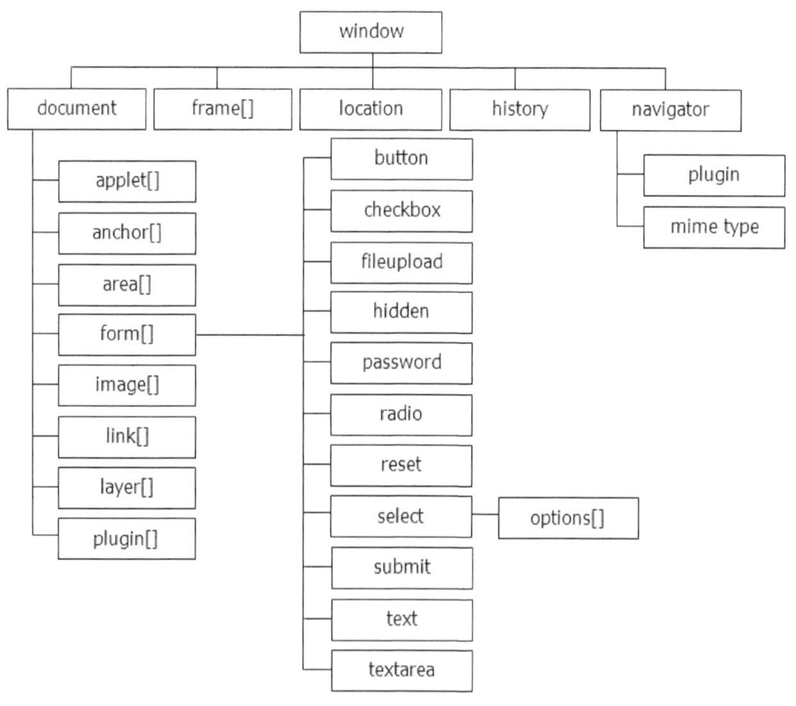

图 12.1　浏览器对象模型图

可以看到，window 对象处于对象模型的第一层。在接下来的小节里，将详细的进行介绍。

12.1.1　窗口对象概述

窗口对象包含了一些浏览器窗口信息的属性，比如窗口名称属性、窗口状态栏属性等等；

窗口对象同时也包含了操作浏览器窗口的一些方法，前面已经接触过的有 alert()方法、confirm()方法等。窗口对象的常见属性，如表 12.1 所示。

表 12.1 窗口对象的常见属性

属性	说明
defaultStatus	状态栏默认文字
document	文档对象的引用
frame[]	窗口中框架对象数组
history	历史对象的引用
location	定位对象的引用
opener	打开新窗口的窗口对象
parent	当前框架的父框架
self	当前窗口
status	状态栏文本
top	当前框架的最高窗口对象
window	当前窗口
name	窗口名称

表 12.1 按照字母顺序列举出了窗口对象的常见属性，利用 JavaScript 设置这些属性，可以实现对窗口进行操作的目的。窗口对象的常见方法，如表 12.2 所示。

表 12.2 窗口对象的常见方法

属性	说明
alert()	显示一个提示框，只有一个“确认”按钮
blur()	窗口失去焦点
clearTimeout()	取消延时设置，与setTimeout()对应
clearInterval()	取消重复设置，与setInterval ()对应
close()	关闭窗口
confirm()	确认提示框，有一个“确认”和一个“取消”按钮
focus()	窗口得到焦点
open()	打开一个新窗口
prompt()	显示一个对话框，允许用户输入信息
setTimeout()	在设定好的时间后执行某个函数
setInterval()	以设定时间周期重复执行某函数

窗口对象的方法并没有全部列出，读者在以后的学习和实践中可以自行查询和试验。在下面的小节里，将对窗口的一些操作进行讲解。

12.1.2 打开和关闭窗口

在浏览网页时，可能需要单击某个图片或者某个按钮，打开指定的新窗口，或当操作完毕后，单击“关闭”按钮，关闭当前窗口。这样的效果经常会碰到，下面就来学习如何打开和关闭窗口。

（1）使用 open()方法打开新窗口。

使用窗口对象的 open()方法，可以打开一个新窗口。open()方法有三个参数，第一个是需要打开网页的 url 地址，第二个是给新打开的窗口命名，第三个是打开新窗口的属性串。要使用该方法，得加上 window 对象。打开新窗口的语法如下所示。

```
window.open("新窗口地址","新窗口名称","新窗口属性串");
```

这三个参数都是可以省略的，如果省略第一个地址参数，则会弹出一个空白页面窗口；如运行以下代码。

```
<html>
<head>
<title>打开窗口</title>
</head>
<body>
<input type="button" onclick="window.open();">
</body>
</html>
```

会得到一个如图 12.2 所示的空白窗口。

图 12.2　省略地址参数弹出的空白窗口

第二个窗口名称参数也可以省略，第二个参数保证了有着同样名称的新窗口不被重复打开，但是如果没有特别的需要，省略这个参数，会使弹出新窗口的速度加快，因为省去了判断是否已经存在重复窗口的过程；示例文件 12-1.html，代码如下所示。

```
<html>
<head>
<title>打开窗口</title>
</head>
<body>
具有相同名称窗口打开:
<hr>
<input     type="button"     onclick="window.open('http://www.ds5u.com',
'mywindow');"
value="打开 http://www.ds5u.com">
<input     type="button"     onclick="window.open('http://www.163.com',
'mywindow');"
value="打开 http://www.163.com">
<hr>
具有相不同名称窗口打开:
```

```
<hr>
<input type="button" onclick="window.open('http://www.ds5u.com','newwindow1');"
value="打开 http://www.ds5u.com">
<input type="button" onclick="window.open('http://www.163.com','newwindow2');"
value="打开 http://www.163.com">
</body>
</html>
```

以上的代码，设置了两组按钮，每组按钮各包含两个按钮，分别以相同名称和不同的名称打开两个站点，针对第一组按钮，单击第一个按钮，会在弹出的新窗口里打开站点“http://www.ds5u.com”，单击第二个按钮后，不会弹出新窗口，而之前的窗口会跳转到站点“http://www.163.com”，这是因为两个按钮使用的 open 方法是，使用了同样的弹出窗口名称“mywindow”。依次单击按钮后，效果如图 12.3 所示。

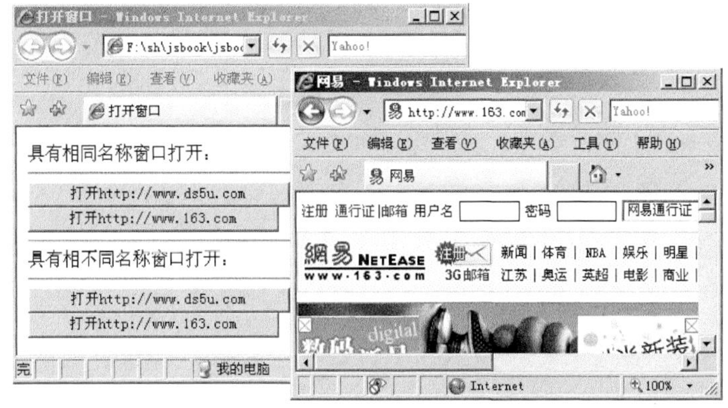

图 12.3　open()方法示例 1

从图 12.3 中可以看到，最后有两个窗口同时存在。

第二组按钮，设置了不同的弹出窗口名称，依次单击后，效果如图 12.4 所示。

图 12.4　open()方法示例 2

从 12.4 中可以看到，最后有三个窗口。

第三个参数是新窗口属性串，省略后则按照默认的属性打开新窗口，属性串能够定义的属性有很多。open()方法常见属性，如表 12.3 所示。

表 12.3 open()方法常见属性

属性	说明
directories	包括目录按钮。可选值为yes和no
height	设置弹出窗口的高度
location	包括地址栏。可选值为yes和no
menubar	包含菜单条。可选值为yes和no
resizable	允许新窗口随意调整大小。可选值为yes和no
scrollbars	包含滚动条。可选值为yes和no
status	包含状态栏。可选值为yes和no
toolbar	包含标准工具条。可选值为yes和no
width	设置弹出窗口的宽度

定义属性的语法如下所示。

```
属性 1=属性值 1,属性 2=属性值 2...属性 n=属性值 n
```

为了对属性值有所了解，请查看文件 12-2.html，代码如下所示。

```
<html>
<head>
<title>打开窗口-属性设置</title>
<script language="JavaScript">
<!--
function open1(){
    window.open("http://www.ds5u.com","","height=100,width=600,menubar=yes,toolbar=yes,scrollbars=yes");
}
function open2(){
    window.open("http://www.ds5u.com","","height=400,width=300);
}
//-->
</script>
</head>
<body>
<input type="button" onclick="open1()" value="打开">
<input type="button" onclick="open2()" value="打开">
</body>
</html>
```

以上的代码设置了两个不同的属性串，用来打开设置的网址，第一个属性串设置了窗口高度为 100、宽为 600，显示菜单栏、工具栏、滚动条，单击触发按钮后如图 12.5 所示。第二个属性串设置了高度为 400、宽度为 300，其他属性都没有设置，单击触发按钮后如图 12.6 所示。

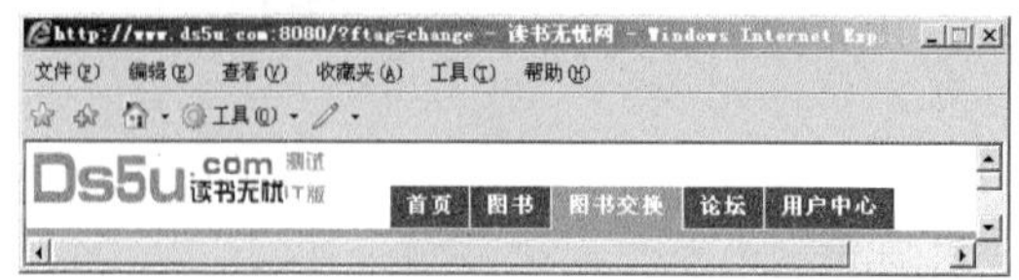

图 12.5 open()方法示例 3

图 12.6　open()窗口示例 4

从图 12.6 中可以看到，弹出的窗口按照设置尺寸显示，其他的属性由于没有设置，默认都不显示。读者可以试着对代码进行修改，去控制其他的属性。

（2）使用 close()方法关闭窗口。

与 open()方法相比，close()方法没有需要设置的属性值。只要在使用关闭窗口的对象时调用 close()方法即可。如果要关闭当前窗口，则使用如下语句即可。

```
window.close();
```

如果需要在父窗口里关闭弹出的新窗口，则需要改变一下打开窗口的代码，如下所示。

```
var newwindow = window.open("http://www.ds5u.com");
newwindow.close();
```

以上的代码，在弹出窗口时，将弹出窗口的对象赋值给一个变量 newwindow，因此可以通过这个变量使用弹出窗口的 close()方法来关闭窗口。示例文件 12-3.html，代码如下所示。

```
<html>
<head>
<title>关闭窗口</title>
<script language="JavaScript">
<!--
var windowobj;
function open1(){
    windowobj = window.open("http://www.ds5u.com");
}
function close1(){
    windowobj.close();
}
//-->
</script>
</head>
<body>
<input type="button" onclick="open1()" value="打开新窗口"/><br/>
```

```
<input type="button" onclick="close1()" value="关闭新窗口"/><br/>
<input type="button" onclick="window.close()" value="关闭本窗口"/>
</body>
</html>
```

以上的代码分别是打开新窗口、关闭打开窗口、关闭本窗口的三个示例。在单击“关闭本窗口”按钮关闭当前窗口时，常常会收到浏览器的一个提示框，用来提醒用户是否确认关闭，如图 12.7 所示。

图 12.7　关闭提示

但是这样的提示框有时候会让用户感到迷惑，误以为是当前网页给出的提示，所以要尽量消除这种提示，因此需要对关闭代码做一点调整，在调用关闭方法前，先让窗口的 opener 属性为 null，如下所示。

```
window.opener = null;
```

对文件 12-3.html 里的按钮事件调整如下所示。

```
<input type="button" onclick=" window.opener = null;window.close()" value="
关闭本窗口"/>
```

调整完毕后，再次运行后单击“关闭本窗口”按钮，会发现刚才的提示窗口不再出现。

12.1.3　使用延时设定

在网页里，除了通过用户的点击、鼠标的移动或者键盘等触发一些事件外，还可以设置在一段时间后自动运行的一些事件。JavaScript 允许通过窗口的延时方法来实现这样的效果，延时方法为 setTimeout()。setTimeout()方法接受两个参数，第一个参数是需要执行的函数，第二个参数是延迟的毫秒数。代码如下所示。

```
<script language="JavaScript">
<!--
setTimeout("alert('延迟 10 秒！')",10000);
//-->
</script>
```

在这个语句执行完毕后，会延迟 10 秒再执行 alert(‘延迟 10 秒’)这个语句。用 setTimeout()方法设置要延迟执行的函数只执行一次。

认识 setTimeout()方法后，还需要了解的一个是与其对应的 clearTimeout()方法，clearTimeout()方法的目的是消除延迟。通常搭配起来使用。

12.1.4　使用时间间隔设定

另一个与 setTimeout()方法类似的是 setInterval()方法，这个方法是每隔一段时间会执行设定的某个函数，除非消除掉这个方法，否则会一直循环下去。setInterval()方法同样有两个参数，一是需要执行的函数，另一个是时间间隔，同样以毫秒为单位。代码如下所示。

```
<script language="JavaScript">
<!--
setInterval("alert('每隔 10 秒提示')",10000);
//-->
</script>
```

运行以上代码，每隔 10 秒会弹出一个提示框。要消除时间间隔设定，使用 clearInterval()

方法即可。

12.1.5　窗口的移动

窗口的移动分为两种方式，一是改变窗口与屏幕之间的相对位置；第二种是改变窗口内网页内容与窗口的相对位置。下面分别进行说明。

（1）使用 moveTo()方法移动窗口到绝对位置。

moveTo()方法，接受两个参数，分别是窗口与屏幕在水平和垂直方向上的绝对位移，如下所示。

```
<script language="JavaScript">
<!--
window.moveTo(100,100);
//-->
</script>
```

以上代码会使当前窗口移动到距离屏幕水平距离 100，垂直距离 100 的位置。

（2）使用 moveBy()方法移动窗口到相对位置。

moveBy()方法，接受两个参数，分别是窗口与屏幕在水平和垂直方向上的相对位移，如下所示。

```
<script language="JavaScript">
<!--
window.moveBy(100,100);
//-->
</script>
```

以上代码会让当前窗口在目前位置的基础之上，再往水平和垂直方向各移动 100 的距离。

（3）使用 scrollTo()方法滚动页面到窗口绝对位置。

当页面出现滚动条后，使用 scrollTo()方法可以使得页面滚动到相对窗口的指定位置，以便显示页面指定位置内容。scrollTo()方法接受两个参数，分别是页面相对与窗口在水平和垂直方向上的绝对位移。如下所示。

```
<script language="JavaScript">
<!--
window.scrollTo(100,100);
//-->
</script>
```

运行以上代码会使页面滚动到相对于窗口水平和垂直方向都是 100 的位置。

（4）使用 scrollBy()方法滚动页面到窗口相对位置。

scrollBy()方法能接受两个参数，分别是页面与窗口在水平和垂直两个方向上的相对位移。使用 scrollBy()方法能在现有的页面与窗口的位置之上，再在水平和垂直方向上滚动指定位移。代码如下所示。

```
<script language="JavaScript">
<!--
window.scrollBy(100,100);
//-->
</script>
```

以上代码是在现有页面与窗口位置的基础之上，再往水平和垂直方向各移动 100。

12.1.6 改变窗口尺寸

要改变窗口尺寸，同样有两种方式，一种是直接改变当前窗口尺寸为指定的尺寸；另一种是改变当前窗口的相对尺寸。下面分别进行说明。

（1）使用 resizeTo()方法改变窗口绝对尺寸。

resizeTo()方法接受两个参数，分别是窗口的宽和高，如下所示。

```
<script language="JavaScript">
<!--
window.resizeTo(300,400);
//-->
</script>
```

以上代码是让当前窗口的尺寸大小改为宽 300、高为 400。

（2）使用 resizeBy()方法改变窗口的相对尺寸。

所谓相对尺寸，是指在当前尺寸的基础上，再进行尺寸的增减。如下所示。

```
<script language="JavaScript">
<!--
window.resizeBy(100,50);
//-->
</script>
```

以上代码是让当前的窗口尺寸宽减少 100，高减少 50。

12.1.7 使用状态栏

状态栏是显示在浏览器窗口底部的一个提示区域，在网页里，可以通过改变状态栏的文字来达到提示的目的。使用状态栏需要使用到 window 对象的 status 属性。代码如下所示。

```
<script language="JavaScript">
<!--
window.status = "状态栏提示文字";
//-->
</script>
```

上述代码加入页面后，会改变页面状态栏文字。示例文件 12-4.html，其中加入了设置状态栏的 JavaScript 代码，代码如下所示。

```
<html>
<head>
<title>状态栏示例</title>
<script language="JavaScript">
<!--
window.status = "这里是状态栏提示文字";
//-->
</script>
</head>
<body>
设置状态栏。
</body>
```

```
</html>
```

以上的代码，设置了状态栏的文字为“这里是状态栏提示文字”，通过浏览器可查看效果，如图 12.8 所示。

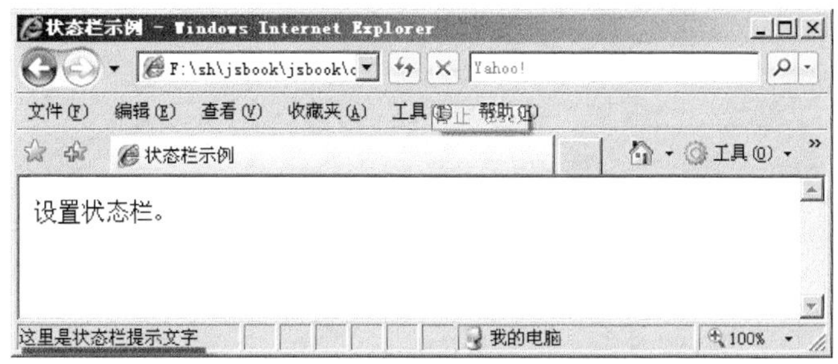

图 12.8　状态栏示例

在图 12.8 中的状态栏可以看到，网页加载后，状态栏的文字已经改变为设置的文字。这样，在适当的时候改变状态栏的文字，即可达到实时提示的目的。关于状态栏的其他常见的特效，将放在后面的章节详细介绍。

12.2　使用框架

在前面的章节里，所有的示例内容，都是单一的网页，然而由于网页越来越广泛的应用，一些复杂的网页使用了多帧结构。帧又称为框架，用于把若干个子页面组合在一起，形成一个主页面，像搭积木一样，使用框架结构能使页面的逻辑变得相对简单，不至于像一个单一的页面那样，要同时考虑显示不同的内容。下面对帧的内容进行说明。

12.2.1　创建框架

创建框架有两种方式，分别使用“<frameset>”标签和“<iframe>”标签，前者是将整个网页分隔成几个框架区域，每个区域都是一个独立的页面，而当前网页里并没有任何内容；后者是在一个已经包含了内容的网页内嵌入一个框架页，用于显示某个页面。这两种方式，可按不同的需要使用。

（1）使用“<frameset>”标签创建框架。

使用“<frameset>...</frameset>”标签，即可实现框架的创建，但是要真正完成框架的创建，还需要借助“<frame>”标签，用于指定具体的框架和关联显示的网页地址。<frameset>标签有两个常用属性，分别是 cols 和 rows，cols 的属性值代表了整个主页面划分为几列；rows 的属性值代表整个主页面划分为几行。代码如下所示。

```
<frameset cols="40%,60%">
<frame src="left.html">
<frame src="right.html">
</frameset>
```

以上的代码创建了一个 1 行 2 列的框架，即左右结构，在 cols 属性值里规定框架的宽度时，可以是具体的数值，也可以是百分比，每个宽度间使用逗号进行分隔。代码如下所示。

```
<frameset cols="150,*,100">
<frame src="top.html">
```

```
<frame src="middle.html">
<frame src="bottom.html">
</frameset>
```

以上的代码，创建了一个 3 行 1 列的框架页面，构成了顶部、中部、底部三个部分，其中顶部和底部分别设置了 150 和 100 的高度，但对中间框架设置的高度是星号“*”，在这里要说明的是，使用星号“*”设定的框架尺寸会根据主窗口的尺寸而自行适应。

示例文件 12-5.html，代码如下所示。

```
<html>
<head>
<title>框架示例 </title>
<frameset cols="30%,*" rows="150,*,100">
<frame src="12-5-left-top.html">
<frame src="12-5-right-top.html">
<frame src="12-5-left-middle.html">
<frame src="12-5-right-middle.html">
<frame src="12-5-left-bottom.html">
<frame src="12-5-right-bottom.html">
</frameset>
</head>
</html>
```

从上面的代码可以看到，上述代码创建了一个 3 行 2 列一共 6 个区域的框架页面，在浏览器中效果如图 12.9 所示。

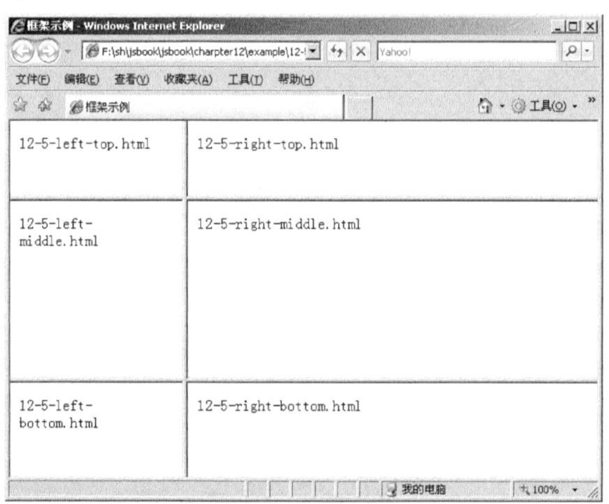

图 12.9　3 行 2 列框架示例

对照代码，可以看出，<frameset>标签内的<frame>标签与框架区域页面的对应关系是从左至右，从上至下的顺序。

（2）使用“<iframe>”标签创建框架。

使用<iframe>标签，能够在一个网页内创建框架，示例文件 12-6.html，代码如下所示。

```
<html>
<head>
<title>框架示例-iframe </title>
</head>
```

```
<body>
使用 iframe 创建框架：<hr>
<iframe width="400" height="300" src="12-6-iframe.html"></iframe>
<hr>框架结束
</body>
</html>
```

以上的代码，使用“<iframe>”标签，创建了一个框架，并且将框架内的页面显示为“12-6-iframe.html”，效果如图 12.10 所示。

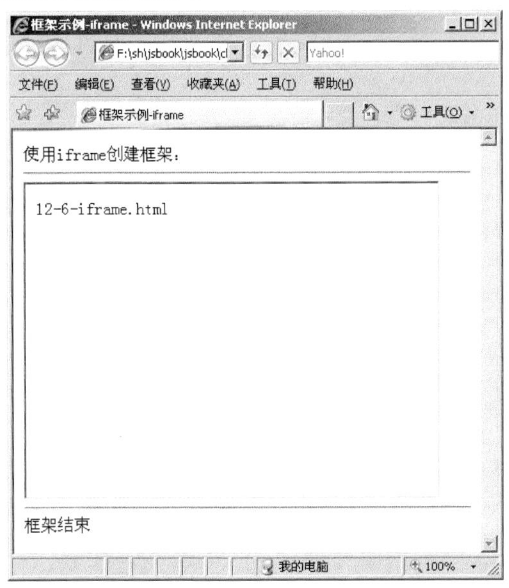

图 12.10　使用<iframe>标签创建框架

对比两种创建框架的方式，第二种显得更加灵活，但是不如第一种方式显得严谨，用户可以根据实际的需要进行选用。

12.2.2　使用框架嵌套

在讲解框架嵌套之前，先看一个页面，如图 12.11 所示。

图 12.11 的框架结构，单纯使用前面学习的知识是无法实现的，但是可以分析一下这个框架的结构，首先页面是分为了上、中、下三个部分，然后中间部分又分为了左右两个部分，因此，这就牵涉到了框架的嵌套，图 12.11 所示的示例文件 12-7.html，代码如下所示。

```
<html>
<head>
<title>框架嵌套 </title>
<frameset rows="50,*,80">
<frame src="12-7-top.html">
<frameset cols="30%,*">
    <frame src="12-7-left-middle.html">
    <frame src="12-7-right-middle.html">
</frameset>
<frame src="12-7-bottom.html">
```

```
</frameset>
</head>
</html>
```

有了框架的嵌套，就能够制作出各种布局的框架。

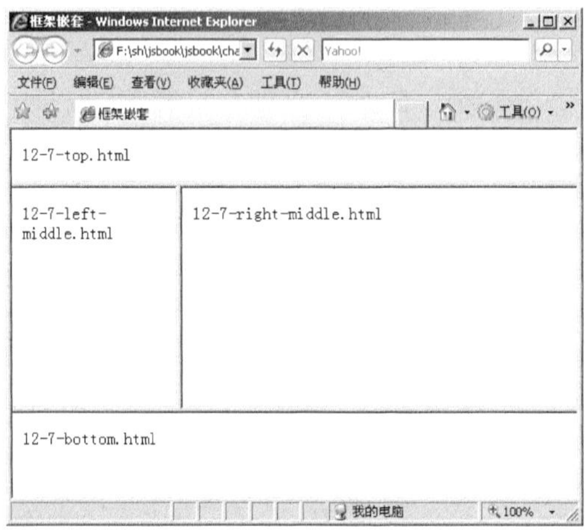

图 12.11　框架嵌套示例

12.2.3　使用 target 属性

在开始本小节的主要内容前，先说明一下框架的另一个属性——name，name 属性给每个框架页面规定了名称，可以使 JavaScript 通过框架的名称来对每个框架进行控制。框架的名称与各个框架里的链接或者表单的 target 属性结合起来使用，会达到特殊的效果。

target 属性并不是指框架标签的一个属性，这里的 target 属性仍然是链接或者表单的 target 属性，先回忆一下 target 的用法，如下所示。

```
<a href="http://www.ds5u.com" target="_blank">读书无忧网</a>
<form action="result.asp" target="_blank">...</form>
```

通过以上的代码，可以看到 target 属性的作用，就是用来规定链接打开或者表单提交的目标窗口，target 属性在多框架的页面里，得到广泛的应用。把多框架页面的链接或者表单的 target 属性设置为某个框架的名称时，单击链接后的目标页面或者表单提交后的目标页面，将会出现在以 target 属性值名称的框架区域。将文件 12-7.html 的代码进行小的调整，给框架加上名称，另存为 12-8.html，代码如下所示。

```
<html>
<head>
<title>框架嵌套 </title>
<frameset rows="50,*,80">
<frame name="topframe" src="12-8-top.html">
<frameset cols="30%,*">
    <frame name="leftmidframe" src="12-8-left-middle.html">
    <frame name="rightmidframe" src="12-8-right-middle.html">
</frameset>
<frame name="bottomframe" src="12-8-bottom.html">
</frameset>
</head>
```

```
</html>
```

以上代码，给各个框架命名。下面把中间的左边框架页面 12-8-left-middle.html 内容编辑如下。

```
<html>
<head>
<title>12-8-left-middle.html</title>
</head>
<body>
<li><a  href="http://www.ds5u.com1"  target="topframe">链接到顶部框架</a></li>
<li><a href="http://www.ds5u.com1"  target="rightmidframe">链接到右部框架</a></li>
<li><a  href="http://www.ds5u.com1"  target="bottomframe">链接到底部框架</a></li>
</body>
</html>
```

以上的代码把 3 个链接的 target 属性分别设置为其他三个框架的名称。在浏览器查看 12-8.html 文件的效果如图 12.12 所示。单击第一个链接，会在顶部框架打开目标页面，如图 12.13 所示。

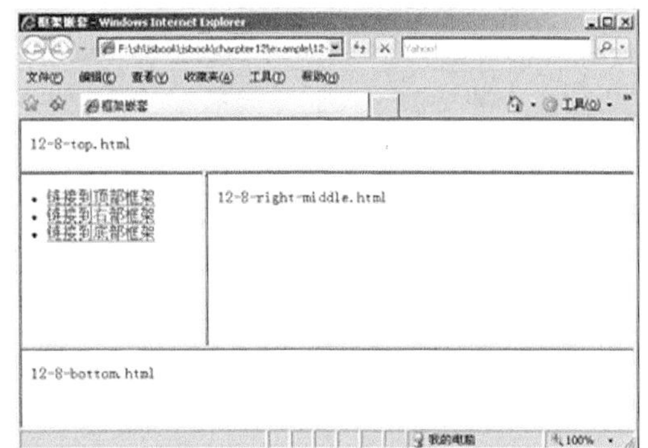

图 12.12　完善后的框架页面

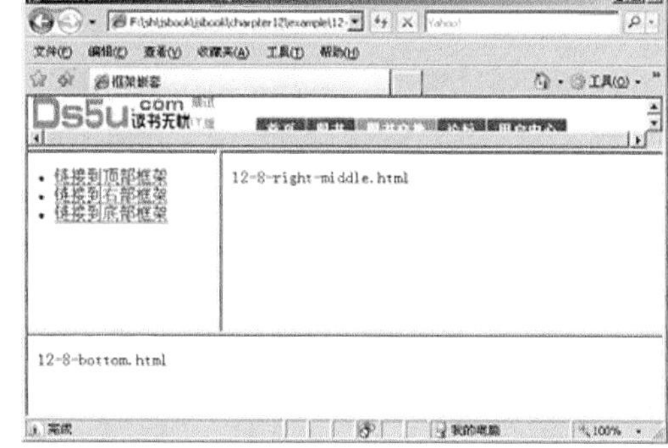

图 12.13　使用 target 属性让目标页面在顶部框架打开

单击第二个链接，会在中间的右部框架打开目标页面，如图 12.14 所示。单击第三个链接，会在底部框架打开目标页面，如图 12.15 所示。

表单也是同样的道理，在这里不再做示例，留给读者去尝试。

图 12.14　使用 target 属性让目标页面在中部右边框架打开

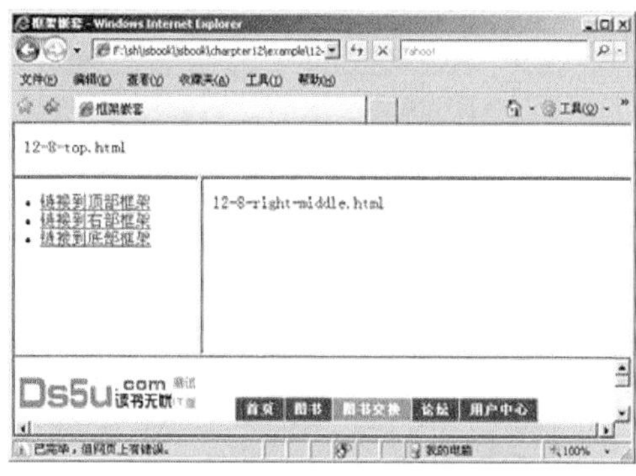

图 12.15　使用 target 属性在底部框架打开

12.2.4 使用<noframes>标签

浏览器厂商有很多，每个浏览器所支持的标准都有所不同，因此，在浏览器发展的早期，有的浏览器是不支持框架的。使用不支持框架的浏览器访问框架网页时，是看不到任何东西的，因此，需要考虑到浏览器的兼容性。这个时候就要使用到<noframes>标签了，目的是当浏览器不支持框架网页时，给出替换的内容。具体语法如下所示。

```
<frameset>
...
</frameset>
<noframes>
对不起，您的浏览器不支持框架
</noframes>
```

从上面的代码可以看出，<noframes>标签是与框架标签<frameset>搭配使用的，放在<frameset>标签后面，把需要提示的内容包含在一对“<noframes>...</noframes>”标签中。不过，由于浏览器的飞速发展，目前的几乎所有的浏览器，都已经支持框架了，所以这个标签，现在使用得不多。

12.3 使用对象

在窗口的使用中，有几个常用的对象，起到了非常重要的作用，它们分别是 location 对象、history 对象、navigator 对象以及 screen 对象。它们分别对网页的定位、网页的历史、网页的导航以及屏幕方面进行操作和控制，实现了一些重要的功能。

12.3.1 使用 location 对象

通常在浏览器窗口里进行页面转换的方式主要是通过超链接来实现，另外，还可以使用表单提交等方式。除了页面转换外，还有页面的刷新以及页面本身很多属性。这些都可以通过 JavaScript 的 location 对象来实现控制和获取。location 对象的属性，如表 12.4 所示。

表 12.4 location 对象常见属性

属性	说明
hash	网页地址的锚链
host	网页地址中主机名和端口的组合
href	网页地址
hostname	网页地址主机名称
pathname	网页地址的路径
port	网页地址的端口
protocol	网页地址的协议
search	网页地址的搜索或者查询部分

可以使用如下的语法来对属性进行访问。

```
location.属性名
```

比如让一个网页改变地址，则可以使用如下的语句。

```
<script language="JavaScript">
```

```
<!--
location.href = "new.html";
//-->
</script>
```

以上代码是改变了网页地址，跳转到 new.html 页面来。location 对象还有 reload()和 replace()两个方法。reload()方法的意思是重新加载当前页面，相当于浏览器的刷新按钮。reload()方法可以接受一个布尔型的参数，当参数为 true 或者默认为空时，页面重载，如下所示。

```
<script language="JavaScript">
<!--
location.reload(true);
//-->
</script>
以及
<script language="JavaScript">
<!--
location.reload();
//-->
</script>
```

都实现了同样的功能。

replace()方法使用一个新的地址来替换当前的地址。使用 location 对象的 href 属性也可以达到同样的效果，但是二者不同的是，使用 href 属性改变的新地址，会自动添加到历史记录里；而使用 replace()方法时，用新的地址替换了旧地址在历史记录里的项目。以下是 replace()方法的一个示例。

```
<script language="JavaScript">
<!--
location.replace("http://www.ds5u.com");
//-->
</script>
```

12.3.2 使用 history 对象

history 对象保存了当前浏览器窗口所打开文档的一个历史记录列表，使用 JavaScript 操作 history 对象，可以将当前浏览器页面跳转到某个曾经打开过的页面。history 对象有 3 个方法，如表 12.5 所示。

表 12.5 history 对象方法

方法	说明
back()	后退一个页面，相当于浏览器后退按钮
forward()	前几一个页面，相当于浏览器前进按钮
go()	打开一个指定位置地址

使用对象方法的语法如下所示。

```
history.方法名
```

（1）back()。

代码如下所示。

```
<script language="JavaScript">
<!--
location.back();
//-->
</script>
```

以上代码是将当前页面回退到上一个页面。

（2）forward()。

代码如下所示。

```
<script language="JavaScript">
<!--
location.forward();
//-->
</script>
```

以上代码是将当前页面前进到前一个页面。

（3）go()。

使用 go()方法可以跳转到指定的历史记录页面。go()方法接受一个参数，可以是正数或者负数，正数用来表明前进到前面若干个历史记录对应页面，负数则用来表明后退到历史记录里对应的若干个页面。如下所示。

```
<script language="JavaScript">
<!--
location.go(-1);
//-->
</script>
等同于
<script language="JavaScript">
<!--
location.back();
//-->
</script>
```

以上的两段代码都是实现了后退功能。如果要连续后退，则应该如下所示。

```
<script language="JavaScript">
<!--
location.go(-2);
//-->
</script>
```

同样的道理，要前进若干个页面，只需要换成正数即可。

12.3.3 使用 navigator 对象

navigator 对象主要用来包含浏览器的信息。比如浏览器名称、版本等信息。navigator 对象最初是因为 Netscape 公司的 Navigator 浏览器而命名的，但是在 Internet Explorer 里同样得到了很好的支持。navigator 没有方法，只有属性，常见属性如表 12.6 所示。

表 12.6　navigator 对象常见属性

属性	说明
appCodeName	浏览器代码名称
appName	浏览器名称
appVersion	浏览器版本
platform	操作系统
userAgent	用户代理

以上属性是各种浏览器都兼容的通用属性，针对每个浏览器，如 Internet Explorer 都有自己的特殊属性和方法，但是不建议使用。

12.3.4　使用 screen 对象

screen 对象主要用来获取当前计算机屏幕的一些属性，通常在需要对浏览器窗口进行尺寸或者位置控制时用到。screen 对象有若干属性，如表 12.7 所示。

表 12.7　screen 对象属性

属性	说明
width	屏幕宽度
height	屏幕高度
avaliWidth	屏幕的可用宽度，除去如任务栏等占据的位置
availHeight	屏幕的可用高度，除去如任务栏等占据的位置
colorDepth	当前屏幕颜色位数

如下所示的代码是访问属性的示例。

screen.属性名

以上代码可实现对属性的访问，如下代码所示。

```
<script language="JavaScript">
<!--
alert("屏幕宽度: "+screen.width);
//-->
</script>
```

以上代码运行后效果如图 12.16 所示。

图 12.16　获取屏幕宽度

12.4　小结

本章主要学习了如何使用窗口和框架的相关知识，学习了有关窗口对象的相关内容，同时结合实例对框架的应用进行了讲解。现在对本章做一下小结。

◎　浏览器对象模型是 JavaScript 对象的一个体系，每个对象都能够对网页或者浏览器窗口进行程序控制。

◎ 使用 window 对象的 open()方法可打开窗口，使用 close()方法可关闭 window 对象。

◎ 用 setTimeout()方法来实现事件的延迟。

◎ 用 setInterval()方法来实现事件的重复执行。

◎ 使用 moveTo()和 moveBy()方法可以分别实现窗口在绝对位置和相对位置上的移动。

◎ scrollTo()和 scrollBy()方法可以分别实现页面内容和窗口的绝对位置和相对位置上的滚动。

◎ resizeTo()和 resizeBy()能够改变窗口的绝对尺寸和相对尺寸。

◎ 使用 status 属性可以改变窗口的状态栏内容。

◎ 创建框架可以使用“<frameset>”标签或者“<iframe>”标签。

◎ 设置“<frameset>”标签的 rows 属性和 cols 属性，可以定义页面框架的行数和列数。

◎ 在框架的页面里设置合适的 target 属性，能够使目标页面显示在指定的框架区域中。

◎ 使用<noframes>标签可以让不支持框架的浏览器获得包含的内容。

◎ location 对象可以改变网页地址的各项相关属性。

◎ history 对象能够使得网页在历史访问记录列表里进行切换。

◎ navigator 对象主要包含了浏览器的相关信息，如版本、名称等。

◎ screen 对象能够获取计算机屏幕的相关属性。

12.5 问题

（1）打开窗口和关闭窗口使用什么方法？

（2）setTimeout()方法和 setInterval()方法有什么区别？

（3）窗口使用什么方法来移动？

（4）实现网页滚动的方法都有什么？

（5）改变窗口尺寸如何实现？

（6）框架如何创建？

（7）如何创建多行多列标签？

（8）target 属性有什么作用？

（9）location 对象、history 对象、navigator 对象以及 screen 对象分别都有什么作用？

12.6 进阶练习

目的：创建一个多框架的页面。

要求：

◎ 使用 cols 和 rows 属性来控制框架的划分。

◎ 使用 target 属性来控制链接的目标窗口显示在某个固定框架。

◎ 使用按钮来打开新窗口。

◎ 使用按钮来控制窗口的位置和尺寸。

◎ 使用按钮来关闭打开的新窗口。

12.7　问题解答

（1）使用 window.open()打开窗口，window.close()方法关闭窗口。

（2）setTimeout()和 setInterval()方法都与时间间隔有关，前者只执行一次，后者循环执行。

（3）移动窗口可以使用 moveTo()和 moveBy()方法。

（4）滚动网页使用 scrollTo()和 scrollBy()方法。

（5）resizeTo()和 resizeBy()能够改变窗口的绝对尺寸和相对尺寸。

（6）创建框架可以使用“<frameset>”标签或者“<iframe>”标签。

（7）设置“<frameset>”标签的 rows 属性和 cols 属性，可以定义页面框架的行数和列数。

（8）在框架的页面里设置合适的 target 属性，能够使得目标页面显示在指定的框架区域中。

（9）location 对象可以改变网页地址的各项相关属性；history 对象能够使得网页在历史访问记录列表里进行切换；navigator 对象主要包含了浏览器的相关信息，如版本、名称等；screen 对象能够获取计算机屏幕的相关属性。

第 5 篇　JavaScript 高级应用

讲述了在学习 JavaScript 语言之前需要了解的基础知识，介绍了万维网的历史和发展相关的知识，对 HTML 语言也做了简要说明，在本篇里，读者还能了解一些程序和脚本的内容，对开始 JavaScript 的学习作了铺垫。

第 13 章　Cookies

通过前面章节的学习，可以了解到包含了 JavaScript 的网页，能够做出很多的效果，实现一些特殊的功能，让网页“动”起来，也能够让网页具有交互性。但是这些都没有解决能否记住访问过网页的用户的问题。很多网站也有同样的功能，比如登录论坛的时候，能够选择登录有效期，下次就不用登录了。上述的效果就是借助了 Cookies 才得以实现的，但是通常的情况下，都是使用服务器端程序来操作 Cookies，这样毕竟不如使用客户端的网页来得方便。使用 JavaScript 同样也能操作 Cookies，本章对这方面进行讲解。

13.1　Cookies 概述

Cookies 是一种对客户端硬盘数据进行存取的技术，这种技术能够让网站将少量的数据存储到客户端的硬盘，同时也能够从客户端的硬盘读取存储的数据。存储的方式表现为一个很小的文本文件，这个文件可以存储的东西很多，比如用户名、访问时间、密码等等。这些数据和具体的网站相关，当再次访问同一个网站时，网站的页面能够读取 Cookies，从而判断是否有相关的信息，以便具不用输入用户名、密码就能登录网站，给用户“欢迎再次光临”等富有人性化的提示等。

同一个网站只能存取自己创建的 Cookies，不能读取其他的网站程序留下的 Cookies；同时，Cookies 中的内容大都经过了加密处理，因此，一般的计算机用户打开 Cookies 文件也无法获取真实的信息。Cookies 本身具有一定的安全性的。为了保证很多病毒或者木马通过 Cookies 来达到非法的目的，各个浏览器还提供了禁止 Cookies 的选项，可以选择在访问网页的时候不使用 Cookies 技术；也能通过一些操作删除 Cookies 文件。

Cookies 技术在论坛和一些网站的应用模块里被大量使用，而且主要是通过服务器端程序如 asp、php、jsp 等来进行操作，相比之下，通过 JavaScript 直接在客户端的 HTML 页面里对 Cookies 进行操作，无疑显得更加的简单。

Cookies 的创建，需要使用到 document 对象的 cookie 属性。格式如下所示。

```
document.cookie = name + "=" + value;
```

Cookies 的必须属性是 name，除此之外关于 Cookies 的使用还有其他的属性和更多的细节，在后面将进行详细介绍。

13.2　了解 Cookies 的属性

Cookies 的创建需要给出 Cookies 的名称和对应的 Cookies 值，必备属性是 Cookies 的名称 name，除此之外，Cookies 还有另外四个可选属性，分别是 expires 属性、path 属性、domain 属性以及 secure 属性。下面分别对 Cookies 的属性依次进行说明。

13.2.1　使用 name 属性给 Cookies 命名

name 属性是用来唯一表示 Cookies 的，Cookies 的 name 属性可以自定义，比如定义一个名字为 username 值为“tom”的 Cookies 语句如下所示。

```
document.cookie = "username=tom";
```

与其他的属性不同，给 document 对象的 cookie 属性赋值时，并不会替代原来的值，而是会创建新的 Cookies，看如下的代码段。

```
document.cookie = "username=tom";
document.cookie = "city=nanjing";
document.cookie = "zip=210000";
```

上面的三条语句，创建了三个 Cookies。创建多个 Cookies 时，还可以使用一条语句来创建，将每个 Cookies 对使用分号隔开，上面的三条语句还可以使用一条语句来创建。

因为 Cookies 是通过 HTTP 来传递的，而 HTTP 不允许某个非字母和数字的字符被传递，因此 Cookies 不能包含分号等特殊字符，所以，为了解决这个问题，采取对 Cookies 的名称和值的串在赋值前进行编码。在 JavaScript 中，常用的编码方法为 escape()，为了在读取的时候解码，相对应的一个解码方法是 unescape()，一个编码的代码如下所示。

```
document.cookie = escape("username=tom;city=nanjing;zip=210000");
```

13.2.2 使用 expires 属性定义 Cookies 过期时间

Cookies 是有其生命周期的，为了能够让一个 Cookies 能够在关闭浏览器后还能持续生效，就需要使用到 expires 属性，如果不定义 expires 属性，那么关闭浏览器 Cookies 即失效。expires 需要使用格林尼治标准时间格式的文本字符串。格式如下所示。

```
Weekday Mon DD HH:MM:SS Time Zone YYYY
```

如下为一个具体的实例。

```
Mon Oct 22 13:22:34 PST 2007
```

在设置 expires 属性值的时候，可以手工进行设置，但是为了能够更好的控制时间，通常使用 JavaScript 的 Date 对象来进行时间的设置。下面把 Date 对象的常用方法列举如表 13.1 所示。

表 13.1 Date 对象的常用方法

方法	说明
getDate()	获得Date对象的日期
getDay()	获得Date对象的日
getFullYear()	以4位数的格式返回年份
getHours()	获得Date对象的小时
getMinutes()	获得Date对象的分钟
getSeconds()	获得Date对象的秒
getMonth()	获得Date对象的月份
getTime()	获得Date对象的时间
setDate()	设置Date对象的日期
setDay()	设置Date对象的日
setFullYear()	设置4位数年份
setHours()	设置Date对象的小时
setMinutes()	设置Date对象的分钟
setSeconds()	设置Date对象的秒数

续表

方法	说明
setMonth()	设置Date对象的月份
setTime()	设置Date对象的时间
toGMTString()	将对象转化为CMT时区
toLocalString()	将Date对象转化为本地时区

使用以上表格里的方法，可以使用 Date 对象来实现对时间的操作。如下是一个示例。

```
var edate = new Date();
document.cookie =
escape("username=tom;expires="+edate.setFullYear(edate.getFullYear() + 1));
```

以上的代码，设置了过期时间为当前时间加一年。要想让一个 Cookies 删除，通常也是使用 expires 属性设置为过去的某一个时间即可。如下所示。

```
document.cookie =
escape("username=tom;espire="+edate.setFullYear(edate.getFullYear() - 1));
```

以上的代码，设置了过期时间为当前时间减去一年，即表明该 Cookies 被删除了。

13.2.3　使用 path 属性来定义 Cookies 的目录范围

和变量的作用域一样，Cookies 一样有着自己的作用范围，这个范围通过属性 path 来设置。path 属性能够使得 Cookies 能够被服务器上指定目录下的所有网页访问。如下所示。

```
document.cookie = "username=tom;path=/www";
```

以上的 path 属性设置了 Cookies 能够被服务器里 www 目录、以及其子目录下的任何网页访问到。这样，就可以通过设置 path 来规定 Cookies 共享的范围。如果设置 Cookies 能够被服务器上所有的网页访问到，达到全局共享的目的，则可以改变 path 为如下的设置即可。

```
document.cookie = "username=tom;path=/";
```

13.2.4　使用 domain 属性来实现跨服务器共享

使用 path 属性使得 Cookies 能够在同一个服务器上实现共享，这无疑是提高了 Cookies 的灵活性。但是目前的网站规模越来越庞大，通常大的网站为了实现负载均衡，都采用了一系列的服务器，形成了服务器集群，有的甚至是位于不同的城市。但是因为是同一个网站，在这种情况下，Cookies 的共享也是必须的。domain 属性，能够实现跨服务器的共享。比如对于某个网站的主站 www.ds5u.com 是一台服务器，但是其论坛站 bbs.ds5u.com 却是另一个服务器，博客站 blog.ds5u.com 又是另一台服务器。虽然这些网站都有各自的二级域名，但是用户确是同一的，需要实现 Cookies 的共享，这个时候，可以这样设置 domain 属性。

```
document.cookie = "username=tom;domain=.ds5u.com";
```

即可实现 Cookies 在 ds5u.com 这个域所在的所有服务器共享。

13.2.5　使用 secure 属性来使信息传输更加安全

使用标准的 Internet 连接来传输信息能够被不法人员轻易的截取信息，一些机密的数据比如用户名、密码、银行卡号码等很容易被泄露，因此 Netscape 公司开发了安全套接字层即 SSL 来对数据进行加密，从而在网络上安全的传输，为了和普通的连接区分开来，支持 SSL 的网站网址通常以 https 开头（普通的网址以 http 开头）。除了 SSL 之外，还有其他的安全传输方式，而 secure 属性则规定 Cookies 只能在安全的 Internet 上连接。通常情况下，此属性是忽略的，此属性的可选值是 true 和 false。使用这个属性的一个语句示例如下所示。

```
document.cookie = "username=tom;secure=true";
```

13.3 如何让 Cookies 存储更多信息

Cookies 本身的使用是有种种限制的，在用户的计算机上，每个服务器或域只能保存最多 20 个 Cookies，而每个浏览器的 Cookies 总数不能超过 300，Cookies 的最大尺寸是 4k。因此，不能像使用变量一样，随意的创建 Cookies。

考虑到 Cookies 的限制，最有效的办法是将所有需要保存到 Cookies 中的值链接为一个字串（使用分隔符分隔），然后把这个字串赋值给一个 Cookies，这样，只需要创建一个 Cookies 就能保存若干的信息了。在读取的时候，按照分隔符的组合规则进行信息的提取和还原。

通常情况下，使用“&”来作为每个子信息的分隔符，然后使用“=”来把每个子信息的名称与值进行组合，如下所示。

名称 1=值 1&名称 2=值 2&...&名称 n=值 n

如果需要保存姓名、年龄、性别、城市、邮编这 5 个信息，那么首先将这 5 个信息组合成为一个字串，如下所示。

```
username=tom&age=25&sex=male&city=nanjing&zip=210000
```

最后再将这个字串作为新创建的一个 Cookies 的值，因为字串中包含非字母和数字字符，因此在赋值前需要进行编码，如前面介绍过的 escape()，如下所示。

```
document.cookie =
"allinfo="+escape("username=tom&age=25&sex=male&city=nanjing&zip=210000");
```

通过这样的组合，即可实现将多个信息存入一个 Cookies 中，大大节省了 Cookies 的数目。

13.4 从 Cookies 读取信息

创建 Cookies 后，就需要从 Cookies 中读取信息，读取 Cookies 信息很简单，即直接访问属性即可：

```
document.cooke
```

document.cookie 通常需要进行解码即 unescape()方法，若使用 alert()来显示当前的 Cookies 值，如下所示。

```
<script language="JavaScript">
<!—
document.cookie = escape("username=tom;city=nanjing;zip=210000");
alert("Cookies 值: "+unescape(document.cookie));
//-->
</script>
```

上面的代码首先通过一条语句创建了多个 Cookies，然后使用 alert()方法以提示框形式显示给用户，如图 13.1 所示。

图 13.1　显示 Cookies 值

图 13.1 中显示了当前的 Cookies 情况，由于有多个 Cookies，因此得到的值是通过分号“;”分隔的一个字符串，如“username=tom;city=nanjing;zip=210000”，还无法获取每个 Cookies 的具体值，为了获得每个 Cookies 对应的值，需要对字符串进行分析和处理，在继续本节内容前，需要先简单学习一下字符串处理的相关内容。

JavaScript 中的字符串可以使用 String 对象来表示，String 对象有很多的方法来处理字符串，现将一些常用的方法列举如表 13.2 所示。

表 13.2　String 对象的常用方法

方法	说明
anchor(anchor名)	为字符串添加“<anchor>...</anchor>”标签对
big()	为字符串添加“<big>...</big>”标签对
blink()	为字符串添加“< blink >...</ blink >”标签对
bold()	为字符串添加“< bold >...</ bold >”标签对
charAt(index)	返回字符串内指定位置字符
fixed()	为字符串添加“< tt >...</ tt >”标签对
fontcolor(颜色)	为字符串添加“< font color=颜色>...</ font >”标签对
fontsize(字号)	为字符串添加“< font size=颜色>...</ font >”标签对
indexOf(text,index)	返回text参数内的第一个字符在字符串中的位置
italics()	为字符串添加“< i>...</ i >”标签对
lastIndexOf(text,index)	返回text参数内的最后一个字符在字符串中的位置
link(地址)	为字符串添加“<a href=地址>...</ a >”标签对
small()	为字符串添加“<small>...</ small >”标签对
split(separator)	将字符串按照指定的分隔符分成数组
strike()	为字符串添加“< strike >...</ strike >”标签对
sub()	为字符串添加“< sub >...</ sub >”标签对
substring(starting index,ending index)	从starting index参数所指定的字符串中位置开始，至ending index参数所指定在字符串中的位置结束，提取文本
sup()	为字符串添加“< sup >...</ sup >”标签对
toLowerCase()	转化为小写
toUpperCase()	转化为大写

上述 String 对象的方法，请读者一一按照说明进行尝试体会。在 Cookies 的读取中，就需要用到 split()、substring()和 indexOf()方法，来按照“;”分隔成为子串数组，每个子串都是一对 Cookies，并对每个子串进行处理即能读取 Cookies。看示例文件 13-1.html，如下所示。

```
<html>
<head>
<title>读取 Cookies</title>
```

```
<script language="JavaScript">
<!--
document.cookie = escape("username=tom;city=nanjing;zip=210000");
var allCookies = unescape(document.cookie);
var aryCookies = allCookies.split(";");
var nowvalue;
for( var i=0; i < aryCookies.length; i++ ){
    nowvalue = aryCookies[i];
    if( nowvalue.substring( 0, nowvalue.indexOf("=") ) == "zip" ){
        document.write("Cookies 中保存的邮编是： "+nowvalue.substring
(nowvalue.indexOf("=")+1, nowvalue.length));
        alert("Cookies 中保存的邮编是： "+nowvalue.substring( nowvalue.
indexOf("=")+1, nowvalue.length));
        break;
    }
}
//-->
</script>
</head>
<body>
</body>
</html>
```

以上的代码，创建了很多的 Cookies，并且取得 Cookies 串后，进行一些字符串处理，即可得到指定的邮编的 Cookies 值，如图 13.2 所示。

图 13.2　读取 coookies

同样的道理，将多个子信息创建在一个 Cookies 里的情况需要按照同样的方式来进行子串处理，从而获得需要的值。

13.5　Cookies 工具函数及示例

为了能够方便的操作 Cookies，现在已经有 JavaScript 程序爱好者编写了很多的函数、方法或者类文件，能够非常容易的集成到网页中来，并且使用起来也很简便。本节以其中一个简单的文件为例，如 Cookies.js，代码如下所示。

```
/**
 * 根据给定的 name 和值设置 Cookies.
 *
 * name      cookie 的 name
 * value     cookie 的值
 * [expires]   cookie 过期时间
 * [path]      cookie 作用路径
 * [domain]   cookie 的域
* [secure]    cookoe 的安全属性
*/
function setCookie(name, value, expires, path, domain, secure)
{
     document.cookie= name + "=" + escape(value) +
      ((expires) ? "; expires=" + expires.toGMTString() : "") +
      ((path) ? "; path=" + path : "") +
      ((domain) ? "; domain=" + domain : "") +
      ((secure) ? "; secure" : "");
}

/**
 * 获取指定名称的 Cookies 值
 *
 * name  cookie 名称
 *
*/
function getCookie(name)
{
   var dc = document.cookie;
   var prefix = name + "=";
   var begin = dc.indexOf("; " + prefix);
   if (begin == -1)
   {
      begin = dc.indexOf(prefix);
      if (begin != 0) return null;
   }
   else
   {
      begin += 2;
   }
   var end = document.cookie.indexOf(";", begin);
   if (end == -1)
   {
      end = dc.length;
   }
   return unescape(dc.substring(begin + prefix.length, end));
}
```

```
/**
 * 删除指定 cookie
 *
 * name      cookie 的名称
 * [path]      cookie 路径
 * [domain]   cookie 的域
 */
function deleteCookie(name, path, domain)
{
    if (getCookie(name))
    {
        document.cookie = name + "=" +
            ((path) ? "; path=" + path : "") +
            ((domain) ? "; domain=" + domain : "") +
            "; expires=Thu, 01-Jan-70 00:00:01 GMT";
    }
}
```

以上的代码，共包含了三个函数，分别用于创建 Cookies、读取 Cookies 以及删除 Cookies，使用上面的函数，示例如下。

（1）创建 Cookies

```
<script language="JavaScript">
<!--
var exp  = new Date("December 31, 9998");
setCookie("COOKIE_MYNAME","Tom",exp,"/");
//-->
</script>
```

以上的代码创建了一个永不失效的 Cookies，Cookies 的名字为 COOKIE_MYNAME，值为 Tom。

（2）读取 Cookies

```
<script language="JavaScript">
<!--
var myname = getCookie("COOKIE_MYNAME");
//-->
</script>
```

以上的代码，读取创建的名为 COOKIE_MYNAME 的 Cookies。

（3）删除 Cookies

```
<script language="JavaScript">
<!--
deleteCookie("COOKIE_MYNAME");
//-->
</script>
```

上述代码，可以删除名为 COOKIE_MYNAME 的 Cookies。

在上面的几个例子里，并没有完全使用所有的参数，通过使用更多的参数，还能控制得更加详细，将上述 3 个例子整合为一个示例文件 13-2.html，代码如下所示。

```
<html>
<head>
<title>Cookies 工具函数</title>
<script src="Cookies.js"></script>
<script language="JavaScript">
<!--
var exp  = new Date("December 31, 9998");
setCookie("COOKIE_MYNAME","Tom",exp,"/");

var myname = getCookie("COOKIE_MYNAME");
document.write("设置的名为 COOKIE_MYNAME 的 Cookies 值为: "+myname + "<br>");

deleteCookie("COOKIE_MYNAME","/");
var newname = getCookie("COOKIE_MYNAME");
document.write("设置的名为 COOKIE_MYNAME 的 Cookies 值为: "+newname);
//-->
</script>
</head>
<body>
</body>
</html>
```

上面的代码，运行后结果如图 13.3 所示。

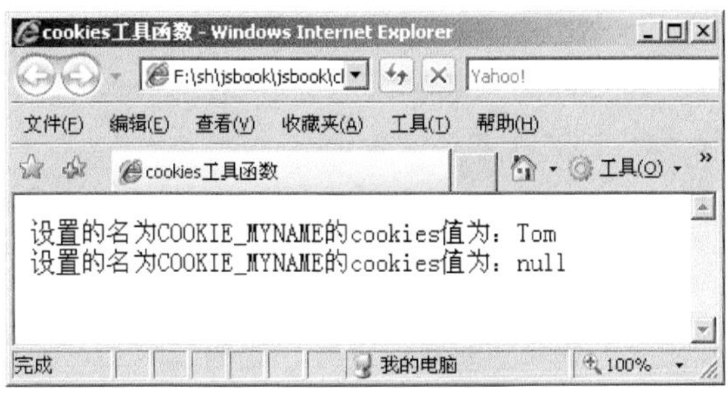

图 13.3　Cookies 工具函数示例

13.6　小结

本章对 Cookies 的使用做了介绍，Cookies 的使用能够帮助网页记住信息，还穿插简单介绍了 JavaScript 的 Date 对象和 String 对象。下面对本章做一下小结。

◎ Cookies 是一种对客户端硬盘的数据进行存取的技术，这种技术能够让网站把少量的数据存储到客户端的硬盘，同时也能够从客户端的硬盘读取存储的数据。

◎ Cookies 有四个可选属性，分别是 expircs 属性、path 属性、domain 属性以及 secure 属性。

◎ 因为 Cookies 是通过 HTTP 来传递的，而 HTTP 不允许某个非字母和数字的字符被传递，因此 Cookies 不能包含分号等特殊字符，所以需要借助 escape()和 unscape()函数来对数据进行编码和解码。

◎ 使用 name 属性能给 Cookies 命名。
◎ 使用 expires 属性能定义 Cookies 过期时间。
◎ 使用 path 属性能定义 Cookies 的目录范围。
◎ 使用 domain 属性能实现跨服务器共享。
◎ 使用 secure 属性能使信息传输更加安全。
◎ String 对象有很多的方法能够对字符串进行处理。
◎ Date 对象能对时间进行处理。

13.7 问题

（1）Cookies 是什么？
（2）Cookies 有什么属性？分别是什么作用？
（3）为了保证使用 Cookies 传递特殊字符，通常采用什么方法？
（4）String 对象和 Date 对象分别有什么作用？

13.8 进阶练习

目标：使用 Cookies 技术编写网页。
要求：
◎ 使用输入框来输入需要保存的信息。
◎ 使用按钮触发 Cookies 的存储。
◎ 调整 expires 属性，让 Cookies 在关闭网页后继续生效。
◎ 使用按钮触发 Cookies 的删除并进行验证。

13.9 问题解答

（1）Cookies 是一种对客户端硬盘的数据进行存取的技术，这种技术能够让网站把少量的数据存储到客户端的硬盘，同时也能够从客户端的硬盘读取存储的数据。

（2）Cookies 有四个可选属性，分别是 expires 属性、path 属性、domain 属性以及 secure 属性。使用 name 属性能给 Cookies 命名；使用 expires 属性能定义 Cookies 过期时间；使用 path 属性能定义 Cookies 的目录范围；使用 domain 属性能实现跨服务器共享；使用 secure 属性能使信息传输更加安全。

（3）因为 Cookies 是通过 HTTP 来传递的，而 HTTP 不允许某个非字母和数字的字符被传递，因此 Cookies 不能包含分号等特殊字符，所以需要借助 escape()和 unscape()函数来对数据进行编码和解码。

（4）String 对象有很多的方法能够对字符串进行处理，Date 对象能对时间进行处理。

第 14 章　在 JavaScript 中使用 Java

相信对计算机软件知识略有了解的读者，都应该听说过 Java 语言。Java 编程语言是一种高级语言，由 Sun 微系统公司发布，并作为一种开放的标准进行提供。Java 语言也有很多的分支体系，比如 J2EE、J2ME、EJB 等等。Java 语言在 Web 编程中，通常在服务器端运行程序进行业务的处理。JavaScript 虽说是一个客户端的脚本程序，但是仍然可以与 Java 结合，在 JavaScript 中同样可以使用 Java。

14.1　Java 语言简介

Java 来自于 Sun 微系统公司的一个名叫 Green 的项目，最初的目的是为家用消费电子产品开发一个分布式代码系统，这样可以发送 E-mail 给电冰箱、电视机等家用电器，对它们进行控制，和它们进行信息交流。开始的时候，准备采用 C++语言进行开发，但是 C++太复杂，安全性也较差，最后基于 C++语言开发了一种新的语言 Oak，也就是 Java 的前身。Oak 是一种用于网络的语言，它精巧而且安全，Sun 公司曾以此来投标一个交互式电视项目，但结果输给了 SGI。导致 Oak 几乎面临绝境，恰巧这时 MarkArdreesen 开发的 Mosaic 和 Netscape 启发了 Oak 项目组成员，他们使用 Java 编制了 HotJava 浏览器，得到了 Sun 公司首席执行官 ScottMcNealy 的支持，触发了 Java 进军 Internet。

Java 语言是一个纯面向对象的程序设计语言，其改变了其他语言的面向过程的思想，把所有的事物都抽象为对象，并且以这些事物为中心来进行问题的分析和解决。直接通过对象及其相互关系来反映世界。这样建立起来的系统才能符合现实世界的本来面目。

Java 语言有以下的特点：

◎　平台无关性。

◎　安全性。

◎　面向对象。

◎　分布式。

◎　健壮性。

虽然 Java 的发展如此强大，但是 Java 代码只能在服务器端运行，并不能直接把 Java 代码嵌入 HTML 页面中，因此未免显得有些遗憾。但是通过对 Java 程序的一些处理，如编写 Java Applet，能够通过 JavaScript 使用 Java 的程序，也能将 Java Applet 嵌入到 HTML 页面里面来。实现 JavaScript 与 Java 的相互通讯。

14.2　使用 LiveConnect 技术通过 JavaScript 直接使用 Java 类

在 Netscape 以及 Internet Explorer 等浏览器里，都能够使用 JavaScript 与 Java 程序实现交互作用。在 Netscape 浏览器中，还能够使用 LiveConnect 技术在 JavaScript 中实例化 Java 对象，并且进行使用。相比之下，Internet Explorer 不支持这样的功能。

帮助 Netscape 实现直接使用 Java 类的对象是 JavaScript 的 Package 对象。Package 对象可以访问 Netscape 浏览器涉及的所有 Java 程序包。具体的语法示例如下所示。

◎ 引用 java.lang 包

Package.java.lang

◎ 引用 java.lang.System 类

Package.java.lang.Systen。

在 Netscape 中，为了使用起来更加方便，也许是为了保持语法的一致性，Package.java 可以缩写为 java，可以使用更简化的语法来调用 Java 类的一些静态方法。举例如下所示。

```
var javaPro = java.lang.System.getProperties();
```

对 Java 语言比较熟悉的读者，可以对比一下，会发现很多 Java 语言的语法非常的相似。

除了使用系统的类外，还能使用自定义的 Java 类，LiveConnect 技术允许使用 JavaScript 来创建类的示例，使用的运算符是 new。如下的代码是一个示例。

```
var of = new java.awt.Frame("使用 JavaScript 创建 Java 类示例");
var ota = new java.awt.TextArea("这里是示例内容",15,20);
of.add("Left", ota);
of.pack();
of.show();
```

上面的代码，使用 JavaScript 创建了一个简单的 Java 窗口界面，但是也仅仅是一种单向的提示性质的窗体界面，没有多余的事件处理或者与用户的交互，使用 LiveConnect 技术实现的 JavaScript 操作 Java 类的方式基本都是这种形式。当然，也不是说完全不能实现交互，利用 EventListener 对象的方法可以执行事件通知，这样通过较为复杂的处理，可以实现把 JavaScript 定义的事件处理与 Java GUI 进行绑定或者组合。

虽然 LiveConnect 技术能够实现通过 JavaScript 访问 Java 类，但是并不意味着能够像使用 Java 语言编程一样，任意的、无限制的访问。处于安全的原因，使用 LiveConnect 技术不能在 JavaScript 中实现任意的对 Java 的控制，比如不能定义新的 Java 类或者子类、不能创建数组等等。

14.3 在 HTML 页面中嵌入 Applet

Java 小应用程序经过编译后，成为 class 文件，可以使用“<applet>...</applet>”标签将 Java 小应用程序添加到 HTML 文档中。“<applet>”标签一共有 4 个属性，分别是 code 、width、height 和 name。code 属性指定了小应用程序的类；width 和 height 设定了小应用程序所占据的区域大小；name 属性跟其他的标签一样，用来表示这个标签的名称，以方便通过 JavaScript 进行可能的控制。

下面，用一个示例来说明 Applet 的开发过程。

（1）编写 Java Applet 程序。

建立一个 HelloApplet.java 程序，保存到 C:\目录下。打开文件，编写以下的代码。

```
import java.awt.*;
import java.applet.*;
public class HelloApplet extends Applet
{
```

```
    public void paint(Graphics g )
    {
      g.drawString("Hello Applet!",10,20);
    }
}
```

以上的代码编写了一个 Applet 程序，用来绘制“Hello Applet!”。

（2）将 Java Applet 程序编译成为 class 文件。

任何 Java 程序要运行，都必须要编译成为 class 文件才能运行。编译需要有 Java 环境的计算机，进入命令行窗口，将当前的目录改变到需要编译的 Java 文件所在目录，上例是 C 盘根目录。运行以下命令即可实现编译。

```
javac HelloApplet.java
```

正确执行以上命令后，C 盘根目录会出现一个同名但是后缀为 class 的文件，HelloApplet.class。这个文件就是可以被运行的文件。

（3）使用<applet>标签嵌入这个 Applet。

以下是一个文件示例代码。

```
<html>
<head>
<title>Java Applet</title>
</head>
<body>
<applet    name="applettest"    code="HelloApplet.class"    width="200"
height="100"></applet>
</body>
</html>
```

以上代码实现了将 Applet 嵌入了 HTML 页面，并且规定了宽为 200，高为 100 的 Applet 区域。

（4）在浏览器中访问。

在浏览器里访问以上的页面，效果如图 14.1 所示。

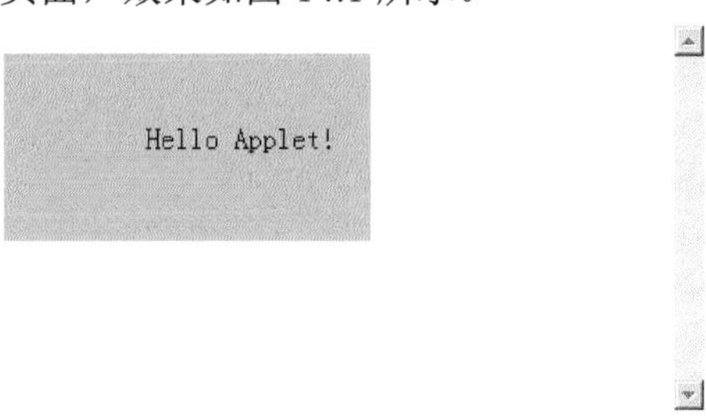

图 14.1　Applet 示例

本节主要讲解了如何将编写好的 Java Applet 小程序嵌入到 HTML 页面中，但还只能静态地显示出应有的效果，无法通过 JavaScript 产生一些互动的效果，在下一节中将讲解如何通过 JavaScript 来控制 Applet。

14.4 使用 JavaScript 控制 Applet

JavaScript 的重要特性就是使页面动起来，JavaScript 能够控制页面的元素从而产生交互、事件以及一些特效等等。上一节讲解了能够在 HTML 页面里面嵌入 Java Applet 小程序，那么通过 JavaScript 能不能实现控制 Applet 的功能呢，答案是肯定的。因为 Applet 通过标签“<applet>”来嵌入到 HTML 页面里，对于网页来讲，Applet 小程序就类似与 JavaScript 的一个对象，如常见的 window 对象、location 对象等等。既然是对象，就能够通过简单的方式访问对象的方法、属性等。同样的道理，对于 Applet 小程序而言，只要知道了 Applet 小程序的属性和方法，同样就能通过 JavaScript 来进行访问和使用，当然，值得注意的是能够访问的对象和属性必须是共有的。

要实现对 Applet 的控制，就得获取到 Applet 对象。在网页内，有两种方法能够获取到 Applet 对象。一是通过 Applet 标签的 name 属性；第二种方法是通过 applet[]数组。

下面通过示例进行说明：

（1）创建 CtrlApplet 类。

为了达到控制属性和方法的目的，本类应该包括一些属性和方法，代码如下所示。

```
import java.awt.*;
import java.applet.*;
public class CtrlApplet extends Applet
{
    public String prop = "";
    public void paint(Graphics g )
    {
        g.drawString("Control Applet!",10,20);
    }
    public void setProp()
    {
        this.prop = "CtrlApplet test.";
    }
    public String getProp()
    {
        return this.p;
    }
}
```

以上的代码，包含了 1 个属性和 3 个方法。保存为 CtrlApplet.java 并且编译这个文件为 CtrlApplet.class。

（2）编辑 HTML 文件，嵌入 Applet。

编写 HTML 文件将 Applet 文件嵌入到 HTML 中，代码如下所示。

```
<html>
<head>
<title>Java Applet 示例</title>
<script language="JavaScript">
<!--
function setP(){
```

```
        document.CtrlApplet.setProp();
    }
    function getP(){
        var p = document.Applet[0].getProp();
        alert(p);
    }
    //-->
    </script>
    </head>
    <body>
    <applet      name="CtrlApplet"      code="CtrlApplet.class"      width="200"
height="100"></applet>
    <br/>
    <input type="button" value="设置属性" onclick="setP()">
    <input type="button" value="获取属性" onclick="getP()">
    </body>
    </html>
```

以上的 HTML 代码将 Applet 嵌入到页面里，并且通过两个按钮关联了两个 JavaScript 函数 setP()和 getP()，分别用来调用两个 Applet 的方法。值得注意的是，在 setP()和 getP()两个方法里，分别使用了两种方法来访问 Applet 对象。在浏览器里访问如图 14.2 所示。

图 14.2　JavaScript 控制 Applet 示例

首先单击“获取属性”按钮，这个时候获取到 Applet 的 prop 属性，这个时候应该是空字符串，如图 14.3 所示。单击“设置属性”按钮，这个时候调用了 Applet 方法，设置属性 prop 的值为“CtrlApplet test.”，再次单击“获取属性”按钮，这时获取到的属性是更新后的属性，如图 14.4 所示。

图 14.3　用 JavaScript 调用获取属性方法

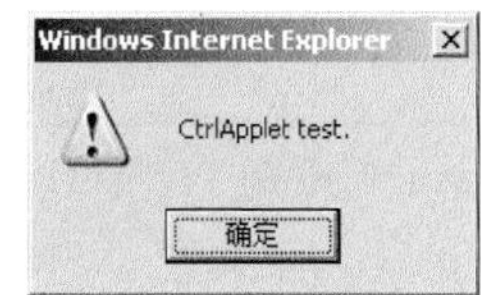

图 14.4　JavaScript 调用方法获取更新后属性

14.5　使用 Java 控制 JavaScript

通过 JavaScript 能够控制方法到 Java，实现对 Java 的属性和方法的访问，使用 Java 同样也能控制 JavaScript。因此，Java 和 JavaScript 之间是完全能够实现通信的，甚至进行数据交换。但是有一点需要注意的是，Java 是一种强类型的语言，而 JavaScript 是一种弱类型的语言，因此在 Java 和 JavaScript 之间进行数据交换时，需要知道在这两种不同的语言之间数据是如何转换的。表 14.1 中列举了 Java 和 JavaScript 之间的数据类型转换对照情况。

表 14.1 Java 和 JavaScript 之间的数据类型转换对照

Java数据类型	JavaScript数据类型
Array对象	array
boolean	boolean
byte、char、short、int、long、float、double	floating-point或integet
null	null
void	undefined
JsObject封装器	JavaScript对象
Java对象	JavaObject封装器

了解了 Java 和 JavaScript 之间的数据转换后，下面的内容就来看看如何能够通过 Java 控制 JavaScript。要在 Java 小程序里控制 JavaScript 必须要满足以下条件：

◎ 在 applet 中引入 JSObject 和 JSException 类。

◎ 用 JSObject 类的方法来控制嵌入了 Applet 小程序的浏览器、JavaScript 里的变量以及函数。

◎ 在“<applet>”标签中添加 mayscript 属性。

引入 JSObject 类的目的就是用来控制 JavaScript，而 JSException 主要是用来进行错误处理。下面先了解一下 JSObject 类的一些方法，采用表格的方式如表 14.2 所示。

表 14.2 JSObject 类的方法

方法	说明
call(String functionName, Object args[])	执行JavaScript函数
eval(String expression)	执行一个JavaScript字符表达式
getMember(String propertyName)	返回一个JavaScript对象属性的引用
getSlot(int index)	返回在一个JavaScript对象中的数组元素
getWindow(applet)	获得包含了applet的窗口的句柄
removeMember(String propertyName)	删除JavaScript对象的一个属性
setMember(String propertyName, Object value)	设置JavaScript对象的一个属性
setSlot(int index, Object value)	设置在JavaScript对象中的数组元素
toString()	返回JavaScript对象的字符值

要想通过 Java 来控制 JavaScript，首先要做的一件事情就是获得 Java 小程序所在的窗口句柄，可以用如下的语句来实现。

```
JSObject myWindow  = JSObject.getWindow(this);
```

通过以上的代码，就获得了 Java 小程序所在的浏览器窗口的句柄，窗口句柄，可以理解为 window 对象或者 self 对象的引用。要想通过 Java 程序进行更多的操作，比如对 document 对象的操作，还需要使用 getMember()方法来返回对所需要控制对象的引用。语法如下所示。

```
JSObject myDoc = ( JSObject ) myWindow.getMember("document");
```

通过以上的语句，就能够逐步实现控制 JavaScript 了。下面通过示例来说明，为了方便起见，本节的示例将上一节的例子进行稍微的修改。

（1）修改 CtrlApplet 类。

需要在 applet 小程序里引入 JSObject 和 JSException 类，经过调整，代码如下所示。

```
import java.awt.*;
import java.applet.*;
import netscape.javascript.JSObject;
import netscape.javascript.JSException;
public class CtrlJavaScript extends Applet
{
    public String prop = "";
    public void paint(Graphics g )
    {
        g.drawString("Control JavaScript!",10,20);
    }
public void jsTest( )
    {
        JSObject myWindow = JSOject.getWindow(this);
        JSObject myDoc = (JSObject) myWindow.getMember("document");
        JSObject myForm = (JSObject) myDoc.getMember("form1");
        JSObject myInput = (JSObject) myForm.getMember("mytext");
        String myValue = (String) myInput.getMember("value");
        myWindow.eval("alert('value=' "+ myValue +");" );
    }
}
```

以上的代码创建了一个名为 jsTest 的方法，用来逐步的引用对象，最终实现获取 HTML 页面里的某个输入框的值，并且最后通过 JSObject 类的 eval()方法实现提示框的显示。保存以上的文件后编译这个文件为 CtrlJavaScript.class。

（2）调整 HTML 文件，给<applet>添加 mayscript 属性。

编写 HTML 文件将 Applet 文件嵌入到 HTML 中，代码如下所示。

```
<html>
<head>
<title>Java 控制 JavaScript 示例</title>
<script language="JavaScript">
<!--
function startCtrl(){
    document. CtrlJavaScript. jsTest ();
}
//-->
</script>
</head>
<body>
<applet name=" CtrlJavaScript " code=" CtrlJavaScript.class" width="200"
height="100"></applet>
<br/>
<form name="form1">
<input name="mytext" type="text">
```

```
<input type="button" value="实现控制" onclick=" startCtrl ()">
</form>
</body>
</html>
```

以上的代码，嵌入了 Applet 小程序，在页面里通过一个按钮来触发一个 JavaScript 方法，这个方法调用 Applet 里的一个方法 jsTest()，而这个方法在 Java 小程序里，实现了控制 JavaScript 并输出了表单里 mytext 的输入框内容。在浏览器里访问这个文件，效果如图 14.5 所示。

图 14.5　Java 控制 JavaScript 示例页面

（3）在输入框输入值，触发事件。

在输入框里输入测试内容“JavaScript test.”，单击“实现控制”按钮，则按照设计的程序，会通过 Java 程序控制 JavaScript 弹出一个提示框，显示输入的内容，如图 14.6 所示。

图 14.6　Java 控制 JavaScript 输出输入框的值

通过 Java 还能实现调用 JavaScript 函数的等更多的功能，这些留给感兴趣的读者去体会。

14.6　小结

本章主要针对 Java 和 JavaScript 之间的交互的内容进行了说明，通过本章的学习可以知道，JavaScript 可以控制 Java 小程序，Java 小程序同样能够控制 JavaScript。下面对本章进行一个小结。

◎ Java 语言是一个纯面向对象的程序设计语言。

◎ 能够使用 LiveConnect 技术在 JavaScript 中实例化 Java 对象并且进行使用。

◎ 帮助 Netscape 实现直接使用 Java 类的对象是 JavaScript 的 Package 对象。

◎ 使用 LiveConnect 技术不能在 JavaScript 中实现任意的对 Java 的控制，比如不能定义新的 Java 类或者子类，不能创建数组等等。

◎ 使用“<applet>...</applet>”标签将 Java 小 应用程序添加到 HTML 文档中。

◎ 只要知道了 Applet 小程序的属性和方法，同样就能通过 JavaScript 来进行访问和使用。

◎ 要在 Java 小程序里控制 JavaScript 必须要满足：在 applet 中引入 JSObject 和 JSException 类；用 JSObject 类的方法来控制嵌入了 Applet 小程序的浏览器、JavaScript 里的变量以及函数；在“<applet>”标签中添加 mayscript 属性。

14.7　进阶练习

目的：创建一个具有 Applet 的页面并且实现 Java 和 JavaScript 的交互。

要求：

◎　创建一个 Applet 小程序，包含若干属性和方法。

◎　实现 JavaScript 控制 Java。

◎　实现 Java 控制 JavaScript。

注意，本练习供有一定 Java 语言基础的读者选用。

第 15 章　第三方框架

JavaScript 技术和其他的技术一样，都在不断发展着。如今通过结合 JavaScript、CSS 等技术，出现了一些新的技术，比如 Ajax，严格来说 Ajax 不是一种新的技术，只是现有技术的综合运用。一些优秀的程序开发者或者开发团体运用这些技术，创建了一些组件、框架及通用的程序库，使用这些框架或者程序库，能够在实现一些功能时，变得非常的简便，甚至还能使用一些特殊的效果。本章将介绍一些第三方的框架和程序库。

15.1　Ajax 框架

Ajax 是 JavaScript 的高级应用，是综合了 JavaScript、XMLHttp、CSS、XHTML、XML 等的一个综合应用。近年来，随着 Web2.0 的风靡，Ajax 技术被广泛的运用，在程序开发领域中，很多具有一定能力的开发者编写了一些工具库，或者提供了一些方便地调用接口的方法。随着不断的完善，这些工具库变得规范和通用，功能也得到扩展，慢慢的就形成了框架。本节主要对一些常用的框架进行介绍，读者可以有选择的使用，或者在网络上寻找更多的资源，有能力的读者也可以尝试自己编写一个易用的框架。

15.1.1　使用微型框架 Sack

严格的来说，Sack 还不能称为一个框架，因为它实在太精简了，更合适称作 Ajax 代码包。Sack 不但非常的小，使用起来也非常的容易。对于刚刚接触 Ajax 的开发者应该是一个很好的选择。Sack 是一个针对 XMLHttpRequest 的瘦包装器，开发者可以指定回调函数或者回调 DOM 对象。借助于回调 DOM，应答文本直接被推入到 DOM 中，简单的说，就是能够通过回调函数来改变页面某个 DOM 的内容。

使用 Sack 框架能够将参数或数据以 POST 方式，或 GET 方式提交到指定的服务器端页面，在获取相应结果后，再通过回调函数来填充结果到指定的 DOM 对象里去，所有的过程都是在后台进行。因此，网页本身不会发生刷新或者重新载入，改变的只是需要改变的部分内容，因此，节省了不少的网络带宽。

Sack 框架 1.6.1 版本的源代码见 sack/tw-sack.js，代码如下所示。

```
//主函数，可以看作一个 javascript 类
function sack(file) {
    //xmlhttp 初始化
    this.xmlhttp = null;
    //初始化必要的数据参数子函数
    this.resetData = function() {
        this.method = "POST";
        this.queryStringSeparator = "?";
        this.argumentSeparator = "&";
        this.URLString = "";
        this.encodeURIString = true;
```

```
        this.execute = false;
        this.element = null;
        this.elementObj = null;
        this.requestFile = file;
        this.vars = new Object();
        this.responseStatus = new Array(2);
    };
    //初始化函数子函数
    this.resetFunctions = function() {
        this.onLoading = function() { };
        this.onLoaded = function() { };
        this.onInteractive = function() { };
        this.onCompletion = function() { };
        this.onError = function() { };
        this.onFail = function() { };
    };
    //将初始化数据和初始化函数这两个子函数合并在一起成为 reset 方法
    this.reset = function() {
        this.resetFunctions();
        this.resetData();
    };
    //创建 xlhttp 对象
    this.createAJAX = function() {
        try {
            this.xmlhttp = new ActiveXObject("Msxml2.XMLHTTP");
        } catch (e1) {
            try {
                this.xmlhttp = new ActiveXObject("Microsoft.XMLHTTP");
            } catch (e2) {
                this.xmlhttp = null;
            }
        }
        //根据 xmlhttp 值判断
        if (! this.xmlhttp) {
            if (typeof XMLHttpRequest != "undefined") {
                this.xmlhttp = new XMLHttpRequest();
            } else {
                this.failed = true;
            }
        }
    };
    //设置需要传递的参数
    this.setVar = function(name, value){
        this.vars[name] = Array(value, false);
    };
    //对参数进行加密处理
```

```
        this.encVar = function(name, value, returnvars) {
            if (true == returnvars) {
                return                              Array(encodeURIComponent(name),
encodeURIComponent(value));
            } else {
                this.vars[encodeURIComponent(name)]                                    =
Array(encodeURIComponent(value), true);
            }
        }
        //通过参数串处理参数
        this.processURLString = function(string, encode) {
            encoded = encodeURIComponent(this.argumentSeparator);
            regexp = new RegExp(this.argumentSeparator + "|" + encoded);
            varArray = string.split(regexp);
            for (i = 0; i < varArray.length; i++){
                urlVars = varArray[i].split("=");
                if (true == encode){
                    this.encVar(urlVars[0], urlVars[1]);
                } else {
                    this.setVar(urlVars[0], urlVars[1]);
                }
            }
        }
        //把某 url 串和现有的参数数据组合为新的地址
        this.createURLString = function(urlstring) {
            if (this.encodeURIString && this.URLString.length) {
                this.processURLString(this.URLString, true);
            }
            //如果存在 urlstring 变量
            if (urlstring) {
                if (this.URLString.length) {
                    this.URLString += this.argumentSeparator + urlstring;
                } else {
                    this.URLString = urlstring;
                }
            }

            // 增加一个不断变化的参数，放置产生 url 地址缓存
            this.setVar("rndval", new Date().getTime());
            //用临时数组来存放信息
            urlstringtemp = new Array();
            for (key in this.vars) {
                if (false == this.vars[key][1] && true == this.encodeURIString)
{
                    encoded = this.encVar(key, this.vars[key][0], true);
                    delete this.vars[key];
```

```
                    this.vars[encoded[0]] = Array(encoded[1], true);
                    key = encoded[0];
                }

                urlstringtemp[urlstringtemp.length]    =    key    +    "="    +
this.vars[key][0];
            }
            if (urlstring){
                this.URLString += this.argumentSeparator + urlstringtemp.join
(this.argumentSeparator);
            } else {
                this.URLString += urlstringtemp.join(this.argumentSeparator);
            }
        }
        //执行 response 事件子函数
        this.runResponse = function() {
            eval(this.response);
        }
        //关键子函数，用来执行 ajax 事件
        this.runAJAX = function(urlstring) {
            if (this.failed) {
                this.onFail();
            } else {
                this.createURLString(urlstring);
                if (this.element) {
                    this.elementObj = document.getElementById(this.element);
                }
                if (this.xmlhttp) {
                    var self = this;
                    if (this.method == "GET") {
                        totalurlstring        =        this.requestFile        +
this.queryStringSeparator + this.URLString;
                        this.xmlhttp.open(this.method, totalurlstring, true);
                    } else {
                        this.xmlhttp.open(this.method,      this.requestFile,
true);
                        try {
                            this.xmlhttp.setRequestHeader("Content-Type",
"application/x-www-form-urlencoded")
                        } catch (e) { }
                    }
                    //当状态改变时，分别做相应的事件
                    this.xmlhttp.onreadystatechange = function() {
                        switch (self.xmlhttp.readyState) {
                            case 1:
                                self.onLoading();
```

```
                        break;
                    case 2:
                        self.onLoaded();
                        break;
                    case 3:
                        self.onInteractive();
                        break;
                    case 4:
                        self.response = self.xmlhttp.responseText;
                        self.responseXML = self.xmlhttp.responseXML;
                        self.responseStatus[0] = self.xmlhttp.status;
                        self.responseStatus[1]                    =
self.xmlhttp.statusText;

                        if (self.execute) {
                            self.runResponse();
                        }

                        if (self.elementObj) {
                            elemNodeName = self.elementObj.nodeName;
                            elemNodeName.toLowerCase();
                            if (elemNodeName == "input"
                            || elemNodeName == "select"
                            || elemNodeName == "option"
                            || elemNodeName == "textarea") {
                              self.elementObj.value= self.response;
                            } else {
                            self.elementObj.innerHTML=self.response;
                            }
                        }
                        if (self.responseStatus[0] == "200") {
                            self.onCompletion();
                        } else {
                            self.onError();
                        }

                        self.URLString = "";
                        break;
                }
            };
            //发送请求
            this.xmlhttp.send(this.URLString);
        }
    }
};
//初始化
```

```
    this.reset();
    //创建 ajax
    this.createAJAX();
}
```

从该框架的源代码可以看出，这其实是一个用 JavaScript 编写的类，里面有若干的方法和属性，用来实现具体的功能，sack/docs.html 是关于 Sack 框架 1.5 版本的一个英文说明文档，在这个文档里说明了这个 Ajax 框架里所有的方法，内容如下所示。

类的方法列表：

sack (Public)

用法：object sack(string file)

作用：SACK 对象的初始化方法。

参数：

string file：需要通过 XMLHttp 执行的文件地址。

createAJAX (Private)

用法：void createAJAX()

作用：创建 SACK 的函数体，初始化 XMLHttp 对象。

参数：无。

setVar (Public)

用法：`void setVar(string name, string value)`

作用：设置需要传递的参数，不要加密。

参数：

string name：参数名。

string value：参数值。

encVar (Private)

用法：string encVar(string name, string value)

作用：加密传递需要传递的参数。

参数：

string name：参数名。

string value：参数值。

processURLString (Private)

用法：string processURLString(string string, boolean encode)

作用：通过参数串设置需要传递的参数。

参数：

string string：参数串。

boolean encode：是否需要加密。

createURLString (Public)
用法：void createURLString(string urlstring)
作用：把现有的参数数据格式化为 url 格式，与以参数传递进来的 url 串链接成为新的地址。
参数：
string urlstring：一个正确的 url 地址。

runResponse (Public)
用法：void runResponse()
作用：响应事件。

resetData (Public)
用法：void resetData()
作用：将数据初始化。

resetFunctions (Public)
用法：void resetFunctions()
作用：将事件初始化。

reset (Public)
用法：void reset()
作用：组合 resetData (Public)和 resetFunctions (Public)。

runAJAX (Public)
用法：string runAJAX(string urlstring)
作用：执行 Ajax 请求。
参数：
string urlstring：格式化参数地址。

类属性列表：
(String) AjaxFailedAlert：当浏览器不支持 Ajax 时的提示。
(String) requestFile：需要将数据提交的请求文件地址。
(String) method：数据的 http 提交方式，POST 或者 GET。
(String) element：需要替换显示内容的元素。
(String) URLString：以&号组成的 url 参数串。
(Boolean) encodeURIString：是否对 url 进行编码。
(Boolean) execute：当替换显示的内容是 JavaScript 代码时，是否允许其执行，默认为 false。
(function) onLoading：当数据正在加载时需要自定义的事件。
(function) onLoaded：当数据加载完毕时需要自定义的事件。
(function) onInteractive：当数据得到相应准备传递时的自定义事件。

(function) onCompletion：当整个 Ajax 过程完毕时自定义事件。

(function) onError：当出现错误后的自定义事件。

(Array) responseStatus：请求响应页面的状态代码数组。

(Boolean) failed：当浏览器不支持或者其他原因需要关闭 Ajax 功能的标志位。

(String) response：从服务器获得的响应文本内容。

(String) responseXML：从服务器获得的响应 xml 内容。

(Array) vars：参数名。

下面配合本小节的示例，讲解其中比较重要的几个方法和属性，setVar()方法、encVar()方法、runAJAX()方法，其具体如表 15.1 所示。

表 15.1　Sack 重要方法

方法	说明
setVar()	以表单方式POST提交时，设置参数
encVar()	以GET方式提交时，按照URL编码方式设置参数
runAJAX()	执行提交

值得注意的属性是 requestFile 属性、method 属性以及 element 属性，其具体如表 15.2 所示。

表 15.2　Sack 重要属性

属性	说明
requestFile	提交到的远端服务器处理程序文件地址
method	设置以POST，还是以GET方式提交数据
element	回调函数需要改变内容的DOM对象

文件 sack/demo.html 是一个示例文件，代码如下所示。

```
<!DOCTYPE html PUBLIC "-//W3C//DTD XHTML 1.1//EN" "http://www.w3.org/TR
/xhtml11/DTD/xhtml11.dtd">
<html xmlns="http://www.w3.org/1999/xhtml" xml:lang="en">
<head>
    <title>SACK 示例文件</title>
    <meta http-equiv="Content-Type" content="text/html; charset=gb2312" />
    <meta name="author" content="Gregory Wild-Smith" />
    <meta name="copyright" content="Gregory Wild-Smith" />
    <style type="text/css" media="screen">
        @import url( style.css );
    </style>
    <script type="text/javascript" src="tw-sack.js"></script>
<script type="text/javascript">
//创建对象
var ajax = new sack();
//自定义事件，当数据加载中
function whenLoading(){
    var e = document.getElementById('replaceme');
    e.innerHTML = "<p>发送数据中...</p>";
}
```

```
    //自定义事件，当数据已发送完
    function whenLoaded(){
        var e = document.getElementById('replaceme');
        e.innerHTML = "<p>数据发送...</p>";
    }

    //自定义事件，当数据获取中
    function whenInteractive(){
        var e = document.getElementById('replaceme');
        e.innerHTML = "<p>获取数据中...</p>";
    }

    //自定义事件，当数据加载完毕
    function whenCompleted(){
        var e = document.getElementById('sackdata');
        if (ajax.responseStatus){
            var string = "<p>状态代码: " + ajax.responseStatus[0] + "</p><p>状
态消息: " + ajax.responseStatus[1] + "</p><p>发送的 URL 串: " + ajax.URLString +
"</p>";
        } else {
            var string = "<p>发送的 URL 串: " + ajax.URLString + "</p>";
        }
        e.innerHTML = string;
    }

    //触发时间
    function doit(){
        //获得表单对象
        var form = document.getElementById('form');
        //设置参数
        ajax.setVar("myTextBox", form.mytext.value);
        //设置服务器端程序
        ajax.requestFile = "sackdemo.php";
        //获取提交方式
        ajax.method = form.method.value;
        //获取页面 dom 对象
        ajax.element = 'replaceme';
        //设置对应的事件函数
        ajax.onLoading = whenLoading;
        ajax.onLoaded = whenLoaded;
        ajax.onInteractive = whenInteractive;
        ajax.onCompletion = whenCompleted;
        //执行 ajax
        ajax.runAJAX();
    }
    </script>
```

```
</head>
<body>
<h1>SACK 示例 页面</h1>
<form id="form" method="post" action="sackdemo.php">
<fieldset><legend>选项...</legend>
    <label for="method">提交方式</label>
    <select id="method" name="method">
        <option value="GET">GET</option>
        <option value="POST">POST</option>
    </select>
    <label for="mytext"> 自 定 义 文 本 </label><textarea id="mytext" 
name="mytext">文本内容...</textarea>
</fieldset>
    <input type="submit" onClick="doit(); return false;" onDblClick="doit(); 
return false;" />
</form>
<div id="replaceme"></div>
<div id="sackdata"></div>
</body>
</html>
```

以上的例子是 Sack 框架官方网站提供的示例，目的是通过 sack 框架分别以 POST，或者 GET 方式提交数据到一个远端服务器文件 sackdemo.php。sackdemo.php 是使用 php 程序编写的，文件见 sack/sackdemo.php，代码如下所示。

```
<?php
ob_start();
    print_r($_POST);
$postdata = ob_get_clean();

ob_start();
    print_r($_GET);
$getdata = ob_get_clean();

ob_start();
    print_r($_SERVER);
$serverdata = ob_get_clean();

$string = "<p>以下的数据被接收:</p>\n<table id=\"demo\">\n<thead><tr><th>
POST 数 据 </th><th>GET 数 据 </th></tr></thead>\n<tr><td>$postdata</td><td>
$getdata</td></tr>\n</table>\n";
echo $string;
?>
```

以上代码的目的是接受由 demo.html 提交上来的数据，并且显示出来。由于 php 环境的搭建需要一定的步骤和经验，因此，在本例中，会使用静态的 HTML 文件来模拟进行服务器端的处理，同时 demo.html 也需要进行调整，下面按步骤进行。

（1）改造 demo.html。

改造 demo.html 为 15-1.html，代码如下所示。

```
<!DOCTYPE html PUBLIC "-//W3C//DTD XHTML 1.1//EN" "http://www.w3.org/TR/xhtml11/DTD/xhtml11.dtd">
<html xmlns="http://www.w3.org/1999/xhtml" xml:lang="en">
<head>
    <title>SACK 示例文件</title>
    <meta http-equiv="Content-Type" content="text/html; charset=gb2312" />
    <meta name="author" content="Gregory Wild-Smith" />
    <meta name="copyright" content="Gregory Wild-Smith" />
    <style type="text/css" media="screen">
        @import url( style.css );
    </style>
    <script type="text/javascript" src="tw-sack.js"></script>
<script type="text/javascript">
//创建对象
var ajax = new sack();
//自定义事件，当数据加载中
function whenLoading(){
    var e = document.getElementById('replaceme');
    e.innerHTML = "<p>发送数据中...</p>";
}

//自定义事件，当数据已发送完
function whenLoaded(){
    var e = document.getElementById('replaceme');
    e.innerHTML = "<p>数据发送...</p>";
}

//自定义事件，当数据获取中
function whenInteractive(){
    var e = document.getElementById('replaceme');
    e.innerHTML = "<p>获取数据中...</p>";
}

//自定义事件，当数据加载完毕
function whenCompleted(){
    var e = document.getElementById('sackdata');
    if (ajax.responseStatus){
        var string = "<p>状态代码: " + ajax.responseStatus[0] + "</p><p>状态消息: " + ajax.responseStatus[1] + "</p><p>发送的 URL 串: " + ajax.URLString + "</p>";
    } else {
        var string = "<p>发送的 URL 串: " + ajax.URLString + "</p>";
    }
    e.innerHTML = string;
}
```

```
    //主函数
    function doit(){
        //获得表单对象
        var form = document.getElementById('form');
        //设置参数
        ajax.setVar("myTextBox", form.mytext.value);
        //设置服务器端程序
        if( form.method.value.toLowerCase() == "post" ){
            ajax.requestFile = "post.html";
        }else{
            ajax.requestFile = "get.html";
        }
        //获取提交方式
        ajax.method = form.method.value;
        //获取页面 dom 对象
        ajax.element = 'replaceme';
        //设置对应的事件函数
        ajax.onLoading = whenLoading;
        ajax.onLoaded = whenLoaded;
        ajax.onInteractive = whenInteractive;
        ajax.onCompletion = whenCompleted;
        //执行 ajax
        ajax.runAJAX();
    }
    </script>
    </head>
    <body>
    <h1>SACK 示例 页面</h1>
    <form id="form" method="post" action="sackdemo.php">
    <fieldset><legend>选项...</legend>
        <label for="method">提交方式</label>
        <select id="method" name="method">
            <option value="GET">GET</option>
            <option value="POST">POST</option>
        </select>
        <label  for="mytext"> 自 定 义 文 本 </label><textarea  id="mytext"
name="mytext">文本内容...</textarea>
    </fieldset>
       <input type="submit" onClick="doit(); return false;" onDblClick="doit();
return false;" />
    </form>
    <div id="replaceme"></div>
    <div id="sackdata"></div>
    </body>
    </html>
```

以上代码，对 doit()方法中提交地址做了调整，由于不能使用 php 文件，这里根据选择的提交类型判断，将数据提交到 post.html 还是 get.html 中去。文件 15-1.html 在浏览器中执行后如图 15.1 所示。

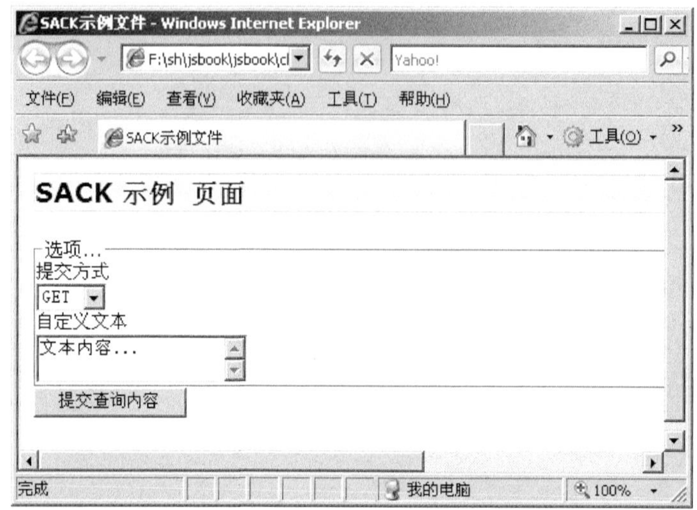

图 15.1　Sack 调整后示例页面

（2）制作静态的文件 post.html 和 get.html。

为了模拟显示，分别以 POST 或者以 GET 方式提交上来的数据，将使用两个不同的静态文件来替代。下面是 post.html 的内容。

```
<table id="demo">
<thead>
<tr>
<th>POST test!</th>
</tr>
</thead>
</table>
下面是 get.html 的内容。
<table id="demo">
<thead>
<tr>
<th>GET test!</th>
</tr>
</thead>
</table>
```

（3）使用 GET 方式提交查看结果。

使用浏览器查看 15-1.html，首先选择 GET 方式并提交，则页面不会刷新，但是页面内容发生了变化，如图 15.2 所示。

从图 15.2 中可以看到，网页最下端显示除了 get.html 中的内容。

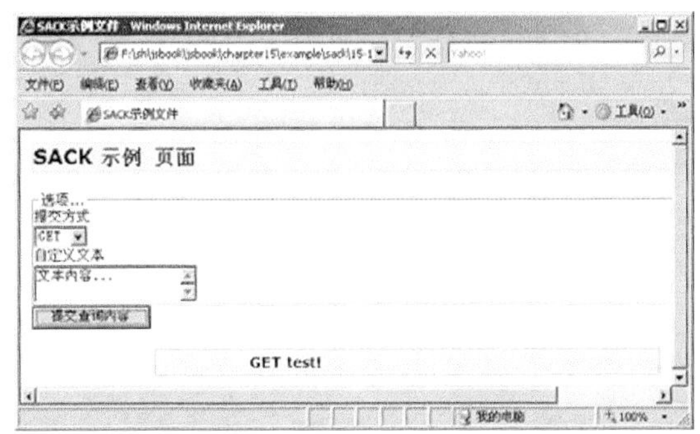

图 15.2　使用 GET 方式提交结果

（4）使用 POST 方式提交查看结果。

使用浏览器查看 15-1.html，首先选择 POST 方式并提交，则页面不会刷新，但是页面内容发生了变化，如图 15.3 所示。

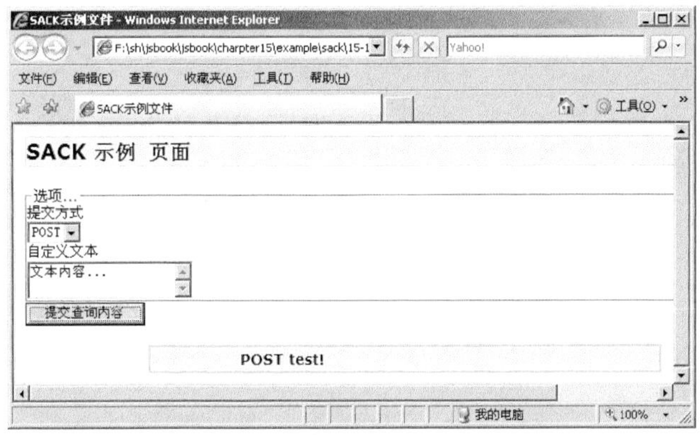

图 15.3　使用 POST 方式提交结果

从图 15.3 中可以看到，网页最下端显示出了 post.html 中的内容。

（5）总结。

根据以上示例，可以总结 Sack 的使用方法如下所示。

◎　实例化 Sack 对象，代码如下所示。

```
var ajax = new sack();
```

◎　设置需要传递的数据，代码如下所示。

```
ajax.setVar("myTextBox", form.mytext.value);
```

◎　设置提交到服务器端的文件地址，代码如下所示。

```
ajax.requestFile = "post.html";
```

◎　设置提交方式（POST 或者 GET），代码如下所示。

```
ajax.method = form.method.value;
```

◎　设置回调函数显示数据时需要操作的 DOM 对象，代码如下所示。

```
ajax.element = 'replaceme';
```

◎　设置传递数据的其他事件，如数据加载时、数据加载后、数据正在交互中、Ajax 操作完毕后的触发事件等，代码如下所示。

```
ajax.onLoading = whenLoading;
ajax.onLoaded = whenLoaded;
```

```
ajax.onInteractive = whenInteractive;
ajax.onCompletion = whenCompleted;
```

◎ 开始提交并执行，代码如下所示。

```
ajax.runAJAX();
```

以上是使用Sack框架的简单示例，感兴趣的读者可以登录“http://www.twilightuniverse.com”获得更多的支持和帮助，以及下载最新版本的开发包。

15.1.2 表单验证框架 checkForm

checkForm 框架是用来实现客户端，表单通用验证功能的一个实用 JavaScript 框架。不论是网页还是 Web 应用系统的开发，对于表单的验证是必不可少的。在众多的表单验证规则中，通常需要开发人员对验证的 JavaScript 脚本进行维护，而最终的验证代码都会显得重复，比如可能在多个表单里都需要验证是否允许输入非数字字符的判断，那就需要在不同的地方重复的编写类似的代码。使用 checkForm 可以很好的解决这个问题。几乎所有的验证，都可以通过简单的标签配置来实现。

要使用这个框架，需要以下的两个简单的步骤即可。

（1）将 checkform.js 程序文件放到需要实现通用表单验证的网页内。

（2）在需要验证的标签内设置三个属性：usage、exp、tip。

下面，先了解一下这个 checkform.js 程序文件的内容（本小节所有的代码保存在 checkform 文件夹下），代码如下所示。

//通用验证类

```
function CLASS_CHECK(){
    this.pass       = true;     //是否通过验证
    this.showAll    = true;     //是否显示所有的验证错误
    this.alert      = true; //报警方式（默认 alert 报警）
    this.message    = "";       //错误内容
    this.first      = null;     //在显示全部验证错误时的第一个错误控件（用于回到
焦点）
    this.cancel     = false;

    //定义内置格式
    var aUsage = {
        "int":"^([+-]?)\\d+$",                        //整数
        "int+":"^([+]?)\\d+$",                        //正整数
        "int-":"^-\\d+$",                             //负整数
        "num":"^([+-]?)\\d*\\.?\\d+$",                //数字
        "num+":"^([+]?)\\d*\\.?\\d+$",                //正数
        "num-":"^-\\d*\\.?\\d+$",                     //负数
        "float":"^([+-]?)\\d*\\.\\d+$",               //浮点数
        "float+":"^([+]?)\\d*\\.\\d+$",               //正浮点数
        "float-":"^-\\d*\\.\\d+$",                    //负浮点数
                                                      //邮件

"email":"^\\w+((-\\w+)|(\\.\\w+))*\\@[A-Za-z0-9]+((\\.|-)[A-Za-z0-9]+)*\
```

```
\.[A-Za-z0-9]+$",
            "color":"^#[a-fA-F0-9]{6}",                       //颜色
            "url":"^http[s]?:\\/\\/([\\w-]+\\.)+[\\w-]+([\\w-./?%&=]*)?$",
    //联接
            "chinese":"^[\\u4E00-\\u9FA5\\uF900-\\uFA2D]+$",//仅中文
            "ascii":"^[\\x00-\\xFF]+$",                       //仅 ACSII 字符
            "zipcode":"^\\d{6}$",                             //邮编
            "mobile":"^0{0,1}13[0-9]{9}$",                    //手机

    "ip4":"^\(([0-1]?\\d{0,2})|(2[0-5]{0,2}))\\.(([0-1]?\\d{0,2})|(2[0-5]{0,
2}))\\.(([0-1]?\\d{0,2})|(2[0-5]{0,2}))\\.(([0-1]?\\d{0,2})|(2[0-5]{0,2}))$",
              //ip 地址
            "notempty":"^[^ ]+$",                             //非空
            "picture":"(.*)\\.(jpg|bmp|gif|ico|pcx|jpeg|tif|png|raw|tga)$",
    //图片
            "rar":"(.*)\\.(rar|zip|7zip|tgz)$",               //压缩文件
            "date":"^\\d{4}(\\-|\\/|\.)\\d{1,2}\\1\\d{1,2}$"    //日期
        };

        //默认消息
        var aMessage =  {
            "int"    :"请输入整数",                          //整数
            "int+"   :"请输入正整数",                        //正整数
            "int-"   :"请输入负整数",                        //负整数
            "num"    :"请输入数字",                          //数字
            "num+"   :"请输入正数",                          //正数
            "num-"   :"请输入负整数",                        //负数
            "float"  :"请输入浮点数",                        //浮点数
            "float+":"请输入正浮点数",                       //正浮点数
            "float-":"请输入负浮点数",                       //负浮点数
            "email"  :"请输入正确的邮箱地址",                //邮件
            "color"  :"请输入正确的颜色",                    //颜色
            "url"    :"请输入正确的连接地址",                //联接
            "chinese":"请输入中文",                          //中文
            "ascii"  :"请输入 ascii 字符",                   //仅 ACSII 字符
            "zipcode":"请输入正确的邮政编码",                //邮编
            "mobile":"请输入正确的手机号码",                 //手机
            "ip4"    :"请输入正确的 IP 地址",                //IP 地址
            "notempty":"不能为空",                           //非空
            "picture":"请选择图片",                          //图片
            "rar"    :"请输入压缩文件",                      //压缩文件
            "date"   :"请输入正确的日期"                     //日期
        };

        var me = this;
```

```
    me.checkForm = function(oForm){
        me.pass     = true;
        me.message  = "";
        me.first    = null;

        if(me.cancel==true){
            return true;
        }

        var els = oForm.elements;
        //遍历所有表元素
        for(var i=0;i<els.length;i++){
            //取得格式
            var sUsage  = els[i].getAttribute("Usage");
            var sReg    = "";

            //如果设置 Usage，则使用内置正则表达式，忽略 Exp
            if(typeof(sUsage)!="undefined"&&sUsage!=null){
            //如果 Usage 在表达式里找到，则使用内置表达式，无则认为是表达式；表达式可
以是函数；
                if(aUsage[sUsage]!=null){
                    sReg = aUsage[sUsage];
                } else {
                    try {
                        if(eval(sUsage)==false){
                            me.pass     = false;
                            if(me.first==null){
                                me.first    = els[i];
                            }

                            addMessage(getMessage(els[i]));

                            if(me.showAll==false){
                                setFocus(els[i]);
                                break;
                            }
                        }
                    } catch(e){
                        alert("表达式[" + sUsage +"]错误:" + e.description)
                        return false;
                    }
                }
            } else {
                sReg = els[i].getAttribute("Exp");
            }
```

```
            if(typeof(sReg)!="undefined"&&sReg!=null){
                //对于失效状态不验证
                if(isDisabled(els[i])==true){
                    continue;
                }

                //取得表单的值,用通用取值函数
                var sVal = getValue(els[i]);
                //字符串->正则表达式,不区分大小写
                var reg = new RegExp(sReg,"i");
                if(!reg.test(sVal)){
                    me.pass     = false;
                    if(me.first==null){
                        me.first    = els[i];
                    }

                    //alert(reg);
                    //验证不通过,弹出提示 warning
                    var sTip = getMessage(els[i]);

    if(sTip.length==0&&typeof(sUsage)!="undefined"&&sUsage!=null&&aMessage[s
Usage]!=null){
                        sTip = aMessage[sUsage];
                    }
                    addMessage(sTip);

                    if(me.showAll==false){
                        //该表单元素取得焦点,用通用返回函数
                        setFocus(els[i]);
                        break;
                    }
                }
            }
        }

        if(me.pass==false){
            showMessage();

            if(me.first!=null&&me.showAll==true){
                setFocus(me.first);
            }
        }

        return me.pass;
    }
```

```
/*
 *  添加错误信息
 */
function addMessage(msg){
    if(me.alert==true){
        me.message += msg + "\n";
    } else {
        me.message += msg + "<br>";
    }
}

/*
 *  显示错误
 */
function getMessage(els){
    var sTip = els.getAttribute("tip");
    if(typeof(sTip)!="undefined"&&sTip!=null){
        return sTip;
    } else {
        return "";
    }
}


/*
 *  显示错误
 */
function showMessage(){
    //外接显示错误函数
    if(typeof(me.showMessageEx)=="function"){
        return me.showMessageEx(me.message);
    }

    if(me.alert==true){
        alert(me.message);
    } else {
        var divTip;
            divTip = document.getElementById("divErrorMessage");
        try {
            if(typeof(divTip)=="undefined"||divTip==null){
                    divTip = document.createElement("div");
                    divTip.id   = "divErrorMessage";
                    divTip.name = "divErrorMessage";
                    divTip.style.color  = "red";
                    document.body.appendChild(divTip);
            }
```

```
            divTip.innerHTML = me.message;
        }catch(e){}
    }
}

/*
 *  获得元素是否失效（失效的元素不做判断）
 */
function isDisabled(el){
    //对于 radio,checkbox 元素，只要其中有一个非失效元素就验证
    if(el.type=="radio"||el.type=="checkbox"){
        //取得第一个元素的 name,搜索这个元素组
        var tmpels = document.getElementsByName(el.name);
        for(var i=0;i<tmpels.length;i++){
            if(tmpels[i].disabled==false){
                return false;
            }
        }
        return true;
    }else{
        return el.disabled;
    }
}


/*
 *  取得对象的值（在单选、多选框中把其选择的个数作为需要验证的值）
 */
function getValue(el){
    //取得表单元素的类型
    var sType = el.type;
    switch(sType){
        //文本输入框,直接取值 el.value
        case "text":
        case "hidden":
        case "password":
        case "file":
        case "textarea": return el.value;
        //单选、多选下拉菜单,遍历所有选项取得被选中的个数返回结果"0"表示选中一
个，"00"表示选中两个
        case "checkbox":
        case "radio": return getRadioValue(el);
        case "select-one":
        case "select-multiple": return getSelectValue(el);
    }
```

```
            //取得 radio,checkbox 的选中数,用"0"来表示选中的个数,在写的时候就可以通过
0{1,}来表示选中个数
            function getRadioValue(el){
                var sValue = "";
                //取得第一个元素 name,并搜索这个元素组
                var tmpels = document.getElementsByName(el.name);
                for(var i=0;i<tmpels.length;i++){
                    if(tmpels[i].checked){
                        sValue += "0";
                    }
                }
                return sValue;
            }
            //取得 select 选中个数,用"0"来表示选中的个数,在写的时候就可以通过 0{1,}来表
示选中个数
            function getSelectValue(el){
                var sValue = "";
                for(var i=0;i<el.options.length;i++){
                    //单选下拉框, 提示选项设置为 value=""
                    if(el.options[i].selected && el.options[i].value!=""){
                        sValue += "0";
                    }
                }
                return sValue;
            }
        }

        /*
         *  对没有通过验证的元素设置焦点
         */
        function setFocus(el){
            //取得表单元素的类型
            var sType = el.type;
            switch(sType){
                //文本输入框,光标定位在文本输入框的末尾
                case "text":
                case "hidden":
                case "password":
                case "file":
                case "textarea":
                    try{el.focus();var    rng    =    el.createTextRange();
rng.collapse(false); rng.select();}catch(e){};
                    break;

                //单选、多选,第一选项非失效控件取得焦点
                case "checkbox":
```

```
            case "radio":
                var els = document.getElementsByName(el.name);
                for(var i=0;i<els.length;i++){
                    if(els[i].disabled == false){
                        els[i].focus();
                        break;
                    }
                }
                break;
            case "select-one":
            case "select-multiple":
                el.focus();
                break;
        }
    }


    //自动绑定到所有 form 的 onsubmit 事件
    if(window.attachEvent){
        window.attachEvent("onload",function()
                                    {
                                        for(var
i=0;i<document.forms.length;i++){
                                            var        theFrom           =
document.forms[i];
                                                function mapping(f){

    f.attachEvent("onsubmit",function(){return me.checkForm(f);});
                                                }

                                                if(theFrom){
                                                    mapping(theFrom);

    theFrom.attachEvent("onclick",function(){

                        var o = event.srcElement;

                        if(typeof(o.type)!="undefined"){

                            var check = o.getAttribute("check");


    if(typeof(check)!="undefined"&&check!=null&&check.toLowerCase()=="false"
){

                                    me.cancel = true;
```

```
                        }

                    }

                }

   );
                                                                }
                                                        }
                                                    }
                                            );

        }
        else
        {
            window.onsubmit        =        function(e){var        theFrom        =
e.target;if(theFrom){return me.checkForm(theFrom);}}
            window.addEventListener("click",function(e){var o = e.target;

    if(typeof(o.type)!="undefined"){
                                                                        var    check    =
o.getAttribute("check");

    if(typeof(check)!="undefined"&&check!=null&&check.toLowerCase()=="false"
){me.cancel = true;}    }},false);
        }

        this.keyCheck = function(){
            if(window.attachEvent){
                window.attachEvent("onload",function(){for(var
i=0;i<document.forms.length;i++){var      theFrom      =      document.forms[i];
if(theFrom){myKeyCheck(theFrom);}}});
            }else{
                window.addEventListener("load",function(e){for(var
i=0;i<document.forms.length;i++){var      theFrom      =      document.forms[i];
if(theFrom){myKeyCheck(theFrom);}}},false);
            }

            function myKeyCheck(oForm){
                var els = oForm.elements;
                //遍历所有表元素
                for(var i=0;i<els.length;i++){
                    //取得格式
                    var sUsage  = els[i].getAttribute("Usage");
```

```
                    //如果设置 Usage，则使用内置正则表达式，忽略 Exp
                    if(typeof(sUsage)!="undefined"&&sUsage!=null){
                        switch(sUsage.toLowerCase ()){
                            case "zipcode":
                            case "int":
                                els[i].onkeypress    =          function(e){var
chr;if(e)chr=e.charCode; else chr=window.event.keyCode;if(chr==0)return true;
else                                                                  return
/\d/.test(String.fromCharCode(chr))||(this.value.indexOf('+')<0?String.fromC
harCode(chr)=="+":false)||(this.value.indexOf('-')<0?String.fromCharCode(chr
)=="-":false);}
                                els[i].onpaste          =
function(e){if(e==null)return     !clipboardData.getData('text').match(/\D/);
else return false;}
                                els[i].ondragenter  =      function(e){return
false;}
                                els[i].style.imeMode= "disabled";
                                break;
                            case "mobile":
                            case "int+":
                                els[i].onkeypress    =          function(e){var
chr;if(e)chr=e.charCode; else chr=window.event.keyCode;if(chr==0)return true;
else                                                                  return
/\d/.test(String.fromCharCode(chr))||(this.value.indexOf('+')<0?String.fromC
harCode(chr)=="+":false);}
                                els[i].onpaste          =
function(e){if(e==null)if(e==null)return !clipboardData.getData('text').matc
h(/\D/); else return false; else return false;}
                                els[i].ondragenter  =      function(e){return
false;}
                                els[i].style.imeMode= "disabled";
                                break;
                            case "int-":
                                els[i].onkeypress    =          function(e){var
chr;if(e)chr=e.charCode; else chr=window.event.keyCode;if(chr==0)return true;
else                                                                  return
/\d/.test(String.fromCharCode(chr))||(this.value.indexOf('-')<0?String.fromC
harCode(chr)=="-":false);}
                                els[i].onpaste          =
function(e){if(e==null)return     !clipboardData.getData('text').match(/\D/);
else return false;}
                                els[i].ondragenter  =      function(e){return
false;}
                                els[i].style.imeMode= "disabled";
                                break;
```

```
                        case "float":
                        case "num":
                            els[i].onkeypress    =          function(e){var
chr;if(e)chr=e.charCode; else chr=window.event.keyCode;if(chr==0)return true;
else return /[\+\-\.]|\d/.test(String.fromCharCode(chr));}
                            els[i].onpaste      =
function(e){if(e==null)return    !clipboardData.getData('text').match(/\D/);
else return false;}
                            els[i].ondragenter  =      function(e){return
false;}
                            els[i].style.imeMode= "disabled";
                            break;
                        case "float+":
                        case "num+":
                            els[i].onkeypress    =          function(e){var
chr;if(e)chr=e.charCode; else chr=window.event.keyCode;if(chr==0)return true;
else return /[\+\.]|\d/.test(String.fromCharCode(chr));}
                            els[i].onpaste      =
function(e){if(e==null)return    !clipboardData.getData('text').match(/\D/);
else return false;}
                            els[i].ondragenter  =      function(e){return
false;}
                            els[i].style.imeMode= "disabled";
                            break;
                        case "float-":
                        case "num-":
                            els[i].onkeypress    =          function(e){var
chr;if(e)chr=e.charCode; else chr=window.event.keyCode;if(chr==0)return true;
else return /[\-\.]|\d/.test(String.fromCharCode(chr));}
                            els[i].onpaste      =
function(e){if(e==null)return    !clipboardData.getData('text').match(/\D/);
else return false;}
                            els[i].ondragenter  =      function(e){return
false;}
                            els[i].style.imeMode= "disabled";
                            break;
                        case "ascii":
                            els[i].style.imeMode= "disabled";
                            break;
                        case "ip4":
                            els[i].onkeypress    =          function(e){var
chr;if(e)chr=e.charCode; else chr=window.event.keyCode;if(chr==0)return true;
else return /[\.]|\d/.test(String.fromCharCode(chr));}
                            els[i].onpaste      =
function(e){if(e==null)return    !clipboardData.getData('text').match(/\D/);
else return false;}
```

```
                    els[i].ondragenter  =       function(e){return
false;}
                    els[i].style.imeMode= "disabled";
                    els[i].maxLength    = 15;
                    break;
                case "color":
                    els[i].onkeypress   =          function(e){var
chr;if(e)chr=e.charCode; else chr=window.event.keyCode;if(chr==0)return true;
else                                                            return
/[a-fA-Z]|\d/.test(String.fromCharCode(chr))||(this.value.indexOf('#')<0?Str
ing.fromCharCode(chr)=="#":false);}
                    els[i].onpaste      =
function(e){if(e==null)return    !clipboardData.getData('text').match(/\D/);
else return false;}
                    els[i].ondragenter  =       function(e){return
false;}
                    els[i].maxLength    = 7;
                    els[i].style.imeMode= "disabled";
                    break;
                case "date":
                    els[i].onkeypress   =          function(e){var
chr;if(e)chr=e.charCode; else chr=window.event.keyCode;if(chr==0)return true;
else return /[\/\-\.]|\d/.test(String.fromCharCode(chr));}
                    els[i].onpaste      =
function(e){if(e==null)return    !clipboardData.getData('text').match(/\D/);
else return false;}
                    els[i].ondragenter  =       function(e){return
false;}
                    els[i].style.imeMode= "disabled";
                    break;
                }
            }
        }
    }
  }

}

//初始化
var g_check = new CLASS_CHECK();
    g_check.keyCheck();
```

了解程序文件后，接下来将通过几个具体的实例来说明如何使用这个通用表单验证框架。在前面的讲解中，提到三个在需要验证的标签内设置的属性 usage、exp 和 tip，在开始具体的实例之前，对这三个属性的含义进行说明。

（1）usage 属性指定了验证的类型。比如验证是否为数字、验证是否为字母等。现有的所有属性列举如表 15.3 所示。

表 15.3 usage 属性列表

属性	说明
int	整数
int+	正整数
int-	负整数
num	数字
num+	正数
num-	负数
float	浮点数
float+	正浮点数
float-	负浮点数
email	邮件
color	颜色
url	url地址
chinese	仅中文
ascii	仅ascii码
zipcode	邮编
mobile	手机
ip4	IP地址
notempty	非空
picture	图片
rar	压缩文件
date	日期

从表 15.3 中可以看到，目前支持 21 种验证方式，如果需要对标签验证某种对应的方式，直接将 usage 属性值设置为列表中的验证方式即可，如下所示。

```
<input name="nn" usage="int">
```

以上代码中设置了要验证输入框内的内容为整数。

值得额外说明的是，usage 还能赋予函数属性，即把一个自定义的验证函数赋值给这个属性，如下所示。

```
<input name="nn" usage="checkMe()">
```

以上代码中按照 checkMe 这个自定义函数的验证规则进行验证。大大增加了验证的灵活性。

（2）exp 属性用来实现自定义的验证。只需要把 exp 的属性值设置为正则表达式串即可。正则表达式是一种用特定字符组合表示通用字符串规则的方法，具体内容请查阅正则表达式相关资料。以下是几个正则表达式的例子。

```
^[\s|\S]{20,}$                //20 个字以上
[^ ]+                         //非空
^\d{4}\-\d{1,2}-\d{1,2}$      //形如：yyyy-mm-dd 的日期格式
```

使用自定义的正则表达式规则，可以自定义 usage 属性中设置验证规则以外的规则，如下所示。

```
<input type="file" name="pic" exp="(.*)(\.jpg|\.bmp)$">
```

以上代码规定了该输入框内的文件路径后缀必须是 jpg 或者 bmp。

（3）tip 属性可用来设置提示内容。这里需要特别说明的是，在 usage 中对应的验证，如果不设置 tip 属性，会有对应的默认提示。如果设置了 tip 属性，当验证不通过时，会提示在 tip 中设置的内容。如下面的代码所示。

```
<input name=number tip="电话号码含有非法字符" exp="^\d+$">
```

如果验证不通过时，则会按照设置的 tip 属性内容，提示“电话号码含有非法字符”。

在了解三个属性的意义之后，下面结合具体的实例进行说明。

（1）基本表达式测试。

本例的示例文件见 15-2.html，代码如下所示。

```
<HTML>
<title>基本表达式测试</title>
<meta http-equiv="Content-Type" content="text/html; charset=gb2312">
<HEAD>
<SCRIPT language=JavaScript src="checkform.js"></script>
<SCRIPT language=JavaScript>
function test()
{
    return
document.getElementById('password').value==document.getElementById('rpasswor
d').value;
}
</SCRIPT>

</HEAD>
<BODY>基本表达式测试:
<FORM name=form1 >
    test:<INPUT name=test>不验证<BR>
    姓名:<INPUT name=user Tip="姓名不能为空" Exp="" disabled=true>Disabled
不验证<BR>
    账号:<INPUT name=id Tip="账号不能为空" Exp="[^ ]+">不能为空<BR>
    IP:<INPUT name=iP usage="ip4">ip<BR>
    数字<INPUT name="nn" usage="int" tip="error">num<br>
    <INPUT type=submit value=提交 FORM1 查询内容>
</form>
<form name=form2>
    数字<INPUT name="nn" usage="int">num<br>
    密码:<INPUT type=password id="password" name=password Tip="密码六位以上
" usage="notempty" Exp="\S{6,}">六位以上<BR>
    重复密码 <INPUT type=password id="rpassword" name=rpassword
usage="test()" tip="重复密码不一致！" >重复密码<BR>
    电话:<INPUT name=number Tip="电话号码含有非法字符" Exp="^\d+$"><BR>
    相片上传:<INPUT type=file name=pic Tip="相片应该为 JPG,BMP 格式的"
Exp="(.*)(\.jpg|\.bmp)$"><BR>
    出生日期:<INPUT name=dt Tip="日期格式 2004-08-10" Exp="^\d{4}\-
\d{1,2}-\d{1,2}$">日期格式 2004-08-10<BR>
```

```
        省份: <SELECT name=sel Tip="请选择所在省份" Exp="^0$"><OPTION value="" selected>请选择<OPTION value=1>福建省<OPTION value=2>湖北省</OPTION></SELECT><BR>
        选择你喜欢的运动:<BR>游泳<INPUT type=checkbox name=c Tip="请选择 2 项或以上" Exp="^0{2,}$" disabled> 篮 球 <INPUT type=checkbox name=c> 足 球 <INPUT type=checkbox name=c> 排球<INPUT type=checkbox name=c> <BR>
        你的学历: 大学<INPUT type=radio name=r Tip="请选择一项学历" Exp="^0$"> 中学<INPUT type=radio name=r> 小学<INPUT type=radio name=r> <BR>
        个人介绍: <TEXTAREA name=txts Tip="个人介绍不能为空,且不少于 20 字" Exp="^[\s|\S]{20,}$"></TEXTAREA>20 个字以上
        <INPUT type=BUTTON value= 提 交 FORM2 查 询 内 容 onclick="if(g_check.checkForm(this.form))alert();">
    </FORM>
    </BODY>
    </HTML>
```

运行以上代码后如图 15.4 所示。单击“提交 FORM1 查询内容”按钮后如图 15.5 所示。

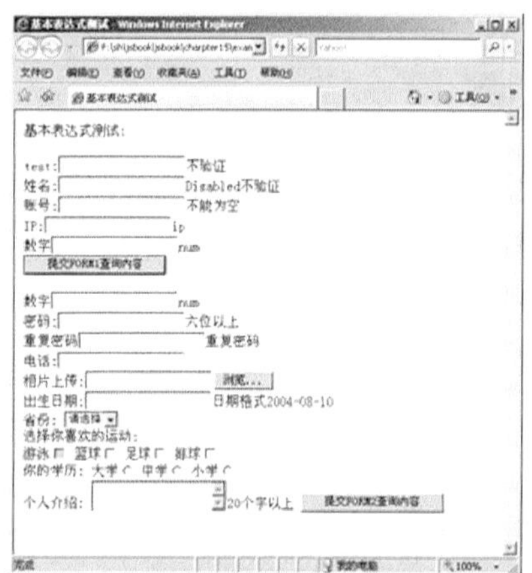

图 15.4　基本验证示例

图 15.5　单击“提交 FORM1 查询内容”按钮后情况

在图 15.5 中可以看到，按照设置的验证规则提示了验证结果。

单击“提交 FORM2 查询内容”按钮后如图 15.6 所示。

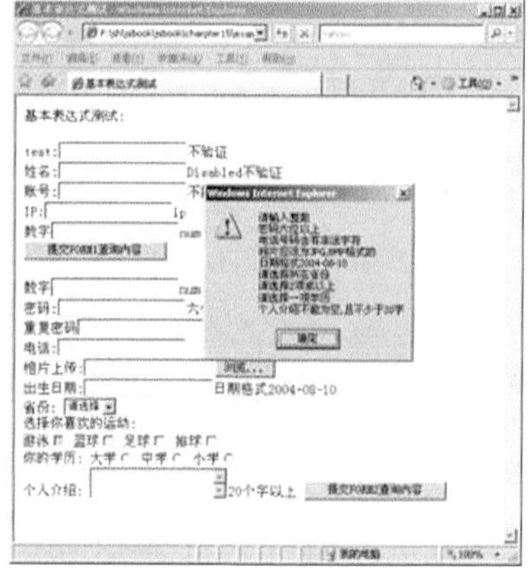

图 15.6　单击“提交 FORM2 查询内容”按钮后的情况

以上是基本验证测试的结果，可以看到对于复杂的表单，设置验证变得非常容易。

（2）内置表达式测试。

本例主要针对 usage 内置的属性验证进行测试，示例文件见 15-3.html，代码如下所示。

```
<HTML>
<title>内置表达式测试</title>
<meta http-equiv="Content-Type" content="text/html; charset=gb2312">
<HEAD>
<SCRIPT language=JavaScript src="checkform.js"></script>
</HEAD>
<BODY>内置表达式测试:
<FORM name=form1 >

   账号:<INPUT name=id usage="notempty" tip='帐号不能为空！'>不能为空<BR>
   整数:<INPUT usage="int" >46<BR>
   正整数:<INPUT usage="int+" >13 试试能不能输入非数字<BR>
   负整数:<INPUT usage="int-" >-45<BR>
   浮点数:<INPUT usage="float" >56.4<BR>
   正浮点数:<INPUT usage="float+" >1.0<BR>
   负浮点数:<INPUT usage="float-" >-1.0<BR>
   数字:<INPUT usage="num" >345<BR>
   正数:<INPUT usage="num+" >+1<BR>
   负数:<INPUT usage="num-" >-1.0<BR>
   邮箱:<INPUT  usage="email">ttyp@21cn.com<BR>

   颜色:<INPUT  usage="color">#f0f0f0<BR>
   连接:<INPUT  usage="url">http://www.cnblogs.com/ttyp<BR>

   中文:<INPUT  usage="chinese">只能中文<BR>
   ascii:<INPUT  usage="ascii">只能 abc<BR>

   邮编:<INPUT  usage="zipcode">200083<BR>
   手机:<INPUT  usage="mobile">13678452345<BR>
   IP:<INPUT  usage="ip4">192.168.0.1<BR>
   图片:<INPUT type=file usage="picture">c:\a.jpg<BR>
   压缩文件:<INPUT type=file usage="rar">c:\a.rar<BR>
   日期:<INPUT usage="date">2005-04-12<BR>
   <INPUT type=submit value=提交查询内容>
   <INPUT type=reset value=重置>
</FORM>
</BODY>
</HTML>
```

运行以上代码后，如图 15.7 所示。单击“提交查询内容”按钮后，如图 15.8 所示。

通过以上的两个实例，了解 checkform 的用法后，可以看出来，使用 checkform 通用验证框架是非常简单的。在 checkform 文件夹下，还准备了 5 个示例文件（demo1.html—demo5.html），分别针对 checkform 做了更多的示例，感兴趣的读者可以试验一下。

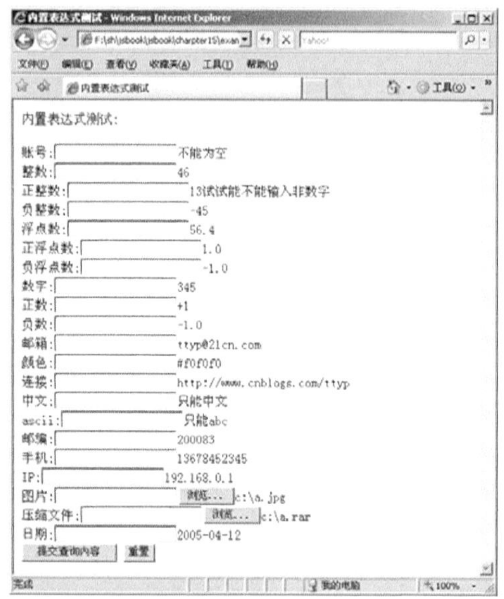

图 15.7　内置表达式测试

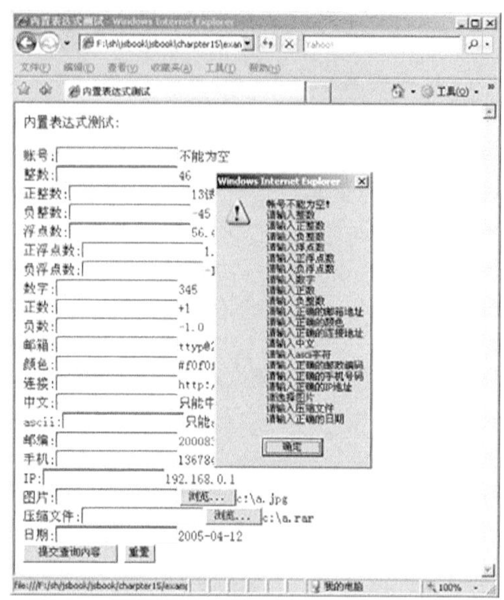

图 15.8　单击“提交查询内容”按钮后的情况

15.1.3　相关资源

下面将对常见的 Ajax 框架进行汇总介绍，本小节的主要内容源于 AJAX Patterns 网站的一篇《Ajax Frameworks》的 wiki 文章，介于篇幅有限，本小节仅列出一个目录，具体请查看网上资源，网址“http://www.duduwolf.com/post/AJAX_Frameworks.asp”，更多的资源可查看资源“http://ajaxpatterns.org/wiki/index.php?title=AJAXFrameworks”。

目录如下所示。

1 Pure Javascript: Application Frameworks

1.1 Bindows

1.2 BackBase

1.3 DOJO

1.4 Open Rico

1.5 qooxdoo

1.6 Tibet

1.7 AJFORM

2 Pure Javascript: Infrastructural Frameworks

2.1 AjaxCaller

2.2 Flash JavaScript Integration Kit

2.3 Google AJAXSLT

2.4 HTMLHttpRequest

2.5 Interactive Website Framework

2.6 LibXMLHttpRequest

2.7 MAJAX

2.8 RSLite

2.9 Sack
2.10 Sarissa
2.11 XHConn
3 Server-Side: Multi-Language
3.1 Cross-Platform Asynchronous INterface Toolkit
3.2 SAJAX
3.3 Javascipt Object Notation (JSON) and JSON-RPC
3.4 Javascript Remote Scripting (JSRS)
3.5 Bitkraft for ASP.NET
4 Server-Side: Java
4.1 WebORB for Java
4.2 Echo 2
4.3 Direct Web Remoting (DWR)
4.4 SWATO
4.5 AJAX JSP Tag Library
4.6 AJAX Java Server Faces Framework
5 Server-Side: Lisp
5.1 CL-Ajax
6 Server-Side: .NET
6.1 WebORB for .NET
6.2 Ajax.NET
6.3 ComfortASP.NET
6.4 AjaxAspects
7 Server-Side: PHP
7.1 AjaxAC
7.2 JPSpan
7.3 XAJAX
8 Server-Side: Ruby
8.1 Ruby On Rails

15.2 jQuery 框架

jQuery 是 JavaScript 语言的一种新的框架，使用 jQuery 能快速、简洁的使用 HTML，documents，handle events，perform animations，并且可以把 Ajax 交互应用到网页中。jQuery 能够改变书写 JavaScript 的方式，更值得一提的是，它是一个跨浏览器的框架，使用 jQuery 完全不用考虑浏览器的种类，而去编写针对多种浏览器的多余代码。jQuery 的口号是——The Write Less, Do More.

15.2.1 jQuery 框架介绍

jQuery 函数库是一个新兴的框架，很多的开发人员基于 jQuery 还编写了一系列插件，实现了很多非常好用的功能。jQuery 能够实现的功能很多，在 jQuery 的文档内也说得比较明确，从官方网站也能下载到很多的例子，国内的开发者也建立了 jQuery 中文社区，也有很多热心的开发人员对英文文档进行了翻译工作。在后面有关 jQuery 的章节里，不会大篇幅的摘录这些文档，主要从中摘录一些简明扼要的例子，让读者体验一下使用 jQuery 进行 JavaScript 的书写方式。关于 jQuery 的文档及相关资源的网络地址，将会在后面章节中介绍。

jQuery 框架只有一个文件“jquery.js”。可以从官方网站下载到最新的版本，官方网站提供了两个格式的文件提供下载，一个是没有经过压缩的源文件，另一个是经过压缩以后的文件。压缩的主要目的是大大减少文件的大小，加快网页加载速度。要使用 jQuery 框架，毫无疑问需要在网页包含这个文件，为了区别是否压缩，文件的名称可能会稍作修改，如下所示。

```
<script type="text/javascript" src="http://code.jquery.com
/jquery-latest.pack.js"></script>
```

15.2.2 jQuery 框架示例

本小节会列举应用 jQuery 框架制作的几个示例，部分例子从 jquery.org.cn 上摘录，为了配合讲解，做了一定的修改。

（1）比 window.onload 更快一些的载入。

通常情况下，JavaScript 的程序员会使用 window.onload()方法来试图缩减客户端页面载入的时间。但是在有的时候，却并不理想。jQuery 提供了一个用来作为 DOM 快速载入 JavaScript 的小函数——ready()，它在页面加载完成之前执行。使用 ready 函数的格式如下所示。

```
$(document).ready(function(){
// 在这里书写加载完成前需要执行的代码
});
```

如果需要在加载完毕后弹出一个提示框，则如下所示。

```
$(document).ready(function(){
alert("恭喜! ");
});
```

当然，在 ready 函数体内，可以书写任意的 JavaScript 代码，在这个里面，不需要遵循 jQuery 的书写方式。在随着对 jQuery 的学习和了解，会发现 ready 函数已经被广泛而频繁的使用。所以，必须要记住这个函数。

（2）简单的实现双色表格。

本例主要讲解 jQuery 对样式的控制，文件如下 jquery/tablecolor.html，代码如下所示。

```
<!DOCTYPE html PUBLIC "-//W3C//DTD XHTML 1.0 Transitional//EN"
"http://www.w3.org/TR/xhtml1/DTD/xhtml1-transitional.dtd">
<html xmlns="http://www.w3.org/1999/xhtml">
<head>
<meta http-equiv="Content-Type" content="text/html; charset=gb2312" />
```

```
    <title>双色表格</title>
    <script type="text/javascript" src="http://code.jquery.com/jquery-latest.
pack.js"></script>
    <!--将 jQuery 引用进来-->
    <script type="text/javascript">
    //这个就是 ready
    $(document).ready(function(){
            //如果鼠标移到 class 为 stripe 的表格的 tr 上时，执行函数
            $(".stripe tr").mouseover(function(){
                $(this).addClass("over");}) //添加该行的 class
            //如果鼠标移出 class 为 stripe 的表格的 tr 上时，执行函数
            $(".stripe tr").mouseout(function(){
                $(this).removeClass("over"); })//移除该行的 class
          $(".stripe tr:even").addClass("alt");
                //给 class 为 stripe 的表格的偶数行添加 class 值为 alt
    });
    </script>
    <style>
    th {
          background:#0066FF;
          color:#FFFFFF;
          line-height:20px;
          height:30px;
    }
    td {
          padding:6px 11px;
          border-bottom:1px solid #95bce2;
          vertical-align:top;
          text-align:center;
    }
    td * {
          padding:6px 11px;
    }
    tr.alt td {
          background:#ecf6fc;  /*这行将给所有的 tr 加上背景色*/
    }
    tr.over td {
          background:#bcd4ec;  /*这个将是鼠标高亮行的背景色*/
    }
    </style>
    </head>
    <body>
    <table    class="stripe"    width="90%"    align="center"    border="0"
cellspacing="0" cellpadding="0">
```

```
<!--用 class="stripe"来标识需要使用该效果的表格-->
<thead>
  <tr>
    <th>姓名</th>
    <th>年龄</th>
  </tr>
</thead>
<tbody>
  <tr>
    <td>小明</td>
<td>23</td>
  </tr>
  <tr>
    <td>小明</td>
    <td>23</td>
  </tr>
  <tr>
    <td>小明</td>
    <td>23</td>
  </tr>
  <tr>
    <td>小明</td>
    <td>23</td>
  </tr>
</tbody>
</table>
</body>
</html>
```

以上的代码，同样是借助 ready 函数，给 tr 设置了随鼠标效果改变样式的代码。在浏览器中可以如图 15.9 所示。

鼠标移上去后，ready 函数里设置的样式效果生效，效果如图 15.10 所示。

图 15.9　双色表格示例

图 15.10　双色表格鼠标移上效果

15.2.3 jQuery 的插件介绍——Thickbox

jQuery 提供了丰富的程序库，很多的开发人员，基于 jQuery 框架，编写了一系列的插件，用来提升某一个方面的效果。下面主要针对一个比较典型的网页对话窗体 UI 插件做一个介绍，它就是 thickbox，它可以用来展示单一图片，若干图片，内嵌的内容，iframed 的内容，或以 AJAX 的混合 modal 提供的内容。它有如下的特性：

◎ ThickBox 是用超轻量级的 jQuery 库编写的。压缩过 jQuery 库只 15k，未压缩过的有 39k。

◎ ThickBox 的 JavaScript 代码和 CSS 文件只占 12k。所以压缩过的 jQuery 代码和 ThickBox 总共只有 27k。

◎ ThickBox 能重新调整大于浏览器窗口的图片。

◎ ThickBox 的多功能性包括（图片，iframed 的内容，内嵌的内容，AJAX 的内容）。

- ✓ 展示单一图片（single image）。
- ✓ 展示图片集（multiple images）。
- ✓ 展示内嵌内容（inline content）。
- ✓ 展示被 iframe 的内容（iframed content）。
- ✓ 展示 AJAX 内容（AJAX content）。

◎ ThickBox 能隐藏 Windows IE6 里的元素。

◎ ThickBox 能在使用者滚动页面或改变浏览器窗口大小的同时始终保持居中。单击图片，覆盖层，或关闭链接能移除 ThickBox.。

具体的相关资料将在下一小节统一介绍。以下是几个示例截图。

（1）显示图片组。

从图 15.11 可以看到，图片居中显示在网页区域，其他部分遮罩显示，图片底部，显示了图片切换的链接，同时也显示了图片组的序号信息。

（2）显示内嵌内容。

图 15.12 显示了将一段文字内嵌在一个小窗体中的效果。

图 15.11 显示图片组

图 15.12 显示内嵌的内容

（3）显示 iframe。

图 15.13 显示了把 yahoo 主页嵌入 iframe 并显示在窗体中的情况。

图 15.13　显示 iframe

15.2.4　相关资源

以上章节讲解的示例，在官方网站或者作者的主页上，都能找到很多有用的资源，还能获取到最近更新的版本，下面做一个汇总。

（1）jQuery 相关资源。

◎　官方网站：http://jquery.com/

◎　中文社区 http://jquery.org.cn/

（2）Thickbox 资源。

◎　作者主页：http://www.codylindley.com/

◎　Thickbox 目前最新版本 Thickbox3.1：http://jquery.com/demo/thickbox/

◎　Thickbox2.0 中文翻译：http://www.blueidea.com/articleimg/2006/08/3912/thickbox.html

15.3　Prototype 框架及其他框架

在 JavaScript 的框架领域，还有一个比 jQuery 早出现的 Prototype 框架，也非常的优秀。Prototype 是目前应用最为广泛的 Ajax 开发框架之一，它的特点是功能实用而且尺寸较小，非常适合在中小型的 Web 应用中使用。开发 Ajax 应用需要编写大量的客户端 JavaScript 脚本，而 Prototype 框架可以大大地简化 JavaScript 代码的编写工作。和 jQuery 一样，Prototype 具备兼容各个浏览器的优秀特性，使用它可以不必考虑浏览器兼容性的问题。

Prototype 对 JavaScript 的内置对象（如 String 对象、Array 对象等）进行了很多有用的扩展，同时它也新增了不少自定义的对象，包括对 Ajax 开发的支持等都是在自定义对象中实现的。Prototype 可以帮助开发人员实现以下的目标。

◎　对字符串进行各种处理。

◎　使用枚举的方式访问集合对象。
◎　以更简单的方式进行常见的 DOM 操作。
◎　使用 CSS 选择符定位页面元素。
◎　发起 Ajax 方式的 HTTP 请求并对响应进行处理。
◎　监听 DOM 事件并对事件进行处理。

感兴趣的读者可以登录 Prototype 的官方网站 http://prototype.conio.net。在上面找到想要的各种说明文档、最新源码下载包、示例文件等等。

除了 Prototype 和 jQuery 框架外，还有更多优秀的框架。

15.4　小结

本章主要介绍了 JavaScript 的第三方框架，主要以 jQuery 框架为代表，对一些典型的框架进行了介绍，并提供了网络上的一些资源。

所谓的 JavaScript 框架其实就是 JavaScript 的程序库，规范化、标准化、通用化后逐渐发展成为受开发人员青睐的框架。

几个典型的框架是：微型的框架 Sack；通用表单验证框架；跨浏览器的优秀框架 jQuery 和 Prototype。

基于 jQuery 的插件 Thickbox 是一个网页 UI 对话框组件，更多的资源可以在官网 http://jquery.com 上获取。

15.5　进阶练习

目的：使用 jQuery 框架实现特定的效果。

要求：

◎　参照相关的网络资源，进行学习。
◎　独立编辑基于 jQuery 框架的一个网页。
◎　需要实现的效果要包含鼠标效果、链接效果、样式效果等。

第 16 章　JavaScript 的安全性

随着网络的飞速发展，网络已经渗入到了人们的生活中，网上购物、网上缴费、网上银行、网上订票、网上办公和审批，这些逐渐成了生活习惯。但是随之而来的是网络安全问题。经常会有新闻报道，某网站被黑客篡改，甚至连国家机关的政府门户网站也难逃黑客之手。一不小心就可能会中木马，游戏或者网上的密码被盗用，银行卡密码被获取。因此，网络的安全问题十分重要。由此出现了很多针对安全问题的产品和技术，例如软件防火墙、硬件防火墙、防篡改系统、SSL 协议等。但 JavaScript 是网页下载到本地计算机以后再进行执行，因此前面所述的技术和产品，很难对 JavaScript 的安全问题进行控制。本章主要针对 JavaScript 的安全所涉及的内容进行讲解。

16.1　JavaScript 的安全性

网页最初发展的时候，只是用来显示和定位文档和资源，是只读的，网页存储在远端的服务器上，通过网络传输到客户端的浏览器。随着程序设计语言的发展，比如 Java、.net、以及现在流行的 Ajax 技术，在网页里还能嵌入程序代码来帮助实现某些功能，比如调用数据库里的数据、启动本地计算机客户端程序等。正是因为程序在网页内的执行，随之而来的是各种安全隐患。

目前，JavaScript 的安全问题主要表现在以下几个方面。

（1）不让个人客户信息泄露。

（2）网页源代码不被修改。

（3）保护本地文件系统不被损坏和窃取。

（4）个人的收藏记录不被获取。

稍微具备网页编程能力的人都知道，使用浏览器的菜单，就能够查看到所浏览网页的源代码，虽然可以通过文件引用的方式把部分代码以单独文件的形式存放，但是同样能够从引用代码里查看到引用文件的路径，进行下载和查看。语法如下所示。

```
<script src="script/jquery.global.js"></script>
```

以上的代码，在网页里引用了一个 js 文件，同样可以通过查看到 src 属性的路径，从网页里下载到这个文件，进行查看，所以无法隐藏掉编写的 JavaScript 程序代码。这个最基本的问题就是可能使辛辛苦苦写来的程序，很容易就被别人窃取。通过分析程序，还能发现更多的秘密。除了能查看到源代码外，通过浏览器能访问的文件，很可能被黑客或者不法分子进行修改，或者利用它来窃取信息。严重的还会对系统造成破坏。同源策略和脚本的数字签名这两种安全特性能够用来保证代码不会被修改。数字签署的脚本还能够使用数字证书技术来验证脚本编写人的信任程度。

由于表单的使用，网页里通常会有一些客户信息，比如 E-mail 地址、联系电话、家庭住址、银行卡卡号及密码等；除此之外还有浏览器的收藏夹以及历史记录，这些都是能够获取信息的来源。根据这些信息，能够达到一定的商业或者其他的目的。JavaScript 程序没有安全上的缺陷，

JavaScript 为了保护隐私，包括了特权安全特性，能够保证某类浏览器信息被脚本访问，而另外的信息不能被脚本访问。具体的划分，是靠特权和签名的脚本来进行指定。

但 JavaScript 还缺乏某些功能，比如文件系统的操作。JavaScript 不像其他的多数语言程序一样，能够对文件进行创建、删除、修改。JavaScript 还不包含创建网络连接的功能。同时，JavaScript 也不能运行系统命令或者执行客户端的程序。前面章节讲到的 cookies 的使用，是 JavaScript 对客户机器信息进行操作的能力，但是同样有条件的限制，浏览器不允许 JavaScript 从不同的浏览器访问 cookies。

值得一提的是，不同的浏览器，支持的安全特性不同，这就需要针对不同的浏览器，考虑不同的安全特性。

16.2　同源策略

所谓同源策略，顾名思义就是控制来源。同源策略限制了一个窗口或者框架内的 JavaScript 代码，访问和操作客户计算机上另一个窗口或者框架内的网页。为了能够使得一个窗口或者框架，访问和操作另一个窗口或者框架的网页，需要满足以下条件。

（1）必须使用相同的协议，如 http。比如，来自“http://www.ds5u.com”和“https://www.ds5u.com”的两个页面就不能够使用 JavaScript 来相互访问和操作。

（2）必须在同一台服务器上。同源策略不像 cookies 那样，能够指定 domain 属性使得在同一个域下的网页能够共享 cookies。同源策略要求相互操作和访问的网页不仅要在同一个域下，还需要在同一台服务器上，如来自“http://www.ds5u.com”和“http://bbs.ds5u.com”的两个页面虽然在同一个域名“ds5u.com”下，但是处于不同的服务器如图 16.1 所示，仍然不允许相互访问和操作。

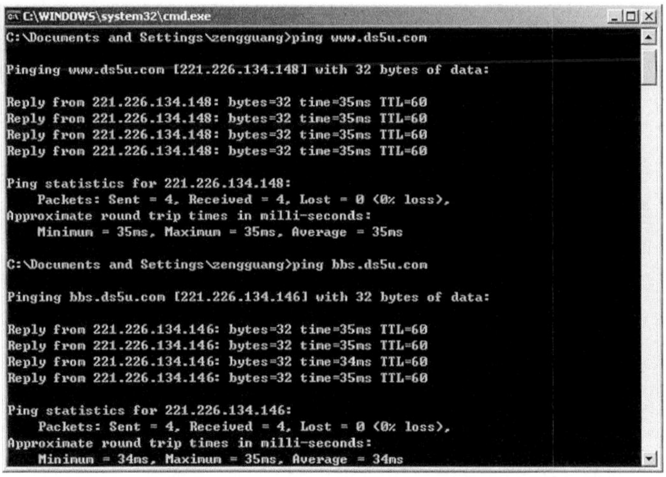

```
C:\WINDOWS\system32\cmd.exe
C:\Documents and Settings\zengguang>ping www.ds5u.com

Pinging www.ds5u.com [221.226.134.148] with 32 bytes of data:

Reply from 221.226.134.148: bytes=32 time=35ms TTL=60
Reply from 221.226.134.148: bytes=32 time=35ms TTL=60
Reply from 221.226.134.148: bytes=32 time=35ms TTL=60
Reply from 221.226.134.148: bytes=32 time=35ms TTL=60

Ping statistics for 221.226.134.148:
    Packets: Sent = 4, Received = 4, Lost = 0 (0% loss),
Approximate round trip times in milli-seconds:
    Minimum = 35ms, Maximum = 35ms, Average = 35ms

C:\Documents and Settings\zengguang>ping bbs.ds5u.com

Pinging bbs.ds5u.com [221.226.134.146] with 32 bytes of data:

Reply from 221.226.134.146: bytes=32 time=35ms TTL=60
Reply from 221.226.134.146: bytes=32 time=35ms TTL=60
Reply from 221.226.134.146: bytes=32 time=34ms TTL=60
Reply from 221.226.134.146: bytes=32 time=35ms TTL=60

Ping statistics for 221.226.134.146:
    Packets: Sent = 4, Received = 4, Lost = 0 (0% loss),
Approximate round trip times in milli-seconds:
    Minimum = 34ms, Maximum = 35ms, Average = 34ms
```

图 16.1　同一域下但位于不同服务器

从图 16.1 中可以看出，虽然两个域名都属于同一个域，但是处于不同的 IP 和服务器。

同源策略的这种安全特性，就阻止了恶意的脚本访问和修改其他窗口和框架的网页，支持同源策略的 JavaScript 的对象和属性如表 16.1 所示。

表 16.1　支持同源策略的 JavaScript 的对象和属性

对象	属性
document	读和写同时限制：Anchors、applets、cookies、domain、elements、embeds、forms、lastModified、length、links、referrer、title、URL、表单名 仅限制写：其他属性
Image	src、lowsrc
layer	src
location	all
window	find

如果违背了同源策略，试图操作不符合同源策略下的另一个窗口或者框架，JavaScript 会提示拒绝访问的错误，如图 16.2 所示。

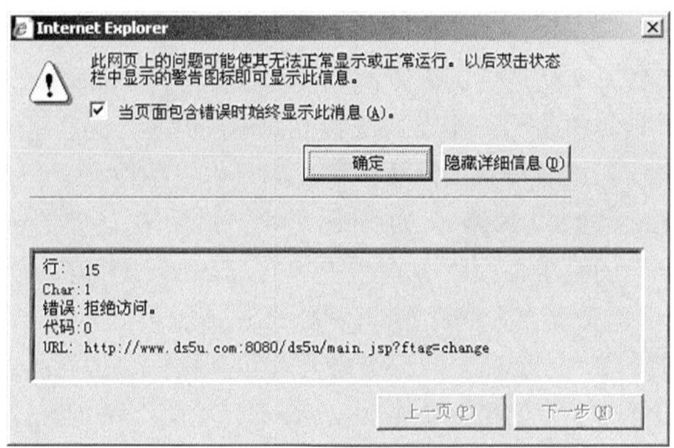

图 16.2　同源策略拒绝访问错误

同源策略的必要性是显而易见的，如果没有了同源策略的限制，那么将会带来非常严重的后果。比如正在访问的网站里弹出了一个广告窗口，这个广告窗口的网页存在于另一台服务器上，由广告编辑人员控制网页代码，如果没有同源策略的限制，那么只要对广告代码稍作修改，就能使正在访问的网站窗口内容或者地址发生改变。同样的道理，如果访问了一个恶意网站，这个网站就能试图通过 JavaScript 操作和访问用户所在局域网内的网页，这同样是不应该出现的。同源策略，正是在这些方面避免了很多安全问题的出现。下面通过一个示例来说明同源策略是如何生效的。这是一个框架文件，并且借助了互联网上的某个网页，文件如 16-1.html 和 16-1-top.html，文件 16-1.html 代码如下所示。

```
<html>
<head>
<title>同源策略示例 </title>
<frameset rows="100,*">
<frame name="topframe" src="16-1-top.html">
<frame name="bottomframe" src="http://www.163.com">
</frameset>
</head>
</html>
```

以上代码设置了两个框架，顶部框架设置了显示文件 16-1-top.html，底部框架设置显示"www.163.com"网站。

文件 16-1-top.html 代码如下所示。

```
<html>
<head>
<title>16-1-top.html</title>
<script language="JavaScript">
<!--
function changeurl(){
    parent.bottomframe.document.bgColor = "#efefef";
}
//-->
</script>
</head>
<body onload="changeurl()">
试图操作底部
</body>
</html>
```

在 16-1-top.html 文件里，试图通过 JavaScript 对“www.163.com”网站的背景颜色进行改变。在浏览器里访问主框架文件 16-1.html，页面会提示拒绝访问的错误，如图 16.3 所示。

图 16.3　同源策略示例

16.3　签名脚本和数字证书

JavaScript 实际上是在网页内运行的小程序，而且只在支持 JavaScript 的浏览器上才能够正常运行，使用者无法知道程序如何运行，在哪里运行？这和通常见到的 C/S 结构的客户端软件不一样。C/S 结构的客户端软件安装的时候会有安装引导界面提供一些必备的选项给用户，比如安装程序的位置、可选安装列表的选择等，安装完毕后，用户在需要时就会启动程序，有意识地运行软件。而 JavaScript 程序则不同，通常的情况下，访问一个不太熟悉的网站时，不知道这个网页里会有什么 JavaScript 程序代码，甚至很熟悉的网站也会经常更新，改变内容和方式。所以，为了控制 JavaScript 的程序发生作用，具有特权或者证书许可的程序才被允许执行。

JavaScript 的签名安全模式来源于 Java 签名对象安全模式，已经得到签名的 JavaScript 脚本能够请求额外的扩展权限，用于访问受限制的信息。为了识别 JavaScript 程序的作者，支持数字签名的浏览器能够通过数字证书识别程序作者，从而判断程序是否允许被执行。通常的数字证书是有权威的安全机构（CA）来颁发的。

本小节主要对签名脚本和数字证书的基本概念做一些简单介绍，如果读者对这部分比较感兴趣，可以查阅脚本安全方面的书籍。

16.4 小结

JavaScript 作为一个在网页执行的程序，虽然有很多灵活的性质和功能，但其安全性也值得关注。JavaScript 的安全性有着一定的规则和策略，本章就对 JavaScript 的安全性进行了说明，下面做一下小结。

◎ JavaScript 的安全性主要表现在不让个人客户信息泄露、网页源代码不被修改、保护本地文件系统不被损坏和窃取、个人的收藏记录不被获取等方面。

◎ 同源策略限制了一个窗口或者框架内的 JavaScript 代码，访问和操作客户计算机上另一个窗口或者框架内的网页。

◎ 为了能够使得一个窗口或者框架访问和操作另一个窗口或者框架的网页，需要满足使用相同的协议、在同一台服务器上这两个条件。

◎ 为了识别 JavaScript 程序的作者，支持数字签名的浏览器能够通过数字证书识别程序作者，从而判断程序是否允许被执行。

第 17 章　调试 JavaScript

提到调试，学习过程序设计的应该对此不会感到陌生，因为没有人能保证编写的程序不会出现错误。实际上，程序的错误体现在两个方面，第一是程序不能正常运行，中断或者自动退出；第二种情况是程序能够正常运行，但是有逻辑或其他方面的错误，导致程序不能实现设计的目标。如果说编写程序是一件很枯燥的事情，那么调试则更加枯燥，编写好的程序，往往因为一些小的错误，短时间内又无法找到，常常让人觉得非常的无奈。掌握好的调试方法，不仅仅是对于 JavaScript 程序开发人员而言非常重要，对所有的程序开发人员来说都是很重要的。

17.1　发现错误和尽量避免错误

在编写程序的过程中，错误在所难免，发生错误后，只要掌握正确的方法，通过一定的步骤，借助一些合适的工具，就能够顺利的找到错误的所在。想及时的发现错误，需要将浏览器的“显示脚本错误”选项打开，这样当脚本发生错误的时候，浏览器首先会发出提示，如图 17.1 所示。

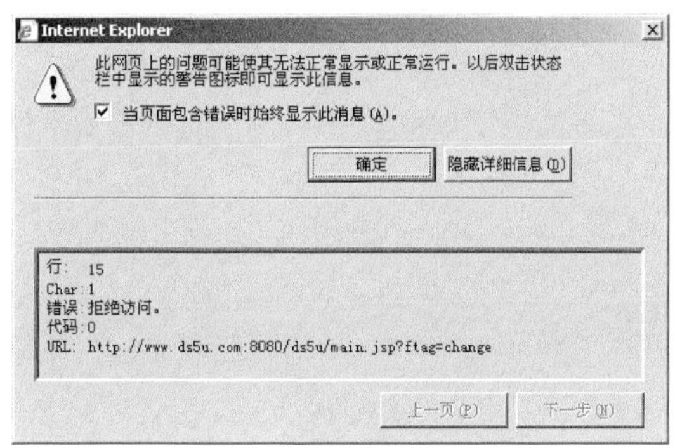

图 17.1　浏览器的错误提示

如果浏览器没有打开这个选项，在浏览器左下角状态栏的最左边也会有一个脚本错误的提示图标，同样也能发出网页有错误的信息，如图 17.2 所示。

图 17.2　状态栏的脚本错误图标提示

要打开 Internet Explorer 的“显示脚本错误”提示选项操作步骤如下。

（1）打开 Internet Explorer 窗口。

（2）选择“工具”菜单，在菜单选项里选择“Internet 选项”，打开“Internet 选项”窗口。

（3）选择“高级”选项卡，在下拉列表里勾选“显示每个脚本错误的提示”复选框，如图 17.3 所示。

这样设置以后，只要网页上有脚本错误，就会弹出类似图 17.1 所示的错误提示框，这个错误提示框会中断页面的加载及用户的操作。随着网站的内容越来越多，一些综合性的网站通常都是由多人分块编写内容，更加难免出现错误，如果不是调试需要，可以关闭错误提示选项，因为不是所有的错误都是致命的，很多的错误往往不会影响网页的正常浏览。

有些错误在不知不觉中进入代码，并且难于发现。这就要严格遵守代码约定，常见的一些习惯列举如下。

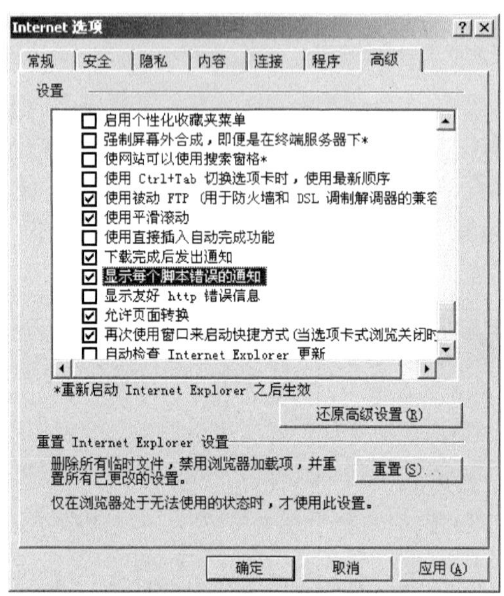

图 17.3 浏览器的显示脚本错误提示选项提示

（1）如用分号显式地结束语句，而不是用分号插入或者使用换行来分隔语句。

如下所示。

```
//分号插入分隔
var a = 1; var b = a+1;
//使用换行分隔而不使用分号
var a = 1
var b = a+1
```

尽量采用下面的方式。

```
var a = 1;
var b = a + 1;
```

（2）使用花括号把控制结构括起来。

类似 if，if...else，switch，while，do...while，for，for...in 等语句，JavaScript 允许当控制结构内只有一条语句时，可以省略花括号如下面的代码是正确的。

```
if( a == 1 )
    b = a + 1;
else
    b = 0;
```

这样虽然省略了括号，使代码看起来更加简单了，但是当缩进结构混乱或者上下的代码比较复杂时，往往很容易混淆，对于这样的情况，建议不省略花括号，使用如下的方式。

```
if( a == 1 ){
    b = a + 1;
}else{
    b = 0;
```

```
}
```

（3）使用圆括号来表示优先而不是靠运算符本身的优先级。

运算符本身有优先级，但是运算符本身是非常多的，优先级的关系也比较复杂，如果完全凭借运算符的优先级来组合表达式，不仅对程序编写者的要求较高，对读程序的人员来说，同样有一定难度，并降低了程序维护上的效率，因此，建议使用圆括号来进行优先级的表示，如下面的代码。

```
var a = 3 + 2 * 5;
```

建议换成如下的形式：

```
var a = 3 + ( 2 * 5 );
```

会更加易读易懂。

（4）使用统一的详细命名规则。

命名规则在前面的章节已经说过，这里不再赘述，在所有的程序里使用统一的、详细的、通用的命名规则同样能够令程序更加易读易懂，提高效率。

（5）使用统一的代码缩进规则。

另一种使得程序易读易懂的方法是代码缩进，代码缩进是多代码逻辑关系的一种显式的描述，使用合适的代码缩进，能够让程序的语句之间关系更加清晰。

（6）使用显式的类型声明避免自动类型，或者采取别的方式达到同样效果。

JavaScript 虽然是一种弱类型的语言，但是，建议还是养成使用显示类型声明的习惯。

（7）尽量使用符合标准语法的代码。

标准的语法，能够让编写的程序更加通用，不至于因为浏览器版本类型等环境因素导致程序无法正常运行。

以上的方式不仅仅是良好的编程习惯，也是避免错误的好方法，通过以上的方式能够有效的避免和减少一些难于发现的错误，达到事半功倍的效果。

17.2　使用 alert()方法

在本书的很多的章节，都大量的使用了 alert()方法。alert()方法不仅仅用于向用户显示提示信息框，在 JavaScript 的调试中也起到很重要的作用。因为 alert()方法可以任意的使用，而不会改变程序的逻辑结构，仅仅是往代码里插入了一条显示提示框的语句，如果忽略这个提示框，完全可以理解为是一个空语句，也可以理解为程序里设置的一个断点。

正是因为 alert()方法的这种随意性，所以 alert()方法显得很灵活。在认为可能出现错误的区域，插入几个 alert()方法，往往就能够发现一些错误。alert()方法还能接受一个参数，在程序代码里可以把一些可疑的变量，或者函数的结果，作为参数传递给 alert()方法，通过分析变量或者函数的结果来发现错误。

在最极端的情况下，对于一些发现不了的问题，可以从程序最开始，隔行插入 alert()方法，通过浏览器弹出的提示框结果，来定位错误的大概位置。17-1.html 便是一个简单的示例文件，代码如下所示。

```
<html>
<head>
<title>alert()调试错误</title>
```

```
</head>
<body>
<div id="deme2"></div>
<div id="deme1"></div>
<div id="deme"></div>
alert()调试错误
<script language="JavaScript">
<!--
var speed=30;
deme2.innerHTML=deme1.innerHTML;
function Marquee12(){
    if(deme2.offsetWidth-deme.scrollLeft<=0){
        deme.scrollLeft-=deme1.offsetWidth;
    }else{
        deme.scrollLeft++;
    }
}
var MyMar=setInterval(Marquee12,speed1);
deme.onmouseover=function() {
    clearInterval(MyMar);
};
deme.onmouseout=function(){
    MyMar=setInterval(Marquee12,speed);
}
//-->
</script>
</body>
</html>
```

上述代码是笔者随便摘录的一段，特意制造了一个小错误，运行后如图 17.4 所示。

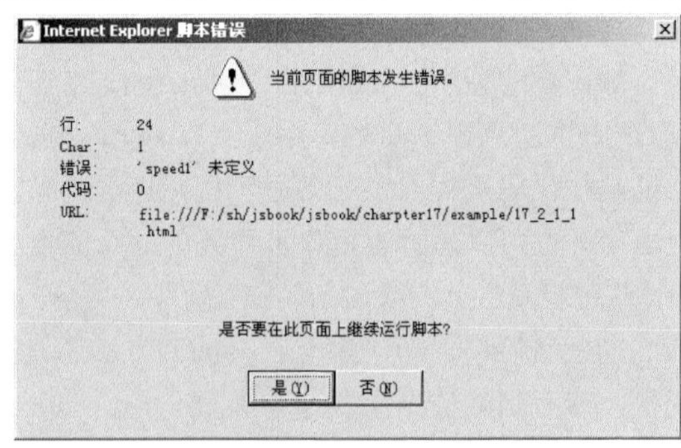

图 17.4　JavaScript 错误

通常情况下，浏览器会提示 JavaScript 有错误，而且会列出一些必要的错误信息，比如错误位于的行数、第几个字符、错误的类型、以及发生错误的页面地址。这些提示信息能够给 JavaScript 的调试带来方便，根据这些信息能够发现并修正错误。但是，由于程序本身的多样性，浏览器给出的错误提示，并不一定就是确切的错误位置，有的时候可能是错误的位置，在本例中，暂时忽略掉图 17.4 的错误提示，模拟在不知道错误具体位置的情况下，使用 alert()方法来定位错误的大概位置。如 17-2.html 插入 alert()方法的代码文件，代码如下所示。

```
<html>
<head>
<title>alert()调试错误</title>
</head>
<body>
<div id="deme2"></div>
<div id="deme1"></div>
<div id="deme"></div>
alert()调试错误
<script language="JavaScript">
<!--
alert("#1");
var speed=30;
alert("#2");
deme2.innerHTML=deme1.innerHTML;
function Marquee12(){
    if(deme2.offsetWidth-deme.scrollLeft<=0){
        deme.scrollLeft-=deme1.offsetWidth;
    }else{
        deme.scrollLeft++;
    }
}
alert("#3");
var MyMar=setInterval(Marquee12, speed1);
alert("#4");
deme.onmouseover=function() {
    clearInterval(MyMar);
};
alert("#5");
deme.onmouseout=function(){
    MyMar=setInterval(Marquee12,speed);
}
alert("#6");
//-->
</script>
</body>
</html>
```

以上的代码，一共插入了六个 alert()方法，为了区分提示框的位置，使用了“#”号加上数字来表示。经过浏览器执行后发现，前三个 alert()方法都能正常执行，说明前面的区域都没有错误；第四个 alert()方法没有得到执行，并且弹出了图 17.4 所示的错误，因此，错误区域被定位在第三个 alert()方法和第四个 alert()方法之间，代码如下所示。

```
alert("#3");
var MyMar=setInterval(Marquee12, speed1);
alert("#4");
```

通过这样的定位，将很多条语句的程序区域缩减为一条语句，难度降低了很多。仔细查看这条 JavaScript 语句，可以发现 speed1 这个变量并不存在，因此错误被找到，修改后浏览器不再报错。

alert()方法，对于调试 JavaScript 而言，相当于不借助任何调试工具，就能够完成对 JavaScript 的调试查错，相信读者在经过一段时间的练习和经验积累，一定会喜欢上这个普通而有用的方法。

17.3 使用 write()或者 writeln()方法

write()和 writeln()是 document 对象的两个方法，同样可以用来调试 JavaScript，原理和 alert()方法一样，都是将其插入 JavaScript 语句中间，利用最后的输入来查错。但是有一点不同的是，使用 write()或 writeln()方法，会直接在网页内输出结果，也就是意味着会改变浏览器网页本身的内容，当然这不是说会完全破坏网页的内容，使用 write()或 writeln()打印的内容会在网页的最后显示出来，通过查看网页的输出，同样也能够进行错误的查找。下面同样针对 17-3.html 中的例子进行调试，使用 writeln()方法调试后的页面代码见 17-3.html，代码如下所示。

```
<html>
<head>
<title>writeln()调试错误</title>
</head>
<body>
<div id="deme2"></div>
<div id="deme1"></div>
<div id="deme"></div>
writeln()调试错误
<script language="JavaScript">
<!--
document.writeln("#1");
var speed=30;
document.writeln("#2");
deme2.innerHTML=deme1.innerHTML;
function Marquee12(){
    if(deme2.offsetWidth-deme.scrollLeft<=0){
        deme.scrollLeft-=deme1.offsetWidth;
    }else{
        deme.scrollLeft++;
    }
}
document.writeln("#3");
var MyMar=setInterval(Marquee12,speed1);
document.writeln("#4");
deme.onmouseover=function() {
    clearInterval(MyMar);
};
document.writeln("#5");
```

```
    deme.onmouseout=function(){
        MyMar=setInterval(Marquee12,speed);
    }
    document.writeln("#6");
    //-->
    </script>
    </body>
    </html>
```

以上的代码，使用了 document.writeln()方法进行调试，在浏览器中查看结果如图 17.5 所示。

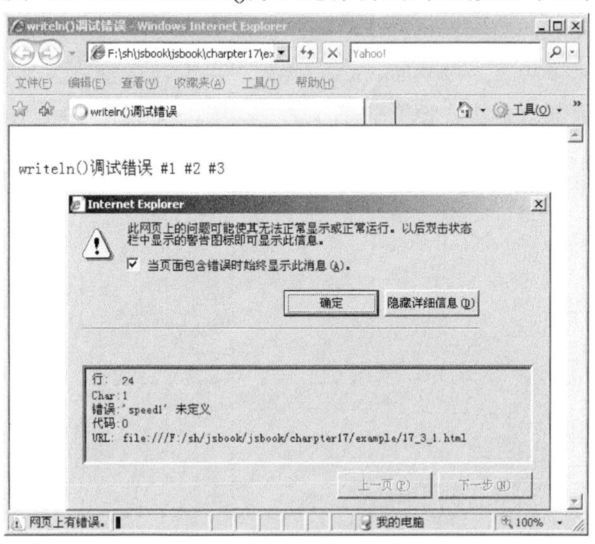

图 17.5　使用 document.writeln()调试错误

查看页面的输出，同样能够根据输入的内容定位到错误发生的区域。其实除了 alert()方法、writeln()和 write()方法，还有其他的方法可以达到同样的调试作用，比如 confirm()、prompt()、window.onerror()、try...catch 等语句或者方法，它们的使用方法和原理都大同小异，相信在了解这些方法或者语句的功能后，也能够在合适的情况下使用它们来进行调试。

17.4　脚本调试器

除了使用方法和语句来调试 JavaScript 外，还可以借助专业的 JavaScript 脚本调试器来帮助脚本调试，使用工具的目的就是提高效率，如果不是非常大规模的项目，使用专业的脚本调试器，可能还会显得稍微的累赘。脚本调试器从规模上讲可以分为 JavaScript IDE（集成开发环境）和普通的调试器。不同的浏览器或者平台，有着不同的调试器。

Windows 系统自带有 JavaScript 脚本调试器，但是使用起来却不方便。在 Visual Studio 6.0 的光盘里，可以找到一个名为 Visual InterDev 的脚本调试器，这比 Windows 系统自带的调试器要好用很多。更高级的一个调试器是 Office 2003 中带的脚本调试器，比 Visual InterDev 更加强大和稳定。

在一些网页设计工具里也会带有脚本调试器，如 Dreamweaver 还属于 Macromedia 公司时（现在属于 Adobe 公司），就带有一个 JavaScript 调试器，能够检查到网页里的脚本错误并进行调试。

Mozilla 公司也组织开发人员开发了一个 JavaScript 脚本调试器 Venkman，如果安装 Mozilla 套件，在安装过程中会提示选择是否安装 Venkman，在 JavaScript 调试器当中，Venkman 已经非常的强大和完善了。使用 Firefox 和 Venkman 搭配起来开发 JavaScript 程序，是一个完美的组合。

17.5 小结

本章主要对 JavaScript 的调试进行了介绍，对如何发现错误和避免程序发生错误也做了一些说明，避免错误主要包括了 7 个方面；本章还对一些常见的调试方法做了说明，使用 alert()方法是比较可选的一种调试方法，除了 alert()方法还有 document.write()及 document.writeln()等其他的 JavaScript 自带的方法或者语句；本章最后简单介绍了一些脚本调试器的内容。

第 6 篇　案例应用

通过大量精心挑选的项目实例和网页特效实例，把所学的 JavaScript 相关理论知识与实践相结合，在体会丰富的 JavaScript 实例同时，对所学的知识进行了充分的巩固。

第 18 章　JavaScript 常见实例

通过前面章节的学习，读者对 JavaScript 已经有了较深的了解，也有了一定的 JavaScript 编程能力。但是任何知识都需要运用到实践中去，通过具体的实例，才能够更加深刻的体会程序的各种特性。本章列举了一些常见的实例，这些实例都会在网页的设计制作，甚至大型 Web 软件系统的开发当中遇到，通过切实的实例介绍，希望读者能够对 JavaScript 在各个方面的应用有更深的掌握，在巩固前面知识的同时，更上一层楼。

JavaScript 除了应用在网页中，实现一些特殊效果外，还能与一些 Web 应用系统结合，实现与数据库的交互，或者对系统的界面进行控制和布局。本章收集了一些常见系统里经常使用到的实例，下面依次进行介绍。

18.1　论坛注册时使用 Ajax 验证用户名

使用 Ajax 技术能够在后台与远端服务器程序通信，减少额外的开支和动作。本例要介绍的就是使用 Ajax 来改变传统的用户名验证方式。在论坛注册新用户时，需要验证填写的用户名是否已经被他人使用。最原始的方法是填好所有项目后，提交到服务器程序进行核对，然后再提示是否被使用，这样非常的浪费时间；比较合理些的做法是在用户名输入框旁边放一个按钮，输入用户名以后，单击这个按钮，就可以验证用户名是否已经被使用，这样可以提前发现。但是仍然还是需要用户进行多余的单击，然后弹出新的窗口，还有关闭窗口的动作，如图 18.1 所示。

Ajax 技术出现后，这种方式得到了优化。用户只要在输入框输入用户名，进行下一个项目的输入时，Ajax 就会自动在后台调用远端服务器程序进行验证，然后把验证结果显示在页面上进行提示，如图 18.2 所示。

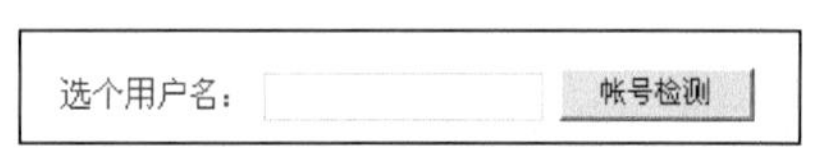

图 18.1　使用按钮进行用户名检测

用户名：
小明
此用户名已被注册，请另换一个

图 18.2　Ajax 技术实现用户名自动后台检测

下面通过使用 15.1.1 小节里介绍过的微型 Ajax 框架 Sack 来介绍如何实现这样的功能，本实例涉及到的文件保存在 18-1 文件夹下。

（1）创建一个简单的 HTML 页面。

在这个页面里，需要一个表单，包含了输入需要验证的用户名或者其他的字段。保存为文件 18-1-1.html，代码如下所示。

```
<!DOCTYPE HTML PUBLIC "-//W3C//DTD HTML 4.0 Transitional//EN">
<html>
<head>
<title>Ajax 验证用户名示例</title>
<META http-equiv="Content-Type" content="text/html; charset=gb2312">
</head>
<body>
```

```
<form name="form1" action="register.php" method="post">
<table>
<tr>
<td colspan="2" id="errors"></td>
</tr>
<tr>
<td>用户名：</td><td><input type="text" name="username"></td><td>中文或者英
文</td>
</tr>
<tr>
<td>email：</td><td><input type="text" name="email"></td><td>输入 email 地
址</td>
</tr>
<tr>
<td>密码：</td><td><input type="password" name="password"></td><td>6 位以上
</td>
</tr>
<tr>
<td>重复密码：</td><td><input type="password1" name="password"></td><td>重
复输入密码</td>
</tr>
<tr>
<td colspan="2"><input type="submit" value="提交"></td>
</tr>
</table>
</form>
</body>
</html>
```

以上代码在浏览器里查看，如图 18.3 所示。

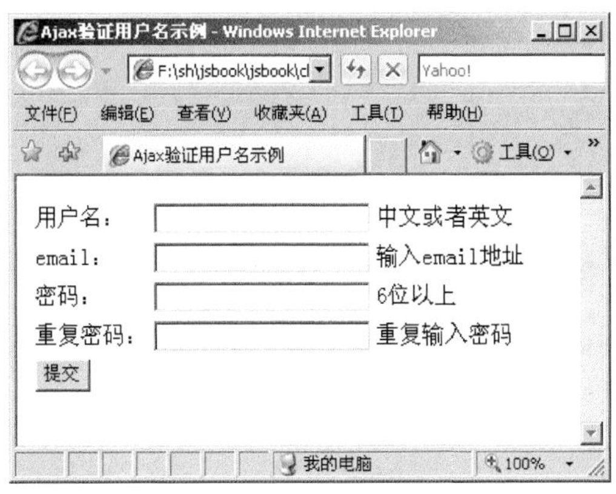

图 18.3　注册表单示例

（2）为页面引入框架文件。

在文件 18-1-1.html 里，添加引用框架文件的代码：

```
<script src="tw-sack.js"></script>
```

（3）添加 Ajax 验证代码。

为文件 18-1-1.html 添加 Ajax 验证代码，这里使用 JavaScript 的函数来实现。Ajax 处理部分直接使用 Sack 框架的方法。添加如下的函数：

```
<script language="JavaScript">
<!--
//检查用户名
function checkName(obj){
    var oform = obj.form;
    var sname = obj.value;
    var ajax = new sack();
    ajax.setVar("username", sname);
    ajax.requestFile = "checkuser.html";//这里用静态文件模拟用户名验证程序
    ajax.method = "POST";
    ajax.element = "errors";
    ajax.runAJAX();
}
//-->
</script>
```

该函数使用 Ajax 方法，将用户名传到服务器端程序进行验证获取结果（这里使用了 checkuser.html 静态文件模拟验证结果），并且规定了验证结果显示在 id 为 errors 的这个单元格里。为了在合适的时候触发这个事件，需要给用户名输入框添加事件代码：

```
<input type="text" name="username" onblur=" checkName(this)">
```

（4）制作模拟验证程序 checkuser.html。

为了模拟出服务器验证失败的效果，要编写静态验证结果页面 checkuser.html，内容如下所示。

```
<!DOCTYPE HTML PUBLIC "-//W3C//DTD HTML 4.0 Transitional//EN">
<html>
<head>
<title>checkuser</title>
<META http-equiv="Content-Type" content="text/html; charset=gb2312">
</head>
<body>
<font color=red>error!</font>
</body>
</html>
```

（5）将代码整合到 18-1-1.html 中。最终的代码如下所示。

```
<!DOCTYPE HTML PUBLIC "-//W3C//DTD HTML 4.0 Transitional//EN">
<html>
<head>
<title>Ajax 验证用户名示例</title>
<META http-equiv="Content-Type" content="text/html; charset=gb2312">
<script src="tw-sack.js"></script>
<script language="JavaScript">
<!--
```

```
    //检查用户名
    function checkName(obj){
        var oform = obj.form;
        var sname = obj.value;
        var ajax = new sack();
        ajax.setVar("username", sname);
        ajax.requestFile = "checkuser.html";
        ajax.method = "POST";
        ajax.element = "errors";
        ajax.runAJAX();
    }
    //-->
    </script>
    </head>
    <body>
    <form name="form1" action="register.php" method="post">
    <table>
    <tr>
    <td colspan="2" id="errors"></td>
    </tr>
    <tr>
    <td> 用 户 名 ： </td><td><input  type="text"  name="username"  onblur="
checkName(this)"></td><td>中文或者英文</td>
    </tr>
    <tr>
    <td>email: </td><td><input type="text" name="email"></td><td>输入 email 地
址</td>
    </tr>
    <tr>
    <td>密码: </td><td><input type="password" name="password"></td><td>6 位以上
</td>
    </tr>
    <tr>
    <td>重复密码: </td><td><input type="password1" name="password"></td><td>重
复输入密码</td>
    </tr>
    <tr>
    <td colspan="2"><input type="submit" value="提交"></td>
    </tr>
    </table>
    </form>
    </body>
    </html>
```

用浏览器中测试代码，在用户名输入框输入用户名后，准备输入 email 时，页面会返回 Ajax 验证结果，如图 18.4 所示。

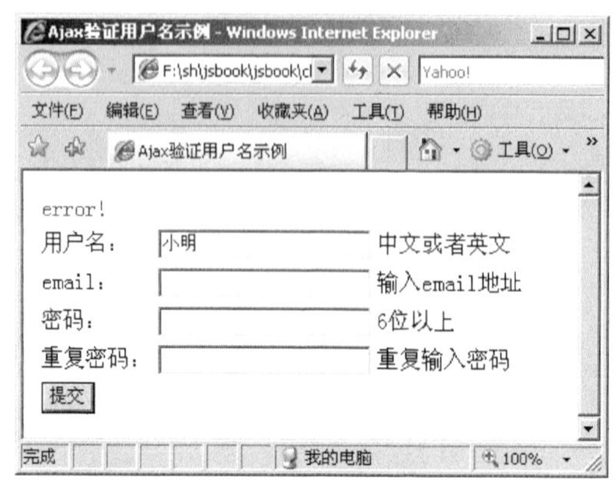

图 18.4　页面顶部提示区域显示验证结果

18.2　登录后使用 JavaScript 弹出定制的窗口

有的系统，为了尽量给用户最大区域的操作空间，会使用 JavaScript 控制浏览器窗口，使得菜单区域、地址栏区域、图标区域等非正文区域隐藏起来，这样会得到一个比较简洁的窗口。但是使用 JavaScript 并不能隐藏当前浏览器窗口的多余区域。这时就需要用到窗口弹出方法。在窗口弹出时，使用一些必要的属性，即可控制。

下面讲解的例子是通过用户名、密码登录后，进入管理操作界面。为了让管理操作界面获得较大的区域，使用了登录后弹出界面窗口的形式，在弹出窗口时，使用 JavaScript 隐藏了弹出窗口的菜单栏、地址栏、工具栏等。下面一步一步来实现，本例所有的代码文件都保存在文件夹 18-2 中。

（1）制作登录页面。

登录页面包括 1 个登录表单和用户名、密码输入框等简单的 HTML 元素，保存为文件 18-2-1.html，代码如下所示。

```
<!DOCTYPE HTML PUBLIC "-//W3C//DTD HTML 4.0 Transitional//EN">
<html>
<head>
<title>登录界面</title>
<META http-equiv="Content-Type" content="text/html; charset=gb2312">
</head>
<body>
<form name="form1" action="login.html" method="post">
<table>
<tr>
<td>用 户 名 ： </td><td><input type="text" name="username" onblur=
"checkName(this)"></td>
</tr>
<tr>
<td>密码：</td><td><input type="password" name="password"></td>
</tr>
<tr>
```

```
<td colspan="2"><input type="submit" value="登录"></td>
</tr>
</table>
</form>
</body>
</html>
```

以上代码指定的登录地址为 login.html（同样使用本地静态文件模拟远端登录验证程序），代码在浏览器里访问，如图 18.5 所示。

图 18.5　登录界面

（2）模拟登录验证程序 login.html。

创建模拟登录验证程序 login.html，并且模拟登录成功，按照要求弹出简洁浏览器窗口，代码如下所示。

```
<!DOCTYPE HTML PUBLIC "-//W3C//DTD HTML 4.0 Transitional//EN">
<html>
<head>
<title>登录验证</title>
<META http-equiv="Content-Type" content="text/html; charset=gb2312">
<script language="JavaScript">
<!--
//检查
function checkOk(){
    //设置弹出地址，尺寸。位置等属性
    var theURL = 'main.html';
    var w = screen.width;
    var h = screen.height-30;
    var l = 0;
    var t = 0;
   var features = "toolbar=0,location=0,directories=0,status=0,menubar=0,
scrollbars=1,resizable=1,width=" + w + ",height=" + h + ",left=" + l + ",top="
+ t";
    var PopWin = window.open(theURL,"main",features);
    window.opener = null;
    window.close();
}
//-->
```

```
</script>
</head>
<body>
<script language="JavaScript">
<!--
checkOk();
//-->
</script>
</body>
</html>
```

在模拟验证程序里，模拟验证成功，弹出的主界面窗口 main.html，并且设置了弹出窗口的属性。弹出窗口后，把当前窗口关闭，只留下主界面窗口。

（3）制作主界面窗口 main.html。

主界面窗口，代码如下所示。

```
<!DOCTYPE HTML PUBLIC "-//W3C//DTD HTML 4.0 Transitional//EN">
<html>
<head>
<title>主界面</title>
<META http-equiv="Content-Type" content="text/html; charset=gb2312">
</head>
<body>
<center><h1>主界面</h1></center>
</body>
</html>
```

运行以上代码完毕后，进行登录，即可弹出大的主界面窗口，如图 18.6 所示。

图 18.6　通过 JavaScript 控制弹出的简洁窗口

可以看到通过隐藏了不必要的区域，让用户得到了最多的操作空间。

18.3　使用框架和 JavaScript 来实现多标签效果

标签，又称为选项卡，能够通过标签的切换，在同一个显示区域切换显示不同的内容，这样既节省了空间又使得操作变得简单。网页界面会随着标签对应的功能不同而切换。图 18.7 是一个标签在网页上应用的效果。标签经过切换后的效果如图 18.8 所示。

图 18.7　标签效果应用示例　　　　图 18.8　标签切换后效果示例

从图 18.7 和 18.8 的标签切换对比可以看到，三个标签各自需要显示不同的内容，要把几个相对有关联的标签放置在一起，形成一个标签组，并且将三个标签的显示区域也固定在一个区域，通过标签的切换，显示区域的内容也随之更换，这样节省了空间，也使得用户的操作和感觉得简单快捷了。本节将会结合一个实例，来讲解标签的示例，本例中涉及到的文件，全部放入到 18-3 文件夹中。

（1）设计标签组及其功能。

本例制作三个标签卡，各自分别对应不同的内容，为了与框架结合起来，其中一个标签卡将对应显示一个框架页面，里面显示 yahoo 的主页。其余两个分别显示不同的内容。为了区分标签卡是否被选中，需要改变标签卡的背景颜色以示区分。

（2）设计主页面。

标签卡所在主页面需要包含标签卡的信息，以及每个标签卡所对应的信息，文件保存为 18-3-1.html，代码如下所示。

```
<!DOCTYPE HTML PUBLIC "-//W3C//DTD HTML 4.0 Transitional//EN">
<html>
<head>
<title>标签卡主页面</title>
<META http-equiv="Content-Type" content="text/html; charset=gb2312">
</head>
<body>
<table>
<tr>
<td>标签卡 1</td>
<td>访问 yahoo</td>
<td>标签卡 3</td>
</tr>
</table>
<table width="400">
<tr>
<td>标签卡 1 需要显示的内容</td>
```

```
    </tr>
    <tr>
    <td><iframe  width="100%"  height="100%"  src="http://www.yahoo.com.cn">
</iframe></td>
    </tr>
    <tr>
    <td>标签卡 3 需要显示的内容</td>
    </tr>
    </table>
    </body>
    </html>
```

在浏览器里预览，效果如图 18.9 所示。

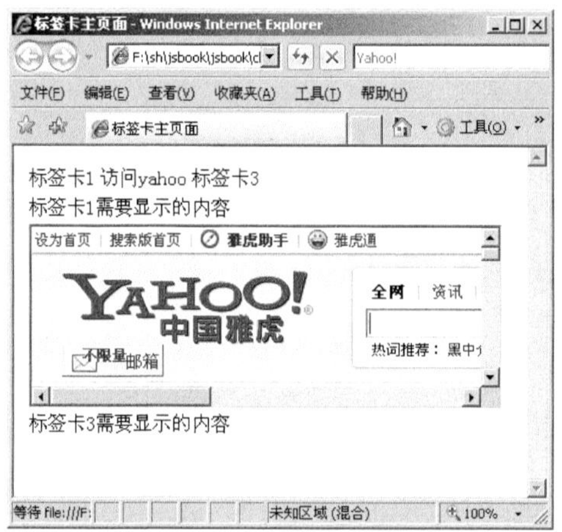

图 18.9　标签卡主页面内容

（3）完善主页面。

从图 18.9 里可以看到，所有的内容都包含在了这个主页面里，为了实现标签的效果，需要把部分的内容隐藏起来，通过颜色或者背景等属性，来对页面进行一些简单的点缀。另外，为了方便 JavaScript 对页面元素进行控制，对某些元素还赋予了 id 值，经过调整完善后的页面代码如下所示。

```
    <!DOCTYPE HTML PUBLIC "-//W3C//DTD HTML 4.0 Transitional//EN">
    <html>
    <head>
    <title>标签卡主页面</title>
    <META http-equiv="Content-Type" content="text/html; charset=gb2312">
    </head>
    <body>
    <table border="1">
    <tr>
    <td id="tab1" bgcolor="ff0000">标签卡 1</td>
    <td id="tab2">访问 yahoo</td>
    <td id="tab3">标签卡 3</td>
    </tr>
    </table>
```

```
<table width="400" border="1" height="400">
<tr id="tabarea1" style="display:block;">
<td>标签卡 1 需要显示的内容</td>
</tr>
<tr id="tabarea2" style="display:none;">
<td><iframe width="100%" height="100%"
src="http://www.yahoo.com.cn"></iframe></td>
</tr>
<tr id="tabarea3" style="display:none;">
<td>标签卡 3 需要显示的内容</td>
</tr>
</table>
</body>
</html>
```

在浏览器中查看以上代码，效果如图 18.10 所示。已经基本上达到要求，默认显示第一个标签卡被激活和第一个标签卡对应的内容。

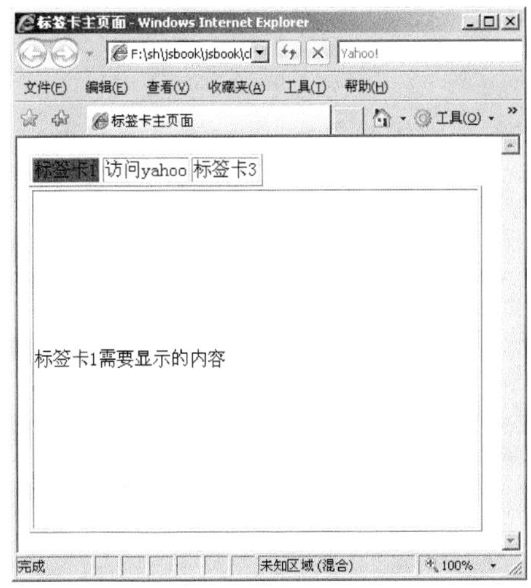

图 18.10　经过完善后的标签卡主页面

（4）用 JavaScript 实现标签切换功能。

实现标签切换，主要需要考虑两个方面，改变标签卡本身的背景色，显示当前标签卡对应的内容。主要就是使用 JavaScript 来控制颜色和控制可见性。编写如下的代码。

```
<script language="JavaScript">
<!--
//切换标签函数
function clickTab(num){
    //获得标签对象
    var tab1 = document.getElementById("tab1");
    var tab2 = document.getElementById("tab2");
    var tab3 = document.getElementById("tab3");
    //获得需要控制的内容区域对象
    var tabarea1 = document.getElementById("tabarea1");
```

```
    var tabarea2 = document.getElementById("tabarea2");
    var tabarea3 = document.getElementById("tabarea3");
    //根据标签的序号执行不同内容
    switch( num ){
        case 1:
            tab1.bgColor = "ff0000";
            tab2.bgColor = "";
            tab3.bgColor = "";
            tabarea1.style.display = "block";
            tabarea2.style.display = "none";
            tabarea3.style.display = "none";
            break;
        case 2:
            tab1.bgColor = "";
            tab2.bgColor = "ff0000";
            tab3.bgColor = "";
            tabarea1.style.display = "none";
            tabarea2.style.display = "block";
            tabarea3.style.display = "none";
            break;
        case 3:
            tab1.bgColor = "";
            tab2.bgColor = "";
            tab3.bgColor = "ff0000";
            tabarea1.style.display = "none";
            tabarea2.style.display = "none";
            tabarea3.style.display = "block";
            break;
    }
}
//-->
</script>
```

以上的函数，通过判断不同的条件，来改变不同标签卡的背景色，通过需要显示的标签对应内容的可见属性来实现标签的切换。将标签的 onclick 事件和这个函数对应起来，最后的整个文件代码如下所示。

```
<!DOCTYPE HTML PUBLIC "-//W3C//DTD HTML 4.0 Transitional//EN">
<html>
<head>
<title>标签卡主页面</title>
<META http-equiv="Content-Type" content="text/html; charset=gb2312">
<script language="JavaScript">
<!--
//切换标签函数
function clickTab(num){
    //获得标签对象
    var tab1 = document.getElementById("tab1");
```

```
    var tab2 = document.getElementById("tab2");
    var tab3 = document.getElementById("tab3");
    //获得需要控制的内容区域对象
    var tabarea1 = document.getElementById("tabarea1");
    var tabarea2 = document.getElementById("tabarea2");
    var tabarea3 = document.getElementById("tabarea3");
    //根据标签的序号执行不同内容
    switch( num ){
        case 1:
            //设置背景色
            tab1.bgColor = "ff0000";
            tab2.bgColor = "";
            tab3.bgColor = "";
            //设置可见性
            tabarea1.style.display = "block";
            tabarea2.style.display = "none";
            tabarea3.style.display = "none";
            break;
        case 2:
            //设置背景色
            tab1.bgColor = "";
            tab2.bgColor = "ff0000";
            tab3.bgColor = "";
            //设置可见性
            tabarea1.style.display = "none";
            tabarea2.style.display = "block";
            tabarea3.style.display = "none";
            break;
        case 3:
            //设置背景色
            tab1.bgColor = "";
            tab2.bgColor = "";
            tab3.bgColor = "ff0000";
            //设置可见性
            tabarea1.style.display = "none";
            tabarea2.style.display = "none";
            tabarea3.style.display = "block";
            break;
    }
}
//-->
</script>
</head>
<body>
<table border="1">
<tr>
```

```
    <td id="tab1" bgcolor="#ff0000" onclick="clickTab(1)">标签卡 1</td>
    <td id="tab2" onclick="clickTab(2)">访问 yahoo</td>
    <td id="tab3" onclick="clickTab(3)">标签卡 3</td>
    </tr>
    </table>
    <table width="400" border="1" height="300">
    <tr id="tabarea1" style="display:block;">
    <td>标签卡 1 需要显示的内容</td>
    </tr>
    <tr id="tabarea2" style="display:none;">
    <td><iframe                    width="100%"                    height="100%"
src="http://www.yahoo.com.cn"></iframe></td>
    </tr>
    <tr id="tabarea3" style="display:none;">
    <td>标签卡 3 需要显示的内容</td>
    </tr>
    </table>
    </body>
    </html>
```

这样就完成了标签卡效果，图 18.11 是单击了第二个标签的效果。

图 18.11　单击了第二个标签的效果

另外，标签的效果使用背景色显得有些粗糙，可以通过比较漂亮的背景图来实现完善切换。

18.4　使用 JavaScript 树形菜单

树形菜单在很多地方都得到了广泛的使用，如图 18.12 就是一个论坛的应用示例。

通过使用树形菜单，能够快速的在各个功能之间切换，这样对于一些结构比较复杂的论坛或者软件功能来说，是一种非常好的菜单组成方式。本节对 JavaScript 实现树形菜单进行实例讲解，本例涉及到的所有文件全部保存在 18-4 文件夹中。

图 18.12　树形菜单示例

（1）引入树形菜单类。

创建 JavaScript 菜单，有比较便利的一些树形菜单类，如 dtree 就是一个比较优秀的类，文件见 dtree.js 代码如下所示。

```
/**
 *@作用：节点对象
*@返回：无返回值
*/
function Node(id, pid, name, url, title, target, icon, iconOpen, open, 
HasCheckbox, checkBoxName, isChecked) {
	this.id = id;//节点 id
	this.pid = pid; //节点父 id
	this.name = name; //节点名称
	this.url = url; //节点链接地址
	this.title = title; //节点 title 属性
	this.target = target; //节点 target 属性
	this.icon = icon; //节点的图标
	this.iconOpen = iconOpen; //节点展开图标
	this._io = open || false; //节点是否展开
	this.HasCheckbox = HasCheckbox || false; //节点是否需要 checkbox
	this.checkBoxName = checkBoxName; //节点 checkbox 名称
	this.isChecked = isChecked || false; //节点是否被选中
	this._is = false;
	this._ls = false;
	this._hc = false;
	this._ai = 0;
	this._p;
};

/**
 *@作用：树对象
*@返回：无返回值
```

```
*/
function dTree(objName) {
    this.config = {
        target              : null, //目标
        folderLinks         : true, //文件夹链接
        useSelection        : true, //选择开关
        useCookies          : false, //cookie 开关
        useLines            : true, //线开关
        useIcons            : true, //图标开关
        useStatusText       : false, //状态文字开关
        closeSameLevel      : false, //关闭同一层级开关
        inOrder             : false//排序开关
    }
    this.icon = {
        root                : 'home.gif',
        folder              : 'folder.gif',
        folderOpen          : 'folderopen.gif',
        node                : 'page.gif',//page.gif
        empty               : 'empty.gif',
        line                : 'line.gif',
        join                : 'join.gif',
        joinBottom          : 'joinbottom.gif',
        plus                : 'plus.gif',
        plusBottom          : 'plusbottom.gif',
        minus               : 'minus.gif',
        minusBottom         : 'minusbottom.gif',
        nlPlus              : 'nolines_plus.gif',
        nlMinus             : 'nolines_minus.gif'
    };
    this.obj = objName;
    this.aNodes = [];
    this.aIndent = [];
    this.root = new Node(-1);
    this.selectedNode = null;
    this.selectedFound = false;
    this.completed = false;
};

/**
 *@作用：添加一个新的节点到节点数组
*@返回：无返回值
*/
dTree.prototype.add = function(id, pid, name, url, title, target, icon,
iconOpen, open, HasCheckbox, checkBoxName, isChecked) {
    this.aNodes[this.aNodes.length] = new Node(id, pid, name, url, title,
target, icon, iconOpen, open, HasCheckbox, checkBoxName, isChecked);
```

```
    };

    /**
     *@作用：打开或者关闭所有的节点
    *@返回：无返回值
    */
    dTree.prototype.openAll = function() {
        this.oAll(true);
    };
    dTree.prototype.closeAll = function() {
        this.oAll(false);
    };

    /**
     *@作用：输出树至页面
    *@返回：无返回值
    */
    dTree.prototype.toString = function() {
        var str = '<div class="dtree" id="TreeRoot">\n';
        if (document.getElementById) {
            if       (this.config.useCookies)       this.selectedNode        =
this.getSelected();
            str += this.addNode(this.root);
        } else str += '浏览器不支持.';
        str += '</div>';
        if (!this.selectedFound) this.selectedNode = null;
        this.completed = true;
        return str;
    };

    /**
     *@作用：创建树的结构
    *@返回：无返回值
    */
    dTree.prototype.addNode = function(pNode) {
        var str = '';
        var n=0;
        if (this.config.inOrder) n = pNode._ai;
        for (n; n<this.aNodes.length; n++) {
            if (this.aNodes[n].pid == pNode.id) {
                var cn = this.aNodes[n];
                cn._p = pNode;
                cn._ai = n;
                this.setCS(cn);
                if    (!cn.target    &&    this.config.target)    cn.target    =
this.config.target;
```

```
            if (cn._hc && !cn._io && this.config.useCookies) cn._io =
this.isOpen(cn.id);
            if (!this.config.folderLinks && cn._hc) cn.url = null;
            if (this.config.useSelection && cn.id == this.selectedNode
&& !this.selectedFound) {
                    cn._is = true;
                    this.selectedNode = n;
                    this.selectedFound = true;
            }
            str += this.node(cn, n);
            if (cn._ls) break;
        }
    }
    return str;
};

/**
 *@作用：创建节点图标，文本和链接
*@返回：无返回值
*/
dTree.prototype.node = function(node, nodeId) {
    var str = '<div class="dTreeNode">' + this.indent(node, nodeId);
    if (this.config.useIcons) {
        if (!node.icon) node.icon = (this.root.id == node.pid) ?
this.icon.root : ((node._hc) ? this.icon.folder : this.icon.node);
        if (!node.iconOpen) node.iconOpen = (node._hc) ?
this.icon.folderOpen : this.icon.node;
        if (this.root.id == node.pid) {
            node.icon = this.icon.root;
            node.iconOpen = this.icon.root;
        }
        str += '<img id="i' + this.obj + nodeId + '" src="' + ((node._io) ?
node.iconOpen : node.icon) + '" alt="" />';
    }

    if (node.url) {
        str += '<a id="s' + this.obj + nodeId + '" class="' +
((this.config.useSelection) ? ((node._is ? 'nodeSel' : 'node')) : 'node') + '"
href="' + node.url + '"';
        if (node.title) str += ' title="' + node.title + '"';
        if (node.target) str += ' target="' + node.target + '"';
        if (this.config.useStatusText) str += '
onmouseover="window.status=\'' + node.name + '\';return true;"
onmouseout="window.status=\'\';return true;" ';
        if (this.config.useSelection && ((node._hc &&
this.config.folderLinks) || !node._hc))
```

```
            str += ' onclick="javascript: ' + this.obj + '.s(' + nodeId + ');"';
        str += '>';
    }
    else if ((!this.config.folderLinks || !node.url) && node._hc && node.pid != this.root.id)
    {
        str += '<a href="javascript: ' + this.obj + '.o(' + nodeId + ');" class="node">';
    }

    str += node.name;
    if (node.url || ((!this.config.folderLinks || !node.url) && node._hc)) str += '</a>';

    if (node.HasCheckbox)
    {
        str += '<input type="checkbox" sid="' + node.name + '" name="' + node.checkBoxName + '[]" value="' + node.id + '"';
        if(node.isChecked) str += ' checked';
        str += '>';
    }

    str += '</div>';
    if (node._hc)
    {
        str += '<div id="d' + this.obj + nodeId + '" class="clip" style="display:' + ((this.root.id == node.pid || node._io) ? 'block' : 'none') + ';">';
        str += this.addNode(node);
        str += '</div>';
    }
    this.aIndent.pop();
    return str;
};

/**
 *@作用：添加空的或者线型图标
*@返回：无返回值
*/
dTree.prototype.indent = function(node, nodeId) {
    var str = '';
    if (this.root.id != node.pid) {
        for (var n=0; n<this.aIndent.length; n++)
            str += '<img src="' + ( (this.aIndent[n] == 1 && this.config.useLines) ? this.icon.line : this.icon.empty ) + '" alt="" />';
        (node._ls) ? this.aIndent.push(0) : this.aIndent.push(1);
```

```
            if (node._hc) {
                str += '<a href="javascript: ' + this.obj + '.o(' + nodeId +
');"><img id="j' + this.obj + nodeId + '" src="';
                if     (!this.config.useLines)    str    +=    (node._io)    ?
this.icon.nlMinus : this.icon.nlPlus;
                else str += ( (node._io) ? ((node._ls && this.config.useLines) ?
this.icon.minusBottom : this.icon.minus) : ((node._ls && this.config.useLines) ?
this.icon.plusBottom : this.icon.plus ) );
                str += '" alt="" /></a>';
            } else str += '<img src="' + ( (this.config.useLines) ? ((node._ls) ?
this.icon.joinBottom : this.icon.join ) : this.icon.empty) + '" alt="" />';
        }
        return str;
    };

    /**
     *@作用：检查节点有没有子节点，以及是否位于最后一个
    *@返回：无返回值
    */
    dTree.prototype.setCS = function(node) {
        var lastId;
        for (var n=0; n<this.aNodes.length; n++) {
            if (this.aNodes[n].pid == node.id) node._hc = true;
            if (this.aNodes[n].pid == node.pid) lastId = this.aNodes[n].id;
        }
        if (lastId==node.id) node._ls = true;
    };


    /**
     *@作用：返回选择的节点
    *@返回：无返回值
    */
    dTree.prototype.getSelected = function() {
        var sn = this.getCookie('cs' + this.obj);
        return (sn) ? sn : null;
    };

    /**
     *@作用：高亮显示选中节点
    *@返回：无返回值
    */
    dTree.prototype.s = function(id) {
        if (!this.config.useSelection) return;
        var cn = this.aNodes[id];
        if (cn._hc && !this.config.folderLinks) return;
```

```
    if (this.selectedNode != id) {
        if (this.selectedNode || this.selectedNode==0) {
            eOld = document.getElementById("s" + this.obj + this.selectedNode);
            eOld.className = "node";
        }
        eNew = document.getElementById("s" + this.obj + id);
        eNew.className = "nodeSel";
        this.selectedNode = id;
        if (this.config.useCookies) this.setCookie('cs' + this.obj, cn.id);
    }
};

/**
 *@作用：触发打开和关闭
*@返回：无返回值
*/
dTree.prototype.o = function(id) {
    var cn = this.aNodes[id];
    this.nodeStatus(!cn._io, id, cn._ls);
    cn._io = !cn._io;
    if (this.config.closeSameLevel) this.closeLevel(cn);
    if (this.config.useCookies) this.updateCookie();
};

/**
 *@作用：打开或者关闭所有的节点
*@返回：无返回值
*/
dTree.prototype.oAll = function(status) {
    for (var n=0; n<this.aNodes.length; n++) {
        if (this.aNodes[n]._hc && this.aNodes[n].pid != this.root.id) {
            this.nodeStatus(status, n, this.aNodes[n]._ls)
            this.aNodes[n]._io = status;
        }
    }
    if (this.config.useCookies) this.updateCookie();
};

/**
 *@作用：打开树到指定节点
*@返回：无返回值
*/
dTree.prototype.openTo = function(nId, bSelect, bFirst) {
    if (!bFirst) {
        for (var n=0; n<this.aNodes.length; n++) {
            if (this.aNodes[n].id == nId) {
```

```
                    nId=n;
                    break;
                }
            }
        }
        var cn=this.aNodes[nId];
        if (cn.pid==this.root.id || !cn._p) return;
        cn._io = true;
        cn._is = bSelect;
        if (this.completed && cn._hc) this.nodeStatus(true, cn._ai, cn._ls);
        if (this.completed && bSelect) this.s(cn._ai);
        else if (bSelect) this._sn=cn._ai;
        this.openTo(cn._p._ai, false, true);
    };

    /**
     *@作用：关闭同一层级的树
    *@返回：无返回值
    */
    dTree.prototype.closeLevel = function(node) {
        for (var n=0; n<this.aNodes.length; n++) {
            if (this.aNodes[n].pid == node.pid && this.aNodes[n].id != node.id
&& this.aNodes[n]._hc) {
                this.nodeStatus(false, n, this.aNodes[n]._ls);
                this.aNodes[n]._io = false;
                this.closeAllChildren(this.aNodes[n]);
            }
        }
    };

    /**
     *@作用：关闭节点的所有子节点
    *@返回：无返回值
    */
    dTree.prototype.closeAllChildren = function(node) {
        for (var n=0; n<this.aNodes.length; n++) {
            if (this.aNodes[n].pid == node.id && this.aNodes[n]._hc) {
                if (this.aNodes[n]._io) this.nodeStatus(false, n, this.aNodes[n]._ls);
                this.aNodes[n]._io = false;
                this.closeAllChildren(this.aNodes[n]);
            }
        }
    };

    /**
     *@作用：改变某个节点的状态
```

```
    *@返回：无返回值
    */
    dTree.prototype.nodeStatus = function(status, id, bottom) {
        eDiv    = document.getElementById('d' + this.obj + id);
        eJoin   = document.getElementById('j' + this.obj + id);
        if (this.config.useIcons) {
            eIcon   = document.getElementById('i' + this.obj + id);
            eIcon.src = (status) ? this.aNodes[id].iconOpen : this.aNodes[id].icon;
        }
        eJoin.src = (this.config.useLines)?
        ((status)?((bottom)?this.icon.minusBottom:this.icon.minus):((bottom)
?this.icon.plusBottom:this.icon.plus)):
        ((status)?this.icon.nlMinus:this.icon.nlPlus);
        eDiv.style.display = (status) ? 'block': 'none';
    };



    /**
     *@作用：[Cookie] 清除一个 cookie
    *@返回：无返回值
    */
    dTree.prototype.clearCookie = function() {
        var now = new Date();
        var yesterday = new Date(now.getTime() - 1000 * 60 * 60 * 24);
        this.setCookie('co'+this.obj, 'cookieValue', yesterday);
        this.setCookie('cs'+this.obj, 'cookieValue', yesterday);
    };

    /**
     *@作用：[Cookie] 设置一个 cookie
    *@返回：无返回值
    */
    dTree.prototype.setCookie  =  function(cookieName,  cookieValue,  expires,
path, domain, secure) {
        document.cookie =
            escape(cookieName) + '=' + escape(cookieValue)
            + (expires ? '; expires=' + expires.toGMTString() : '')
            + (path ? '; path=' + path : '')
            + (domain ? '; domain=' + domain : '')
            + (secure ? '; secure' : '');
    };

    /**
     *@作用：[Cookie]获得一个 cookie
    *@返回：无返回值
```

```
    */
    dTree.prototype.getCookie = function(cookieName) {
        var cookieValue = '';
        var posName = document.cookie.indexOf(escape(cookieName) + '=');
        if (posName != -1) {
            var posValue = posName + (escape(cookieName) + '=').length;
            var endPos = document.cookie.indexOf(';', posValue);
            if        (endPos        !=        -1)        cookieValue        =
unescape(document.cookie.substring(posValue, endPos));
            else cookieValue = unescape(document.cookie.substring(posValue));
        }
        return (cookieValue);
    };

    /**
     *@作用：[Cookie] 以一个字符串的形式返回打开的节点 id
    *@返回：无返回值
    */
    dTree.prototype.updateCookie = function() {
        var str = '';
        for (var n=0; n<this.aNodes.length; n++) {
            if (this.aNodes[n]._io && this.aNodes[n].pid != this.root.id) {
                if (str) str += '.';
                str += this.aNodes[n].id;
            }
        }
        this.setCookie('co' + this.obj, str);
    };

    /**
     *@作用：[Cookie] 检查某个节点 id 是否存在与 cookie 中
    *@返回：无返回值
    */
    dTree.prototype.isOpen = function(id) {
        var aOpen = this.getCookie('co' + this.obj).split('.');
        for (var n=0; n<aOpen.length; n++)
            if (aOpen[n] == id) return true;
        return false;
    };

    /**
     *@作用：如果 push 和 pop 操作不被浏览器支持时
    *@返回：无返回值
    */
    if (!Array.prototype.push) {
        Array.prototype.push = function array_push() {
```

```
        for(var i=0;i<arguments.length;i++)
            this[this.length]=arguments[i];
        return this.length;
    }
};
if (!Array.prototype.pop) {
    Array.prototype.pop = function array_pop() {
        lastElement = this[this.length-1];
        this.length = Math.max(this.length-1,0);
        return lastElement;
    };
}
```

为了配合达到较好的表现效果，还有一系列的图片文件和一个 CSS 文件 dtree.css，都可以在本例所在的文件夹内找到。

（2）在需要显示树形菜单的页面引用 dtree.js 和 dtree.css 文件。

示例文件 18-4-1.html，代码如下所示。

```
<!DOCTYPE HTML PUBLIC "-//W3C//DTD HTML 4.0 Transitional//EN">
<html>
<head>
<title>树形菜单</title>
<META http-equiv="Content-Type" content="text/html; charset=gb2312">
<script src="dtree.js"></script>
<link href="dtree.css" rel="stylesheet" type="text/css">
</head>
<body>
</body>
</html>
```

（3）按照相关语法调用类的方法。

以下是经过完善后的文件 18-4-1.html，包含了 3 级菜单。

```
<!DOCTYPE HTML PUBLIC "-//W3C//DTD HTML 4.0 Transitional//EN">
<html>
<head>
<title>树形菜单</title>
<META http-equiv="Content-Type" content="text/html; charset=gb2312">
<script src="dtree.js"></script>
<link href="dtree.css" rel="stylesheet" type="text/css">
</head>
<body>
<div class="dtree">
<script type="text/javascript">
<!--
var dTreeName = "<a href='#'>菜单示例</a>";

var d = new dTree('d');
//d.add(id, pid, name, url, title, target, icon, iconOpen, open, HasCheckBox,
```

```
checkBoxName, isChecked)
    // id       ID
    // pid      父 ID
    // name     标签
    // url      超级链接
    // title    提示信息
    // target   链接目标
    // icon     图标
    // iconOpen 展开状态图标
    // open     初始是否展开
    // HasCheckBox        是否有 checkbox
    // checkBoxName       checkbox Name
    // isChecked          是否已经 checked
    d.add(0,-1,dTreeName);

    d.add(1, 0, "属性设置", "", "", "", "", "", false, false, "", false);
        d.add(11, 1, "地区维护", "#", "", "", "", "", false, false, "", false);
            d.add(111, 11, "北京", "#", "", "", "", "", false, false, "", false);
            d.add(112, 11, "上海", "#", "", "", "", "", false, false, "", false);
        d.add(12, 1, "部门维护", "#", "", "", "", "", false, false, "", false);
        d.add(13, 1, "行业维护", "#", "", "", "", "", false, false, "", false);
    d.add(2, 0, "广告统计", "", "", "", "", "", false, false, "", false);
        d.add(21, 2, "月统计", "#", "", "", "", "", false, false, "", false);
       d.add(22, 2, "周统计", "#", "", "", "", "", false,
false, "", false);
    d.add(3, 0, "合同统计", "", "", "", "", "", false,
false, "", false);

    document.write(d);
    //-->
    </script>
    </div>
    </body>
    </html>
```

以上的代码，构建了一个完整的树形菜单，在浏览器中效果如图 18.13 所示。

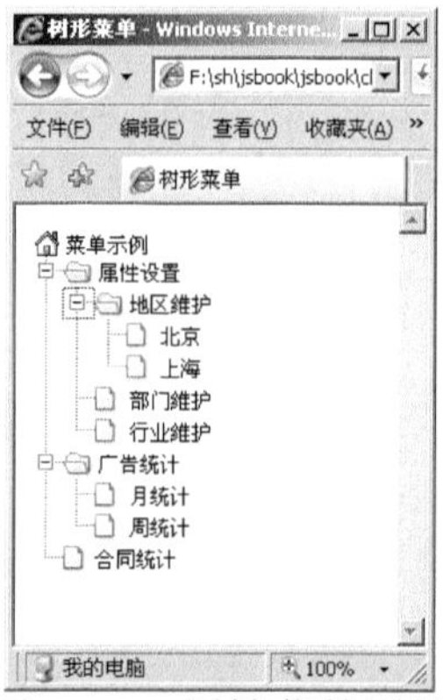

图18.13　属性菜单示例

18.5　JavaScript 日期控件在系统中的应用

在 Web 应用系统中，常见的是日期的选择，更重要的是，需要按照某种合法的格式输入日期。如果仅仅凭着输入框来进行控制，需要花费大量的时间用来处理用户输入的合法性。在这种情况，完全可以使用 JavaScript 构建一个日期控件，然后方便地进行调用。本例中的所有文件均存放在 18-5 文件夹中。

（1）对功能进行设计。

预想需要在输入框内输入日期，那么单击这个输入框，会弹出一个日期选择框，选择后返回输入框。根据功能的设计，需要的就是一个用来显示日历的页面。

（2）创建日期页面。

通过 JavaScript 控制 html 布局，编写了文件 calendar.html，代码如下所示。

```
<HTML>
<HEAD>
<TITLE>日历/时间 属性</TITLE>

<style type="text/css">
body {
    background-color: #D4D0C8;
}
.button {
    width: 75px;
    font-size: 12px;
    height: 20px;
}
.m_fieldset {
    padding: 0,10,5,10;
    text-align: center;
    width: 150px;
}
.m_legend {
    font-family: Tahoma;
    font-size: 11px;
    padding-bottom: 5px;
}
.m_frameborder {
    border-left: 2px inset #D4D0C8;
    border-top: 2px inset #D4D0C8;
    border-right: 2px inset #FFFFFF;
    border-bottom: 2px inset #FFFFFF;
    width: 100px;
    height: 19px;
    background-color: #FFFFFF;
    overflow: hidden;
    text-align: right;
    font-family: "Tahoma";
    font-size: 10px;
}
.m_arrow {
    width: 16px;
    height: 8px;
    font-family: "Webdings";
    font-size: 7px;
    line-height: 2px;
    padding-left: 2px;
```

```
    cursor: default;
}
.m_input {
    width:18px;
    height:14px;
    border:0px solid black;
    font-family: "Tahoma";
    font-size:9px;
    text-align:right;
    ime-mode:disabled;
}
.c_fieldset {
    padding: 0,10,5,10;
    text-align: center;
    width: 180px;
}
.c_legend {
    font-family: Tahoma;
    font-size: 11px;
    padding-bottom: 5px;
}
.c_frameborder {
    border-left: 2px inset #D4D0C8;
    border-top: 2px inset #D4D0C8;
    border-right: 2px inset #FFFFFF;
    border-bottom: 2px inset #FFFFFF;
    background-color: #FFFFFF;
    overflow: hidden;
    font-family: "Tahoma";
    font-size: 10px;
    width:160px;
    height:120px;
}
.c_frameborder td {
    width: 23px;
    height: 16px;
    font-family: "Tahoma";
    font-size: 11px;
    text-align: center;
    cursor: default;
}
.c_frameborder .selected {
    background-color:#0A246A;
    width:12px;
    height:12px;
    color:white;
```

```
}
.c_frameborder span {
    width:12px;
    height:12px;
}
.c_arrow {
    width: 16px;
    height: 8px;
    font-family: "Webdings";
    font-size: 7px;
    line-height: 2px;
    padding-left: 2px;
    cursor: default;
}
.c_year {
    font-family: "Tahoma";
    font-size: 11px;
    cursor: default;
    width:55px;
    height:19px;
}
.c_month {
    width:75px;
    height:20px;
    font:11px "Tahoma";
}
.c_dateHead {
    background-color:#808080;
    color:#D4D0C8;
}
</style>

<script language="javascript">
/**
 *@作用：时钟显示
*@返回：无返回值
*/
function minute(name,fName)
{
    this.name = name;
    this.fName = fName || "m_input";
    this.timer = null;
    this.fObj = null;

    this.fCol = '000000';   //face colour.
    this.sCol = 'ff0000';   //seconds colour.
```

```
        this.mCol = '000000';    //minutes colour.
        this.hCol = '000000';    //hours colour.
        this.H = '.....';
        this.H = this.H.split('');
        this.M = '......';
        this.M = this.M.split('');
        this.S = '.......';
        this.S = this.S.split('');
        this.dots = 12;          //时钟的点数
        this.Ypos = 0;
        this.Xpos = 58;
        this.Ybase = 8;
        this.Xbase = 8;
        //把时间转化为字符串值
        this.toString = function()
        {
            var objDate = new Date();
            var sec = -1.57 + Math.PI * parseInt(objDate.getSeconds())/30;
            var min = -1.57 + Math.PI * parseInt(objDate.getMinutes())/30;
            var hr = -1.57 + Math.PI * parseInt(objDate.getHours())/6 +
Math.PI*parseInt(objDate.getMinutes())/360;
            var sMinute_Common = "class=\"m_input\" maxlength=\"2\"
name=\""+this.fName+"\"onfocus=\""+this.name+".setFocusObj(this)\"onblur=\
""+this.name+".setTime(this)\"onkeyup=\""+this.name+".prevent(this)\"onkeypr
ess=\"if
(!/[0-9]/.test(String.fromCharCode(event.keyCode)))event.keyCode=0\"onpaste=
\"return false\" ondragenter=\"return false\"";
            var sButton_Common = "class=\"m_arrow\" onfocus=\"this.blur()\"
onmouseup=\""+this.name+".controlTime()\" disabled";
            var str = "";
            str += "<table border=\"0\" cellspacing=\"0\" cellpadding=\"0\">"
            //clock cartoon;
            str += "<tr>";
            str += "<td height=130>";
            str += "<div style=\"position:relative;top:0px;left:0px\"><div
style=\"position:relative\">";
            for (var i=1; i<=this.dots; i++)
            {
                divTop = this.Ypos - 15 + 55 * Math.sin(-0.49+this.dots
+(i-1)/1.9);
                divLeft = this.Xpos - 14 + 55 * Math.cos(-0.49+this.dots+
(i-1)/1.9);

                str += "<div id=\"ieDigits\" style=\"position:absolute;
top:"+divTop+"px;left:"+divLeft+"px;width:30px;height:30px;font-family:Arial
,Verdana;font-size:10px;color:"+this.fCol+";text-align:center;padding-top:10
```

```
px;pixelTop:1411px;pixelLeft:1500px;visibility:visible\">"+i+"</div>";
            }
            str += "</div></div>";
            str  +=  "<div  style=\"position:relative;top:0px;left:0px\"><div
style=\"position:relative\">";
            for (var i=0; i<this.M.length; i++)
            {
                divTop = this.Ypos + i * this.Ybase * Math.sin(min);
                divLeft = this.Xpos + i * this.Xbase * Math.cos(min);

                str  +=  "<div  id=y  style=\"position:absolute;top:"+divTop+
"px;left:"+divLeft+"px;width:2px;height:2px;font-size:2px;background:"+this.
mCol+"\"></div>";
            }
            str += "</div></div>";
            str  +=  "<div  style=\"position:relative;top:0px;left:0px\"><div
style=\"position:relative\">";
            for (var i=0; i<this.H.length; i++)
            {
                divTop = this.Ypos + i * this.Ybase*Math.sin(hr);
                divLeft = this.Xpos + i * this.Xbase*Math.cos(hr);

                str  +=  "<div  id=z  style=\"position:absolute;top:"+divTop+
"px;left:"+divLeft+"px;width:2px;height:2px;font-size:2px;background:"+this.
hCol+"\"></div>";
            }
            str += "</div></div>";
            str  +=  "<div  style=\"position:relative;top:0px;left:0px\"><div
style=\"position:relative\">";
            for (var i=0; i<this.S.length; i++)
            {
                divTop = this.Ypos + i * this.Ybase * Math.sin(sec);
                divLeft = this.Xpos + i * this.Xbase * Math.cos(sec);

                str  +=  "<div  id=x  style=\"position:absolute;top:"+divTop+
"px;left:"+divLeft+"px;width:2px;height:2px;font-size:2px;background:"+this.
sCol+"\"></div>";
            }
            str += "</div></div>";
            str += "</td>";
            str += "</tr>";
            //input text
            str += "<tr>";
            str += "<td>";
            str += "<div class=\"m_frameborder\">";
            str    +=    "<input    radix=\"24\"    value=\""+this.formatTime
```

```
(objDate.getHours())+"\" "+sMinute_Common+">:";
        str    +=    "<input    radix=\"60\"    value=\""+this.formatTime
(objDate.getMinutes())+"\" "+sMinute_Common+">:";
        str    +=    "<input    radix=\"60\"    value=\""+this.formatTime
(objDate.getSeconds())+"\" "+sMinute_Common+">";
        str += "</div>";
        str += "</td>";
        str += "<td>";
        str += "<table border=\"0\" cellspacing=\"2\" cellpadding=\"0\">"
        str   +=   "<tr><td><button  id=\""+this.fName+"_up\"   "+sButton_
Common+">5</button></td></tr>";
        str  +=  "<tr><td><button  id=\""+this.fName+"_down\"  "+sButton_
Common+">6</button></td></tr>";
        str += "</table>";
        str += "</td>";
        str += "</tr>";
        str += "</table>";
        return str;
    }

    /**
     *@作用：开始运行
    *@返回：无返回值
    */
    this.play = function()
    {
        this.timer = setInterval(this.name+".playback()",1000);
    };

    /**
     *@作用：格式化时间
    *@返回：返回格式化后时间
    */
    this.formatTime = function(sTime)
    {
        sTime = ("0"+sTime);
        return sTime.substr(sTime.length-2);
    };

    /**
     *@作用：执行运行子函数
    *@返回：无返回值
    */
    this.playback = function()
    {
        var objDate = new Date();
```

```
            var                              arrDate                    =
[objDate.getHours(),objDate.getMinutes(),objDate.getSeconds()];
            var objMinute = document.getElementsByName(this.fName);

            for (var i=0;i<objMinute.length;i++)
            {
                objMinute[i].value = this.formatTime(arrDate[i])
            }

    this.clock(objDate.getHours(),objDate.getMinutes(),objDate.getSeconds())
;
        };

        /**
      *@作用：时钟函数
    *@返回：无返回值
    */
    this.clock = function(hrs, mins, secs)
        {
            var objDate = new Date();
            objDate.setHours(hrs, mins, secs);
            var sec = -1.57 + Math.PI * parseInt(objDate.getSeconds())/30;
            var min = -1.57 + Math.PI * parseInt(objDate.getMinutes())/30;
            var hr  =  -1.57  +  Math.PI  *  parseInt(objDate.getHours())/6  +
Math.PI*parseInt(objDate.getMinutes())/360;

            for (var i=0; i<this.S.length; i++)
            {
                x[i].style.pixelTop = this.Ypos + i * this.Ybase * Math.sin(sec);
                x[i].style.pixelLeft = this.Xpos + i * this.Xbase * Math.cos
(sec);
            }
            for (var i=0; i<this.M.length; i++)
            {
                y[i].style.pixelTop = this.Ypos + i * this.Ybase * Math.sin(min);
                y[i].style.pixelLeft = this.Xpos + i * this.Xbase * Math.cos
(min);
            }
            for (var i=0; i<this.H.length; i++)
            {
                z[i].style.pixelTop = this.Ypos + i * this.Ybase*Math.sin(hr);
                z[i].style.pixelLeft = this.Xpos + i * this.Xbase*Math.cos(hr);
            }
        };

        /**
```

```
     *@作用：阻止事件生效
    *@返回：无返回值
    */
    this.prevent = function(obj)
        {
            clearInterval(this.timer);
            this.setFocusObj(obj);
            var value = parseInt(obj.value,10);
            var radix = parseInt(obj.radix,10)-1;
            if (obj.value>radix||obj.value<0)
            {
                obj.value = obj.value.substr(0,1);
            }

            var hrs = document.getElementsByName(this.fName)[0].value;
            var mins = document.getElementsByName(this.fName)[1].value;
            var secs = document.getElementsByName(this.fName)[2].value;
            this.clock(hrs, mins, secs);
        };

        /**
     *@作用：控制时间
    *@返回：无返回值
    */
    this.controlTime = function(cmd)
        {
            event.cancelBubble = true;
            if (!this.fObj) return;
            clearInterval(this.timer);
            var cmd = event.srcElement.innerText=="5"?true:false;
            var i = parseInt(this.fObj.value,10);
            var radix = parseInt(this.fObj.radix,10)-1;
            if (i==radix&&cmd)
            {
                i = 0;
            }
            else if (i==0&&!cmd)
            {
                i = radix;
            }
            else
            {
                cmd?i++:i--;
            }
            this.fObj.value = this.formatTime(i);
            this.fObj.select();
```

```
        };

        /**
     *@作用：设置时间
    *@返回：无返回值
    */
    this.setTime = function(obj)
        {
            obj.value = this.formatTime(obj.value);
        };

        /**
     *@作用：设置对象焦点
    *@返回：无返回值
    */
    this.setFocusObj = function(obj)
        {
            eval(this.fName+"_up").disabled                                    =
eval(this.fName+"_down").disabled = false;
            this.fObj = obj;
        };

        /**
     *@作用：获取时间
    *@返回：无返回值
    */
    this.getTime = function()
        {
            var arrTime = new Array(2);
            for (var i=0;i<document.getElementsByName(this.fName).length;i++)
            {
                arrTime[i] = document.getElementsByName(this.fName)[i].value;
            }
            return arrTime.join(":");
        }
    };
    </script>


    <script language="javascript">

    /**
     *@作用：日历类
    *@返回：无返回值
    */
    function calendar(name,fName)
```

```
    {
        this.name = name;
        this.fName = fName || "calendar";
        this.year = new Date().getFullYear();
        this.month = new Date().getMonth();
        this.date = new Date().getDate();

        /**
     *@作用：私有方法，转化为字符串
    *@返回：返回转化后字符串
    */
    this.toString = function()
        {
            var str = "";
            str += "<table border=\"0\" cellspacing=\"3\" cellpadding=\"0\"
onselectstart=\"return false\">";
            str += "<tr>";
            str += "<td>";
            str += this.drawMonth();
            str += "</td>";
            str += "<td align=\"right\">";
            str += this.drawYear();
            str += "</td>";
            str += "</tr>";
            str += "<tr>";
            str += "<td colspan=\"2\">";
            str += "<div class=\"c_frameborder\">";
            str += "<table border=\"0\" cellspacing=\"0\" cellpadding=\"0\"
class=\"c_dateHead\">";
            str += "<tr>";
            str += "<td>日</td><td>一</td><td>二</td><td>三</td><td>四</td><td>
五</td><td>六</td>";
            str += "</tr>";
            str += "</table>";
            str += this.drawDate();
            str += "</div>";
            str += "</td>";
            str += "</tr>";
            str += "</table>";
            return str;
        };

        /**
     *@作用：私有方法，实现年份
    *@返回：返回html 串
    */
```

```
    this.drawYear = function()
        {
            var str = "";
            str += "<table border=\"0\" cellspacing=\"0\" cellpadding=\"0\">";
            str += "<tr>";
            str += "<td>";
            str    +=    "<input   class=\"c_year\"   maxlength=\"4\"   value=\""+
this.year+"\"name=\""+this.fName+"\" id=\""+this.fName+"_year\" readonly>";
            //DateField
            str += "<input type=\"hidden\" name=\""+this.fName+"\" value=\""
+this.date+"\" id=\""+this.fName+"_date\">";
            str += "</td>";
            str += "<td>";
            str += "<table cellspacing=\"2\" cellpadding=\"0\" border=\"0\">";
            str += "<tr>";
            str   +=   "<td><button  class=\"c_arrow\"  onfocus=\"this.blur()\"
onclick=\"event.cancelBubble=true;document.getElementById('"+this.fName+"_ye
ar').value++;"+this.name+".redrawDate()\">5</button></td>";
            str += "</tr>";
            str += "<tr>";
            str   +=   "<td><button  class=\"c_arrow\"  onfocus=\"this.blur()\"
onclick=\"event.cancelBubble=true;document.getElementById('"+this.fName+"_ye
ar').value--;"+this.name+".redrawDate()\">6</button></td>";
            str += "</tr>";
            str += "</table>";
            str += "</td>";
            str += "</tr>";
            str += "</table>";
            return str;
        };

        /**
     *@作用：私有方法，实现月份
    *@返回：返回月份选择 html
    */
    this.drawMonth = function()
        {
            var aMonthName = ["一","二","三","四","五","六","七","八","九","十","
十一","十二"];
            var str = "";
            str    +=    "<select   class=\"c_month\"   name=\""+this.fName+"\"
id=\""+this.fName+"_month\" onchange=\""+this.name+".redrawDate()\">";
            for (var i=0;i<aMonthName.length;i++) {
                str    +=    "<option   value=\""+(i+1)+"\"    "+(i==this.month?
"selected":"")+">"+aMonthName[i]+"月</option>";
            }
```

```
            str += "</select>";
            return str;
        };

        /**
     *@作用：私有方法，实现具体日期
    *@返回：返回日期表格 html
    */
    this.drawDate = function()
        {
            var str = "";
            var fDay = new Date(this.year,this.month,1).getDay();
            var fDate = 1-fDay;
            var lDay = new Date(this.year,this.month+1,0).getDay();
            var lDate = new Date(this.year,this.month+1,0).getDate();
            str += "<table border=\"0\" cellspacing=\"0\" cellpadding=\"0\"
id=\""+this.fName+"_dateTable"+"\">";
            for (var i=1,j=fDate;i<7;i++)
            {
                str += "<tr>";
                for (var k=0;k<7;k++)
                {
                    str   +=   "<td><span"+(j==this.date?"   class=\"selected
\"":"")+"
onclick=\""+this.name+".redrawDate(this.innerText)\">"+(isDate(j++))+"</span
></td>";
                }
                str += "</tr>";
            }
            str += "</table>";
            return str;

            function isDate(n)
            {
                return (n>=1&&n<=lDate)?n:"";
            }
        };

        /**
     *@作用：重新设置日期
    *@返回：无返回值
    */
    this.redrawDate = function(d)
        {
            this.year = document.getElementById(this.fName+"_year").value;
            this.month                                                       =
```

```
document.getElementById(this.fName+"_month").value-1;
            this.date = d || this.date;
            document.getElementById(this.fName+"_year").value = this.year;
            document.getElementById(this.fName+"_month").selectedIndex       =
this.month;
            document.getElementById(this.fName+"_date").value = this.date;
            if    (this.date>new    Date(this.year,this.month+1,0).getDate())
this.date = new Date(this.year,this.month+1,0).getDate();
            document.getElementById(this.fName+"_dateTable").outerHTML       =
this.drawDate();
        };
        /**
     *@作用：格式化日期
    *@返回：返回格式化日期串
    */
    this.formatDate = function(sDate)
        {
            sDate = ("0"+sDate);
            return sDate.substr(sDate.length-2);
        };

        /**
     *@作用：公用方法，获得日期
    *@返回：返回获得的日期
    */
    this.getDate = function(delimiter)
        {
            if (!delimiter) delimiter = "-";
            var aValue = [this.year,this.formatDate(this.month+1),this.formatDate(this.date)];
            return aValue.join(delimiter);
        };
    }
    </script>

    <script language="JavaScript">
    //获得日历时间
    function getCalendarValue()
    {
        window.returnValue = c.getDate() + ' ' + m.getTime();
        closeWin();
    }
    //清空日历值
    function emptyCalendarValue()
    {
        window.returnValue = "";
        closeWin();
```

```
    }
    //关闭窗口
    function closeWin()
    {
        window.close();
    }
    </script>

    <meta http-equiv="Content-Type" content="text/html; charset=gb2312">
    </HEAD>

    <BODY>
    <table border="0" cellspacing=8 cellpadding=0>
    <tr><td>
    <fieldset class="c_fieldset"><legend class="c_legend">日期(D)</legend>
    <!-- 调用日历 -->
    <script>
    var c = new calendar("c");
    document.write(c);
    </script>
    <!-- 调用日历 -->
    </fieldset>
    </td>
    <td valign="top">
    <fieldset class="m_fieldset"><legend class="m_legend">时间(T)</legend>
    <!-- 调用时间钟 -->
    <script>
    var m = new minute("m");
    m.play();
    document.write(m);
    </script>
    <!-- 调用时间钟 -->
    </fieldset>
    </td></tr>
    <tr>
    <td colspan="2" align=right>
    <input name="submit" type="button" class="button" value="确定" onclick=
"getCalendarValue()"> <input name="reset" type="button" class="button"
value="取消" onclick="closeWin()"> <input name="empty" type="button"
class="button" value="清空" onclick="emptyCalendarValue()">
    </td></tr>
    </table>
    </BODY>
    </HTML>
```

以上创建的是一个万年历，并可返回值，在浏览器中查看效果如图 18.14 所示。

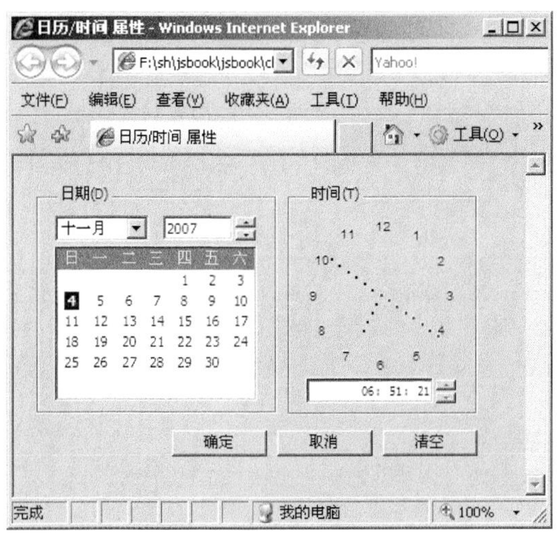

图 18.14　万年历页面效果

（3）创建模拟日期输入页面。

模拟一个需要输入日期的输入框页面 18-5-1.html，代码如下所示。

```
<!DOCTYPE HTML PUBLIC "-//W3C//DTD HTML 4.0 Transitional//EN">
<html>
<head>
<title>日期选择</title>
<META http-equiv="Content-Type" content="text/html; charset=gb2312">
</head>
<body>
<input type="text" name="date" size=20>
</body>
</html>
```

（4）使用 JavaScript 在日期选择时，弹出日期选择框并接受日历框返回的值。

为此，需要对 18-5-1.html 进行扩展，同时对输入框进行时间关联，完整的代码如下所示。

```
<!DOCTYPE HTML PUBLIC "-//W3C//DTD HTML 4.0 Transitional//EN">
<html>
<head>
<title>日期选择</title>
<META http-equiv="Content-Type" content="text/html; charset=gb2312">
</head>
<body>
<script language="JavaScript">
<!--
//打开日历函数
function fPopUpCalendarDlg(obj)
{
    //定义尺寸
    var width = 375;
    var height = 260;
    //定义位置
```

```
        var left = window.screenLeft + obj.offsetLeft + 2;
        var top = window.screenTop + obj.offsetTop + obj.offsetHeight;
        if (parseInt((left + width),10) > parseInt(screen.availWidth,10)) left
= left - width + obj.offsetWidth - 2;
        if  ((top  +  height)  >  screen.availHeight)  top  =  top  -  height  -
obj.offsetHeight + 2;
        //设置返回值
        retval  =  window.showModalDialog("calendar.htm",  "日期/时间 属性",
"dialogWidth:"+width+"px;  dialogHeight:"+height+"px;  dialogLeft:"+left+"px;
dialogTop:"+top+"px;  status:no;  directories:yes;scrollbars:no;Resizable=no;
");

        if( retval != null ) {
            obj.value = retval;
        }
    }
    //-->
    </script>
    <input type="text" name="date" size=20 onclick=fPopUpCalendarDlg(this)>
    </body>
    </html>
```

这样，当鼠标单击输入框时，就会弹出日历选择页面，通过单击日历/时间 属性页面的“确定”按钮，将选择的日期值格式化后返回到输入框中，如图 18.15 所示。日期控件返回的是一个完整的日期和时间串，如图 18.16 所示。

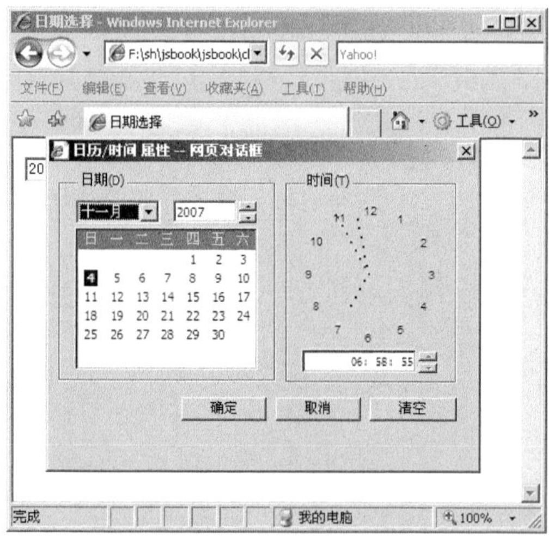

图 18.15 日期选择界面

图 18.16 完整的日期时间串

这个时候就可以根据实际的情况，进行简单的字符串截取，即可得到自己需要的日期或者时间串。

18.6　实现“省、市、区、县”层级关联功能

在很多的应用系统或网站里，涉及到个人资料或者所在地选择时，通常会从省、市一直精确到区县。如果每个下拉列表里把全国所有的区县列表都列举出来的话，那未必显得太多了。下拉菜单之间可以通过 JavaScript 实现相互的层级关联，也就是说选择了省以后，在市下拉列表里只出现该省范围内的市；当选择了某个市后只显示对应的区县。本例中的所有文件均存放在 18-6 文件夹中。

首先，需要考虑数据的存放方法，最好采用数组存放大量的数据，为了使数据之间有相互的关联，通过一定的规律来实现，本例中不会列出所有的数据，只是列举几个省做一个样例，经过简单的调整和编写相应的代码后，存为文件 18-6-1.html，代码如下所示。

```
<html>
<head>
<title>省市县关联菜单</title>
<meta http-equiv="Content-Type" content="text/html; charset=gb2312">
<style>
body,select
{
font-size:9pt;
font-family:Verdana;
}
a
{
color:red;
text-decoration:none;
}
a:hover{
text-decoration:underline;
}
</style>
<SCRIPT LANGUAGE="JavaScript">
<!--
/**
 *@作用：设置项目数据
*@返回：无返回值
*/
function Dsy()
{
this.Items = {};
}

/**
 *@作用：添加项目数据
*@返回：无返回值
*/
```

```
    Dsy.prototype.add = function(id,iArray)
    {
    this.Items[id] = iArray;
    };

    /**
     *@作用：检查是否存在
    *@返回：无返回值
    */
    Dsy.prototype.Exists = function(id)
    {
    if(typeof(this.Items[id]) == "undefined") return false;
    return true;
    }

    /**
     *@作用：change 事件处理
    *@返回：无返回值
    */
    function change(v){
    var str="0";
    for(i=0;i<v;i++){ str+=("_"+(document.getElementById(s[i]).selectedIndex
-1));}
    var ss=document.getElementById(s[v]);
    with(ss){
    length = 0;
    options[0]=new Option(opt0[v],opt0[v]);
    if(v && document.getElementById(s[v-1]).selectedIndex>0 || !v)
    {
    if(dsy.Exists(str)){
    ar = dsy.Items[str];
    for(i=0;i<ar.length;i++)options[length]=new Option(ar[i],ar[i]);
    if(v)options[1].selected = true;
    }
    }
    if(++v<s.length){change(v);}
    }
    }


    var dsy = new Dsy();

    dsy.add("0",["安徽","北京","福建","甘肃"]);

    dsy.add("0_0",["安庆","蚌埠","巢湖","池州","滁州","阜阳","合肥","淮北","淮南
","黄山","六安","马鞍山","宿州","铜陵","芜湖","宣城","亳州"]);
    dsy.add("0_0_0",["安庆市","怀宁县","潜山县","宿松县","太湖县","桐城市","望江县
```

```
","岳西县","枞阳县"]);
    dsy.add("0_0_1",["蚌埠市","固镇县","怀远县","五河县"]);
    dsy.add("0_0_2",["巢湖市","含山县","和县","庐江县","无为县"]);
    dsy.add("0_0_3",["池州市","东至县","青阳县","石台县"]);
    dsy.add("0_0_4",["滁州市","定远县","凤阳县","来安县","明光市","全椒县","天长市
"]);
    dsy.add("0_0_5",["阜南县","阜阳市","界首市","临泉县","太和县","颖上县"]);
    dsy.add("0_0_6",["长丰县","肥东县","肥西县"]);
    dsy.add("0_0_7",["淮北市","濉溪县"]);
    dsy.add("0_0_8",["凤台县","淮南市"]);
    dsy.add("0_0_9",["黄山市","祁门县","休宁县","歙县","黟县"]);
    dsy.add("0_0_10",["霍邱县","霍山县","金寨县","六安市","寿县","舒城县"]);
    dsy.add("0_0_11",["当涂县","马鞍山市"]);
    dsy.add("0_0_12",["灵璧县","宿州市","萧县","泗县","砀山县"]);
    dsy.add("0_0_13",["铜陵市","铜陵县"]);
    dsy.add("0_0_14",["繁昌县","南陵县","芜湖市","芜湖县"]);
    dsy.add("0_0_15",["广德县","绩溪县","郎溪县","宁国市","宣城市","泾县","旌德县
"]);
    dsy.add("0_0_16",["利辛县","蒙城县","涡阳县","亳州市"]);

    dsy.add("0_1",["北京"]);
    dsy.add("0_1_0",["北京市","密云县","延庆县"]);

    dsy.add("0_2",["福州","龙岩","南平","宁德","莆田","泉州","三明","厦门","漳州
"]);
    dsy.add("0_2_0",["长乐市","福清市","福州市","连江县","罗源县","闽侯县","闽清县
","平潭县","永泰县"]);
    dsy.add("0_2_1",["长汀县","连城县","龙岩市","上杭县","武平县","永定县","漳平市
"]);
    dsy.add("0_2_2",["光泽县","建阳市","建瓯市","南平市","浦城县","邵武市","顺昌县
","松溪县","武夷山市","政和县"]);
    dsy.add("0_2_3",["福安市","福鼎市","古田县","宁德市","屏南县","寿宁县","霞浦县
","周宁县","柘荣县"]);
    dsy.add("0_2_4",["莆田市","仙游县"]);
    dsy.add("0_2_5",["安溪县","德化县","惠安县","金门县","晋江市","南安市","泉州市
","石狮市","永春县"]);
    dsy.add("0_2_6",["大田县","建宁县","将乐县","明溪县","宁化县","清流县","三明市
","沙县","泰宁县","永安市","尤溪县"]);
    dsy.add("0_2_7",["厦门市"]);
    dsy.add("0_2_8",["长泰县","东山县","华安县","龙海市","南靖县","平和县","云霄县
","漳浦县","漳州市","诏安县"]);

    dsy.add("0_3",["白银","定西","甘南藏族自治州","嘉峪关","金昌","酒泉","兰州","临
夏回族自治州","陇南","平凉","庆阳","天水","武威","张掖"]);
    dsy.add("0_3_0",["白银市","会宁县","景泰县","靖远县"]);
    dsy.add("0_3_1",["定西县","临洮县","陇西县","通渭县","渭源县","漳县","岷县"]);
```

```
    dsy.add("0_3_2",["迭部县","合作市","临潭县","碌曲县","玛曲县","夏河县","舟曲县
","卓尼县"]);
    dsy.add("0_3_3",["嘉峪关市"]);
    dsy.add("0_3_4",["金昌市","永昌县"]);
    dsy.add("0_3_5",["阿克塞哈萨克族自治县","安西县","敦煌市","金塔县","酒泉市","肃
北蒙古族自治县","玉门市"]);
    dsy.add("0_3_6",["皋兰县","兰州市","永登县","榆中县"]);
    dsy.add("0_3_7",["东乡族自治县","广河县","和政县","积石山保安族东乡族撒拉族自治县
","康乐县","临夏市","临夏县","永靖县"]);
    dsy.add("0_3_8",["成县","徽县","康县","礼县","两当县","文县","武都县","西和县
","宕昌县"]);
    dsy.add("0_3_9",["崇信县","华亭县","静宁县","灵台县","平凉市","庄浪县","泾川县
"]);
    dsy.add("0_3_10",["合水县","华池县","环县","宁县","庆城县","庆阳市","镇原县","
正宁县"]);
    dsy.add("0_3_11",["甘谷县","秦安县","清水县","天水市","武山县","张家川回族自治
县"]);
    dsy.add("0_3_12",["古浪县","民勤县","天祝藏族自治县","武威市"]);
    dsy.add("0_3_13",["高台县","临泽县","民乐县","山丹县","肃南裕固族自治县","张掖
市"]);


    //-->
    </SCRIPT>
    <SCRIPT LANGUAGE = JavaScript>
    <!--
    //设置 id 属性
    var s=["s1","s2","s3"];
    var opt0 = ["省份","地级市","市、县级市、县"];
    //创建下拉
    function setup()
    {
    for(i=0;i<s.length-1;i++)
    document.getElementById(s[i]).onchange=new
Function("change("+(i+1)+")");
    change(0);
    }
    //-->
    </SCRIPT>
    </head>
    <body bgcolor="#E0E0E0" onload="setup()">
    多级关联菜单:
    <form name="frm">
    <select id="s1"><option>省份</option></select>
    <select id="s2"><option>地级市</option></select>
    <select id="s3"><option>市、县级市、县</option></select>
```

```
</form>
</body>
</html>
```

以上的代码运行后，通过浏览器查看，如图 18.17 所示。

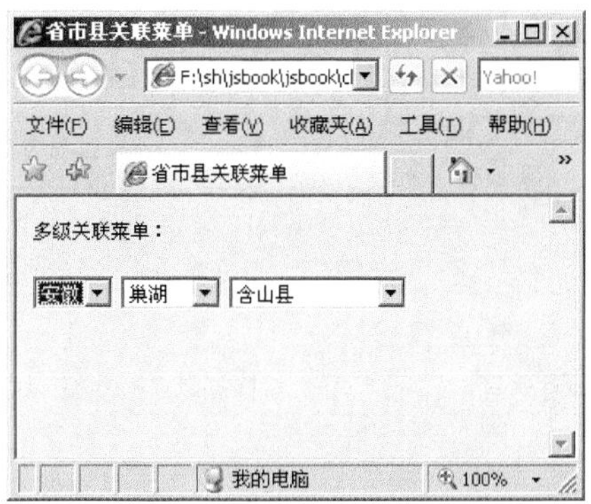

图 18.17　三级下拉联动菜单

18.7　用 JavaScript 调用服务器脚本显示动态新闻列表

用 JavaScript 能够调用服务器脚本，显示动态的新闻列表，这样也变相的实现了 JavaScript 和服务器端的通信。JavaScript 调用服务器端文件的语法和调用 JS 文件一样，都是如下所示的写法。

```
<script src="news.php"></script>
```

但是这对服务器端文件有要求，要求就是必须以 document.write 的方式输入文本，即如下所示。

```
document.write("新闻列表 1");
document.write("新闻列表 2");
document.write("新闻列表 3");
```

本例所有文件存放在文件夹 c18\18-7 中。

（1）创建主文件 18-7-1.html。

代码如下所示。

```
<!DOCTYPE HTML PUBLIC "-//W3C//DTD HTML 4.0 Transitional//EN">
<html>
<head>
<title>调用远端服务器文件</title>
<META http-equiv="Content-Type" content="text/html; charset=gb2312">
</head>
<body>
<!-- 模拟 -->
<script src="18-7-2.html"></script>
</body>
</html>
```

（2）模拟服务器端文件 18-7-2.html。

为了模拟出服务器端的文件，需要创建一个模拟文件 18-7-2.html，代码如下所示。

```
    document.write("<li><a href='#'>注意啦！重要通知！</a></li>");
    document.write("<li><a href='#'>IBM 提供免费技术列表</a></li>");
    document.write("<li><a href='#'>免费英语口语试听开始</a></li>");
    document.write("<li><a href='#'>关于接收教材交换的通知！</a></li>");
    document.write("<li><a href='#'>中秋、国庆假期无忧网...</a></li>");
```

在浏览器里查看主文件 18-7-1.html，效果如图 18.18 所示。

图 18.18 调用远端服务器程序

很多的网站，通过在不同的页面区域使用 JavaScript 来调用远端服务器文件，实现显示动态内容的目的。

18.8 在多框架页面实现页面隐藏切换

当系统布局结构比较复杂的时候，就需要用到框架来构建 Web 应用系统的界面。通常情况下，会用到类似图 18.19 的这种布局。

主框架结构页面见 18-8-1.html（本例代码文件全部放置在文件夹 18-8 中），代码如下所示。

```
    <html>
    <head>
    <title>框架嵌套 </title>
    </head>
    <body>
    <table height="100%" width="100%">
    <tr>
        <td colspan="2" height="80">
        <iframe src="18-8-1-top.html" height="100%" width="100%"></iframe>
        </td>
    </tr>
    <tr>
        <td width="30%">
        <iframe          src="18-8-1-left-middle.html"          height="100%"
width="100%"></iframe>
        </td>
        </td>
        <td>
        <iframe          src="18-8-1-right-middle.html"          height="100%"
```

```
width="100%"></iframe>
        </td>
        </td>
    </tr>
    </table>
    </body>
    </html>
```

可见，框架被分成上下两个大的部分，上面通常会放置系统的 logo 图片，或者一些主菜单，下面部分为操作区；下面的操作区部分又拆分为左右两块，左边为子模块菜单，一般以树形显示，右边为主操作区，本例没有使用<frameset>标签来进行布局，而直接使用表格和<iframe>来构建框架，这样对框架的控制更加灵活。

在有些情况下，为了扩充页面的操作区大小，通常需要对其他部分的框架区域进行暂时的隐藏，实现如图 18.20 所示情况。

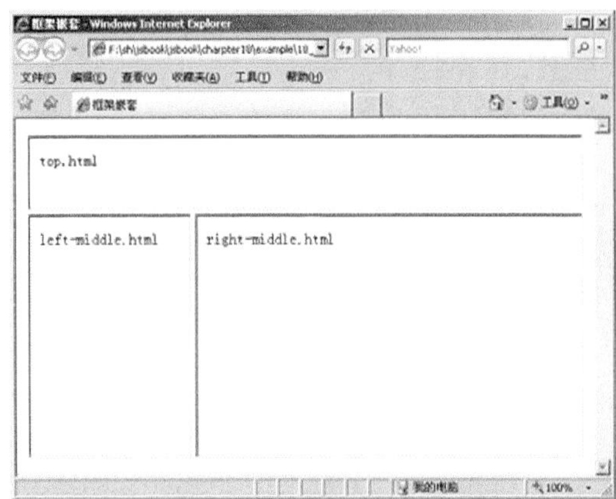

图 18.19 常见系统框架布局

图 18.20 部分框架被暂时隐藏

从图 18.20 中可以看到，顶部框架以及下面左边的框架都被隐藏了起来，那么这样的功能应该如何来实现呢，其实非常的简单，下面本例就对此进行讲解。

（1）原理分析。

既然框架都是通过<iframe>标签嵌套在网页里面的，布局是通过表格来实现的，那么要控制框架的隐藏和显示，只要控制表格的单元格的可见性即可。为此，需要给一些表格的单元格或者行赋予 id 属性，以方便通过 JavaScript 进行控制。经过调整后的主框架页面代码如下所示。

```
<html>
<head>
<title>框架嵌套 </title>
</head>
<body>
<table height="100%" width="100%">
<tr id="topframe">
    <td colspan="2" height="80">
    <iframe src="18-8-1-top.html" height="100%" width="100%"></iframe>
    </td>
</tr>
```

```
    <tr>
        <td width="30%" id="leftframe">
        <iframe          src="18-8-1-left-middle.html"          height="100%"
width="100%"></iframe>
        </td>
        </td>
        <td>
        <iframe          src="18-8-1-right-middle.html"          height="100%"
width="100%"></iframe>
        </td>
        </td>
    </tr>
    </table>
    </body>
    </html>
```

以上代码对顶部的单元行和下面左部的单元格进行 id 赋值。

（2）在子框架页面里隐藏当前框架。

要在子框架里实现隐藏当前框架，也就是说从子框架页面里控制主框架里页面元素的可见性，需要使用到 parent 对象，在 18-8-1-top.html 页面里添加控制的函数，即可实现控制页面的可见性，同时把事件关联到按钮上，经过完善后的页面代码如下所示。

```
    <html>
    <head>
    <title>18-8-1-top.html</title>
    <script language="JavaScript">
    <!--
    /**
     *@作用：切换显示或隐藏
    *@返回：无返回值
    */
    function showHide(f){
        if( f == 1 ){
            parent.document.getElementById("topframe").style.display = "none";
        }else{
            parent.document.getElementById("topframe").style.display = "block";
        }
    }
    //-->
    </script>
    </head>
    <body>
    top.html
    <input type="button" onclick="showHide(1)" value="隐藏本框架">
    </body>
    </html>
```

同样的道理，在 18-8-1-left-middle.html 页面里也添加类似代码，实现控制，完善后的页面代码如下所示。

```
    <html>
    <head>
    <title>18-8-1-left-middle.html</title>
    <script language="JavaScript">
    <!--
    /**
     *@作用：切换显示和隐藏
    *@返回：无返回值
    */
    function showHide(f){
        if( f == 1 ){
            parent.document.getElementById("leftframe").style.display        =
"none";
        }else{
            parent.document.getElementById("leftframe").style.display        =
"block";
        }
    }
    //-->
    </script>
    </head>
    <body>
    left-middle.html
    <input type="button" onclick="showHide(1)" value="隐藏本框架">
    </body>
    </html>
```

经过完善后的框架页面，在浏览器里访问如图 18.21 所示。单击其中的任何一个按钮，即可以实现隐藏，图 18.22 是单击了上面子框架中按钮后的情况。

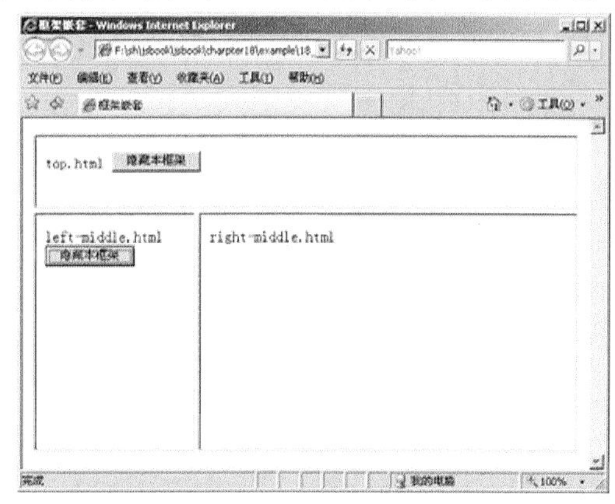

图 18.21　添加了事件的框架

图 18.22　关闭顶部框架后情况

（3）恢复显示子框架。

从图 18.22 中的例子可以看到，顶部框架被隐藏起来后，要想恢复则显得不太容易，这就需要再进行页面功能的完善。要将恢复部分的功能在下部右边的框架里实现。同样需要添加类似的 JavaScript 代码来实现控制，完善后 18-8-1-right-middle.html 页面代码如下所示。

```
<html>
<head>
<title>18-8-1-right-middle.html</title>
<script language="JavaScript">
<!--
/**
 *@作用：切换隐藏或显示
*@返回：无返回值
*/
function showHide(n,f){
    if( f == 1 ){
        parent.document.getElementById(n).style.display = "none";
    }else{
        parent.document.getElementById(n).style.display = "block";
    }
}
//-->
</script>
</head>
<body>
right-middle.html<br>
<input type="button" onclick="showHide('topframe',2)" value="显示顶部框架">
<input type="button" onclick="showHide('leftframe',2)" value="显示左边框架">
</body>
</html>
```

从以上代码可以看见，在本页面中，对函数 showHide 增加了一个参数用来通过参数控制显示的框架区域的 id。

到目前为止，框架的功能基本得到实现了，预览主框架后效果如图 18.23 所示。这样，就能够通过分布在三个子框架里的 4 个按钮，来实现框架的隐藏和显示，从而实现最终符合设计的功能。图 18.24 为通过按钮隐藏了顶部和下部左边框架的情况。

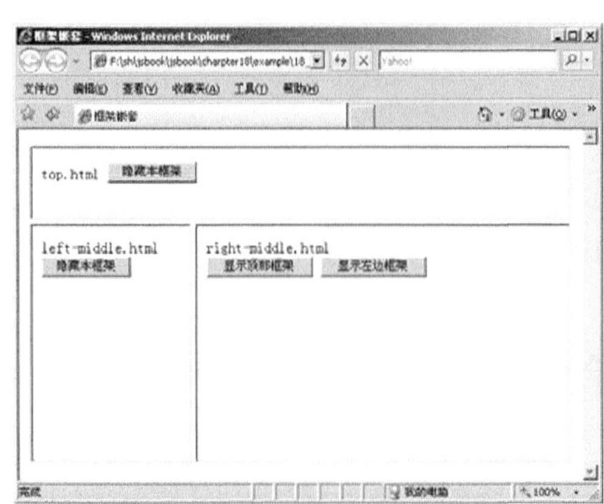

图 18.23　完善后主框架

图 18.24　隐藏了其余框架后情况

当然，为了能满足产品化的要求，还需要配合美工设计，对整个系统布局进行页面设计和美化。图 18.25 是一个采用了类似功能的软件系统界面。

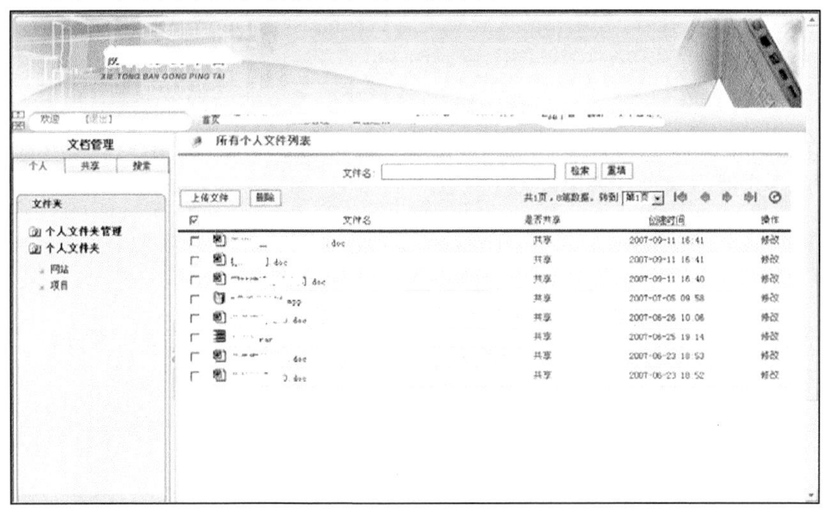

图 18.25　采用了框架布局的软件系统

第 19 章　JavaScript 常用特效

JavaScript 的网页特效在很多方面运用，能够实现很多绚丽的特殊效果。根据效果的基本性质大概可以分为文字特效、鼠标特效、图片特效、页面特效、时间特效、状态栏特效以及综合特效等，下面就分别举例进行说明。

19.1　使用文字特效

网页最开始的时候，主要的内容就是文本，因此文本特效在网页中有很多种，下面列举一些常见的文字特效。

19.1.1　随机文本

本例的效果是在浏览器访问网页时，根据备选结果里设置好的文字，随机出现文本。本例主要利用了数学函数产生随机的序号，以序号作为保存随机文本数组的下标，最后通过读取数组元素内容得到随机文本。本例文件保存在 19-1.html，代码如下所示。

```
<!DOCTYPE HTML PUBLIC "-//W3C//DTD HTML 4.0 Transitional//EN">
<html>
<head>
<title>随机文本</title>
<script language="JavaScript">
<!--
//通过数学函数随机挑选一个元素序号
var a = Math.random() + "";
var rand1 = a.charAt(5);
quotes = new Array;
quotes[1] = '随机文本 1'
quotes[2] = '随机文本 2'
quotes[3] = '随机文本 3'
quotes[4] = '随机文本 4'
quotes[5] = '随机文本 5'
quotes[6] = '随机文本 6'
var quote = quotes[rand1];
//-->
</script>
<script language="JavaScript">
<!--
document.write(quote);
// -->
</script>
</head>
<body>
</body>
```

```
</html>
```

以上的文件，在浏览器中每次刷新后，会随机出现预先设置的可选文本，这主要是利用了数组以及随机函数来实现的功能，如果需要显示更多的随机文本，扩展 quotes 数组即可。同样的道理，如果想要显示其他的内容，如图片、文字链接、Flash 动画等，均可以在此基础上进行扩展和修改。该例效果如图 19.1 所示，出现的随机文本为“随机文本 3”。

图 19.1 随机文本示例

19.1.2 文本链接颜色变换

本例将具有链接的文本，根据一定的规律实现颜色的转换，通过一个数组来设置变换的可选颜色。主函数 linkDance 用来获得页面的链接文本，并通过 setTimeout 延迟函数来控制链接颜色间隔转换，且使用递归让效果持续循环。本例的 html 文件见 19-2.html，代码如下所示。

```
<!DOCTYPE HTML PUBLIC "-//W3C//DTD HTML 4.0 Transitional//EN">
<html>
<head>
<title>文本链接变色</title>
<script language="JavaScript">
<!--Begin
//初始化数组
function initArray() {
for (var i = 0; i < initArray.arguments.length; i++) {
this[i] = initArray.arguments[i];
}
this.length = initArray.arguments.length;
}
//初始化颜色数组
var colors = new initArray(
"red",
"blue",
"green",
"purple",
"black",
"tan",
"red"
);
delay =0.5; // 延迟秒数
link = 0;
vlink = 0;
//主函数
function linkDance() {
link = (link+1)%colors.length;
vlink = (vlink+1)%colors.length;
```

```
document.linkColor = colors[link];
document.vlinkColor = colors[vlink];
//控制颜色间隔显示时间，递归循环
setTimeout("linkDance()",delay*1000);
}
//执行函数
linkDance();
// End -->
</script>
</head>
<body>
<a href="http://www.ds5u.com">读书无忧网</a>
</body>
</html>
```

以上的代码，可以使得网页内的文本链接自动进行颜色的变换，比较能够吸引用户的注意。如图 19.2 所示，为链接的颜色变换为草绿色的效果。

图 19.2 链接颜色变换示例

19.1.3 上下跳动的文本

本例效果是文本在页面区域上下跳动、变换位置，通过 anim 函数来进行位置的变换（主要的原理就是改变文本所在对象的 top 属性）同时实现自身的递归循环，通过 start 函数来实现主函数的启动。示例文件见 19-3.html，代码如下所示。

```
<!DOCTYPE HTML PUBLIC "-//W3C//DTD HTML 4.0 Transitional//EN">
<html>
<head>
<title>文本上下跳动</title>
</head>
<body>
<script language="JavaScript">
<!--
//初始化变量
done = 0;
step = 4
//改变位置
function anim(yp,yk)
{
    //浏览器兼容判断
```

```
    if(document.layers){
    document.layers["napis"].top=yp;
    }else{
            document.all["napis"].style.top=yp;
    }
    if(yp>yk) step = -4;
    if(yp<60) step = 4;
    //设置间隔，递归循环
    setTimeout('anim('+(yp+step)+','+yk+')', 10);
    }
    //主函数
    function start()
    {
        //根据 done 标记决定是否终止
    if(done) {
    return;
    }
        done = 1;
        //判断浏览器类型
        if(navigator.appName=="Netscape") {
            document.napis.left=innerWidth/2 - 145;
            anim(60,innerHeight - 60);
        }
        else
    {
            napis.style.left=100;
            anim(60,document.body.offsetHeight - 60);
        }
    }

    //-->
    </script>
    <div id="napis"
    style="position: absolute; top: 159px; width: 400px; height: 78px; left:
215px"><font size="5"><b>我在跳动</b></font></div>
    <script language="JavaScript">
    <!--
    //启动函数
        setTimeout('start()',10);
    //-->
    </script>
    </body>
    </html>
```

本例实现了指定的文本上下跳动，还可以设定文字的位置、上下跳动的速度等，效果如图 19.3 所示，文本正在按照箭头方向上下跳动。

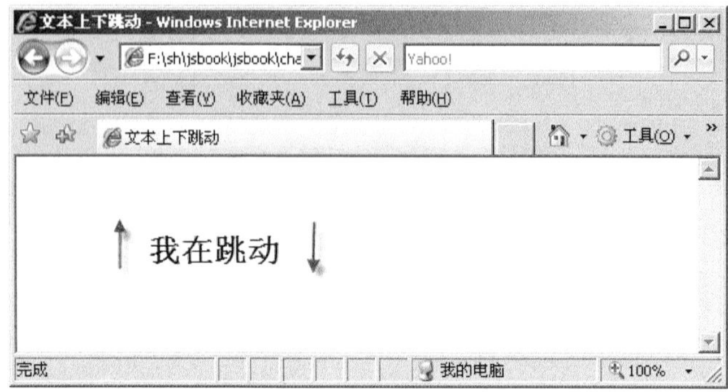

图 19.3　跳动的文本

19.1.4　定期滚动文本

本例效果是使指定的内容滚动显示，可以设定显示区域、颜色等。示例文件见 19-4.html，代码如下所示。

```
<!DOCTYPE HTML PUBLIC "-//W3C//DTD HTML 4.0 Transitional//EN">
<html>
<head>
<title>定期滚动文本</title>
</head>
<body>
<table border=0 cellpadding=0 cellspacing=0
width="35%" align="center">
<tbody>
  <tr>
    <td align=middle height=77  valign=center  width="100%">
<script language="">
//滚动区域参数设置
var scrollerwidth=115;
var scrollerheight=77;
var scrollerbgcolor='#FFCE00';
//3000 miliseconds=4 seconds
var pausebetweenimages=3000;
//滚动内容设置
var slideimages=new Array();
slideimages[0]='<a href="http://computer.online.sh.cn/" target="_blank">上海热线</a><br><br><a href="http://home.cnjx.net/~xmxm/" target="_blank">晓风残梦</a><br><br><a href="http://fms.topcool.net/" target="_blank">网虫家园</a><br><br>';
slideimages[1]='<a href="http://boysoft.126.com/" target="_blank">博软星网</a><br><br><a href="http://sjessie.163.net/" target="_blank">FLASHAGE</a><br><br><a href="http://312.126.com/" target="_blank">福州小子</a><br><br>';
slideimages[2]='<a href="http://promethues.163.net/" target="_blank">迷雾森林</a><br><br><a href="http://javabar.126.com/" target="_blank">JAVABAR</a><br><br><a href="http://netgolddig.yeah.net/"
```

```
target="_blank">网际淘金</a><br><br>';
    slideimages[3]='<a href="http://22578.yeah.net/" target="_blank">电脑果园
</a><br><br><a href="http://home.cnjx.net/~xmxm/" target="_blank">晓风残梦
</a><br><br><a href="http://fms.topcool.net/" target="_blank">网虫家园
</a><br><br>';
    slideimages[4]='<a href="http://boysoft.126.com/" target="_blank">博软星网
</a><br><br><a                                    href="http://sjessie.163.net/"
target="_blank">FLASHAGE</a><br><br><a           href="http://312.126.com/"
target="_blank">福州小子</a><br><br>';
    slideimages[5]='<a href="http://promethues.163.net/" target="_blank">迷雾
森        林        </a><br><br><a               href="http://javabar.126.com/"
target="_blank">JAVABAR</a><br><br><a      href="http://netgolddig.yeah.net/"
target="_blank">网际淘金</a><br><br>';

    if (slideimages.length>1){
    i=2;
    }else{
    i=0;
    }
    //移动层 1
    function move1(whichlayer){
    //使用 eval 函数来把 whichlayer 转化为对象
    tlayer=eval(whichlayer);
    //根据位置判断动作
    if (tlayer.top>0 && tlayer.top<=5){
        tlayer.top=0;
        setTimeout("move1(tlayer)",pausebetweenimages);
        setTimeout("move2(document.main.document.second)",pausebetweenimages
);
        return;
    }
    //根据位置判断动作
    if (tlayer.top>=tlayer.document.height*-1){
        tlayer.top-=5;
        setTimeout("move1(tlayer)",100);
     }
    else
    {
        tlayer.top=scrollerheight;
        tlayer.document.write(slideimages[i]);
        tlayer.document.close();
        if (i==slideimages.length-1){
           i=0;
        }else{
           i++;
        }
```

```
    }
    }
    //移动层 2
    function move2(whichlayer){
    tlayer2=eval(whichlayer);
    //根据位置判断动作
    if (tlayer2.top>0&&tlayer2.top<=5){
        tlayer2.top=0;
        setTimeout("move2(tlayer2)",pausebetweenimages);
        setTimeout("move1(document.main.document.first)",pausebetweenimages)
;
        return;
    }
    //根据位置判断动作
    if (tlayer2.top>=tlayer2.document.height*-1){
        tlayer2.top-=5;
        setTimeout("move2(tlayer2)",100);
    }
    else
    {
        tlayer2.top=scrollerheight;
        tlayer2.document.write(slideimages[i]);
        tlayer2.document.close();
        if (i==slideimages.length-1){
            i=0;
        }else{
            i++;
        }
    }
    }
    //移动层 3
    function move3(whichdiv){
    tdiv=eval(whichdiv);
    //根据位置判断动作
    if (tdiv.style.pixelTop>0&&tdiv.style.pixelTop<=5){
        tdiv.style.pixelTop=0;
        setTimeout("move3(tdiv)",pausebetweenimages);
        setTimeout("move4(second2)",pausebetweenimages);
        return;
    }
    //根据位置判断动作
    if (tdiv.style.pixelTop>=tdiv.offsetHeight*-1){
        tdiv.style.pixelTop-=5;
        setTimeout("move3(tdiv)",100);
    }
    else
```

```
{
    tdiv.style.pixelTop=scrollerheight;
    tdiv.innerHTML=slideimages[i];
    if (i==slideimages.length-1){
        i=0;
    }else{
        i++;
    }
}
}
//移动层 4
function move4(whichdiv){
tdiv2=eval(whichdiv);
//根据位置判断动作
if (tdiv2.style.pixelTop>0&&tdiv2.style.pixelTop<=5){
    tdiv2.style.pixelTop=0;
    setTimeout("move4(tdiv2)",pausebetweenimages);
    setTimeout("move3(first2)",pausebetweenimages);
    return;
}
//根据位置判断动作
if (tdiv2.style.pixelTop>=tdiv2.offsetHeight*-1){
    tdiv2.style.pixelTop-=5;
    setTimeout("move4(second2)",100);
}
else
{
    tdiv2.style.pixelTop=scrollerheight;
    tdiv2.innerHTML=slideimages[i];
    if (i==slideimages.length-1){
        i=0;
    }else{
        i++;
    }
}
}
//开始滚动
function startscroll(){
//根据浏览器类型判断动作
if (document.all){
    move3(first2);
    second2.style.top=scrollerheight;
}
else if (document.layers){
    //执行对应滚动函数
    move1(document.main.document.first);
```

```
        document.main.document.second.top=scrollerheight+5;
        document.main.document.second.visibility='show';
    }
    }

    window.onload=startscroll
    //输出数组内保存的滚动内容
    if (document.layers){
    document.write(slideimages[0]);
    }
    if (document.layers){
    document.write(slideimages[1]);
    }
    if (document.layers){
    document.write(slideimages[0]);
    }
    //输入 html 内容
    if (document.all){
    document.writeln('<span       id="main2"       style="position:relative;
width:'+scrollerwidth+';height:'+scrollerheight+';overflow:hiden;background-
color:'+scrollerbgcolor+'">');
    document.writeln('<div style="position:absolute;width:'+scrollerwidth+';
height:'+scrollerheight+';clip:rect(0  '+scrollerwidth+'  '+scrollerheight+'
0);left:0;top:0">');
    document.writeln('<div       id="first2"       style="position:absolute;
width:'+scrollerwidth+';left:0;top:1;">');
    document.write(slideimages[0]);
    document.writeln('</div>');
    document.writeln('<div       id="second2"       style="position:absolute;
width:'+scrollerwidth+';left:0;top:0">');
    document.write(slideimages[1]);
    document.writeln('</div>');
    document.writeln('</div>');
    document.writeln('</span>');
    }
    </script>
    <layer id=main bgcolor="&amp;{scrollerbgcolor};"
         height="&amp;{scrollerheight};"
         width="&amp;{scrollerwidth};">
    <layer id=first
         width="&amp;{scrollerwidth};" top="1"
         left="0"></layer>
    <layer id=second
         width="&amp;{scrollerwidth};" top="0" left="0"
          visibility="hide"></layer>
    </layer>
```

```
</td>
</tr>
</tbody>
</table>
</body>
</html>
```

本例的效果使用非常广泛，在很多大型的网站都有运用，尤其在广告发布方面。本例的效果是在某个指定的区域，定期滚动显示内容，每隔一段时间间隔轮换，如此循环，效果如图 19.4 所示。

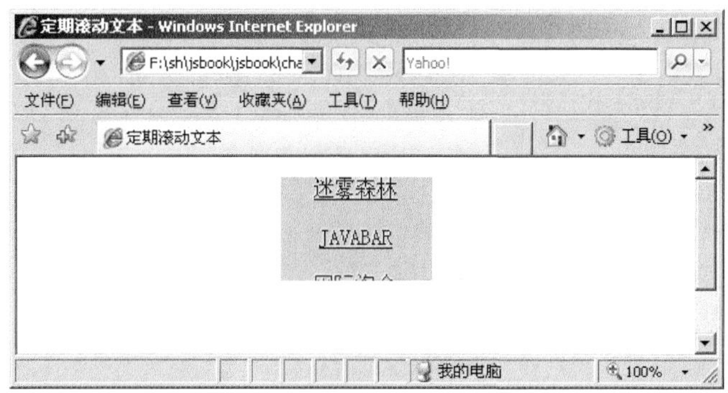

图 19.4 定期滚动文本示例

19.1.5 链接提示文字

网页里有很多超链接，有的链接因为区域的关系，不能显示很多的文字。这时就可以用给链接增加提示的方式来进行额外的说明。当鼠标移到链接上时，就能够显示说明的内容。示例文件 19-5.html，代码如下所示。

```
<!DOCTYPE HTML PUBLIC "-//W3C//DTD HTML 4.0 Transitional//EN">
<html>
<head>
<title>链接提示</title>
</head>
<body>
<Script Language="Javascript">
<!--
bname=navigator.appName;
bversion=parseInt(navigator.appVersion)
//根据浏览器类型判断
if (bname=="Netscape"){
brows=true
}else{
brows=false
}
var x=0;
var link=new Array();
//显示内容子程序
function dspl(msg,bgcolor,dtop,delft){
```

```
    this.msg=msg;
    this.bgcolor=bgcolor;
    this.dtop=dtop;
    this.dleft=delft;
    }
    link[0]=new dspl('［宗旨］<BR>内容','bisque',150,430);
    link[1]=new dspl('［论坛］<BR>内容','bisque',175,430);
    link[2]=new dspl('［栏目］<BR>内容','bisque',200,430);
    link[3]=new dspl('［关于］<BR>内容','bisque',225,430);
```

//兰色部分是浮动条的背景色，红色部分是浮动条的绝对位置，前面是 Y 轴，后面的是 X 轴。根据连接的具体位置设置这个位置，如果你用 DW2，可以打开 Ruler（坐标线），坐标位置非常容易找到。

```
    // 显示提示的主程序
    function don(x){
    if ((bname=="Netscape" && bversion>=4) || (bname=="Microsoft Internet
Explorer" && bversion>=4)){
        // Netscape 浏览器处理部分
        if (brows){
            //处理链接
            with(link[x]){
                document.layers['linkex'].bgColor=bgcolor;
                document.layers['linkex'].document.writeln(msg);
                document.layers['linkex'].document.close();
                document.layers['linkex'].top=dtop;
                document.layers['linkex'].left=dleft;
            }
            //显示提示
            document.layers['linkex'].visibility="show";
        }
        else// IE 浏览器处理部分
        {
            //处理链接
            with(link[x]){
                linkex.innerHTML=msg;
                linkex.style.top=dtop;
                linkex.style.left=dleft;
                linkex.style.background=bgcolor;
            }
            //显示提示
            linkex.style.visibility="visible";
        }
    }
    }
    //关闭提示
    function doff(){
```

```
    //浏览器判断
    if  ((bname=="Netscape"  &&  bversion>=4)  ||  (bname=="Microsoft  Internet
Explorer" && bversion>=4)){
        if (brows){
            document.layers['linkex'].visibility="hide";
        }
        else{
            linkex.style.visibility="hidden";
        }
    }
    }

    // -->
    </Script>

    <Div id="linkex" style="position: absolute; visibility: hidden; width=19%">
    </Div>
    <Layer name="linkex" visibility="hide" width=19%>
    </Layer>

    <a href="#" onmouseover="don(0)" onmouseout="doff()" target="_top" >[宗旨]
</a>
    <BR>
    <a href="#" onmouseover="don(1)" onmouseout="doff()" target="_top" >[论坛]
</a>
    <br>
    <a href="#" onmouseover="don(2)" onmouseout="doff()" target="_top" >[栏目]
</a>
    <BR>
    <a href="#" onmouseover="don(3)" onmouseout="doff()" target="_top">[关于]
</a>

    </body>
    </html>
```

以上特效在需要更多的文字进行说明链接时经常用到。效果如图 19.5 所示。当鼠标移到第一个链接时，页面右下角提示区域显示出提示内容。

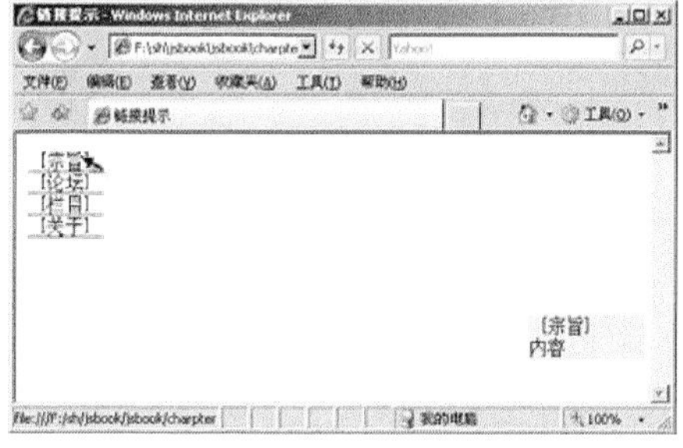

图 19.5　鼠标移上链接后显示提示示例

19.2 使用鼠标特效

在网页上的大部分动作都是由鼠标来完成的，比如单击、双击、勾选等。鼠标的特效也很多，下面就举例介绍。

19.2.1 禁止鼠标右键

禁止鼠标右键的功能，是很多网站为了保护网页内容而做的一个小技巧，比如不允许网友下载图片、利用右键菜单进行复制操作等。屏蔽鼠标右键功能不能完全的防止这些，有经验的用户通过一些步骤同样能够达到目的，本例只是为了说明使用 JavaScript 对鼠标按键的控制。示例文件见 19-6.html，代码如下所示。

```
<!DOCTYPE HTML PUBLIC "-//W3C//DTD HTML 4.0 Transitional//EN">
<html>
<head>
<title>禁止右键</title>
<script language="JavaScript">
//判断浏览器
if (navigator.appName.indexOf("Internet Explorer") != -1){
    //关联鼠标右键事件为主函数
document.onmousedown = noright;
}
//主函数
function noright()
{
if (event.button == 2 || event.button == 3)
{
        alert("页面代码不能随便看啊!");
        history.go(0); //刷新当前页
}
}
</script>

</head>
<body>
禁止右键
</body>
</html>
```

本例主要是防止用户，通过右键查看源代码或者保存图片等操作，当然，本特效也只能针对一些普通用户，对于具有一定 JavaScript 知识的用户来说，还是比较容易破解。效果如图 19.6 所示，显示了当在页面单击鼠标右键后，出现主函数显示的提示框。

图 19.6　鼠标单击右键时情况

19.2.2　多种鼠标效果

本例主要使用了 CSS 的样式来规定鼠标的风格，通过 style 属性来进行设置。示例文件见 19-7.html，代码如下所示。

```
<!DOCTYPE HTML PUBLIC "-//W3C//DTD HTML 4.0 Transitional//EN">
<html>
<head>
<title>有趣丰富的鼠标形状</title>
</head>
<body>
<form name="">
      <div align=""> <font size="5" color="#FF0000">有趣丰富的鼠标形状</font>
        <hr noshade width="100%">
      </div>
    </form>
    <table width="53%" border="0">
      <tr>
        <td width="51%" height="25">
          <div align="left"><font face="Arial, Helvetica, sans-serif" size="2"><b><a
href="cursor.htm" style="cursor:hand">style="cursor:hand"</a></b></font></div>
        </td>
        <td width="49%" valign="top" height="25">
          <div align="left"><font face="Arial, Helvetica, sans-serif" size="2"><b><a
href="cursor.htm" style="cursor:crosshair">style="cursor:crosshair"</a></b></font></div>
        </td>
      </tr>
      <tr>
        <td width="51%" height="29" valign="top">
          <div align="left"><font face="Arial, Helvetica, sans-serif" size="2"><b><a
href="cursor.htm" style="cursor:text">style="cursor:text"</a></b></font></div>
        </td>
        <td width="49%" valign="top" height="29">
```

```
          <div align="left"><font face="Arial, Helvetica, sans-serif" size="2"><b><a
href="cursor.htm" style="cursor:wait">style="cursor:wait"</a></b></font></div>
        </td>
      </tr>
      <tr>
        <td width="51%" height="29" valign="top">
          <div align="left"><font face="Arial, Helvetica, sans-serif" size="2"><b><a
href="cursor.htm" style="cursor:move">style="cursor:move"</a></b></font></div>
        </td>
        <td width="49%" valign="top" height="29">
          <div align="left"><font face="Arial, Helvetica, sans-serif" size="2"><b><a
href="cursor.htm" style="cursor:help">style="cursor:help"</a></b></font></div>
        </td>
      </tr>
      <tr>
        <td width="51%" height="29" valign="top">
          <div align="left"><font face="Arial, Helvetica, sans-serif" size="2"><b><a
href="cursor.htm" style="cursor:e-resize">style="cursor:e-resize"</a></b></font></div>
        </td>
        <td width="49%" valign="top" height="29">
          <div align="left"><font face="Arial, Helvetica, sans-serif" size="2"><b><a
href="cursor.htm" style="cursor:n-resize">style="cursor:n-resize"</a></b></font></div>
        </td>
      </tr>
      <tr>
        <td width="51%" height="29" valign="top">
          <div align="left"><font face="Arial, Helvetica, sans-serif" size="2"><b><a
href="cursor.htm" style="cursor:nw-resize">style="cursor:nw-resize"</a></b></font></div>
        </td>
        <td width="49%" valign="top" height="29">
          <div align="left"><font face="Arial, Helvetica, sans-serif" size="2"><b><a
href="cursor.htm" style="cursor:w-resize"">style="cursor:w-resize"</a></b></font></div>
        </td>
      </tr>
      <tr>
        <td width="51%" height="29" valign="top">
          <div align="left"><font face="Arial, Helvetica, sans-serif" size="2"><b><a
href="cursor.htm" style="cursor:s-resize">style="cursor:s-resize"</a></b></font></div>
        </td>
        <td width="49%" valign="top" height="29">
          <div align="left"><font face="Arial, Helvetica, sans-serif" size="2"><b><a
href="cursor.htm" style="cursor:se-resize">style="cursor:se-resize"</a></b></font></div>
        </td>
      </tr>
      <tr>
        <td width="51%" height="29" valign="top">
```

```
          <div align="left"><font face="Arial, Helvetica, sans-serif" size="2"><b><a
href="cursor.htm" style="cursor:sw-resize">style="cursor:sw-resize"</a></b></font></div>
        </td>
        <td width="49%" valign="top" height="29">
          <div align="left"></div>
        </td>
      </tr>
    </table>
</body>
</html>
```

鼠标的形状，能够告诉用户当前鼠标指向的区域的状态，比如链接、可单击等，或者计算机目前的状态，如忙碌、等待等。本例显示了很多的鼠标形状，可以在合适的时候进行选择。效果如图 19.7 所示，当鼠标移到设定为等待的文字链接上时，变成了等待的图标。

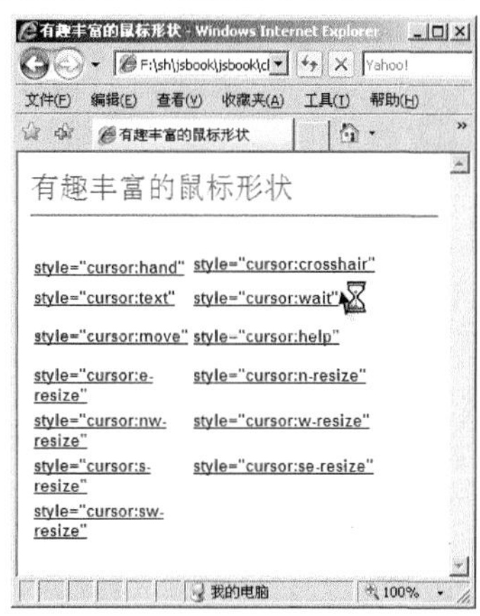

图 19.7　鼠标形状示例

19.2.3　十字准星

十字准星是鼠标的又一个效果，鼠标在页面上有个坐标点，以这个点为交点的竖直和水平的两条直线，始终跟随着鼠标，像一个准星一样。示例文件见 19-8.html，代码如下所示。

```
<!DOCTYPE HTML PUBLIC "-//W3C//DTD HTML 4.0 Transitional//EN">
<html>
<head>
<title>十字准星</title>
<style>
<!--
样式定义
#leftright, #topdown{
position:absolute;
left:0;
top:0;
width:1px;
height:1px;
layer-background-color:black;
```

```
background-color:black;
z-index:100;
font-size:1px;
}
-->
</style>
</head>
<body>
<!--用来充当水平和垂直的两条直线-->
<div id="leftright" style="width:expression(document.body.clientWidth-2)"></div>
<div id="topdown" style="height:expression(document.body.clientHeight-2)"></div>

<script language="JavaScript1.2">
<!--
//根据浏览器判断不同处理方式
if (document.all&&!window.print){
leftright.style.width=document.body.clientWidth-2;
topdown.style.height=document.body.clientHeight-2;
}else if (document.layers){
document.leftright.clip.width=window.innerWidth;
document.leftright.clip.height=1;
document.topdown.clip.width=1;
document.topdown.clip.height=window.innerHeight;
}

//让两条线跟随鼠标，ie 事件
function followmouse1(){
    //为 IE 设置的鼠标事件
leftright.style.pixelTop=document.body.scrollTop+event.clientY+1;
topdown.style.pixelTop=document.body.scrollTop;
if (event.clientX<document.body.clientWidth-2){
topdown.style.pixelLeft=document.body.scrollLeft+event.clientX+1;
}else{
topdown.style.pixelLeft=document.body.clientWidth-2;
}
}
//让两条线跟随鼠标，navigator 事件
function followmouse2(e){
//为 navigator 设置的鼠标事件
document.leftright.top=e.y+1;
document.topdown.top=pageYOffset;
document.topdown.left=e.x+1;
}
//根据浏览器类型设置不同的鼠标事件
if (document.all){
document.onmousemove=followmouse1;
```

```
}else if (document.layers){
window.captureEvents(Event.MOUSEMOVE);
window.onmousemove=followmouse2;
}
//重载页面
function regenerate(){
window.location.reload();
}
//延时事件
function regenerate2(){
setTimeout("window.onresize=regenerate",400);
}
//根据浏览器类型不同判断执行事件。
if ((document.all&&!window.print)||document.layers){
window.onload=regenerate2
}
//-->
</script>
</body>
</html>
```

这个效果是一个特别酷的效果，有点类似于狙击枪的准星，效果如图 19.8 所示。

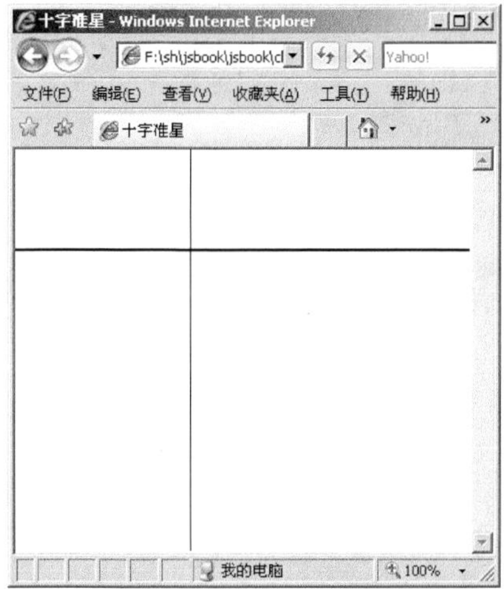

图 19.8 十字准星示例

19.2.4 鼠标跟踪动画

鼠标特效里还有一个比较有趣的效果，就是一些小图标跟随着鼠标的运动轨迹而运动，这个特效能够设置跟随鼠标的图片，同时还能变化为跟随鼠标的文字。示例文件见 19-9.html，代码如下所示。

```
<!DOCTYPE HTML PUBLIC "-//W3C//DTD HTML 4.0 Transitional//EN">
<html>
<head>
<title>鼠标跟踪效果</title>
```

```
<script>
//设置变量，用于判断浏览器类型
B=document.all;
C=document.layers;
//下面就是用到的图片。
T1=new
Array("trail1.gif",38,35,"trail2.gif",30,31,"trail3.gif",28,26,"trail4.gif",
22,21,"trail5.gif",16,16,"trail6.gif",10,10);
nos=parseInt(T1.length/3);
rate=50;
ie5fix1=0;
ie5fix2=0;
//循环创建图片
for (i=0;i<nos;i++){
createContainer("CUR"+i,i*10,i*10,i*3+1,i*3+2,"","<img src='"+T1[i*3]+"'
width="+T1[(i*3+1)]+" height="+T1[(i*3+2)]+" border=0>");
}
//创建图片容器
function createContainer(N,Xp,Yp,W,H,At,HT,Op,St){
with (document){
write((!B) ? "<layer id='"+N+"' left="+Xp+" top="+Yp+" width="+W+"
height="+H : "<div id='"+N+"'"+" style='position:absolute;left:"+Xp+";
top:"+Yp+"; width:"+W+"; height:"+H+"; ");
if(St){
if (C)
write(" style='");
write(St+";' ");
}
else write((B)?"'":"");
write((At)? At+">" : ">");
write((HT) ? HT : "");
if (!Op)
closeContainer(N);
}
}
//关闭容器
function closeContainer(){
document.write((B)?"</div>":"</layer>");
}
//获得 X 坐标位置
function getXpos(N){
return (B) ? parseInt(B[N].style.left) : C[N].left;
}
//获得 Y 坐标位置
function getYpos(N){
return (B) ? parseInt(B[N].style.top) : C[N].top;
```

```
    }
    //移动容器
    function moveContainer(N,DX,DY){
    c=(B) ? B[N].style :C[N];c.left=DX;c.top=DY;
    }
    //循环
    function cycle(){
    //if (IE5)
    if (document.all&&window.print){
    ie5fix1=document.body.scrollLeft;
    ie5fix2=document.body.scrollTop;
    }
    for (i=0;i<(nos-1);i++){
    moveContainer("CUR"+i,getXpos("CUR"+(i+1)),getYpos("CUR"+(i+1)));
    }
    }
    //移动到新位置
    function newPos(e){
    moveContainer("CUR"+(nos-1),(B)?event.clientX+ie5fix1:e.pageX+2,(B)?even
t.clientY+ie5fix2:e.pageY+2;
    )
    }
    if(document.layers){
    document.captureEvents(Event.MOUSEMOVE);
    }
    document.onmousemove=newPos;
    //开始循环
    setInterval("cycle()",rate);
    </script>
    </head>
    <body>

    </body>
    </html>
```

本例主要是通过 JavaScript 获得了鼠标的位置，使得图片的位置随着鼠标的位置更改，这样就实现了鼠标跟踪的效果，指定的图片可以跟踪鼠标的滑动轨迹而跟着滑动，效果如图 19.9 所示。

图 19.9　跟随鼠标的图片

本例通过几个大小不一的图片，使得跟随鼠标的图片由小到大，显得非常有动画的感觉。

19.2.5 伴随鼠标的图片

与上例比较类似的效果是一个固定的图片，始终伴随着鼠标，这个例子显得比较简单，就是使得图片和鼠标始终保持一个相对的位置即可。示例文件见 19-10.html，代码如下所示。

```
<!DOCTYPE HTML PUBLIC "-//W3C//DTD HTML 4.0 Transitional//EN">
<html>
<head>
<title>伴随鼠标的图片</title>
<script language="JavaScript">
    //定义位置变量
    var newtop=0;
    var newleft=0;
    //根据浏览器判断动作
    if (navigator.appName == "Netscape") {
        layerStyleRef="layer.";
        layerRef="document.layers";
        styleSwitch="";
    }
    else
    {
        layerStyleRef="layer.style.";
        layerRef="document.all";
        styleSwitch=".style";
    }
    //鼠标移动事件
    function doMouseMove() {
        //动态创建图片容器
        layerName = 'iit'
        eval('var curElement='+layerRef+'["'+layerName+'"]');

eval(layerRef+'["'+layerName+'"]'+styleSwitch+'.visibility="hidden"');
        eval('curElement'+styleSwitch+'.visibility="visible"');

eval('newleft=document.body.clientWidth-curElement'+styleSwitch+'.pixelW
idth');

eval('newtop=document.body.clientHeight-curElement'+styleSwitch+'.pixelH
eight');
        eval('height=curElement'+styleSwitch+'.height');
        eval('width=curElement'+styleSwitch+'.width');
        //开始改变位置
        width=parseInt(width);
        height=parseInt(height);
        //X 坐标调整
        if (event.clientX > (document.body.clientWidth - 5 - width))
```

```
            {
            newleft=document.body.clientWidth + document.body.scrollLeft - 5 -
width;
            }
            else
            {
            newleft=document.body.scrollLeft + event.clientX;
            }
            eval('curElement'+styleSwitch+'.pixelLeft=newleft');
            //Y 坐标位置调整
            if (event.clientY > (document.body.clientHeight - 5 - height))
            {
            newtop=document.body.clientHeight + document.body.scrollTop - 5 -
height;
            }
            else
            {
            newtop=document.body.scrollTop + event.clientY;
            }
            eval('curElement'+styleSwitch+'.pixelTop=newtop');
    }
        //触发事件
        document.onmousemove = doMouseMove;

    </script>
    <script language="javascript">
        //浏览器检测
        if (navigator.appName == "Netscape") {
            // Netscape 浏览器忽略
        }
        else
        {
            //创建图片层
            document.write('<div ID=OuterDiv>');
            document.write('<img            ID=iit            src="trail1.gif"
STYLE="position:absolute;TOP:0pt;LEFT:0pt;Z-INDEX:2;visibility:hidden;">');
            document.write('</div>');
        }
    </script>
    </head>
    <body>

    </body>
    </html>
```

以上代码运行效果如图 19.10 所示，指定的图片跟着鼠标的移动保持着与鼠标的相对位置。

图 19.10　伴随鼠标的图片

19.3　使用图片特效

图片的出现，使得网页变得更加的丰富，而图片本身具有的丰富信息再加上一些图片的特效效果，会使得网页更加有吸引力。

19.3.1　图片若隐若现

通过改变图片的透明度，可以使得图片的可见程序能够被 JavaScript 调节。结合合适的时间间隔，还可以使得图片产生若隐若现的特殊效果。示例文件见 19-11.html，代码如下所示。

```
<!DOCTYPE HTML PUBLIC "-//W3C//DTD HTML 4.0 Transitional//EN">
<html>
<head>
<title>图片若隐若现</title>
</head>
<body onLoad="fade()">
<img src="work.gif " name="u" border=0
alt="Image" style="filter:alpha(opacity=0)">
<script language="JavaScript">
//相关变量初始化
var b = 1;
var c = true;
//改变透明度函数
function fade(){
if(document.all);
if(c == true) {
b++;
}
if(b==100) {
b--;
c = false
}
```

```
if(b==10) {
b++;
c = true;
}

if(c == false) {
b--;
}
u.filters.alpha.opacity=0 + b;
//递归调用自己，实现循环
setTimeout("fade()",50);
}
</script>
</body>
</html>
```

在本例中，显示的图片主要通过改变其透明度实现若隐若现，效果如图 19.11 所示。

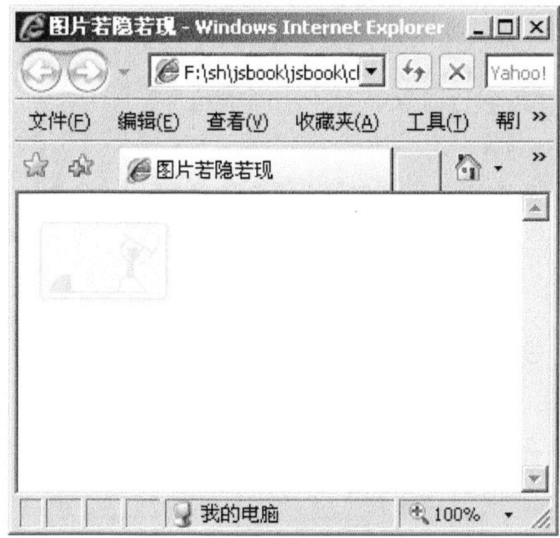

图 19.11　图片若隐若现效果

19.3.2　四处飘浮的小球

本例的效果是一个小球在页面内四处飘浮，在网站中还可以把小球换成相关的广告图片，来实现广告的飘浮效果。示例文件见 19-12.html，代码如下所示。

```
<html>
<head>
<title>四处飘浮的小球</title>
<meta http-equiv="Content-Type" content="text/html; charset=gb2312">
<script language="JavaScript">
<!--//
//设置下面一些参数，小球移动速度 1-50，数值大速度快；
var ballWidth = 40;
var ballHeight = 40;
var BallSpeed = 10;
var maxBallSpeed = 50;
var xMax;
```

```
var yMax;
var xPos = 0;
var yPos = 0;
var xDir = 'right'; //水平方向向右移动
var yDir = 'down'; //垂直方向向下移动
var superballRunning = true;
var tempBallSpeed;
var currentBallSrc;
var newXDir;
var newYDir;
//初始化小球
function initializeBall() {
if (document.all) {
xMax = document.body.clientWidth;
yMax = document.body.clientHeight;
document.all("superball").style.visibility = "visible";
}
else if (document.layers) {
xMax = window.innerWidth;
yMax = window.innerHeight;
document.layers["superball"].visibility = "show";
}
//触发小球移动事件
setTimeout('moveBall()',400);
}
//使小球移动
function moveBall() {
if (superballRunning == true) {
//调用计算位置函数
calculatePosition();
//浏览器判断
if (document.all) {
document.all("superball").style.left = xPos + document.body.scrollLeft;
document.all("superball").style.top = yPos + document.body.scrollTop;
}
else if (document.layers) {
document.layers["superball"].left = xPos + pageXOffset;
document.layers["superball"].top = yPos + pageYOffset;
}
//递归调用自身，实现循环
setTimeout('moveBall()',30);
}
}
//计算位置
function calculatePosition() {
if (xDir == "right") {
```

```
if (xPos > (xMax - ballWidth - BallSpeed)) {
xDir = "left";
}
}
else if (xDir == "left") {
if (xPos < (0 + BallSpeed)) {
xDir = "right";
}
}
if (yDir == "down") {
if (yPos > (yMax - ballHeight - BallSpeed)) {
yDir = "up";
}
}
else if (yDir == "up") {
if (yPos < (0 + BallSpeed)) {
yDir = "down";
}
}
if (xDir == "right") {
xPos = xPos + BallSpeed;
}
else if (xDir == "left") {
xPos = xPos - BallSpeed;
}
else {
xPos = xPos;
}
if (yDir == "down") {
yPos = yPos + BallSpeed;
}
else if (yDir == "up") {
yPos = yPos - BallSpeed;
}
else {
yPos = yPos;
}
}
//触发事件
if (document.all||document.layers)
window.onload = initializeBall;
window.onresize = new Function("window.location.reload()");
// -->
</script>
<style type="text/css">
#superball {
```

```
position:absolute;
left:0;
top:0;
visibility:hide;
visibility:hidden;
width:40;
height:40;
}

</style>
</head>

<body bgcolor="#FFFFFF">
<span  id="superball">  <a  href="http://www.ds5u.com"><img  name=
"superballImage"  src="trail3.gif"  height="30"  width="30"  border="0"></a>
</span>
</body>
</html>
```

这个例子在很多的广告效果里使用，通过改变飘动的速度实现广告图片的四处游走，效果如图 19.12 所示。

图 19.12　正在飘浮移动的小球

19.3.3　变换图片

在电子商务网站里，对于产品展示的页面，通常需要根据选择的产品名称显示对应的产品图片，本例对此做了简单的示例。示例文件见 19-13.html，代码如下所示。

```
<html>
<head>
<title>变换图像</title>
<meta http-equiv="Content-Type" content="text/html; charset=gb2312">
</head>

<body>
<script language="JavaScript">
<!--
load();
```

```
    //初始化加载
    function load ( )
     {
      xImage=new Array (2);
      xImage[0] = "trail1.gif";
      xImage[1] = "trail2.gif";
      xImage[2] = "trail3.gif";
      xText=new Array (2) ;
      xText[0] = "text 1";
      xText[1] = "text 2";
      xText[2] = "text 3";

     }
    //加载对应序号的图片
    function loadimage (x)
     {
        obr.src=xImage[x];
        popis.innerText=xText[x]
     }
    // -->
    </script>
                    <table    border="2"    cellpadding="0"    cellspacing="1"
width="200">
                      <tr>
                        <td>
                          <div align="center">
                            <center>
                              <table border="0" cellpadding="3" cellspacing="0">
                                <tr>
                                  <td    width="33%"    align="center"><strong><a
href="javascript: loadimage('0')">pic1</a></strong></td>
                                  <td       width="33%"       align="center"><a
href="javascript: loadimage('1')"><strong>pic2</strong></a></td>
                                  <td       width="34%"       align="center"><a
href="javascript: loadimage('2')"><strong>pic3</strong></a></td>
                                </tr>
                              </table>
                            </center>
                          </div>
                        </td>
                      </tr>
                      <tr align="center">
                        <td>
                          <table border="0" cellpadding="0" cellspacing="0">
                            <tr>
                              <td height="68">
```

```
                            <p      align="left"><img      src="trail1.gif"
border="0" name="obr">
                          </td>
                        </tr>
                        <tr>
                          <td  width="100%"  style="font-family:  Times  New
Roman CE; font-size: 10pt">
                            <div id="popis">
                              <p>text1 text2 text3</p>
                            </div>
                          </td>
                        </tr>
                      </table>
                      </td>
                    </tr>
                  </table>
    </body>
    </html>
```

以上的示例，通过单击不同的链接实现改变图片的效果，在进行一些产品预览的效果时尤其有用，效果如图 19.13 所示。

图 19.13　选择了第二个选项的图片

19.3.4　图片秋千

改变图片位置的方法，还有使得图片在水平方向上做循环的运动，类似荡秋千一样，原理同样是在一定的时间周期上，有规律的改变图片的位置。示例文件如 19-14.html，代码如下所示。

```
    <html>
    <head>
    <title>图片秋千</title>
    <meta http-equiv="Content-Type" content="text/html; charset=gb2312">
    </head>

    <body>
    <script language="JavaScript">
    <!--
```

```
//初始化变量
step = 0;
obj = new Image();
//改变位置子函数
function anim(xp,xk,smer)
{
 obj.style.left = x;
 x += step*smer;
//根据参数 x 来判断动作
  if (x>=(xk+xp)/2) {
    if (smer == 1) step--;
       else step++;
    }
 else {
    if (smer == 1) step++;
       else step--;
    }
//根据参数 x 来判断动作
 if (x >= xk) {
       x = xk;
       smer = -1;
      }

  if (x <= xp) {
       x = xp;
       smer = 1;
      }
  setTimeout('anim('+xp+','+xk+','+smer+')', 30);
}

//左右移动主函数
function moveLR(objID,movingarea_width,c)
{
//根据浏览器判断动作
  if (navigator.appName=="Netscape") window_width = window.innerWidth;
     else window_width = document.body.offsetWidth;

  obj = document.images[objID];
  image_width = obj.width;

  x1 = obj.style.left;
  x = Number(x1.substring(0,x1.length-2));   // 30px -> 30

  if (c == 0) {

       if (movingarea_width == 0) {
```

```
               right_margin = window_width - image_width;
              anim(x,right_margin,1);
               }
             else {
               right_margin = x + movingarea_width - image_width;
               if (movingarea_width < x + image_width) window.alert("No space
for moving!");
                   else anim(x,right_margin,1);
            }
       }
       else {
          if (movingarea_width == 0) right_margin = window_width - image_width;
             else {
               x = Math.round((window_width-movingarea_width)/2);
               right_margin = Math.round((window_width+movingarea_width)/2)-image_width;
            }
           anim(x,right_margin,1);
       }
    }

    //-->
    </script>
                  <img src="work.gif" name="" style='position: absolute; top:
200px; left: 213px;' border=0 id="picture">
                  <script language="JavaScript">
    <!--
      setTimeout("moveLR('picture',300,1)",10);
    //-->
    </script>
    </body>
    </html>
```

可以设置晃动的幅度及速度，效果如图 19.14 所示。

图 19.14　正在水平方向上来回运动的图片

19.4 使用页面特效

页面是整个网页的主体，在页面中有背景颜色、背景图片等样式，同样也可以设置一些特效。

19.4.1 调色板

本例原理很简单，就是通过 JavaScript 改变页面的背景颜色，并列出了常见的颜色表，用于进行颜色的选择。示例文件见 19-15.html，代码如下所示。

```
<html>
<head>
<title>调色板</title>
<meta http-equiv="Content-Type" content="text/html; charset=gb2312">
<script language="JavaScript">
//根据所选颜色进行改变颜色
function ChangeColor(form, ColorName)
    { var ColorValue = " ";
     if (ColorName == 'aliceblue')      ColorValue = "#F0F8FF";
     if (ColorName == 'antiquewhite') ColorValue = "#FAEBD7";
     if (ColorName == 'aqua')      ColorValue = "#00FFFF";
     if (ColorName == 'aquamarine') ColorValue = "#7FFFD4";
     if (ColorName == 'azure') ColorValue = "#F0FFFF";
     if (ColorName == 'beige') ColorValue = "#F5F5DC";
     if (ColorName == 'bisque') ColorValue = "#FFE4C4";
     if (ColorName == 'black') ColorValue = "#000000";
     if (ColorName == 'blanchedalmond') ColorValue = "#FFEBCD";
     if (ColorName == 'blue') ColorValue = "#0000FF";
     if (ColorName == 'blueviolet') ColorValue = "#8A2BE2";
     if (ColorName == 'brown') ColorValue = "#A52A2A";
     if (ColorName == 'burlywood') ColorValue = "#DEB887";
     if (ColorName == 'cadetblue') ColorValue = "#5F9EA0";
     if (ColorName == 'chartreuse') ColorValue = "#7FFF00";
     if (ColorName == 'chocolate') ColorValue = "#D2691E";
     if (ColorName == 'coral') ColorValue = "#FF7F50";
     if (ColorName == 'cornflowerblue') ColorValue = "#6495ED";
     if (ColorName == 'cornsilk') ColorValue = "#FFF8DC";
     if (ColorName == 'crimson') ColorValue = "#DC143C";
     if (ColorName == 'cyan') ColorValue = "#00FFFF";
     if (ColorName == 'darkblue') ColorValue = "#00008B";
     if (ColorName == 'darkcyan') ColorValue = "#008B8B";
     if (ColorName == 'darkgoldenrod') ColorValue = "#B8860B";
     if (ColorName == 'darkgray') ColorValue = "#A9A9A9";
     if (ColorName == 'darkgreen') ColorValue = "#006400";
     if (ColorName == 'darkkhaki') ColorValue = "#BDB76B";
     if (ColorName == 'darkmagenta') ColorValue = "#8B008B";
     if (ColorName == 'darkolivegreen') ColorValue = "#556B2F";
```

```
        if (ColorName == 'darkorange')  ColorValue = "#FF8C00";
        if (ColorName == 'darkorchid')  ColorValue = "#9932CC";
        if (ColorName == 'darkred')  ColorValue = "#8B0000";
        if (ColorName == 'darksalmon')  ColorValue = "#E9967A";
        if (ColorName == 'darkseagreen')  ColorValue = "#8FBC8F";
        if (ColorName == 'darkslateblue')  ColorValue = "#483D8B";
        if (ColorName == 'darkslategray')  ColorValue = "#2F4F4F";
        if (ColorName == 'darkturquoise')  ColorValue = "#00CED1";
        if (ColorName == 'darkviolet')  ColorValue = "#9400D3";
        if (ColorName == 'deeppink')  ColorValue = "#FF1493";
        if (ColorName == 'deepskyblue')  ColorValue = "#00BFFF";
        if (ColorName == 'dimgray')  ColorValue = "#696969";
        if (ColorName == 'dodgerblue')  ColorValue = "#1E90FF";
        if (ColorName == 'firebrick')  ColorValue = "#B22222";
        if (ColorName == 'floralwhite')  ColorValue = "#FFFAF0";
        if (ColorName == 'forestgreen')  ColorValue = "#228B22";
        if (ColorName == 'fuchsia')  ColorValue = "#FF00FF";
        if (ColorName == 'gainsboro')  ColorValue = "#DCDCDC";
        if (ColorName == 'ghostwhite')  ColorValue = "#F8F8FF";
        if (ColorName == 'gold')  ColorValue = "#FFD700";
        if (ColorName == 'goldenrod')  ColorValue = "#DAA520";
        if (ColorName == 'gray')  ColorValue = "#808080";
        if (ColorName == 'green')  ColorValue = "#008000";
        if (ColorName == 'greenyellow')  ColorValue = "#ADFF2F";
        if (ColorName == 'honeydew')  ColorValue = "#F0FFF0";
        if (ColorName == 'hotpink')  ColorValue = "#FF69B4";
        if (ColorName == 'indianred')  ColorValue = "#CD5C5C";
        if (ColorName == 'indigo')  ColorValue = "#4B0082";
        if (ColorName == 'ivory')  ColorValue = "#FFFFF0";
        if (ColorName == 'khaki')  ColorValue = "#F0E68C";
        if (ColorName == 'lavender')  ColorValue = "#E6E6FA";
        if (ColorName == 'lavenderblush')  ColorValue = "#FFF0F5";
        if (ColorName == 'lawngreen')  ColorValue = "#7CFC00";
        if (ColorName == 'lemonchiffon')  ColorValue = "#FFFACD";
        if (ColorName == 'lightblue')  ColorValue = "#ADD8E6";
        if (ColorName == 'lightcoral')  ColorValue = "#F08080";
        if (ColorName == 'lightcyan')  ColorValue = "#E0FFFF";
        if (ColorName == 'lightgoldenrodyellow')  ColorValue = "#FAFAD2";
        if (ColorName == 'lightgreen')  ColorValue = "#90EE90";
        if (ColorName == 'lightgrey')  ColorValue = "#D3D3D3";
        if (ColorName == 'lightpink')  ColorValue = "#FFB6C1";
        if (ColorName == 'lightsalmon')  ColorValue = "#FFA07A";
        if (ColorName == 'lightseagreen')  ColorValue = "#20B2AA";
        if (ColorName == 'lightskyblue')  ColorValue = "#87CEFA";
        if (ColorName == 'lightslategray')  ColorValue = "#778899";
        if (ColorName == 'lightsteelblue')  ColorValue = "#B0C4DE";
```

```
        if (ColorName == 'lightyellow')  ColorValue = "#FFFFE0";
        if (ColorName == 'lime')  ColorValue = "#00FF00";
        if (ColorName == 'limegreen')  ColorValue = "#32CD32";
        if (ColorName == 'linen')  ColorValue = "#FAF0E6";
        if (ColorName == 'magenta')  ColorValue = "#FF00FF";
        if (ColorName == 'maroon')  ColorValue = "#800000";
        if (ColorName == 'mediumaquamarine')  ColorValue = "#66CDAA";
        if (ColorName == 'mediumblue')  ColorValue = "#0000CD";
        if (ColorName == 'mediumorchid')  ColorValue = "#BA55D3";
        if (ColorName == 'mediumpurple')  ColorValue = "#9370DB";
        if (ColorName == 'mediumseagreen')  ColorValue = "#3CB371";
        if (ColorName == 'mediumslateblue')  ColorValue = "#7B68EE";
        if (ColorName == 'mediumspringgreen')  ColorValue = "#00FA9A";
        if (ColorName == 'mediumturquoise')  ColorValue = "#48D1CC";
        if (ColorName == 'mediumvioletred')  ColorValue = "#C71585";
        if (ColorName == 'midnightblue')  ColorValue = "#191970";
        if (ColorName == 'mintcream')  ColorValue = "#F5FFFA";
        if (ColorName == 'mistyrose')  ColorValue = "#FFE4E1";
        if (ColorName == 'moccasin')  ColorValue = "#FFE4B5";
        if (ColorName == 'navajowhite')  ColorValue = "#FFDEAD";
        if (ColorName == 'navy')  ColorValue = "#000080";
        if (ColorName == 'oldlace')  ColorValue = "#FDF5E6";
        if (ColorName == 'olive')  ColorValue = "#808000";
        if (ColorName == 'olivedrab')  ColorValue = "#6B8E23";
        if (ColorName == 'orange')  ColorValue = "#FFA500";
        if (ColorName == 'orangered')  ColorValue = "#FF4500";
        if (ColorName == 'orchid')  ColorValue = "#DA70D6";
        if (ColorName == 'palegoldenrod')  ColorValue = "#EEE8AA";
        if (ColorName == 'palegreen')  ColorValue = "#98FB98";
        if (ColorName == 'paleturquoise')  ColorValue = "#AFEEEE";
        if (ColorName == 'palevioletred')  ColorValue = "#DB7093";
        if (ColorName == 'papayawhip')  ColorValue = "#FFEFD5";
        if (ColorName == 'peachpuff')  ColorValue = "#FFDAB9";
        if (ColorName == 'peru')  ColorValue = "#CD853F";
        if (ColorName == 'pink')  ColorValue = "#FFC0CB";
        if (ColorName == 'plum')  ColorValue = "#DDA0DD";
        if (ColorName == 'powderblue')  ColorValue = "#B0E0E6";
        if (ColorName == 'purple')  ColorValue = "#800080";
        if (ColorName == 'red')  ColorValue = "#FF0000";
        if (ColorName == 'rosybrown')  ColorValue = "#BC8F8F";
        if (ColorName == 'royalblue')  ColorValue = "#4169E1";
        if (ColorName == 'saddlebrown')  ColorValue = "#8B4513";
        if (ColorName == 'salmon')  ColorValue = "#FA8072";
        if (ColorName == 'sandybrown')  ColorValue = "#F4A460";
        if (ColorName == 'seagreen')  ColorValue = "#2E8B57";
        if (ColorName == 'seashell')  ColorValue = "#FFF5EE";
```

```
        if (ColorName == 'sienna')  ColorValue = "#A0522D";
        if (ColorName == 'silver')  ColorValue = "#C0C0C0";
        if (ColorName == 'skyblue')  ColorValue = "#87CEEB";
        if (ColorName == 'slateblue')  ColorValue = "#6A5ACD";
        if (ColorName == 'slategray')  ColorValue = "#708090";
        if (ColorName == 'snow')  ColorValue = "#FFFAFA";
        if (ColorName == 'springgreen')  ColorValue = "#00FF7F";
        if (ColorName == 'steelblue')  ColorValue = "#4682B4";
        if (ColorName == 'tan')  ColorValue = "#D2B48C";
        if (ColorName == 'teal')  ColorValue = "#008080";
        if (ColorName == 'thistle')  ColorValue = "#D8BFD8";
        if (ColorName == 'tomato')  ColorValue = "#FF6347";
        if (ColorName == 'turquoise')  ColorValue = "#40E0D0";
        if (ColorName == 'violet')  ColorValue = "#EE82EE";
        if (ColorName == 'wheat')  ColorValue = "#F5DEB3";
        if (ColorName == 'white')  ColorValue = "#FFFFFF";
        if (ColorName == 'whitesmoke')  ColorValue = "#F5F5F5";
        if (ColorName == 'yellow')  ColorValue = "#FFFF00";
        if (ColorName == 'yellowgreen')  ColorValue = "#9ACD32";
       //改变背景的同时改变输入框内的颜色值。
        document.bgColor = ColorName;
        form.CName.value = ColorName;
        form.CValue.value = ColorValue;
      }

    </script>
    </head>

    <body>
    <form method="POST" name="bgcolor">
                    <center>
                      <font size="3"><b>颜色名称:</b>
                      <input type="text" name="CName" size=21>
                      <br>
                      <b>颜色数值:</b>
                      <input type="text" name="CValue" size=21>
                      </font> <br>
                      <br>
                    </center>
                    <center>
                      <table border=2 cellpadding=5 cellspacing=3 width=100%>
                        <tr>
                          <td width="25%">
                            <input          name="bgcolor"          type=radio
onClick="ChangeColor(this.form, 'aliceblue')">
                            艾利斯兰 </td>
```

```
                    <td width="25%">
                     <input    name="bgcolor"    type=radio    checked
onClick="ChangeColor(this.form, 'antiquewhite')">
                     古董白 </td>
                    <td width="25%">
                     <input          name="bgcolor"          type=radio
onClick="ChangeColor(this.form, 'aqua')">
                     浅绿色</td>
                    <td width="25%">
                     <input          name="bgcolor"          type=radio
onClick="ChangeColor(this.form, 'aquamarine')">
                     碧绿色</td>
                  </tr>
                  <tr>
                    <td width="25%">
                     <input          name="bgcolor"          type=radio
onClick="ChangeColor(this.form, 'azure')">
                     天蓝色</td>
                    <td width="25%">
                     <input          name="bgcolor"          type=radio
onClick="ChangeColor(this.form, 'beige')">
                     米色</td>
                    <td width="25%">
                     <input          name="bgcolor"          type=radio
onClick="ChangeColor(this.form, 'bisque')">
                     桔黄色 </td>
                    <td width="25%">
                     <input          name="bgcolor"          type=radio
onClick="ChangeColor(this.form, 'black')">
                     黑色</td>
                  </tr>
                  <tr>
                    <td width="25%">
                     <input          name="bgcolor"          type=radio
onClick="ChangeColor(this.form, 'blanchedalmond')">
                     白杏色</td>
                    <td width="25%">
                     <input          name="bgcolor"          type=radio
onClick="ChangeColor(this.form, 'blue')">
                     蓝色 </td>
                    <td width="25%">
                     <input          name="bgcolor"          type=radio
onClick="ChangeColor(this.form, 'blueviolet')">
                     紫罗兰色</td>
                    <td width="25%">
                     <input          name="bgcolor"          type=radio
```

```
onClick="ChangeColor(this.form, 'brown')">
                                褐色</td>
                            </tr>
                            <tr>
                              <td width="25%">
                                <input          name="bgcolor"          type=radio
onClick="ChangeColor(this.form, 'burlywood')">
                                实木色</td>
                              <td width="25%">
                                <input          name="bgcolor"          type=radio
onClick="ChangeColor(this.form, 'cadetblue')">
                                军兰色</td>
                              <td width="25%">
                                <input          name="bgcolor"          type=radio
onClick="ChangeColor(this.form, 'chartreuse')">
                                黄绿色</td>
                              <td width="25%">
                                <input          name="bgcolor"          type=radio
onClick="ChangeColor(this.form, 'chocolate')">
                                巧可力色 </td>
                            </tr>
                            <tr>
                              <td width="25%">
                                <input          name="bgcolor"          type=radio
onClick="ChangeColor(this.form, 'coral')">
                                珊瑚色</td>
                              <td width="25%">
                                <input          name="bgcolor"          type=radio
onClick="ChangeColor(this.form, 'cornflowerblue')">
                                菊兰色</td>
                              <td width="25%">
                                <input          name="bgcolor"          type=radio
onClick="ChangeColor(this.form, 'cornsilk')">
                                米绸色 </td>
                              <td width="25%">
                                <input          name="bgcolor"          type=radio
onClick="ChangeColor(this.form, 'crimson')">
                                暗深红色</td>
                            </tr>
                            <tr>
                              <td width="25%">
                                <input          name="bgcolor"          type=radio
onClick="ChangeColor(this.form, 'cyan')">
                                青色</td>
                              <td width="25%">
                                <input          name="bgcolor"          type=radio
```

```
onClick="ChangeColor(this.form, 'darkblue')">
                    暗蓝色</td>
                  <td width="25%">
                    <input          name="bgcolor"          type=radio
onClick="ChangeColor(this.form, 'darkcyan')">
                    暗青色</td>
                  <td width="25%">
                    <input          name="bgcolor"          type=radio
onClick="ChangeColor(this.form, 'darkgoldenrod')">
                    暗金黄色</td>
                </tr>
                <tr>
                  <td width="25%">
                    <input          name="bgcolor"          type=radio
onClick="ChangeColor(this.form, 'darkgray')">
                    暗灰色</td>
                  <td width="25%">
                    <input          name="bgcolor"          type=radio
onClick="ChangeColor(this.form, 'darkgreen')">
                    暗绿色</td>
                  <td width="25%">
                    <input          name="bgcolor"          type=radio
onClick="ChangeColor(this.form, 'darkkhaki')">
                    暗黄褐色</td>
                  <td width="25%">
                    <input          name="bgcolor"          type=radio
onClick="ChangeColor(this.form, 'darkmagenta')">
                    暗洋红 </td>
                </tr>
                <tr>
                  <td width="25%">
                    <input          name="bgcolor"          type=radio
onClick="ChangeColor(this.form, 'darkolivegreen')">
                    暗橄榄绿</td>
                  <td width="25%">
                    <input          name="bgcolor"          type=radio
onClick="ChangeColor(this.form, 'darkorange')">
                    暗桔黄色</td>
                  <td width="25%">
                    <input          name="bgcolor"          type=radio
onClick="ChangeColor(this.form, 'darkorchid')">
                    暗紫色</td>
                  <td width="25%">
                    <input          name="bgcolor"          type=radio
onClick="ChangeColor(this.form, 'darkred')">
                    暗红色</td>
```

```
                        </tr>
                        <tr>
                          <td width="25%">
                            <input          name="bgcolor"          type=radio
onClick="ChangeColor(this.form, 'darksalmon')">
                            暗肉色</td>
                          <td width="25%">
                            <input          name="bgcolor"          type=radio
onClick="ChangeColor(this.form, 'darkseagreen')">
                            暗海兰色</td>
                          <td width="25%">
                            <input          name="bgcolor"          type=radio
onClick="ChangeColor(this.form, 'darkslateblue')">
                            暗灰蓝色</td>
                          <td width="25%">
                            <input          name="bgcolor"          type=radio
onClick="ChangeColor(this.form, 'darkslategray')">
                            墨绿色 </td>
                        </tr>
                        <tr>
                          <td width="25%">
                            <input          name="bgcolor"          type=radio
onClick="ChangeColor(this.form, 'darkturquoise')">
                            暗宝石绿</td>
                          <td width="25%">
                            <input          name="bgcolor"          type=radio
onClick="ChangeColor(this.form, 'darkviolet')">
                            暗紫罗兰色</td>
                          <td width="25%">
                            <input          name="bgcolor"          type=radio
onClick="ChangeColor(this.form, 'deeppink')">
                            深粉红色</td>
                          <td width="25%">
                            <input          name="bgcolor"          type=radio
onClick="ChangeColor(this.form, 'deepskyblue')">
                            深天蓝色</td>
                        </tr>
                        <tr>
                          <td width="25%">
                            <input          name="bgcolor"          type=radio
onClick="ChangeColor(this.form, 'dimgray')">
                            暗灰色</td>
                          <td width="25%">
                            <input          name="bgcolor"          type=radio
onClick="ChangeColor(this.form, 'dodgerblue')">
                            闪兰色</td>
```

```
                    <td width="25%">
                      <input        name="bgcolor"         type=radio
onClick="ChangeColor(this.form, 'firebrick')">
                      火砖色</td>
                    <td width="25%">
                      <input        name="bgcolor"         type=radio
onClick="ChangeColor(this.form, 'floralwhite')">
                      花白色 </td>
                  <tr>
                    <td width="25%">
                      <input        name="bgcolor"         type=radio
onClick="ChangeColor(this.form, 'forestgreen')">
                      森林绿 </td>
                    <td width="25%">
                      <input        name="bgcolor"         type=radio
onClick="ChangeColor(this.form, 'fuchsia')">
                      紫红色</td>
                    <td width="25%">
                      <input        name="bgcolor"         type=radio
onClick="ChangeColor(this.form, 'gainsboro')">
                      淡灰色</td>
                    <td width="25%">
                      <input        name="bgcolor"         type=radio
onClick="ChangeColor(this.form, 'ghostwhite')">
                      幽灵白</td>
                  <tr>
                    <td width="25%">
                      <input        name="bgcolor"         type=radio
onClick="ChangeColor(this.form, 'gold')">
                      金色</td>
                    <td width="25%">
                      <input        name="bgcolor"         type=radio
onClick="ChangeColor(this.form, 'goldenrod')">
                      金麒麟色</td>
                    <td width="25%">
                      <input        name="bgcolor"         type=radio
onClick="ChangeColor(this.form, 'gray')">
                      灰色</td>
                    <td width="25%">
                      <input        name="bgcolor"         type=radio
onClick="ChangeColor(this.form, 'green')">
                      绿色</td>
                  <tr>
                    <td width="25%">
                      <input        name="bgcolor"         type=radio
onClick="ChangeColor(this.form, 'greenyellow')">
```

```
                    黄绿色</td>
                  <td width="25%">
                    <input          name="bgcolor"          type=radio
onClick="ChangeColor(this.form, 'honeydew')">
                    蜜色 </td>
                  <td width="25%">
                    <input          name="bgcolor"          type=radio
onClick="ChangeColor(this.form, 'hotpink')">
                    热粉红色</td>
                  <td width="25%">
                    <input          name="bgcolor"          type=radio
onClick="ChangeColor(this.form, 'indianred')">
                    印第安红</td>
                <tr>
                  <td width="25%">
                    <input          name="bgcolor"          type=radio
onClick="ChangeColor(this.form, 'indigo')">
                    靛青色</td>
                  <td width="25%">
                    <input          name="bgcolor"          type=radio
onClick="ChangeColor(this.form, 'ivory')">
                    象牙色</td>
                  <td width="25%">
                    <input          name="bgcolor"          type=radio
onClick="ChangeColor(this.form, 'khaki')">
                    黄褐色</td>
                  <td width="25%">
                    <input          name="bgcolor"          type=radio
onClick="ChangeColor(this.form, 'lavender')">
                    淡紫色 </td>
                <tr>
                  <td width="25%">
                    <input          name="bgcolor"          type=radio
onClick="ChangeColor(this.form, 'lavenderblush')">
                    淡紫红</td>
                  <td width="25%">
                    <input          name="bgcolor"          type=radio
onClick="ChangeColor(this.form, 'lawngreen')">
                    草绿色</td>
                  <td width="25%">
                    <input          name="bgcolor"          type=radio
onClick="ChangeColor(this.form, 'lemonchiffon')">
                    柠檬绸色</td>
                  <td width="25%">
                    <input          name="bgcolor"          type=radio
onClick="ChangeColor(this.form, 'lightblue')">
```

```
                    亮蓝色</td>
                  <tr>
                   <td width="25%">
                    <input          name="bgcolor"          type=radio
onClick="ChangeColor(this.form, 'lightcoral')">
                    亮珊瑚色</td>
                   <td width="25%">
                    <input          name="bgcolor"          type=radio
onClick="ChangeColor(this.form, 'lightcyan')">
                    亮青色</td>
                   <td width="25%">
                    <input          name="bgcolor"          type=radio
onClick="ChangeColor(this.form, 'lightgoldenrodyellow')">
                    亮金黄色 </td>
                   <td width="25%">
                    <input          name="bgcolor"          type=radio
onClick="ChangeColor(this.form, 'lightgreen')">
                    亮绿色 </td>
                  <tr>
                   <td width="25%">
                    <input          name="bgcolor"          type=radio
onClick="ChangeColor(this.form, 'lightgrey')">
                    亮灰色</td>
                   <td width="25%">
                    <input          name="bgcolor"          type=radio
onClick="ChangeColor(this.form, 'lightpink')">
                    亮粉红色</td>
                   <td width="25%">
                    <input          name="bgcolor"          type=radio
onClick="ChangeColor(this.form, 'lightsalmon')">
                    亮肉色</td>
                   <td width="25%">
                    <input          name="bgcolor"          type=radio
onClick="ChangeColor(this.form, 'lightseagreen')">
                    亮海蓝色</td>
                  <tr>
                   <td width="25%">
                    <input          name="bgcolor"          type=radio
onClick="ChangeColor(this.form, 'lightskyblue')">
                    亮天蓝色</td>
                   <td width="25%">
                    <input          name="bgcolor"          type=radio
onClick="ChangeColor(this.form, 'lightslategray')">
                    亮蓝灰</td>
                   <td width="25%">
                    <input          name="bgcolor"          type=radio
```

```
onClick="ChangeColor(this.form, 'lightsteelblue')">
                              亮钢兰色</td>
                            <td width="25%">
                              <input          name="bgcolor"          type=radio
onClick="ChangeColor(this.form, 'lightyellow')">
                              亮黄色</td>
                          <tr>
                            <td width="25%">
                              <input          name="bgcolor"          type=radio
onClick="ChangeColor(this.form, 'lime')">
                              酸橙色</td>
                            <td width="25%">
                              <input          name="bgcolor"          type=radio
onClick="ChangeColor(this.form, 'limegreen')">
                              橙绿以</td>
                            <td width="25%">
                              <input          name="bgcolor"          type=radio
onClick="ChangeColor(this.form, 'linen')">
                              亚麻色</td>
                            <td width="25%">
                              <input          name="bgcolor"          type=radio
onClick="ChangeColor(this.form, 'magenta')">
                              红紫色</td>
                          <tr>
                            <td width="25%">
                              <input          name="bgcolor"          type=radio
onClick="ChangeColor(this.form, 'maroon')">
                              栗色</td>
                            <td width="25%">
                              <input          name="bgcolor"          type=radio
onClick="ChangeColor(this.form, 'mediumaquamarine')">
                              间绿色</td>
                            <td width="25%">
                              <input          name="bgcolor"          type=radio
onClick="ChangeColor(this.form, 'mediumblue')">
                              间兰色</td>
                            <td width="25%">
                              <input          name="bgcolor"          type=radio
onClick="ChangeColor(this.form, 'mediumorchid')">
                              间紫色</td>
                          <tr>
                            <td width="25%">
                              <input          name="bgcolor"          type=radio
onClick="ChangeColor(this.form, 'mediumpurple')">
                              间紫色</td>
                            <td width="25%">
```

```
                  <input        name="bgcolor"        type=radio
onClick="ChangeColor(this.form, 'mediumseagreen')">
                  间海蓝</td>
                 <td width="25%">
                  <input        name="bgcolor"        type=radio
onClick="ChangeColor(this.form, 'mediumslateblue')">
                  间暗蓝色</td>
                 <td width="25%">
                  <input        name="bgcolor"        type=radio
onClick="ChangeColor(this.form, 'mediumspringgreen')">
                  间春绿色</td>
                <tr>
                 <td width="25%">
                  <input        name="bgcolor"        type=radio
onClick="ChangeColor(this.form, 'mediumturquoise')">
                  间绿宝石</td>
                 <td width="25%">
                  <input        name="bgcolor"        type=radio
onClick="ChangeColor(this.form, 'mediumvioletred')">
                  间紫罗兰色</td>
                 <td width="25%">
                  <input        name="bgcolor"        type=radio
onClick="ChangeColor(this.form, 'midnightblue')">
                  中灰兰色</td>
                 <td width="25%">
                  <input        name="bgcolor"        type=radio
onClick="ChangeColor(this.form, 'mintcream')">
                  薄荷色</td>
                <tr>
                 <td width="25%">
                  <input        name="bgcolor"        type=radio
onClick="ChangeColor(this.form, 'mistyrose')">
                  浅玫瑰色</td>
                 <td width="25%">
                  <input        name="bgcolor"        type=radio
onClick="ChangeColor(this.form, 'moccasin')">
                  鹿皮色</td>
                 <td width="25%">
                  <input        name="bgcolor"        type=radio
onClick="ChangeColor(this.form, 'navajowhite')">
                  纳瓦白</td>
                 <td width="25%">
                  <input        name="bgcolor"        type=radio
onClick="ChangeColor(this.form, 'navy')">
                  海军色</td>
                <tr>
```

```
                    <td width="25%">
                     <input          name="bgcolor"           type=radio
onClick="ChangeColor(this.form, 'oldlace')">
                     老花色</td>
                    <td width="25%">
                     <input          name="bgcolor"           type=radio
onClick="ChangeColor(this.form, 'olive')">
                     橄榄色</td>
                    <td width="25%">
                     <input          name="bgcolor"           type=radio
onClick="ChangeColor(this.form, 'olivedrab')">
                     深绿褐色</td>
                    <td width="25%">
                     <input          name="bgcolor"           type=radio
onClick="ChangeColor(this.form, 'orange')">
                     橙色</td>
                   <tr>
                    <td width="25%">
                     <input          name="bgcolor"           type=radio
onClick="ChangeColor(this.form, 'orangered')">
                     红橙色</td>
                    <td width="25%">
                     <input          name="bgcolor"           type=radio
onClick="ChangeColor(this.form, 'orchid')">
                     淡紫色</td>
                    <td width="25%">
                     <input          name="bgcolor"           type=radio
onClick="ChangeColor(this.form, 'palegoldenrod')">
                     苍麒麟色</td>
                    <td width="25%">
                     <input          name="bgcolor"           type=radio
onClick="ChangeColor(this.form, 'palegreen')">
                     苍绿色 </td>
                   <tr>
                    <td width="25%">
                     <input          name="bgcolor"           type=radio
onClick="ChangeColor(this.form, 'paleturquoise')">
                     苍宝石绿 </td>
                    <td width="25%">
                     <input          name="bgcolor"           type=radio
onClick="ChangeColor(this.form, 'palevioletred')">
                     苍紫罗兰色</td>
                    <td width="25%">
                     <input          name="bgcolor"           type=radio
onClick="ChangeColor(this.form, 'papayawhip')">
                     番木色</td>
```

```
                <td width="25%">
                 <input        name="bgcolor"        type=radio
onClick="ChangeColor(this.form, 'peachpuff')">
                 桃色</td>
               <tr>
                <td width="25%">
                 <input        name="bgcolor"        type=radio
onClick="ChangeColor(this.form, 'peru')">
                 秘鲁色</td>
                <td width="25%">
                 <input        name="bgcolor"        type=radio
onClick="ChangeColor(this.form, 'pink')">
                 粉红色</td>
                <td width="25%">
                 <input        name="bgcolor"        type=radio
onClick="ChangeColor(this.form, 'plum')">
                 洋李色</td>
                <td width="25%">
                 <input        name="bgcolor"        type=radio
onClick="ChangeColor(this.form, 'powderblue')">
                 粉蓝色</td>
               <tr>
                <td width="25%">
                 <input        name="bgcolor"        type=radio
onClick="ChangeColor(this.form, 'purple')">
                 紫色</td>
                <td width="25%">
                 <input        name="bgcolor"        type=radio
onClick="ChangeColor(this.form, 'red')">
                 红色</td>
                <td width="25%">
                 <input        name="bgcolor"        type=radio
onClick="ChangeColor(this.form, 'rosybrown')">
                 褐玫瑰红</td>
                <td width="25%">
                 <input        name="bgcolor"        type=radio
onClick="ChangeColor(this.form, 'royalblue')">
                 皇家蓝</td>
               <tr>
                <td width="25%">
                 <input        name="bgcolor"        type=radio
onClick="ChangeColor(this.form, 'saddlebrown')">
                 重褐色 </td>
                <td width="25%">
                 <input        name="bgcolor"        type=radio
onClick="ChangeColor(this.form, 'salmon')">
```

```
                    鲜肉色</td>
                  <td width="25%">
                    <input          name="bgcolor"          type=radio
onClick="ChangeColor(this.form, 'sandybrown')">
                    沙褐色</td>
                  <td width="25%">
                    <input          name="bgcolor"          type=radio
onClick="ChangeColor(this.form, 'seagreen')">
                    海绿色</td>
                <tr>
                  <td width="25%">
                    <input          name="bgcolor"          type=radio
onClick="ChangeColor(this.form, 'seashell')">
                    海贝色</td>
                  <td width="25%">
                    <input          name="bgcolor"          type=radio
onClick="ChangeColor(this.form, 'sienna')">
                    赭色</td>
                  <td width="25%">
                    <input          name="bgcolor"          type=radio
onClick="ChangeColor(this.form, 'silver')">
                    银色</td>
                  <td width="25%">
                    <input          name="bgcolor"          type=radio
onClick="ChangeColor(this.form, 'skyblue')">
                    天蓝色</td>
                <tr>
                  <td width="25%">
                    <input          name="bgcolor"          type=radio
onClick="ChangeColor(this.form, 'slateblue')">
                    石蓝色</td>
                  <td width="25%">
                    <input          name="bgcolor"          type=radio
onClick="ChangeColor(this.form, 'slategray')">
                    灰石色</td>
                  <td width="25%">
                    <input          name="bgcolor"          type=radio
onClick="ChangeColor(this.form, 'snow')">
                    雪白色</td>
                  <td width="25%">
                    <input          name="bgcolor"          type=radio
onClick="ChangeColor(this.form, 'springgreen')">
                    春绿色</td>
                <tr>
                  <td width="25%">
                    <input          name="bgcolor"          type=radio
```

```
onClick="ChangeColor(this.form, 'steelblue')">
                    钢兰色</td>
                   <td width="25%">
                    <input          name="bgcolor"          type=radio
onClick="ChangeColor(this.form, 'tan')">
                    茶色</td>
                   <td width="25%">
                    <input          name="bgcolor"          type=radio
onClick="ChangeColor(this.form, 'teal')">
                    水鸭色</td>
                   <td width="25%">
                    <input          name="bgcolor"          type=radio
onClick="ChangeColor(this.form, 'thistle')">
                    蓟色</td>
                  <tr>
                   <td width="25%">
                    <input          name="bgcolor"          type=radio
onClick="ChangeColor(this.form, 'tomato')">
                    西红柿色</td>
                   <td width="25%">
                    <input          name="bgcolor"          type=radio
onClick="ChangeColor(this.form, 'turquoise')">
                    青绿色</td>
                   <td width="25%">
                    <input          name="bgcolor"          type=radio
onClick="ChangeColor(this.form, 'violet')">
                    紫罗兰色</td>
                   <td width="25%">
                    <input          name="bgcolor"          type=radio
onClick="ChangeColor(this.form, 'wheat')">
                    浅黄色</td>
                  <tr>
                   <td width="25%">
                    <input          name="bgcolor"          type=radio
onClick="ChangeColor(this.form, 'white')">
                    白色</td>
                   <td width="25%">
                    <input          name="bgcolor"          type=radio
onClick="ChangeColor(this.form, 'whitesmoke')">
                    烟白色</td>
                   <td width="25%">
                    <input          name="bgcolor"          type=radio
onClick="ChangeColor(this.form, 'yellow')">
                    黄色</td>
                   <td width="25%">
                    <input          name="bgcolor"          type=radio
```

```
onClick="ChangeColor(this.form, 'yellowgreen')">
                              黄绿色</td>
                          </tr>
                        </table>
                      </center>
                      <p>
                    </form>
    </body>
    </html>
```

通过选择不同的颜色选项，可以改变页面的背景色，效果如图 19.15 所示。

图 19.15　通过 JavaScript 改变背景颜色

19.4.2　背景滚动

通过 JavaScript 改变背景图片与页面的相对位置，还能实现背景图片滚动的效果，配合合适的背景图片，可以实现特殊的效果。示例文件见 19-16.html，代码如下所示。

```
<html>
<head>
<title>背景滚动</title>
<meta http-equiv="Content-Type" content="text/html; charset=gb2312">
</head>

<body background="star.gif">
<script language=JavaScript>
//设置初始值
var c=-100000;
var numgc=document.body.sourceIndex;
//主函数
function SF(){
//改变初始化变量
c=c+1;
//改变背景位置
document.all(numgc).style.backgroundPosition= "0 " + c;
//递归调用自身，实现循环
```

```
id=setTimeout("SF()",16);

}
//调用
SF();

</script>
</body>
</html>
```

在浏览器中可以看见，背景在不停的滚动，本例使用的是一个星空的图片，这样的效果显得很不错。效果如图 19.16 所示。

图 19.16　正在运动的背景图片

19.4.3　水印背景

很多的页面，设置了背景图片后，随着页面内容的改变，背景图片的大小变得不适合页面的尺寸，这样会显得不太协调，为了解决这个问题，可以用 JavaScript 来改变背景图片的对齐及重复样式，实现图片的水印效果，也就是不论页面的内容如何变化，图片的位置始终保持固定。示例见 19-17.html，代码如下所示。

```
<html>
<head>
<title>水印背景</title>
<meta http-equiv="Content-Type" content="text/html; charset=gb2312">
</head>

<body>
<br><br><br>
<br><br><br>
<br><br><br>
<br><br><br>
<br><br><br>
<br><br><br>
```

```
<br><br><br>
<br><br><br>
<br><br><br>
<br><br><br>
<br><br><br>
<br><br><br>
<br><br><br>
<br><br><br>
<script language="JavaScript1.2">
if (document.all){
//通过 JavaScript 控制图片位置
document.body.style.cssText="background:white  url(work.gif)  no-repeat 
fixed center center";
}
</script>
</body>
</html>
```

以上的特效使得背景图片固定在页面的中央，不论滚动条是否滑动，始终保持位置不变。效果如图 19.17 所示。

图 19.17　背景图片与页面的可视区域保持一致的水印效果

19.5　使用时间特效

时间和日期的使用在网页里也很常见，通过时间和日期的使用，可以在网页上标注当前的日期或者时间，也可以显示各种时钟样式。

19.5.1　日期和星期

在网页上显示当前的时间和星期是很常见的一种效果，本例主要通过 JavaScript 获取本地计算机的时间，然后显示在页面上。示例文件如 19-18.html，代码如下所示。

```
<html>
<head>
<title>显示时间星期</title>
<meta http-equiv="Content-Type" content="text/html; charset=gb2312">
```

```
</head>

<body>
<script language="JavaScript">
<!--
//获取时间对象
tmpDate = new Date();
date = tmpDate.getDate();
month= tmpDate.getMonth() + 1 ;
year= tmpDate.getYear();
document.write(year);
document.write("年");
document.write(month);
document.write("月");
document.write(date);
document.write("日 ");
//显示星期
myArray=new Array(6);
myArray[0]="星期日"
myArray[1]="星期一"
myArray[2]="星期二"
myArray[3]="星期三"
myArray[4]="星期四"
myArray[5]="星期五"
myArray[6]="星期六"
weekday=tmpDate.getDay();
if (weekday==0 | weekday==6)
{
document.write(myArray[weekday]);
}
else
{document.write(myArray[weekday]);
}
// -->
</script>
</body>
</html>
```

以上代码显示了日期和星期。效果如图 19.18 所示。

图 19.18　在页面上显示日期及星期

19.5.2 万年历

有了一个电子万年历，就不用翻看日历了，本例同样是使用 JavaScript 内置的时间对象，获取相关的值，通过巧妙的页面设计，显示出了一个万年日历。示例文件见 19-19.html，代码如下所示。

```
<html>
<head>
<title>万年历</title>
<meta http-equiv="Content-Type" content="text/html; charset=gb2312">
</head>

<body>
<script language="JavaScript">
<!--
//获得时间
function getTime() {
    //获得 JavaScript 对象
    var now = new Date()
    var hour = now.getHours()
    var minute = now.getMinutes()
    now = null
    var ampm = ""

//根据小时判断上下午
    if (hour >= 12) {
        hour -= 12
        ampm = "下午"
    } else
        ampm = "上午"
    hour = (hour == 0) ? 12 : hour

    //格式化分钟
    if (minute < 10)
        minute = "0" + minute // do not parse this number!

    //返回时间字符串
    return hour + ":" + minute + " " + ampm
}
//年处理
function leapYear(year) {
    if (year % 4 == 0) // basic rule
        return true;
    return false;
}
//日处理
function getDays(month, year) {
```

```
    // 创建数组
    var ar = new Array(12)
    ar[0] = 31
    ar[1] = (leapYear(year)) ? 29 : 28 // 二月份特殊处理
    ar[2] = 31
    ar[3] = 30
    ar[4] = 31
    ar[5] = 30
    ar[6] = 31
    ar[7] = 31
    ar[8] = 30
    ar[9] = 31
    ar[10] = 30
    ar[11] = 31

    // 返回指定月份的天数
    return ar[month]
}
//月处理，并且转换为中文
function getMonthName(month) {
    //创建月份中文名
    var ar = new Array(12)
    ar[0] = "一月"
    ar[1] = "二月"
    ar[2] = "三月"
    ar[3] = "四月"
    ar[4] = "五月"
    ar[5] = "六月"
    ar[6] = "七月"
    ar[7] = "八月"
    ar[8] = "九月"
    ar[9] = "十月"
    ar[10] = "十一月"
    ar[11] = "十二月"

    //返回名称
    return ar[month]
}
//设置日历表格并且创建日历
function setCal() {
    // 获得时间对象
    var now = new Date()
    var year = now.getYear()
    var month = now.getMonth()
    var monthName = getMonthName(month)
    var date = now.getDate()
```

```
    now = null

    // 每月第一天
    var firstDayInstance = new Date(year, month, 1)
    var firstDay = firstDayInstance.getDay()
    firstDayInstance = null

    // 当前月天数
    var days = getDays(month, year)

    // 画日历
    drawCal(firstDay + 1, days, date, monthName, 00 + year)
}
//创建日历表
function drawCal(firstDay, lastDate, date, monthName, year) {
    // 设置表格
    var headerHeight = 50
    var border = 2
    var cellspacing = 4
    var headerColor = "midnightblue"
    var headerSize = "+3"
    var colWidth = 60
    var dayCellHeight = 25
    var dayColor = "darkblue"
    var cellHeight = 40
    var todayColor = "red"
    var timeColor = "purple"

    // 创建基本表结构
    var text = ""
    text += '<CENTER>'
    text += '<TABLE BORDER=' + border + ' CELLSPACING=' + cellspacing + '>'
    text += '<TH COLSPAN=7 HEIGHT=' + headerHeight + '>'
    text +=     '<FONT COLOR="' + headerColor + '" SIZE=' + headerSize + '>'
    text +=         year + '年' + monthName
    text +=     '</FONT>'
    text += '</TH>'

    // 保存结构的变量
    var openCol = '<TD WIDTH=' + colWidth + ' HEIGHT=' + dayCellHeight + '>'
    openCol += '<FONT COLOR="' + dayColor + '">'
    var closeCol = '</FONT></TD>'

    // 周数组
    var weekDay = new Array(7)
    weekDay[0] = "星期天"
```

```
        weekDay[1] = "星期一"
        weekDay[2] = "星期二"
        weekDay[3] = "星期三"
        weekDay[4] = "星期四"
        weekDay[5] = "星期五"
        weekDay[6] = "星期六"

        //创建第一行
        text += '<TR ALIGN="center" VALIGN="center">'
        for (var dayNum = 0; dayNum < 7; ++dayNum) {
            text += openCol + weekDay[dayNum] + closeCol
        }
        text += '</TR>'

        var digit = 1
        var curCell = 1
        //循环显示日历单元格
        for (var row = 1; row <= Math.ceil((lastDate + firstDay - 1) / 7); ++row)
{
            text += '<TR ALIGN="right" VALIGN="top">'
            for (var col = 1; col <= 7; ++col) {
                if (digit > lastDate)
                    break
                if (curCell < firstDay) {
                    text += '<TD></TD>'
                    curCell++
                } else {
                    if (digit == date) {
                        text += '<TD HEIGHT=' + cellHeight + '>'
                        text += '<FONT COLOR="' + todayColor + '" >'
                        text += '<FONT COLOR="' + todayColor + '" size:"15pt">'
+ digit + '</FONT>'
                        text += '<BR>'
                        text += '<FONT COLOR="' + timeColor + '" SIZE:"10pt">'
                        text += '<CENTER>' + getTime() + '</CENTER>'
                        text += '</FONT>'
                        text += '</TD>'
                    } else
                        text += '<TD HEIGHT=' + cellHeight + '>' + digit + '</TD>'
                    digit++
                }
            }
            text += '</TR>'
        }

        //关闭表格标签
```

```
    text += '</TABLE>'
    text += '</CENTER>'

    // 打印内容
    document.write(text)
}
//设置日历
setCal();

// -->
</script>
</body>
</html>
```

在以上程序代码的基础上，可以扩展出很多的日历控件。效果如图 19.19 所示。

图 19.19 万年日历效果

19.5.3 倒计时

页面上通常会对某个固定的时间倒计时提示，这同样是利用了 JavaScript 的时间对象，获取当前时间，与设定的到期时间进行比较，实现倒计时效果。示例文件见 19-20.html，代码如下所示。

```
<html>
<head>
<title>倒计时</title>
<meta http-equiv="Content-Type" content="text/html; charset=gb2312">
</head>

<body>
```

```
<script language="JavaScript">
<!--
var urodz= new Date("8/8/2008");
var  s="奥运会开幕";
var now = new Date();
var ile = urodz.getTime() - now.getTime();
var dni = Math.floor(ile / (1000 * 60 * 60 * 24));
if (dni > 1)
   document.write("今天离"+s+"还有"+dni +"天")
else if (dni == 1)
     document.write("只有 2 天啦！")
else if (dni == 0)
     document.write("只有 1 天啦！")
else
    document.write("好象已经过了哦！");
// -->
</script>
</body>
</html>
```

以上是以天为单位的倒计时，还可以扩展到小时、分、秒等。效果如图 19.20 所示。

图 19.20　倒计时效果

19.5.4　JavaScript 时钟

通过 JavaScript 还能够创建出时钟效果。本例的主要原理是需要构建时钟的布局，以及根据当前时间，动态的改变创建时钟的指针位置。示例文件如 19-21.html，代码如下所示。

```
<html>
<head>
<title>倒计时</title>
<meta http-equiv="Content-Type" content="text/html; charset=gb2312">
<script language=javascript>
<!--
//初始化位置
pX=400;pY=200
obs = new Array(13)
//初始化对象
function ob () {
for (i=0; i<13; i++) {
    if (document.all) obs[i]=new Array (eval('ob'+i).style,-100,-100)
```

```
        else obs[i] = new Array (eval('document.ob'+i),-100,-100)
        }
    }
    //设置对象位置
    function cl(a,b,c){
        if (document.all) {
            if (a!=0) b+=-1
            eval('c'+a+'.style.pixelTop='+(pY+(c)))
            eval('c'+a+'.style.pixelLeft='+(pX+(b)))
            }
    else{
        if (a!=0) b+=10
        eval('document.c'+a+'.top='+(pY+(c)))
        eval('document.c'+a+'.left='+(pX+(b)))
    }
    if (document.all) c0.style.pixelLeft=26
    }
    //启动时钟
    function runClock() {
        for (i=0; i<13; i++) {
            obs[i][0].left=obs[i][1]+pX
            obs[i][0].top=obs[i][2]+pY
        }
    }

    var lastsec;
    //设置指针位置
    function timer() {
        time = new Date ();
        sec = time.getSeconds();
        if (sec!=lastsec) {

            lastsec = sec;
            sec=Math.PI*sec/30;
            min=Math.PI*time.getMinutes()/30;
            hr =Math.PI*((time.getHours()*60)+time.getMinutes())/360;
            for (i=1;i<6;i++) {
                obs[i][1] = Math.sin(sec) * (44 - (i-1)*11)-16;
                if (document.layers)obs[i][1]+=10;
                obs[i][2] = -Math.cos(sec) * (44 - (i-1)*11)-27;
            }
            for (i=6;i<10;i++) {
                obs[i][1] = Math.sin(min) * (40 - (i-6)*10)-16;
                if (document.layers)obs[i][1]+=10;
                obs[i][2] = -Math.cos(min) * (40 - (i-6)*10)-27;
            }
```

```
            for (i=10;i<13;i++) {
                obs[i][1] = Math.sin(hr) * (37 - (i-10)*11)-16;
                if (document.layers)obs[i][1]+=10;
                obs[i][2] = -Math.cos(hr) * (37 - (i-10)*11)-27;
            }
        }

    }
    //设置表盘上的数字
    function setNum(){
    cl (0,-67,-65);
    cl (1,10,-51);
    cl (2,28,-33);
    cl (3,35,-8);
    cl (4,28,17);
    cl (5,10,35);
    cl (6,-15,42);
    cl (7,-40,35);
    cl (8,-58,17);
    cl (9,-65,-8);
    cl (10,-58,-33);
    cl (11,-40,-51);
    cl (12,-16,-56);

    }

    //-->


    </script>
    </head>

    <body
onLoad="ob(),setNum(),setInterval('timer()',100);setInterval('runClock()',10
0)">
                   <div   id="c0"   style="position:absolute;right:6;top:6;
z-index:2;">
                   </div>
                   <div  id="c1"  style="position:absolute;left:20;top:-20;
z-index:5;font-size:11px;"><b>1</b></div>
                   <div  id="c2"  style="position:absolute;left:20;top:-20;
z-index:5;font-size:11px;"><b>2</b></div>
                   <div  id="c3"  style="position:absolute;left:20;top:-20;
z-index:5;font-size:11px;"><b>3</b></div>
                   <div  id="c4"  style="position:absolute;left:20;top:-20;
z-index:5;font-size:11px;"><b>4</b></div>
```

```
                    <div  id="c5"  style="position:absolute;left:20;top:-20;
z-index:5;font-size:11px;"><b>5</b></div>
                    <div  id="c6"  style="position:absolute;left:20;top:-20;
z-index:5;font-size:11px;"><b>6</b></div>
                    <div  id="c7"  style="position:absolute;left:20;top:-20;
z-index:5;font-size:11px;"><b>7</b></div>
                    <div  id="c8"  style="position:absolute;left:20;top:-20;
z-index:5;font-size:11px;"><b>8</b></div>
                    <div  id="c9"  style="position:absolute;left:20;top:-20;
z-index:5;font-size:11px;"><b>9</b></div>
                    <div  id="c10"  style="position:absolute;left:20;top:-20;
z-index:5;font-size:11px;"><b>10</b></div>
                    <div  id="c11"  style="position:absolute;left:20;top:-20;
z-index:5;font-size:11px;"><b>11</b></div>
                    <div  id="c12"  style="position:absolute;left:20;top:-20;
z-index:5;font-size:11px;"><b>12</b></div>
                    <div id="ob0" style="position:absolute;left:-20;top:-20;z-index:1">
                    </div>
                    <div id="ob1" style="position:absolute;left:-20;top:-20;z-index:8">
                      <font size="+3" color="#0000FF"><b>.</b></font></div>
                    <div id="ob2" style="position:absolute;left:-20;top:-20;z-index:8">
                      <font size="+3" color="#0000FF"><b>.</b></font></div>
                    <div id="ob3" style="position:absolute;left:-20;top:-20;z-index:8">
                      <font size="+3" color="#0000FF"><b>.</b></font></div>
                    <div id="ob4" style="position:absolute;left:-20;top:-20;z-index:8">
                      <font size="+3" color="#0000FF"><b>.</b></font></div>
                    <div id="ob5" style="position:absolute;left:-20;top:-20;z-index:8">
                      <font size="+3" color="#0000FF"><b>.</b></font></div>
                    <div id="ob6" style="position:absolute;left:-20;top:-20;z-index:7">
                      <font size="+3" color="#00FFFF"><b>.</b></font></div>
                    <div id="ob7" style="position:absolute;left:-20;top:-20;z-index:7">
                      <font size="+3" color="#00FFFF"><b>.</b></font></div>
                    <div id="ob8" style="position:absolute;left:-20;top:-20;z-index:7">
                      <font size="+3" color="#00FFFF"><b>.</b></font></div>
                    <div id="ob9" style="position:absolute;left:-20;top:-20;z-index:7">
                      <font size="+3" color="#00FFFF"><b>.</b></font></div>
                    <div id="ob10" style="position:absolute;left:-20;top:-20;z-index:6">
                      <font size="+3" color="#F30000"><b>.</b></font></div>
                    <div id="ob11" style="position:absolute;left:-20;top:-20;z-index:6">
                      <font size="+3" color="#F30000"><b>.</b></font></div>
                    <div id="ob12" style="position:absolute;left:-20;top:-20;z-index:6">
                      <font size="+3" color="#F30000"><b>.</b></font></div>
    </body>
    </html>
```

这是一个完全用 JavaScript 实现的时钟，结合了数学函数来实现精确定位，没有使用任何的图片，非常值得学习。效果如图 19.21 所示。

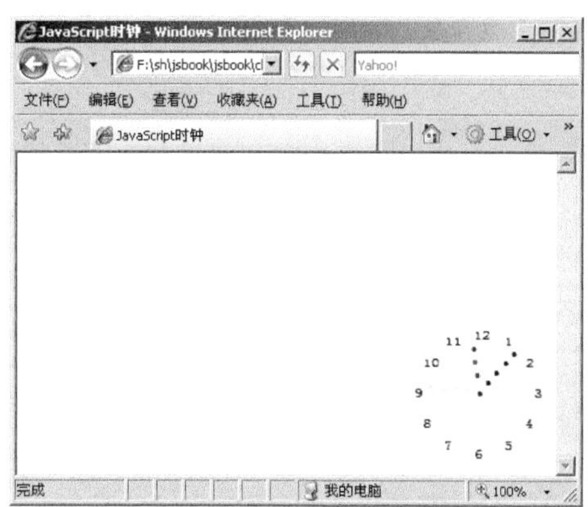

图 19.21　JavaScript 时钟

19.6　使用状态栏特效

状态栏用来标识当前页面的状态，也能借助状态栏实现一些效果。比如在状态栏显示一些欢迎词语等等。

19.6.1　状态栏跑马灯

本例实现了在状态栏的跑马灯效果。示例文件见 19-22.html，代码如下所示。

```
<html>
<head>
<title>状态栏跑马灯</title>
<meta http-equiv="Content-Type" content="text/html; charset=gb2312">
<script>
<!--
//滚动
function scrollit(seed) {
var m1 = "你想说的话 1        ";
var m2 = "你想说的话 2        ";
var m3 = "你想说的话 3        ";
var m4 = "你想说的话 4        ";
var m5 = "你想说的话 5        ";
//组合内容
var msg=m1+m2+m3+m4+m5;
var out = " ";
var c = 1;
//设置关键变量
if (seed > 100) {
seed--;
cmd="scrollit("+seed+")";
timerTwo=window.setTimeout(cmd,100);
}
else if (seed <= 100 && seed > 0) {
for (c=0 ; c < seed ; c++) {
```

```
out+=" ";
}
out+=msg;
seed--;
//输出内容
window.status=out;
cmd="scrollit("+seed+")";
timerTwo=window.setTimeout(cmd,100);
}
else if (seed <= 0) {
if (-seed < msg.length) {
out+=msg.substring(-seed,msg.length);
seed--;
//输出内容
window.status=out;
cmd="scrollit("+seed+")";
timerTwo=window.setTimeout(cmd,100);
}
else {
window.status=" ";
//递归调用
timerTwo=window.setTimeout("scrollit(100)",75);
}
}
}
//-->
</script>

</head>

<body  onLoad="scrollit(100)">

</body>
</html>
```

状态栏下面会出现设置好的文字，并且以跑马灯的形式出现。效果如图 19.22 所示。

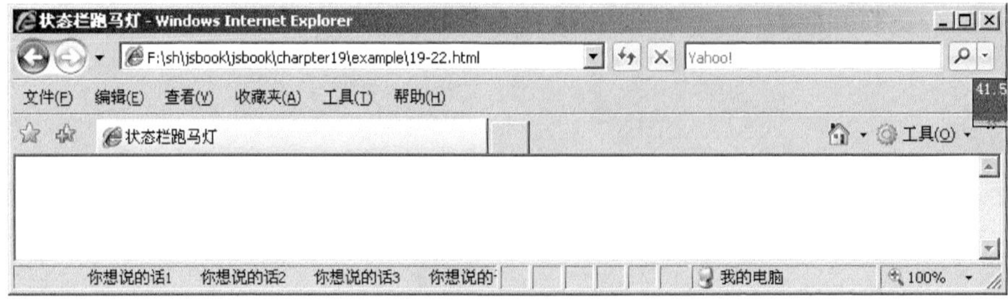

图 19.22 状态栏跑马灯

19.6.2　链接提示

在前面的章节里介绍过当鼠标移到链接上，页面内会出现提示的效果。本例将实现提示显示在状态栏，原理同样是改变状态栏的文字。示例文件如 19-23.html，代码如下所示。

```
<html>
<head>
<title>链接提示</title>
<meta http-equiv="Content-Type" content="text/html; charset=gb2312">
<script language="JavaScript">
<!--
//动态改变状态栏文字
function MM_displayStatusMsg(msgStr) { //v1.0
  status=msgStr;
  document.MM_returnValue = true;
}
//-->
</script>

</head>

<body>
<a href="http://www.ds5u.com" onMouseOver="MM_displayStatusMsg('读书无忧网
'); return document.MM_returnValue">什么网站? </a>
</body>
</html>
```

这个效果对于解释链接起到了好的作用。效果如图 19.23 所示。

图 19.23　状态栏链接提示

19.6.3　文字从右到左

状态栏文字从右到左滚动显示，类似跑马灯效果，同样是状态栏的一个常见效果。示例文件如 19-24.html，代码如下所示。

```
<html>
<head>
<title>从右到左</title>
<meta http-equiv="Content-Type" content="text/html; charset=gb2312">
</head>

<body>
```

```
<script>
<!-- Beginning of JavaScript Applet -------------------
//主函数
function scrollit_r21(seed)
{ var m1  = "欢迎来到读书无忧网" ;
 var m2  = "" ;
      var msg=m1+m2;
      var out = " ";
      var c = 1;
 var speed  = 100;
//根据变量判断输入内容
if (seed > 100)
{              seed-=2;
              var cmd="scrollit_r21(" + seed + ")";
            timerTwo=window.setTimeout(cmd,speed);}
   else if (seed <= 100 && seed > 0)
    {              for (c=0 ; c < seed ; c++)
                   {      out+=" ";}
      out+=msg;        seed-=2;
   var cmd="scrollit_r21(" + seed + ")";
   window.status=out;
 timerTwo=window.setTimeout(cmd,speed); }
     else if (seed <= 0)
{              if (-seed < msg.length)
               {
                   out+=msg.substring(-seed,msg.length);
                   seed-=2;
                   var cmd="scrollit_r21(" + seed + ")";
                   window.status=out;
      timerTwo=window.setTimeout(cmd,speed);}
      else {          window.status=" ";
             timerTwo=window.setTimeout("scrollit_r21(100)",speed);
}
}
}
//调用
scrollit_r21(100);
// -->
</script>
</body>
</html>
```

以上的例子，状态栏设置好的文字从右到左滚动显示，如图 19.24 所示。

图 19.24　状态栏效果

19.6.4　文字从左边逐字显示

本例是文字从左边逐字显示，效果很常见。示例文件见 19-25.html，代码如下所示。

```
<html>
<head>
<title>从左边冒出</title>
<meta http-equiv="Content-Type" content="text/html; charset=gb2312">
</head>

<body>
<script language="JavaScript">
//设置显示的内容
 var msg  = "欢迎来到读书无忧网" ;
//设置速度等变量
var interval = 300;
var spacelen = 120;
var space10=" ";
var seq=0;
//主函数
function Scroll() {
len = msg.length;
window.status = msg.substring(0, seq+1);
seq++;
//改变状态栏显示，循环递归
if ( seq >= len ) {
seq = 0;
window.status = '';
window.setTimeout("Scroll();", interval );
}
else
window.setTimeout("Scroll();", interval );
}
Scroll();
</script>
</body>
</html>
```

以上的代码使得设置好的文字从状态栏左边，一个一个字地显示。效果如图 19.25 所示。

图 19.25　状态栏文字从左边逐字显示

19.7　使用综合特效

除了以上具有分类的特效外，还有一些其他的常用综合特效。这些小的功能在网站中经常被使用，实现比较实用的功能。

19.7.1　设为首页

本例很简单，但是很常用，就是让别人把网页设置为自己的浏览器首页，一打开浏览器即可访问。示例文件见 19-26.html，代码如下所示。

```
<html>
<head>
<title>设为首页</title>
<meta http-equiv="Content-Type" content="text/html; charset=gb2312">
</head>

<body>
<span
          onClick="var
strHref=window.location.href;this.style.behavior='url(#default#homepage)';th
is.setHomePage('http://www.ds5u.com');"
          style="CURSOR: hand">【设为首页】</span>
</body>
</html>
```

效果如图 19.26 所示。

图 19.26　设为首页效果

19.7.2　打印页面脚本

打印页面脚本同样很常见，示例文件见 19-27.html，代码如下所示。

```
<html>
<head>
<title>打印脚本</title>
<meta http-equiv="Content-Type" content="text/html; charset=gb2312">
</head>

<body>
<SCRIPT LANGUAGE="JavaScript">
<!--Begin
//调用 window 对象的 print 方法
if (window.print) {
document.write('<form>'+ '<input type=button name=print value="打印页面" '
+ 'onClick="javascript:window.print()"></form>');
}
// End -->
</script>
</body>
</html>
```

效果如图 19.27 所示。

图 19.27　打印页面效果

19.7.3　脚本错误忽略

在页面脚本的编写过程中，难免会产生脚本错误，这样会使得页面会有错误提示，显得很不友好，可以通过脚本错误忽略，来实现屏蔽错误提示，增强页面的友好性。示例文件见 19-28.html，代码如下所示。

```
<html>
<head>
<title>脚本错误忽略</title>
<meta http-equiv="Content-Type" content="text/html; charset=gb2312">
</head>

<body>
<SCRIPT LANGUAGE="JavaScript">
<!-- Hide
```

```
//主函数
function killErrors() {
return true;
}
//脚本错误事件
window.onerror = killErrors;

// -->
</SCRIPT>
</body>
</html>
```

效果如图 19.28 所示。

图 19.28　脚本错误忽略

19.7.4　项目选择

在网页里会有项目的选择，从左边的可选项目选择到右边，这样的效果是 JavaScript 结合 <select>标签容器来实现的。示例文件见 19-29.html，代码如下所示。

```
<html>
<head>
<title>项目选择</title>
<meta http-equiv="Content-Type" content="text/html; charset=gb2312">
<script LANGUAGE="JavaScript">
<!--
// fbox - 待选项目列表
// tbox - 选择了的项目列表
// 移动选项
function move(fbox,tbox)  {
   for(var i=0; i<fbox.options.length; i++)  {
     if(fbox.options[i].selected && fbox.options[i].value != "")  {
        // 增加项目列表到右侧
        var no = new Option();
        no.value = fbox.options[i].value
        no.text = fbox.options[i].text
        tbox.options[tbox.options.length] = no;

        //  清空左侧的项目列表
        fbox.options[i].value = ""
```

```
        fbox.options[i].text = ""
      }
    }
    BumpUp(fbox);
    SortD(tbox);
}

//向上整体移动
function BumpUp(box)  {
  for(var i=0; i<box.options.length; i++)  {
    if(box.options[i].value == "")  {
      for(var j=i; j<box.options.length-1; j++)  {
        box.options[j].value = box.options[j+1].value
        box.options[j].text = box.options[j+1].text
      }
      var ln = i
      break
    }
  }
  if(ln < box.options.length)  {
    box.options.length -= 1;
    BumpUp(box);
  }
}
// 排序函数
function SortD(box)  {
  var temp_opts = new Array()
  var temp = new Object()
  // 调用临时数组
  for(var i=0; i<box.options.length; i++)  {
    temp_opts[i] = box.options[i]
  }

  //排序
  for(var x=0; x<temp_opts.length-1; x++)  {
    for(var y=(x+1); y<temp_opts.length; y++)  {
      if(temp_opts[x].text > temp_opts[y].text)  {
        temp = temp_opts[x].text
        temp_opts[x].text = temp_opts[y].text
        temp_opts[y].text = temp
      }
    }
  }

  for(var i=0; i<box.options.length; i++)  {
    box.options[i].value = temp_opts[i].value
```

```
        box.options[i].text = temp_opts[i].text
      }
    }
    // 选中项目
    function Select(box)  {
      for(var i=0; i<box.options.length; i++)  {
        box.options[i].selected = true;
      }
    }

    // -->
    </script>
    </head>

    <body>
    <form ACTION="your action" METHOD="POST">
    <table border="0" align="center">
    <tr><td>
    <select SIZE="8" NAME="list1" class="pt9" multiple>
    <option value="11">项目选择列表 1</option>
    <option value="12">项目选择列表 2</option>
    <option value="13">项目选择列表 3</option>
    </select>
    </td>
    <td>
    <input          TYPE="button"          VALUE="          &gt;&gt;          "
ONClick="move(this.form.list1,this.form.list2)" NAME="B1">
    <br>
    <input          TYPE="button"          VALUE="          &lt;&lt;          "
ONClick="move(this.form.list2,this.form.list1)" NAME="B2">
    </td>
    <td>
    <select multiple SIZE="8" NAME="list2" class="pt9">
    <option value="21">项目选择列表 4</option>
    <option value="22">项目选择列表 5</option>
    <option value="23">项目选择列表 6</option>
    </select>
    </td></tr></table>
    <div align="center"><br>
    <input type="submit" name="Submit" value="Submit">
    </div>
    </form>
    </body>
    </html>
```

效果如图 19.29 所示。

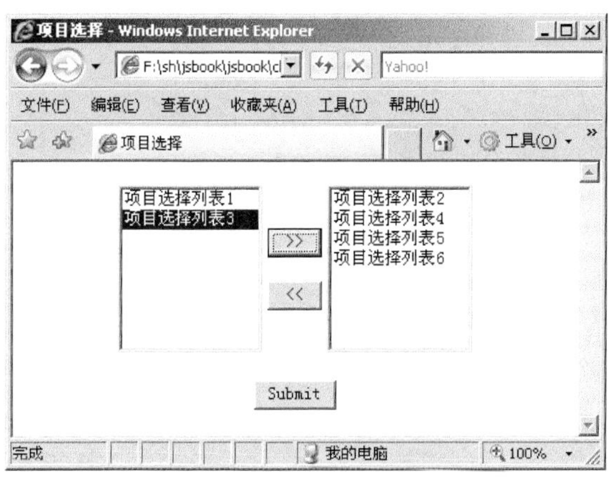

图 19.29　项目选择效果

19.7.5　Email 信息发送

在网页中也可以实现以 Email 发送表单的信息。示例文件见 19-30.html，代码如下所示。

```
<html>
<head>
<title>Email 发送</title>
<meta http-equiv="Content-Type" content="text/html; charset=gb2312">
</head>

<body>
<script language="JavaScript">
<!--
// 表单验证
function validate_form() {
  validity = true;
  if (!check_empty(document.form.NAME.value))
        { validity = false; alert('对不起!请你填入你的姓名。'); }
  if (!check_Email(document.form.EMAIL.value))
        { validity = false; alert('对不起!请重新正确填入 Email 地址。'); }
  if (!check_empty(document.form.DESCRIPTION.value))
        { validity = false; alert('对不起!请你在"简要描述"留言填入留言。'); }
  if (validity)
        alert ("                    谢谢你的来信.                    "
              + "          你所填的信息将以 Email 形式发送给我,          "
              + "          假如你认为本站内容不错的话,请将本          "
              + "          介绍给你的朋友，希望大家经常光顾本站。");
  return validity;
}
// 空值验证
function check_empty(text) {
  return (text.length > 0);
}
// email 验证
```

```
    function check_Email(address) {
      if ((address == "")
        || (address.indexOf ('@') == -1)
        || (address.indexOf ('.') == -1))
          return false;
      return true;
    }

    // -->
    </script>
    <form name="form" method="post" action="mailto:test@163.com?SUBJECT=网友
的留言"
    enctype="text/plain" onSubmit="return validate_form()">
                <table width="90%" border="0" cellspacing="0" cellpadding="0">
                  <tr>
                    <td width="77%">
                      <div align="left"><font size="3"><b>姓名:</b></font>
                        <input type="text" size=46 name="NAME">
                        <br>
                        <b><font size="3">Email 地址: </font></b>
                        <input type="text" size=46 name="EMAIL">
                        <br>
                        <b><font size="3">URL 地址: </font></b>
                        <input type="text" size=46 name="URL" value="http://">
                        <br>
                        <b><font size="3">留言内容:</font></b><br>
                        <textarea     name="DESCRIPTION"     rows=8     cols=45
wrap=virtual></textarea>
                      </div>
                    </td>
                  </tr>
                  <tr>
                    <td>
                      <div align="center"><br>
                        <input type="submit" name="submit" value="发送">
                        <input type="reset" value="清除" name="reset">
                      </div>
                    </td>
                  </tr>
                </table>
                </form>
    </body>
    </html>
```

效果如图 19.30 所示。

图 19.30　Email 发送信息